Die Ernährungsphysiologie der Hefezelle bei alkoholischer Gärung

Von

Max Rubner
o. ö. Professor an der Universität zu Berlin
und Direktor des physiologischen Instituts

Mit 40 Figuren im Text

Leipzig
Verlag von Veit & Comp.
1913

Druck von Metzger & Wittig in Leipzig.

Inhalt.

Seite

I. Teil.

Vitale und fermentative Umsetzungen.

II. Teil.

Die physiologischen Bedingungen des Energiebedarfs der Hefe im Zustande der Wachstumsbehinderung.

III. Teil.

Das Wachstum der Hefe in seinen allgemeinen Beziehungen zu Nahrungsmenge, Nahrungsart und Temperatur.

I. Teil.

Vitale und fermentative Umsetzungen.

Erstes Kapitel.

Einleitung und Anschauungen über die Lebenseigenschaften der Hefe.

Die allgemeine Physiologie stellt sich durch die Vergleichung der Naturerscheinungen verschiedener Spezies die Aufgabe, zu gemeinsamen Grundsätzen über die Erscheinungen des Lebens zu gelangen. Was lebt, — ist Eins, daher muß trotz der Varianten, welche die einzelnen Spezies vorstellen, in ihrem Leben das gemeinsame Bild des Ganzen sich widerspiegeln.

Jede Spezies, deren Lebensvorgänge näher erkannt werden, kann zur Lösung des Problems einen wesentlichen Teil beitragen. Es liegt der Gedanke besonders nahe, aus dem Studium einfacher Formen wie der Einzelligen den grundlegenden Erscheinungen näher zu kommen, weil uns naturgemäß hier auch die funktionellen Vorgänge plastischer und großzügiger entgegentreten.

Von den Lebenserscheinungen, welche neben dem morphologischen Aufbau die größte Variabilität besitzen, stehen die Ernährungsvorgänge in erster Linie, die Gewinnung und Verdauung der Nahrung, Resorption, Assimilation und Dissimilation zeigen die wandelbarsten Möglichkeiten. Bei manchen Gruppen von Organismen scheinen die Grundgesetze der Ernährung andere zu sein, wie sonst im Tier- und Pflanzenreich; es bieten sich Paradoxa aller Art dem Beobachter dar.

Die wissenschaftliche Arbeit auf diesem Gebiete steht noch sozusagen im Stadium des ersten Sammelns, ohne in die geistige Verwertung des Tatsachenbestandes tiefer eingedrungen zu sein. Aber man kann schon a priori vermuten, daß das Gebiet einer vergleichenden Ernährungsphysiologie in der Erkenntnis der grundlegenden Eigenschaften der Zelle ihren Schlußstein finden wird. Die vergleichende Methode wird durch das Studium der einfachen Formen, die frei von allen Differenzierungen äußerer Art ihr Dasein hinbringen, uns mehr lehren können als das eingehendste Studium eines hochstehenden komplizierten Organismus.

Wie die historische Entwicklung der Ernährungslehre zeigt, hat sich die letztere von Anfang an ganz überwiegend mit bestem Erfolge mit den warmblütigen höheren Tieren, den Haustieren und dann auch mit dem Menschen beschäftigt. Darüber hinaus stehen uns nur lückenhafte Kenntnisse zu Gebot. Bemühungen, die Ergebnisse der Ernährungsphysiologie zu einer Erkenntnis des Stoffwechsels anderer Wesen und vor allem der einzelligen Wesen oder der Zellen überhaupt zu vertiefen, finden sich zwar vielfach, aber es ist dies doch nur annähernd möglich, denn ein Organismus wie ein Warmblüter besitzt so komplizierte und weitgehende Kompensations- und Regulationsmechanismen, daß wir nicht oder doch nur mit Schwierigkeiten uns eine Vorstellung von der Ernährung einzelner Organe machen können. Um nur Eines herauszugreifen, läßt die Kompliziertheit der Einrichtungen bei Tieren mit Kreislaufsystem eine direkte Beobachtung der Resorption der Nahrung und Ernährungsflüssigkeit zur Zelle nicht zu, nur auf Umwegen lassen sich nicht immer bindende Schlüsse ziehen. Wir können die Nahrungsstoffe nicht bis zu ihrem Eintritt in die Zelle verfolgen und haben auf die experimentelle Variation der nährenden Bestandteile in den Säften nur wenig Einfluß und ebensowenig sind wir in der Lage, die aus den Zellen austretenden Zersetzungsprodukte abzufangen und nach ihrer Art und Menge zu bestimmen.

So sind wir aus verschiedenen Gründen darauf angewiesen, nicht die Lebensvorgänge einzelliger Organismen aus dem Komplizierten, sondern umgekehrt aus dem Einfachen das Komplizierte neu aufzubauen und dem Verständnis näher zu bringen.

Die Zelle des einzelligen Wesens ist zwar ebensowenig wie die des Warmblüters ein einfaches Gebilde, sondern selbst ein wahrer Organismus, es stört uns aber bei ihrer Beobachtung nicht ein die Zellen leitendes Zentralorgan oder die Korrelation zwischen differenzierten Organen; die Nährflüssigkeit kann mit den Zellen direkt in

Berührung kommen und die Ausscheidungsstoffe lassen sich gewissermaßen sofort nach dem Verlassen der Zelle abfangen.

Wir kommen der Zelle einen Schritt näher. Fragen, wie jene über den Einfluß der Nahrungskonzentration auf die Umsetzungen, die bei den Warmblütern so schwierig sind, können hier bei den Einzelligen leichter bearbeitet werden. Das Wachstum, im Leben der höheren Lebewesen nur von kurzer Dauer, spielt bei den niederen Organismen in alle Vorgänge hinein, ihre unerschöpfliche Wachstumskraft bietet der Forschung beliebige Angriffspunkte und interessante Parallelen und Ausblicke.

Die Welt der Mikroorganismen ist von ungeheurer Ausdehnung, die Lebensbedingungen mannigfaltig wechselnd. Der Warmblüter, zum Teil auch der höhere Kaltblüter entzieht sich mehr oder minder geschickt den wechselnden Lebensbedingungen durch seine Akkommodations- und Regulationseinrichtungen. Das innere Leben der Zellen verläuft mehr oder minder geschützt vor den Einflüssen variabler Außenbedingungen.

Das einzellige Wesen scheint bei seiner unvollkommenen Entwicklungsstufe mehr noch der Spielball verschiedener Einflüsse, die Variationen der physiologischen Versuchsbedingungen auf das Protoplasma treten ungeschwächt zutage. Unter je mannigfacheren Bedingungen das Lebende zu einer Reaktion veranlaßt wird, um so mehr muß es uns von seinem Wesen verraten. Die Welt der Einzelligen umfaßt eine ungeheure Zahl von Spezies; bei den Infusorien mit ziemlicher Massenentwicklung anfangend gelangen wir über die Schimmelpilze, Hefen und Bakterien hinab zu den Zellen, die an der Grenze der mikroskopischen Sichtbarkeit liegen.

Die Ernährungsbedingungen sind äußerst variabel, gleichen die einen Zellen mit der Aufnahme fester Nahrung in vielen Richtungen noch höheren Organismen, und stimmen in der Oxydation, Spaltung und dem Schema des Kraftwechsels gleichfalls mit den Wirbeltieren überein, so haben wir andererseits Organismen, deren Lebensweise wesentlich anders sich gestaltet, vor allem bei den Bakterien und Hefen. Die Nahrung liegt hier in den Medien gelöst vor, sie schwimmen in diesem Nährmedium selbst. Die Behinderung des Sauerstoffzutritts wird oft zeitlebens ertragen, oder erzeugt bei vorübergehender Wirkung völlige Veränderungen des Stoffwechselbildes, das wir nach unserer Erfahrung an höheren Organismen gewonnen haben. Die Absonderlichkeit des Stof wechsels, die Transformierung in den Erscheinungen der Gärung und Fäulnis machen gerade diese Gruppe von Organismen nicht nur überhaupt zum Gegenstand eines lebhaften Interesses, sondern lassen auch einen tieferen Einblick in das Wesen des Ernährungsprozesses erhoffen.

Das Studium der Lebensvorgänge dieser Organismen, zu dem ich bereits in einer früheren Abhandlung durch die Darstellung der Kraftwechsel- und Wachstumsvorgänge bei einigen Bakterien den Grundstock gelegt, bedarf der Erweiterung und Ausdehnung.

Wie die vergleichende Morphologie Entwicklungsgesetze der Organismen und ihre gegenseitige verwandtschaftliche Zusammengehörigkeit begründet hat, so wird man hoffen dürfen, die allgemeinen Gesichtspunkte einer vergleichenden und entwicklungsgeschichtlichen Darstellung der Ernährungsgesetze, wie ich sie vor ein paar Jahren in dem Buche „Kraft und Stoff im Haushalt der Natur" zu begründen versucht, weiter auszugestalten und zu vertiefen. Wie die morphologischen Charaktere im Tier- und Pflanzenreich sich allmählich weiter entwickelt, differenziert und vervollkommnet haben, so kommt auch den physiologischen Funktionen im Sinne einer allmählichen Vervollkommnung ein fortschreitender Entwicklungsgang zu. Aber trotz aller Variabilität der äußeren Erscheinung und der dadurch bedingten Verschiedenheit der Organfunktionen müssen im Lebensprozeß gemeinsame Grundprinzipien des Wachstums und des Kraftwechsels gegeben sein. Diese allmählich aufzudecken, muß eine dankbare Aufgabe vergleichender Forschung sein. Die Hauptumrisse dieser Gesetze sind die Arbeitsgesetze des Protoplasmas, mögen dabei die Einzelheiten des Stoffwechsels in der Qualität der Spaltungsprozesse, in der Art und Größe der Energieentwicklung noch so verschieden sein. Aber auch nur in den großen Gesetzen werden wir gemeinsame Unterlagen erwarten dürfen.

Auch von diesen Perspektiven abgesehen, scheint es mir von Wichtigkeit zu sein, die Biologie der einzelligen Wesen mit Rücksicht auf die Bedeutung, die diese selbst in unserem Leben und im Hinblick auf unsere Gesundheit spielen, aufzuklären.

Unter den Mikroorganismen, welche einer eingehenden Untersuchung wert erscheinen, mußte der Alkoholgärungspilz, die Bier- oder Weinhefe, in erster Linie in Frage kommen.

Ich denke, was sich hier an Problemen ergibt, ist eine solche Fülle des Anregenden, daß, wenn es gelänge, diese kleinen Wesen für unsere Methoden ebenso zugänglich zu machen, wie es manche Versuchstiere gewesen sind, man eine große Ausbeute von Ergebnissen nicht nur für die speziellen Arten dieser Organismen erhoffen könnte, sondern daß darüber hinaus die Stoffwechsellehre einen Anstoß allgemein gültige Grundsätze und Normen gesetzmäßigen Geschehens auszusprechen, erhielte.

Zu den Problemen, welche im Laufe der Zeiten eines eingehenden Studiums gewürdigt worden sind, gehört die Hefegärung, schon von den Zeiten angefangen, als man von einer morphologischen Grundlage des Vorganges noch keine Ahnung hatte. Die Geschichte der Hefegärung spiegelt die naturwissenschaftliche Methode in ihrem Eindringen in die Biologie wieder, wie die Fortschritte der organischen Analyse, der Gasanalyse, der morphologischen Forschung, die chemischen und vitalistischen Theorien. An dem Gärungsproblem haben sich hervorragende Gelehrte: Thénard, Gay-Lussac, Dubrunfaut, Schwann, Küntzig, Pasteur, Liebig, Schützenberger, Duclaux, Nägeli durch umfangreiche Arbeiten beteiligt. Die Alkoholgärung durch die Hefezelle war stets als Urbild für die Gärungsprozesse betrachtet und die aus ihr fließende biologische Erkenntnis auf die übrigen Gärungsprobleme übertragen worden.

Nachdem man zur Mitte des 19. Jahrhunderts die biologische Gärungshypothese durch den Nachweis von Organismen in gärenden Flüssigkeiten zu stützen vermochte, schien die Ätiologie der alkoholischen Gärung einen festen Boden gewonnen zu haben. Indes doch nur kurze Zeit. Denn Liebigs Theorie der Gärung und Fäulnis, welche nur die Anwesenheit „ungeformter“ Fermente zur Voraussetzung hatte, erfreute sich allseitiger Aufnahme und großen Beifalles. Die interessanteste Periode war der Streit zwischen der chemischen Gärungstheorie, die Liebig vertrat, und der vitalistischen, als deren Hauptvorkämpfer wir Pasteur ansehen können. Die vitalistische Theorie, die Annahme, daß die Hefezelle als Lebewesen die Ursache der Gärung seien, war schließlich die Siegerin geblieben.

Aber vor wenigen Jahren hat die Gärungstheorie sich erneut eine Umarbeitung gefallen lassen müssen. E. Buchner hat durch Auspressen von Hefe und mit anderen Methoden ein Ferment hergestellt, das die Alkoholgärung wie die Hefe selbst herbeiführt. Auch bei anderen Gärungen verhält es sich völlig analog. So hat das uralte Problem der Gärung selbst nichts von seinem Reize verloren. Kaum schien es endgültig gelöst, so steht es schon wieder inmitten der lebhaftesten Diskussion. Viele glauben in der Tat unsere Kenntnisse im wesentlichen als abgeschlossen, ich meine aber behaupten zu dürfen, daß gerade die Biologie einen solchen Standpunkt nicht einnehmen kann. Für den Biologen ist die Formulierung des Gärungsprozesses als eines rein enzymatischen Vorganges durchaus nicht so befriedigend als man meinen sollte. Ihm, der das Leben als ganzes erfassen muß, bietet die Annahme einfacher Fermentwirkung ein neues, schwer verständliches Rätsel.

Um besser zu würdigen, wo die Lücken und Mängel unserer Erkenntnis liegen, muß ich, ohne hierdurch zu weit ausgreifen zu wollen, die maßgebendsten Anschauungen über die Beziehungen zwischen Gärung und Hefe näher darlegen.

Unter diesen können zunächst jene von Pasteur einen hervorragenden Platz beanspruchen.

Pasteurs Anschauungen und Theorien über die Gärung des Zuckers sind wesentlich physiologischer Natur, sie suchen den Vorgang als einen Ausdruck von Lebensprozessen zu erklären. Die Hefe ist ein Organismus, welcher Zucker in Kohlensäure und Alkohol spaltet. Die Anschauung über die Ernährungsvorgänge lehnte sich damals an die Auffassung von Lavoisier an, der den Sauerstoff als Ursache der Verbrennung in den Organismen ansah. Den anscheinenden Widerspruch, der in dem Leben der Hefe ohne Sauerstoff mit dieser Theorie lag, wußte Pasteur in geschickter Weise zu lösen und in ein glückliches kausales Verhältnis zu bringen, indem er den Sauerstoffmangel als die Ursache der Gärung bezeichnete und annahm, daß bei der Gärung der im Zuckermolekül gebundene Sauerstoff durch seine Wanderung an das Kohlenstoffatom die Funktion des sonst freien Sauerstoffs erfüllt. Die Gärung konnte als innere Verbrennung aufgefaßt werden und entsprach einer solchen auch durch die schon damals bekannte Wärmebildung.

Die tatsächlichen Unterlagen der Pasteurschen Theorie stießen aber bald auf manchen Widerspruch, denn die unerläßliche Konsequenz, daß bei O-Gegenwart gar keine Gärung eintreten sollte, fand sich nicht voll bestätigt, so daß die anfänglich einfache Theorie mit einer Reihe komplizierter Annahmen rechnen mußte, um aufrecht erhalten werden zu können. Einiges hierüber findet sich in einer Polemik zwischen Schützenberger und Pasteur ausgesprochen, die hier kurz skizziert sein soll.[1]

Schützenberger, sagt Pasteur an dieser Stelle, wundere sich, daß auch Fermentation in Gegenwart von Sauerstoff eintrete, wenn die Zersetzung des Zuckers die Folge der Ernährung mit einer oxydierten Verbindung „combinaison oxygénée“ an Stelle von freiem

[1] **Pasteur**, *Études sur la bière.* p. 246.

Sauerstoff sei. Schützenberger sage, wenn Pasteurs Hypothese richtig ist, muß der freie Sauerstoff die Gärung mindern, während Pasteurs Experimente mit Lüftung das Gegenteil ergeben hätten. Letzterer argumentiert nun in folgender Weise: „Der Sauerstoff gibt der Hefe eine starke Lebenskraft, aber ihre Gärkraft wird gleich Null", sie nähert sich in der Ernährung einfach den Schimmelpilzen, und die Menge des zersetzten Zuckers wird ähnlich den Lebewesen, die keine Fermente sind. Der Sauerstoff hat aber noch eine andere Fähigkeit, indem Hefe, die bei seiner Gegenwart entsteht, jugendlicher ist und mehr Lebenskraft hat, als wenn sie bei ungenügendem Luftzutritt wächst. Sie hat dann auch, geschützt vor Luft, die Fähigkeit, mehr zu zersetzen und zeigt in ihrer fermentativen Umsetzungskraft ein Maximum."

Hier erscheint also die „Fermentation" als eine besondere Funktion der sonstigen, davon trennbaren Lebensvorgänge des lebenden Protoplasmas, über deren Natur freilich nichts Näheres ausgesagt wird.

Und andererseits will Pasteur die Fermentation als etwas für sich allein Bestehendes betrachtet wissen, als einen Vorgang, der unabhängig von sonstigen Funktionen der Zelle verläuft, als echten Fermentprozeß, für dessen Wirkungen die Zeit ein variabler und mit dem Zellvorgange selbst nicht zusammenhängender Faktor ist.

Diesen letzten Umstand finden wir bei Pasteur mehrfach betont; eine Auffassung, welche mit Rücksicht auf die Frage, ob ihm ein unseren heutigen Vorstellungen entsprechender Gedankengang vorgeschwebt habe, von ausschlaggebender Bedeutung ist.

Für einen Lebensprozeß, der durch die Oxydation eingeleitet und energetisch aufgefaßt wird, kann unmöglich, wie es hier geschieht, ein völlig zeitlich unbegrenzter, von äußeren Umständen beliebig abhängiger, in seinem Erfolge also materiell ungleich großer Fermentationsprozeß gleichwertig sein

Die Fermentation nach Pasteur ist von der Jugendlichkeit und Lebenskraft der Zelle abhängig, groß, wenn die Zelle vorher gelüftet wurde, und klein, wenn dieselbe Zellmasse ohne Luftzutritt gebildet worden ist.

Was wir heute Intensität des Lebensvorganges in energetischem Sinne heißen müßten, ist hier noch etwas aus verschiedenen Gründen Wandelbares, eine schwankende Größe. Die aeroben Zustände und die anaeroben sind bei genauer Betrachtung hier nicht unter einen gemeinsamen Gesichtspunkt gebracht und nicht quantitativ übereinstimmende äquivalente Vorkommnisse. Worin sich die Erhöhung der Lebenskraft, außer in dieser Gärfähigkeit nach erfolgter Lüftung äußert, erfahren wir nicht. Die Fermentwirkung, die nach Pasteurs Auffassung eine direkte Äußerung des Lebensprozesses (geformtes Ferment) ist, bedarf des Sauerstoffs, denn in jedem Lebensprozeß äußert sich nach Lavoisier eine Verbrennung.

„Die zu dieser Arbeit verbrauchte Wärme muß notwendigerweise bei der Gärung der gärungsfähigen Substanz, d. h. dem Zucker entlehnt werden, der in der Art der Explosivkörper Wärme durch seine Zersetzung frei macht." Der Ausdruck Explosivkörper will hier offenbar nichts anderes besagen, als daß ohne O-Aufnahme von außen die Zerlegung erfolgt.

„Die Gärung durch Hefe scheint demnach wesentlich zusammenzuhängen mit der Eigenschaft dieser kleinen Pflanzen, durch den mit dem Zucker verbundenen Sauerstoff einigermaßen zu atmen. Ihre Gärkraft (eine Kraft, die man nicht mit der Gärtätigkeit oder der Intensität der Zersetzung in bestimmter Zeit verwechseln darf. Verf.) variiert beträchtlich zwischen zwei Grenzen, welche durch die größte und die kleinste mögliche Teilnahme des freien Sauerstoffs an dem Akte der Pflanzenernährung bestimmt werden. Würde diese eine so große Menge Sauerstoff liefern als es ihr Leben, die Ernährung, die Verbrennung bei der Respiration verlangt, in anderen Worten: läßt man sie im eigentlichen Sinne wie Schimmelpilze leben, hört sie auf, ein Ferment zu sein, d. h. das Gewichtsverhältnis der Pflanze zu dem des Zuckers, der sein hauptsächlichstes kohlenstoffhaltiges Nahrungsmittel ist, verhält sich ebenso wie bei allen Schimmelpilzen. Im anderen Fall gelingt es, die Hefe jedem Einfluß der Luft zu entziehen, läßt man sie sich in einer sauerstofffreien Zuckerlösung entwickeln, — vermehrt sie sich noch ebenso als ob die Luft anwesend war, wenn schon aber weniger heftig, und dann ist ihr Gärcharakter der kräftigste. Dann existiert der größte Spielraum — die übrigen Bedingungen gleich gehalten — zwischen dem Gewicht der entstandenen Hefe und dem Gewicht des zersetzten Zuckers. Endlich, wenn der freie Sauerstoff dazukommt, — in beträchtlicher Menge — kann man die Gärkraft der Hefe zwischen den äußersten Grenzen, die wir angegeben haben, variieren. Man kann sich, wie mir scheint, nicht besser ausdrücken, als daß die Gärung in einer direkten Beziehung zum Leben steht, wenn sie sich ohne oder mit kleinen, für Ernährung und Assimilation ungenügenden Sauerstoffmengen vollzieht."

„Die Gärfähigkeit, sagt Pasteur (S. 258), ist keine Eigentümlichkeit der Struktur. Es ist eine Eigenschaft, die von bestimmten äußeren Bedingungen abhängt und von der Ernährungsweise."

Obwohl in vorstehendem der supponierte innere O-Verbrauch das entscheidende Moment für die Umwandlung des Oxydationsprozesses in den Fermentstoffwechsel bildet, äußert sich Pasteur über die näheren quantitativen Beziehungen dieser antagonistischen Prozesse nicht. Dies erklärt sich genügend aus seiner Auffassung über die wechselnde Lebenskraft der Zellen bei aerober und anaerober Lebensweise überhaupt. Über die engeren quantitativen Beziehungen zwischen O-Verbrauch bei Luftzutritt und Gärungsgröße ließ sich bei dem damaligen Stand des Wissens und speziell bei der Versuchsanordnung Pasteurs aber auch nicht das geringste aussagen.

Auch was Pasteur sonst über die geformten Fermente im allgemeinen sagt, war nur eine Hypothese, für welche alle positiven Unterlagen fehlten.

Der Gärungstheorie hat Pasteur eine allgemeine Bedeutung gegeben, er meint, der Fermentcharakter (S. 259) kann jeder chemischen und pflanzlichen Zelle zukommen, in der Art, daß sie eine chemische Arbeit des Lebens, die Assimilation oder Desassimilation leistet, ohne freien Sauerstoff, d. h. mit einer Bildung von Wärme, die aus der Zersetzung eines Körpers stammt. Man könne wohl bei dem größten Teil der Lebewesen solche Fälle der Fermentation finden.

„En résumé, la fermentation est un phénomène très général. C'est la vie sans air, c'est la vie sans gaz oxygène libre ou plus généralment encore, c'est la conséquence d'un travail chimique accompli au moyen d'un substance fermentescible capable de produire de la chaleur par sa décomposition, travail qui emprunte précisément la chaleur qu'il consomme à un partie de la chaleur que la décomposition de cette substance fermentescible met en liberté. La classe des fermentations proprement dites se trouve restreinte cependant par le petit nombre des substances capables de ses décomposer avec production de chaleur et pouvant servir à l'alimentation des êtres inférieurs en dehors de la présance et de l'action de l'air."

Bei der Fermentation wird also eine Arbeit geleistet, welche notwendig ist, um die gärfähigen Stoffe zu spalten, und diese fließt aus der Quelle der zerlegten Stoffe, deren Wärmeentwicklung also größer sein muß als zur Zerlegung neuer Substanzen notwendig ist. Das war eine Definition eines Fermentes, die allerdings allen späteren Erfahrungen über die Natur eines Fermentes widerspricht, weil das Ferment selbst im Sinne eines Energieverbrauches in die Zersetzung nicht eingreift. Bei dem damaligen Stand des Wissens war aber die Kenntnis der Wärmeentwicklung bei fermentativen Vorgängen so wenig entwickelt, daß eine Generalisierung der Verhältnisse bei der Hefe und anderer Fermente eine bloße Vermutung ohne alle tatsächlichen Unterlagen war.

Die Pasteursche Hypothese war auf den ersten Blick eine sehr bestechende, hatte aber, abgesehen von dem Mangel einer strikten Beweisführung der kausalen Wirkung der Sauerstoffentziehung und Gärung, wie Schützenberger schon ganz richtig bemerkt hatte, eine biologische Inkonsequenz insofern, als Pasteur bei seinen Betrachtungen über die Leistungsfähigkeit der Hefe unter verschiedenen Umständen stets nur die Wirkungen der trocken berechneten Hefemenge zum zersetzten Rohrzucker in Rechnung stellte, aber die Zeit, innerhalb deren die Wirkungen sich ausprägten, unberücksichtigt ließ. Das Charakteristische aller Lebensäußerungen auf dem Gebiete der Ernährung ist die Intensität gerade der Umsetzungen, der Verbrauch berechnet auf die Lebenseinheit in der Zeiteinheit, ohne diese Rücksichtnahme kann man überhaupt keinen Vergleich zwischen den Leistungen anstellen, also auch im vorliegenden Falle nicht entscheiden, wie die Zuckerzerlegungen im aeroben und anaeroben Leben gewesen sind, was doch der Ausgangspunkt für eine Begründung der Theorie hätte sein müssen. Von einem Beweise, daß der anaerobe Gärungsvorgang ein biologisch völliger Ersatz für den aeroben gewesen sei, kann man nicht sprechen. Von einer Äquivalenz beider Vorgänge im Sinne gleichen Wärmeverbrauches ist nirgendwo die Rede, offenbar kam es Pasteur nur darauf an, auszusprechen, daß die im anaeroben Zustande auftretenden Gärungen so mächtige seien, um die geringe Menge von Kraft zu leisten, welche zur fermentativen Spaltung des Zuckers notwendig sei. Abgesehen von der Frage zwischen aeroben und anaeroben Lebensbeziehungen wird man vergeblich nach einer Äußerung suchen, welche präzise zum Ausdruck brächte, ob diese Hefezelle als Gesamtheit aller biologischen Funktionen einzig und allein Zucker vergäre oder ob sie außerdem noch andere Funktionen, also auch besondere Stoffbedürfnisse habe.

Die Pasteursche Hypothese wurde auch, was die sachlichen Grundlagen anbelangt, namentlich von Liebig bekämpft[1]. Obwohl schon im Jahre 1856 Dubrunfaut[2] eine, wenn auch noch recht fehlerhafte Bestimmung der bei der Gärung entwickelten Wärme aus-

---

[1] Liebig, *Sitzungsberichte der bayrischen Akademie der Wissenschaften.* 1869. Bd. II. S. 427.

[2] Dubrunfaut, *Journal für praktische Chemie.* Bd. LXIX. S. 444.

geführt hat und bewiesen zu haben glaubte, daß der Zucker durch Zerlegung Wärme liefere, hat Liebig — allerdings auf Grund irriger Berechnungen, wie erst später erwiesen wurde — behauptet, der Zucker spalte sich endotherm, indem die Spaltprodukte mehr Energie hätten als der Zucker selbst. Die Gärwärme, die ja in praxi längst bekannt war, entstände überhaupt aus Umsetzungen in der Hefe, und sei notwendig, um die Zersetzungsarbeit des Zuckers zu leisten. So wurde also anscheinend die ganze Basis der Pasteurschen Auffassung als irrig hingestellt. Liebigs Anschauung war aber selbst weder bewiesen noch auch haltbar, denn man konnte schon damals trotz der noch mangelhaften Kenntnisse über den Wärmewert der Eiweißstoffe einwenden, daß auch eine völlige Verbrennung der ganzen Masse der bei einer Gärung tätigen Hefe niemals so viel Wärme liefern könne, als angeblich nach Liebig frei wird, was dieser durch das Argument: „die lebenden Eiweißstoffe hätten eben viel mehr Energiegehalt als das tote Eiweiß" entkräften wollte.

Bald stritten andere Theorien über die Gärung mit jener von Pasteur um Anerkennung. Schon 1858 wurde von Traube angenommen, daß in den Zellen von Organismen neben anderen Stoffen auch ungeformte Fermente enthalten seien und Umsetzungen erzeugten; so auch bei der Gärung. Solche Fermente hätten mit dem Lebensprozeß nichts weiter gemein als eben ihre Erzeugung durch das Leben, im übrigen wäre ihre Wirkung, wenn sie einmal entstanden waren, jeder weiteren Einflußnahme entrückt, die Gärung im speziellen Falle wäre dann nur ein Teil der sonst unbekannten undefinierten Lebensvorgänge selbst. Auch Hoppe-Seyler hat Jahrzehnte später an dieser Fermenttheorie, die er übrigens auf alle möglichen Umsetzungen, nicht etwa nur auf die Milchsäure- und Buttersäuregärung usw. ausdehnte, festgehalten. Von ihm scheint auch zuerst der generelle Gedanke ausgesprochen worden zu sein, daß Gärungen allemal Stoffe von insgesamt niedrigerer Verbrennungswärme erzeugten[1], während Liebig, wie schon erwähnt, das Gegenteil angenommen hatte.

Im Jahre 1879 suchte Nägeli in einem an Gedanken reichen Buche das Gärungsproblem auf einem anderen Wege zu lösen: Nägeli widerlegt zunächst die Pasteursche Behauptung, daß O-Entziehung die Ursache der Gärung sei auf Grund eingehender quantitativer Experimente (a. a. O. S. 25) und kommt zu dem Schluß, daß die Anwesenheit von O sogar die Alkoholbildung steigere.

---

[1] Siehe bei Nägeli, *Theorie der Gärung.* 1879. S. 52.

Gärung sei eben immer eine Eigenschaft der Hefezelle; er verwirft auch die Fermenthypothese Traubes, weil solche Fermente aus der Hefezelle nicht dargestellt worden seien. Er glaubt überhaupt nicht an Fermente im Plasma, da sie dort unnötig seien. Fermente hätten immer den Zweck, Nahrungsstoffe für die Zelle verwertbar zu machen, ein Gärungsferment würde geradezu etwas erzeugen, was dem Leben der Zelle selbst hinderlich sei. Man könne eher daran denken, daß die Gärungsprodukte vielleicht etwa Schutzstoffe in der Konkurrenz mit anderen Pilzen seien, wie man etwa die Spaltung von Amygdalin durch Emulsin oder des myronsauren Kali durch Myrosin auffassen könnte. Fermente seien Körper, welche Spaltung unter Wärmebindung veranlaßten, er glaubt das durch Berechnungen (deren Mangelhaftigkeit wir heute kennen, a. a. O. S. 54) zu beweisen, bei der Gärung, das erkennt aber Nägeli an, handle es sich um exotherme Vorgänge, also um Prozesse mit Wärmeentwicklung.

Für ihn wird die Spaltung des Zuckers durch das Plasma der Zelle, das freilich auch noch andere Lebensfunktionen habe, hervorgerufen. Der Sauerstoff (a. a. O. S. 73) vermöge durch das Freiwerden von Kräften die Lebensbewegungen zu unterhalten, — Massenbewegungen und Molekülschwingungen — und die bei der Gärung frei werdende Wärme wirke ebenso. Unter den Molekularbewegungen sind solche, welche sich weiterhin im Umkreis verbreiten und den Zucker zu Mitschwingungen und schließlich zum Zerfall bewegen. Die Energie, welche den Zucker zerlegt, sei klein im Verhältnis zu der Wärme, die bei seiner Spaltung sich bilde. Gärung unterhält also auch durch diese Wärme zugleich das Leben (a. a. O. S. 75). Gärung sei aber nie der einzige Lebensvorgang, dies sehe man auch schon daraus, daß außer der alkoholischen Spaltung noch (5 Prozent) Glyzerin und Bernsteinsäure und etwas CO_2 entstehe. Auch bei der Milchsäurebildung würde nie aus Zucker nur Milchsäure, sondern auch noch andere Produkte gebildet (a. a. O. S. 15). Nägelis Molekularwirkung des Plasmas reicht über die Hefezelle selbst hinaus, so daß durchaus nicht aller Zucker in die Zelle und in die Nähe des Protoplasmas kommen muß (a. a. O. 48).

Nägelis Theorie nimmt also mit Rücksicht auf die Hefe als Organismus an, daß die Gärung neben anderen Lebensvorgängen besteht und aus der Fernwirkung bis über die Zellgrenze hinaus geht hervor, daß auch die entwickelte Gärwärme viel größer sein muß als jener Anteil der Wärme, der dem Protoplasma zugute kommt und dieses lebend erhält.

In den Untersuchungen, durch welche ich die energetische Auffassung der Ernährungsvorgänge beim Warmblüter begründet habe, nahm ich auch Gelegenheit zu einem Ausblick auf die Mikrobiologie und habe die damals als so besonders merkwürdig erscheinende ungeheure Zerstörungskraft der Gärungserreger für das ihnen angepaßte Nährsubstrat dem Verständnis näher gerückt. Ich habe damals die Meinung ausgesprochen, daß zwischen der Kleinlebewelt und den höheren Organismen kein Unterschied der prinzipiellen Lebensvorgänge angenommen werden könne. Weil für die höher stehenden Organismen der Gleichgewichtszustand durch eine gewisse Menge von Kräften erzielt werde, das lebende Protoplasma also einen bestimmten Bedarf an solchen habe, so müsse das gleiche Gesetz auch für die Einzelligen gelten.[1] Dann aber war ein Unterschied zwischen aerobem und anaerobem Leben, was die zum Leben erforderliche Energiemenge betraf, überhaupt hinwegfallend, nur stofflich bestand ein Quantitätsunterschied insofern, als die höhere Verbrennungswärme bei der Oxydation und die geringe Wärmeentwicklung bei einer Spaltung etwa von Zucker in Kohlensäure und Alkohol natürlich weit mehr „Stoffmaterial“ erforderte, um die gleiche Energie zu liefern, wie bei dem Leben in aerobem Zustand. Oxydative Spaltung ist eben nur ein Optimalfall für die Auslösung der Energie organischer Körper (Rubner, a. a. O. S. 389).

Diese Anschauung hat aber weiter keine Beachtung gefunden, vielleicht deshalb, weil damals die Mittel fehlten, um methodisch die Frage in weitem Umfange bei verschiedenen Spezies zu prüfen. Andererseits ergab sich ja auch aus der Nägelischen Theorie, daß man einen näheren biologischen Zusammenhang zwischen Aerobiose und Anaerobiose gar nicht mehr suchte.

Einen wesentlichen Umschwung in den Anschauungen über die Gärung hat die Auffindung des Alkoholgärungsferments durch E. Buchner hervorgerufen, dem alsbald die Entdeckung anderer Gärungsfermente bei der Milchsäure-Essigsäuregärung u. a. folgten. Der Standpunkt, den jahrzehntelang Hoppe-Seyler vertreten hatte, schien damit zur Gewißheit geworden. Das Alkoholferment ist nach dieser Auffassung ein endozelluläres Ferment, das unter bestimmten Verhältnissen aus der Hefezelle gewonnen werden kann.

Die Zuckerzerlegung durch Gärung gilt jetzt als die ausschließliche Wirkung der Fermente, der Zymase, welche den Traubenzucker

---

[1] *Zeitschrift für Biologie.* 1885. Bd. XXI. S. 339.

nach bekannter Formel spaltet. Das vitale Element in dieser Theorie bleibt die Hefezelle nur noch als die Erzeugerin dieses Fermentes, das einmal entstanden, seine Wirkungen nach bestimmten bekannten Gesetzen entfaltet. Die Sachlage ist also sozusagen wie bei den höheren Organismen, in deren Verdauungstraktus sogar verschiedene Fermente von Organen, deren Zellen im übrigen ihren besonderen Stoffwechsel haben, gebildet werden. Was ist aber das Leben der Hefezelle überhaupt und worin äußert es sich? doch nicht nur in einer Fermentsekretion, oder ist diese etwa wirklich ihr ganzer Lebensinhalt?

Es ist bemerkenswert und auffällig, wie wenig man an diese doch eigentlich den Kernpunkt jeder biologischen Betrachtung bildende Frage denkt, und wie man allmählich völlig auf eine solche biologische Auffassung des Gärungsproblems verzichtet hat. Wenn man die wichtigsten Handbücher der Gärungsorganismen studiert, wird man keine Antwort auf unsere Frage finden.

Adolf Meyers treffliches Buch über die Gärungschemie beschäftigt sich in seinem Grundgedanken mehr mit dem Problem der molekularen Umlagerung bei der Gärung, den Beziehungen der Zuckerkonstitution zur Zuckerspaltung, der chemischen Mechanik, den intermediären Vorgängen, aber nicht mit unserer biologischen Frage des Gärungsproblems selbst.

Bei Duclaux sind die Beziehungen der Gärungen zum Leben der Zelle mit wenigen Worten abgetan, die Zuckerumlagerungen finden im aeroben wie anaeroben Leben statt, nur sei ersteres lebhafter als das letztere.

Ein schärferes Bewußtsein für die biologischen Konsequenzen der modernen Gärtheorie findet sich bei Lafar. Lafar sagt, durch diese neue Erkenntnis sei die vitalistische Auffassung der Gärungserscheinungen eingeengt und berichtigt worden. „Diese sind also nicht ...... der Ausdruck des Gesamtstoffwechsels der Gärungsorganismen, sondern sie sind das Ergebnis der Wirkung eines bestimmten einzelnen Bestandteils der Zellen und können auch ohne diese selbst in allen Fällen hervorgerufen werden, in denen es gelingt, das spaltende Enzym in wirkungsfähigem Zustande abzuscheiden und für sich allein in Tätigkeit zu bringen.“[1]

Nach dieser Auffassung wäre sonach die Alkoholgärung eine Nebenerscheinung der sonstigen darin anzutreffenden, allerdings unbekannten

[1] Lafar, Bd. I. S. 22.

Lebensprozesse der Hefezelle. Auch noch an einer anderen Stelle findet sich bei Lafar (S. 25) diese Auffassung wiederholt. Die Gärungserscheinungen seien nicht als Ausdruck des „Gesamtlebens" aufzufassen, sondern als Wirkung eines bestimmten Bestandteils der Gärungserreger. Lafar macht darauf aufmerksam, daß zwar eine eigentliche Definition der Gärung in neuerer Zeit nicht ausgesprochen sei, daß man aber doch im allgemeinen annehme, Gärung sei eine durch Mikroorganismen herbeigeführte Zerlegung von Substanzen, wobei aber weder das Material, noch die Spaltungsprodukte für die Zwecke des Zellaufbaus in größerem Maße herangezogen würden. „Durch letzteres Merkmal ist diese Abgrenzung gegen jene anderen Erscheinungen zu ziehen versucht, welche als wahre und eigentliche Ernährungsvorgänge gelten".

Ich glaube, man darf diese Auffassung als die wohl allgemein heute herrschende ansehen, so daß sie schließlich dem Bilde entspricht, das ich oben von den Beziehungen der Verdauungsfermente zu den Lebensprozessen und der Zellarbeit der höheren Organismen gegeben habe. Die Gärung ist eine Nebenleistung der Hefezelle, die man durch Trennung des Fermentes auch an einem beliebigen anderen Orte als in der Zelle oder deren Nachbarschaft einleiten kann.

Freilich haben wir schon in der historischen Übersicht gesehen, die Verbindung der Fermenttätigkeit mit der lebenden Substanz der Hefezelle war auch bei Pasteur und Nägeli eine ziemlich lockere; wollte auch ersterer die Gärung als ein Äquivalent der oxydativen Spaltung des Zuckers ansehen, so hatte er doch praktisch diesen Gedanken durch die zeitlich unbegrenzte Wirksamkeit des „Fermentes" wieder fallen lassen, und bei Nägeli liegt in der Annahme einer extrazellulären Gärung die gleiche Lücke vor, indem auch hier eine unbestimmte Menge der molekular-physiologischen Zersetzungskraft für die Zelle selbst verloren geht. Im Suchen nach einer Zweckbestimmung der Zuckergärung greift man auf einen von Nägeli schon ausgesprochenen ökologischen Gedanken zurück.

Die Erklärung des Gärungsvorganges bringt die sogenannte ökologische Theorie. Man sagt, die Gärtätigkeit eines Pilzes befördert sein eigenes Wachstum und benachteiligt die anderen Pilze.

Den hierin liegenden Grundgedanken hat auch Wortmann als eine Erklärung für das Wesen der Gärung angesehen, demnach würde also den Gärungsprodukten, wie man sich ausgedrückt hat, die Bedeutung von „Kampfstoffen" zukommen.[1]

[1] Lafar, Bd. I. S. 330.

Die Experimente, welche zu einer solchen Anschauung führen, sind leicht genug anzustellen; im wesentlichen genügt es, in einer gezuckerten Faulflüssigkeit etwas Hefe auszusäen, um die störende Wirkung der Hefe alsbald eintreten zu sehen. Und die Alkoholgärung sollte wirklich nur diesen einen Zweck zu erfüllen haben?

Die ökologische Theorie sucht in dieser Weise dem Gärungsvorgang einen indirekten Nutzen für das Leben der Hefezelle zuzuweisen; denn einen direkten Nutzen hat die Fermenttheorie ja nicht mehr zu verteidigen.

Der Preßsaft enthält nach neueren Untersuchungen übrigens bei der Hefe nicht nur ein Alkohol bildendes Ferment, sondern noch eine ganze Reihe anderer, nämlich: hydrolytische, welche Maltose, Rohrzuckerin, Glykosen spalten, ein proteolytisches, die Endotryptase, ein oxydierendes, reduzierendes, fettspaltendes, H_2O_2 zersetzendes und ein Labferment. Nach den jüngsten Angaben von E. Buchner soll die Zymase, die jetzt als Lactacidase bezeichnet wird, Milchsäure in CO_2 und Alkohol umwandeln, und die Milchsäure selbst würde durch einen intermediären Prozeß, durch Hefenzymase, aus Zucker entstehen.

Danach hat es den Anschein, als wenn auch andere Funktionen, welche in der Hefezelle ausgeführt werden können, rein enzymatischer Natur wären.

Ganz ähnlich wie für die Hefe hat man auch in zahlreichen tierischen und pflanzlichen Zellen auch bei höheren Organismen Fermente für die allerverschiedensten Verrichtungen, die wir sonst als Ausfluß der Lebenstätigkeit aufgefaßt haben, gefunden. Ganz ähnlich bei den Bakterien, deren Stoffspaltungen fast ungeändert weiter gehen, auch wenn man die lebende Substanz tötet und die Fermente allein wirken läßt. Es hat wohl für manche Autoren gar nichts Bedenkliches, ganz allgemein den Stoffwechsel auf die Wirkung der „Stoffwechselfermente" zurückzuführen.

Diese Erweiterung unserer Kenntnis von den endozellulären Stoffwechselfermenten, im Gegensatz zu den schon länger bekannten Verdauungsfermenten ist gewiß ein Tatsachenmaterial von großer Bedeutung. Es hat uns aber die Erklärung der eigentlichen Lebensvorgänge keineswegs, wie man meint, erleichtert, sondern fast noch mehr verwickelt. Denn daß die Spaltung solcher Verbindungen, denen man bisher die Funktion als Kraftquelle für die Organismen zu dienen zugeschrieben hat, die naturgemäß also mit einer positiven Wärmetönung endet, eine rein fermentative ist, bringt uns in die schwierige Lage, diese Umformung der Wärme für die energetischen Bedürfnisse der lebenden Substanz einer verständlichen Erklärung zuzuführen, weil die Regelung einer systematischen biologischen Arbeit durch vom Protoplasma losgelöste Fermente zunächst als ein völlig ungelöstes Rätsel erscheint. Die Selbstregulation der Zersetzung, wie wir sie in jedem Organismus sehen, läßt sich ohne weiteres einem Fermentgemische kaum zuschreiben.

Zweites Kapitel.

Biologische Ziele und Aufgaben.

Wie ich soeben bei der Betrachtung über die Hefe und den Stoffwechsel höherer Organismen angedeutet habe, klafft in unserer Erkenntnis der Lebensvorgänge eine tiefe Lücke insofern, als die rein biologische Seite des Fermentproblems mehr oder minder völlig übersehen worden ist, für die Hefe im engeren Sinne könnte man sagen, man sei mit der Annahme einer rein fermentativen Zuckerspaltung zum Zwecke des Speziesschutzes an dem Gedanken der Hefe als einem Organismus glattweg vorbeigegangen. Eine biologische Erklärung eines Lebensvorganges kann sich mit der Annahme ungeordneter, zusammenhangloser Fermentationsvorgänge nicht beruhigen; es muß festgestellt werden, wie diese Dinge stofflich und energetisch zusammenhängen und wie daraus die Leistungen des ganzen Organismus zu begreifen sind.

Die innere Ordnung der Zelle mit ihrer Befriedigung des Nahrungsbedürfnisses und die Selbstregulation sind Vorgänge, ohne welche eben der Begriff Organismus in sich zusammenfällt; hierin Aufklärung zu schaffen, ist Aufgabe der biologischen Betrachtung eines Problems der lebenden Welt. Wenn die mächtige Alkoholgärung nur eine Nebenerscheinung des Lebens ist, so werden wir uns vom biologischen Standpunkt aus fragen müssen, was geht denn sonst in diesem Organismus vor, der solche gewaltige Umsetzungen nur zu seinem Schutze vornimmt? Ein Organismus kann doch nicht als ruhende Masse gedacht werden, und wenn überall das Leben einen labilen Gleichgewichtszustand darstellt, der nur durch besondere Ernährungsvorgänge unterhalten werden kann, mit stetem Verbrauch von Stoff und Energie, was geschieht denn dann in der Hefezelle, abgesehen von dieser Fermentsekretion, deren Wirkungen nach den Gesetzen der unorganisierten Körper ohne Nutzen für den Ablauf der Lebensvorgänge im Protoplasma sich äußern? Ohne Nutzen für die lebende Substanz; denn wir können uns ja keine andere Vorstellung von der Zerlegung des Zuckers machen, als daß er eben durch das räumlich benachbarte Ferment zum Zerfall gebracht wird, je nach seiner Lage in der Nähe der lebenden Substanz oder auch entfernt davon, und die in diesem Moment freiwerdende Wärme wird die CO_2 und der Alkohol besitzen und von diesen Substanzen wird sie sich weiter verbreiten. Diese Wärme kann für die lebende Substanz keine anderen Wirkungen auslösen, als wenn wir ein Gärgefäß von außen erwärmen, sie wird die Lebhaftigkeit der Umsetzungen steigern, aber nie nähren.

Mag diese Gärwärme noch so erheblich sein, so kann sie unmöglich irgend eine Kraftquelle für die Hefe abgeben. Wenn es auch bisweilen den Anschein hat, als habe einzelnen Autoren ein ähnlicher Vorgang vorgeschwebt, so wissen wir aus den Ergebnissen biologischer Forschung, daß eine solche Umwandlung der Wärmeenergie in nutzbare Kraft für Lebenszwecke allen unseren Erfahrungen direkt widerspricht. Die Energie muß im Moment der Auslösung in die für das Leben nutzbaren anderen Formen übergehen oder sie wird zwecklos für dasselbe.

Hier liegt also ein Grundproblem vor, das einer Entscheidung harrt. Solange das Ferment nur Schutzwirkungen hat, ist der Nebeneffekt der Wärmebildung und des Energieverlustes gleichgültig. Für den Lebensbetrieb selbst ist ein solcher Vorgang völlig nutzlos.

Daß die Lösung der Fermentfrage und ihre Beziehungen zum Lebensprozeß nicht eben einfach ist, kann man ohne weiteres zugeben, daß sie aber gelöst werden muß, ist nicht nur für den Hefestoffwechsel, sondern für die Lebensvorgänge bei allen anderen Organismen von entscheidender Wichtigkeit, auch bei den höchsten Organismen, wo die „Stoffwechselfermente" für die intermediären Spaltungsvorgänge in den Oxydasen den Schlußstein zu einer rein fermentativen Lebenstheorie gebracht haben.

Es ließe sich ja freilich, um aus der Sackgasse zu kommen, die Annahme machen, daß das, was ein wahrer Lebensprozeß ist, zu geringe Änderungen bedinge, um neben der weit mächtigeren Gärung in die Erscheinung zu treten. Im Stadium der bisherigen Kenntnisse über die Biologie der Hefe läßt sich gewiß auch diese Vermutung aussprechen. Bei einer solchen Lebensweise könnten alle Vorgänge sich abspielen, wie sie sonst in anderen Zellen ablaufen und ein Ausdruck der lebenden Substanz sind, nur würde die Fermentsekretion bei der Hefe gewissermaßen h y p e r t r o p h i s c h geworden sein und uns über den Umfang des „fermentproduzierenden" Lebensprozesses täuschen.

Ich habe schon oben angedeutet, daß eine solche Auffassung anderen biologischen Tatsachen aus dem Leben der Hefe widerspricht. Sehen wir von der Gärfunktion völlig ab, weil sie nach der heutigentags geltenden Theorie völlig von dem inneren Lebensbetrieb ausscheidet, so bleibt uns als besser bekannte Eigenschaft des Lebens das Wachstum der Zellen, dessen Größe durch die Ernten sicher feststellbar ist. Die Hefe wächst unter günstigen Bedingungen sogar sehr rasch; man überzeugt sich durch die einfachsten Experimente hiervon.

Das Wachstum soll nun nach der Meinung mancher Autoren mit der Gärtätigkeit der Hefe innig verwoben sein. Nirgendwo spielt im Tier- und Pflanzenreich das Wachstum, die Überschwemmung des Nährmaterials mit neuen Zellen eine so bedeutende Rolle wie bei den Bakterien und Hefen, bei allen bakteriologischen Züchtungsversuchen drängt sich uns diese Massenproduktion so auffällig in den Vordergrund, sie schien so mit Ferment- und Toxinbildung verknüpft, daß diese wie anderweitige vegetative Vorgänge überhaupt als Nebenerscheinungen des Wachstums aufgefaßt worden sind. So könnte also das Alkoholferment auch eine Art Abfall oder Nebenprodukt des Zellaufbaues sein.

Wenn Hefezellen ohne Wachstum auch Gärung erzeugen, so könnte dies durch aufgespeichertes Ferment bedingt sein.

Natürlich wollen wir auch diese Eventualität, daß Gärwirkung und Wachstum engstens zusammengehören, eingehender prüfen; ehe diese Annahme nicht widerlegt ist, wird man mit ihr rechnen müssen. Wir stehen aber keineswegs auf so unsicherem Boden, daß wir nicht schon jetzt kritisch die obigen Annahmen auf ihre Richtigkeit prüfen könnten. Seit etwa zehn Jahren habe ich mich eingehend mit dem Wachstumsproblem nach verschiedenen Richtungen hin beschäftigt, als Ergebnis dieser Arbeiten haben sich gewisse biologische Beziehungen zwischen Wachstum und Ernährung (Dissimilation) ergeben. Analogien des Ernährungsprozesses bestehen durch das ganze Tierreich, in allen wesentlichen Grundzügen. Ich will niemandem vorläufig zumuten, an solche Parallelen zwischen Warmblüterernährung und Hefeernährung zu glauben, aber ich habe doch auch das Bakterienwachstum und zwar verschiedener Spezies, auch solcher, welche „Gärungen“ erzeugen, untersucht, und dabei gefunden, daß neben dem Wachstum stets Dissimilation oder Zerstörung von Stoffen vorhanden ist.

Wachstumsgröße und Dissimilation stehen aber in einem gewissen quantitativen Zusammenhang, nicht im Sinne einer Naturkonstante, aber immerhin kann man sagen, daß bisher kein Fall bekannt ist, in welchem die Menge der als Anwuchs zu verzeichnenden Energie die Größe des Dissimilationsprozesses erreicht oder erheblich überschritten hätte.

Sollte aber gerade bei der Hefe das Wachstum, das, wie ich gezeigt habe, auch bei den verwandten Bakterien sich in den eben genannten Beziehungen zu dem Dissimilationsprozeß hält, so sehr zuungunsten des letzteren gesteigert sein, daß dieser verschwindend klein ist? Sollte, wie an einer Stelle der Literatur sich angedeutet findet, die Bildung von Glyzerin und Bernsteinsäure einzig und allein der Ausdruck jenes hypothetischen besonderen Stoffwechsels der Hefezelle sein?

Man stößt bei biologischer Betrachtung der heutigen Anschauungen, wie man sieht, überall auf Schwierigkeiten; es wird aber nicht möglich sein, durch theoretische Erwägungen und Diskussion eine Aufklärung zu verschaffen, sie zeigen uns nur die Lücken unserer Erkenntnis. Es drängen sich uns da drei wichtige Probleme auf:

Zunächst die Frage, ob es ein Wachstum der Hefe bei einem verschwindend kleinen Dissimilationsprozeß gibt; zweitens die Frage, ob letzterer, von der Gärung verschieden, vielleicht doch umfangreicherer Natur, aber bis jetzt eben noch nicht genauer erkannt sei, und drittens, ob vielleicht eine andere biologische Bewertung des Gärungsvorganges möglich sei?

Lassen wir also einmal auch die Beziehungen des Wachstums zur Gärung beiseite, so werden wir uns mit ersterem doch aus anderen Gründen eingehender zu beschäftigen haben. Die Bedingungen, welche zu dem Massenwachstum Veranlassung geben, sind nur wenig bekannt, daß aber über das Wachstum noch manch anderes entscheidet als bloß der gute Nährboden, ist von vornherein wahrscheinlich, der kausale Zusammenhang zwischen Nährmaterial und Wachstum muß näher klargelegt und auch nachgewiesen werden, durch welche Bedingungen überhaupt bei den Einzelligen die Nährlösungen das Wachstum auslösen.

Ich habe damit nur mit einigen Strichen angedeutet, wie lückenhaft tatsächlich unsere biologischen Kenntnisse sind, und wie große Probleme einer Lösung harren. Es wird sich im Laufe dieser Darstellung ohne weiteres ergeben, wie mit dem Fortschreiten der neuen experimentellen Befunde sofort neue Fragen auftauchen.

Ich glaube damit schon klar angedeutet zu haben, wohin unser Weg gehen muß, wir wollen versuchen, die gesamten Lebenserscheinungen der Hefezellen in eine quantitativ meßbare Form zu bringen; das ist bis jetzt nicht geschehen, nicht als ob nicht mancherlei messende Experimente an Hefen gemacht worden seien, im Gegenteil, ihre Zahl ist vielleicht enorm groß, aber trotz alledem haben sie nicht genügt, das Rätsel des Lebens dieser einzelligen, einfachen Organismen in den Hauptpunkten aufzuklären.

Das Ungenügende und Unbefriedigende liegt mehr darin, daß die Experimente sich von Anfang an die Fragen nicht so gestellt haben, wie sie vom ernährungs-physiologischen Standpunkt aus notwendig sind.

Wir sollten, meine ich, zunächst einmal auf die Untersuchung der Hefe dieselben Gesichtspunkte anwenden, die wir mit gutem Erfolge auch beim Studium der stofflichen und energetischen Fragen bei den höheren Organismen angewendet haben.

Diese umfassen einmal die Untersuchung des betreffenden Organismus selbst: wie Wachstumserscheinungen oder Gleichgewichts- und Inanitionserscheinungen, die Feststellung etwaiger Ausscheidungen N-haltiger Natur im Zusammenhang mit den Veränderungen des „Körpers der Hefezelle", Bestimmung der Nährstoffe und deren Verbrauch und eventuelle Kontrolle der Stoffwechselprodukte.

Die Methodik ist also selbstverständlich, denn sie wird die körperlichen Veränderungen durch den N-Gehalt der Zellen (eventueller Glykogengehalt usw.) den Stoffverbrauch durch Zuckerbestimmungen in allgemein bekannter Ausführung verfolgen können.

Gerade bei der Hefe liegen so gut wie keine technischen Schwierigkeiten zur Lösung dieser Experimente vor, weil sich die Hefezellen so leicht durch jede gute Zentrifuge von der Nährflüssigkeit scheiden lassen. Bei den Bakterien ist die Bestimmung der Ernte meist außerordentlich schwer richtig quantitativ zu machen, dies Bedenken fällt bei der Hefe völlig weg. Die Hefeernten werden also durch einfaches Ausschleudern, Auswaschen in physiologischer Kochsalzlösung absolut sicher gewonnen.

Auch die Bakteriologie bietet uns für viele Fälle durch die Anwendung geeigneter Zählmethoden oder auch Kulturmethoden (abgesehen von der Gewinnung reinen Ausgangsmaterials), durch welche die Zahl der wirksamen Hefezellen jederzeit leicht kontrolliert werden kann, eine wertvolle Hilfe.

Über die Anwesenheit des Alkoholfermentes kann man sich durch das von E. Buchner angegebene Verfahren der Behandlung der Hefe mit Aceton oder Toluol, welche nur die lebende Substanz töten, leicht orientieren.

Wir haben aber noch eine modernere Methodik zur Verfügung — die Mikrokalorimetrie, von deren Benutzung wir uns von vornherein eine wichtige Hilfe versprechen können. Obschon ich bereits, wie erwähnt, im Jahre 1885 auf die Möglichkeit solcher Untersuchungen bei Gärungen verwiesen habe, hat diese Anregung nicht die geringste Beachtung gefunden, ich selbst bin erst durch mancherlei Beobachtungen über den Stoffwechsel der Bakterien wieder auf die Ausführung dieses Gedankens zurückgekommen. Nach jahrelangen Versuchen, durch Bestimmung der Verbrennungswärme von Bakteriennährböden zu einem Ziele zu gelangen, bin ich zur direkten Messung der Wärmeproduktion lebender Kulturen übergegangen.

Diese Untersuchungen haben sich schließlich so förderlich erwiesen, daß sie zusammen mit der übrigen Methodik einen vorläufigen Abriß über das Leben der Mikroorganismen gegeben haben. Da diese Ergebnisse von großer Bedeutung für unsere Aufgabe sein werden, will ich einen kurzen Überblick über diese Arbeiten geben.

Im Jahre 1902 habe ich zuerst[1] eine kurze Mitteilung erfolgen lassen, aus der sich ergab, daß die Messung kleinster Wärmemengen, wie sie bei bakteriellen Zersetzungen frei werden, in genauer Weise erfolgen könne. Die Methodik selbst wurde zuerst im Jahre 1903[2] näher beschrieben. Dort finden sich auch die Gedanken etwas weiter ausgeführt, die ich schon im Jahre 1885 angedeutet hatte. Ich habe hervorgehoben, daß gerade für die Kleinlebewelt die Wärmemessung eine außerordentlich bequeme Formel darstellt, um die außerordentlich großen Verschiedenheiten in der Stoffwechselgleichung, die vielleicht vielfach noch gar nicht vollkommen bekannt seien, unter einem einheitlichen Gesichtspunkt zu ordnen. Dieser Schluß war vielleicht insofern etwas weitgehend, als außer der Wärmewirkung bei der Alkoholgärung, bei der Essigsäuregärung, der Selbsterwärmung des Heues, des Düngers, der Baumwolle nicht viel über solche Prozesse bekannt war, ja sogar von mancher Seite auch „Wärmebindungen" behauptet wurden.

Welche Stellungen nehmen die kleinsten Lebewesen in ihrer Fähigkeit, Stoffumwälzungen herbeizuführen, überhaupt ein? Wie stellt sich ihre Kraft zur Spaltungskraft der differenzierten Zellen der höheren Lebewesen?

Anlaß zu solchen Untersuchungen bot auch der Umstand, daß man namentlich trotz der außerordentlich zahlreichen Experimente an Bakterien kaum mehr studiert hatte, als das Wachstum auf den verschiedenartigsten Nährböden. Die Massenproduktion trat bei solchem

---

[1] *Gesetze des Energieverbrauchs.* S. 47.

[2] *Hygienische Rundschau.* Nr. 17.

Verfahren ganz in den Vordergrund, an etwaigen Vorgängen ohne Wachstum hatte man kein Interesse, auch kaum an deren Möglichkeit gedacht. Das Wachstum schien allein den ganzen Stoffumsatz dieser Organismen zu beherrschen.

Ich habe zuerst aber die Notwendigkeit ausgesprochen, die Erfahrungen, die wir über das Wachstum höherer Organismen gemacht hatten, auf die Verhältnisse der Mikroorganismen zu übertragen. Es hatte sich für die Säuglinge ergeben, daß der Energieverbrauch und die Wärmebildung beim Wachstum nicht spezifisch gesteigert sind, nur der Überschuß der Nahrung erzeugt die Massenzunahme. Der Energiezuwachs durch die Körpergewichtszunahme ist günstigsten Falles nur ein kleiner Teil des gesamten Energieumsatzes, mit anderen Worten, der durch den Abbau der Stoffe repräsentierte Energieverbrauch ist der umfangreichere, jenen des Wachstums selbst um ein Mehrfaches übertreffend.

Ich setzte voraus, es müsse auch bei den Mikroorganismen das Wachstum in irgend einem bestimmten Verhältnis zu den Dissimilationsvorgängen stehen.[1] Das war zunächst eine Hypothese; denn von solchen, dem Wachstum beigeordneten regulären Stoffwechselvorgängen wußte man eben nichts, ebensowenig wie man über die Natur der beim Wachstum verwendeten Stoffe, von dem Umfange von Synthesen und dergl. sicheres im Einzelfalle aussagen konnte.

Der Weg der Anwendung der Kalorimetrie mußte unbedingt einen Schritt weiter bringen; die Experimente, welche ich angestellt habe, verliefen durchaus in dem Sinne, wie erwartet werden durfte. Bei bakteriellem Wachstum findet man wenigstens in allen bis jetzt von mir geprüften Fällen zweifellos eine meßbare Wärmeentwicklung, welche im Verhältnis zur kleinen Menge der Zellmasse sehr beträchtlich ist.

Nicht alle bei bakteriellen Prozessen entwickelte Wärme stammt aus den Stoffwechselvorgängen im engeren Sinne, ich habe[2] an der Hand von experimentellen Beispielen gezeigt, daß die Wärmemengen, die aus Nebenprozessen stammen (Neutralisation durch Kohlensäure, Milchsäure, Buttersäure usw., Entweichen von verbrennlichen Gasen, Fällungen von Substanzen) wohl berücksichtigt werden müssen, um jenen Kern des Kraftwechsels herauszuschälen, der biologisches Interesse besitzt.

[1] *Archiv für Hygiene.* Bd. XLVIII. S. 264.
[2] *Archiv für Hygiene.* Bd. LVII. 1906. S. 193.

Ausgangspunkt aller Untersuchungen muß die Feststellung der Ernten, d. h. der Menge der wirksamen Substanz sein.

Auf Grund zahlreicher Beobachtungen war es möglich, das Verhältnis zwischen dem Wachstum und dem Energieverbrauch im Dissimilationsprozeß festzustellen, so daß für eine Reihe von Organismen die Verhältnisse sich vergleichend physiologisch haben betrachten lassen.

Auch hat sich die Lebensfähigkeit und der Stoffwechsel bei Bakterien bei fehlendem Wachstum erweisen und damit eine bisher sehr fühlbare Lücke im Parallelismus der Ernährungserscheinungen zwischen den höheren Organismen und den einfachsten Lebewesen ausfüllen lassen. Vergleichend physiologisch sind daher die Bakterien und Hefen nunmehr unserem Verständnis näher gerückt.

Die großen Umrisse dieser Stoffwechselphysiologie der Einzelligen bedürfen aber noch im einzelnen einer genaueren Erkenntnis, sowohl nach der stofflichen wie energetischen Seite hin.

Diese zu bieten soll die Aufgabe der nachfolgenden Untersuchungen sein, welche systematisch an einem Einzelligen die Möglichkeit der Begründung einer Stoffwechselphysiologie zeigen sollen.

In diesen Versuchen und ihren Ergebnissen können wir das Unterpfand für eine Lösung der uns gestellten Aufgabe für die Hefe sehen, denn Experimente, deren Ausführung bei den Bakterien sehr mühselig gewesen sind, liegen bei der Hefe, wo sich der Gewinnung von reichlichem Ausgangsmaterial gar keine Schwierigkeiten boten, unendlich viel einfacher.

Ein wichtiges Mittel für die Erklärung der Lebensvorgänge bleibt unter allen Umständen die zweckmäßige Variation der Lebensbedingungen, das biologische Experiment selbst.

Alles zusammengenommen verfügen wir über eine sehr umfangreiche Zahl methodischer Hilfsmittel und es soll im folgenden gezeigt werden, welche Aufklärung ihre konsequente Anwendung uns gebracht hat.

Drittes Kapitel.

Die Mikrokalorimetrie.

Die hauptsächlichsten Studien über die Gärwirkung der Hefezelle sind bisher stets durch die Untersuchung der Zuckerzerlegung ausgeführt worden, und zwar hat man sich dabei fast ausnahmslos der Methode des Nachweises der Kohlensäureentwicklung bedient. Das Verfahren ist einfach, da man für diese Zwecke bestimmte Gärkölbchen angegeben hat, durch deren Wägung nach verschiedenen Zeiten — Verlust von Wasserdampf wird durch Zwischenschaltung von konzentrierter Schwefelsäure ausgeschlossen — die Größe der Kohlensäureentwicklung gemessen wird. In den meisten Fällen kann das Verfahren als zureichend angesehen werden, vorausgesetzt, was noch zu beweisen wäre, daß keine andere Kohlensäurequelle vorliegt als Zucker, d. h. nicht noch ein supponierter Nebenprozeß bei der Dissimilation vorkommt.

Die CO_2 als Maß der Zuckergärung kann aber nur dann beanspruchen, einwandsfrei zu sein, solange sicher aerobe Verhältnisse vorliegen, bei anaerober Spaltung hat die CO_2 natürlich eine völlig andere quantitative Beziehung zum zersetzten Zucker, als im vorigen Falle. Ich habe mich auch gelegentlich dieser Kohlensäuremethode bedient, wo es unbedingt nötig war, und dann die von E. Buchner angegebene Form der Gärkölbchen benützt.

Fast ausnahmslos habe ich zum Studium der Lebensäußerungen der Hefe die thermische Methode angewendet. Wenn man auch von alters her die Gärwärme kennt, so ist in ihr doch bis jetzt nie ein Mittel gesehen worden, um die Gärvorgänge zu studieren und man hat auch nie versucht, eine Methodik auf thermischer Basis aufzubauen. Es ist also hier im kleinen gegangen wie bei der Anwendung der Biokalorimetrie im großen. Auch da beherrschen die chemischen Methoden die ganze Arbeitsrichtung der Stoffwechsellehre, während die direkte Kalorimetrie noch immer sich auf die gelegentliche Anwendung etwa bei fundamentalen Fragen beschränkt hat.

Zum Teil liegt dieser Stand der Kalorimetrie in der Kompliziertheit der Apparate begründet, deren Technik von nur wenigen Autoren voll beherrscht wird, für die Mikrokalorimetrie liegen die Verhältnisse aber wesentlich anders. Ich habe die Methode so ausgebildet, daß sie nicht schwerfälliger, sondern einfacher wie die chemische Methode geworden ist und letztere nach allen Richtungen hin durch die Vielseitigkeit ihrer Ergebnisse übertrifft.

Die thermische Methode erlaubt im ersten Moment der Berührung von Hefe und Zucker die Gärung zu verfolgen; ohne den Versuch zu unterbrechen, kann man in jeder Minute den Verlauf der Prozesse verfolgen.

Die Versuche können auch beliebig lange Zeit, Tage und Wochen, wenn es nötig ist, fortgesetzt werden, ohne die Genauigkeit der Wärmemessung zu beeinflussen.

Etwas zeitraubend sind die Vorarbeiten zur kalorimetrischen Messung, die Eichung der Instrumente, die man ja vorläufig noch selbst ausführen muß.

Die kalorimetrische Messung ist nicht nur rascher ausgeführt, kontinuierlich anwendbar, sondern viel exakter in jeder Hinsicht als die Kohlensäuremessung durch Wägung.

Ich gebe ein Beispiel: Man kann mikrokalorimetrisch noch so wenig Wärme bestimmen als 2 g Kal. in 2 Stunden entspricht und zwar kann ich diese Wärmemenge in jedem Zeitmoment beurteilen, in dem sie auftritt, also nicht erst nach 1 Stunde ev. 2 Stunden. Wenn in 2 Stunden 2 g Kal. durch Alkoholgärung entstehen, sind 1·3 mg Rohrzucker umgesetzt, welche 0,6 mg CO_2 liefern. Ein Gewichtsverlust von 0,6 mg liegt bei den Messungen der Gärung durch die Kohlensäuremethode reichlich innerhalb der Fehlergrenze. Es ist schwer zu sagen, um wieviel empfindlicher die thermische Methode ist, denn sie gibt nur wenige Sekunden später nach der Wärmeentwicklung den Ausschlag am Thermometer; rechnet man hierauf willkürlich eine halbe Minute Zeit, so wäre sie also 240mal so scharf wie die Kohlensäuremethode. Ich kann aber die Empfindlichkeit leicht noch auf das 5 bis 10fache, also bis auf das mehrtausendfache nach Bedarf erhöhen.

Bei der Kohlensäuremethode kann man überhaupt keine einwandfreien fortlaufenden Resultate erhalten, weil man ja behufs Wägung der Apparate diese immer erkalten lassen muß, was den Gärprozeß gewaltig beeinflußt. Daher gibt nicht eine einzige der mit dieser Methodik ausgeführten Reihen ein zuverlässiges Bild.

Wir werden auch sehen, daß das wirklich Interessante der Hefegärung in einem ganz anderen Zeitintervall liegt, als man bisher angenommen hat.

Die Methodik ist zwar beschrieben in der Hyg. Rundschau 1903 Nr. 17 und Arch. f. Hyg. XLVIII. S. 260 1904, die weiteren Verbesserungen siehe Kalorimetrie v. Rubner S. 218 in Tigerstedts Methoden.

Es ist höchst auffällig, daß sie bis jetzt von anderer Seite gar keine

Beachtung gefunden hat; ja in den meisten Handbüchern, die sich mit Zellfragen beschäftigen, nicht einmal erwähnt worden ist, auch da nicht, wo einige meiner Ergebnisse über den Bakterienstoffwechsel benutzt worden sind. Ich gebe also hier nochmals eine kurze Darstellung der Methodik, da sich ja die ganzen weiteren Untersuchungen auf ihr aufbauen werden.

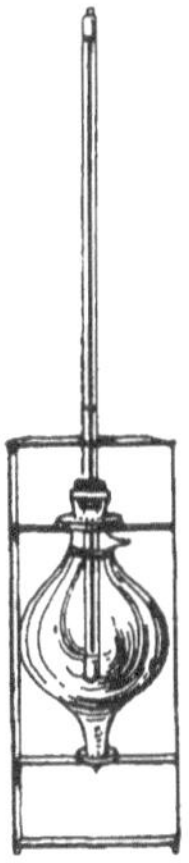

Fig. 1.

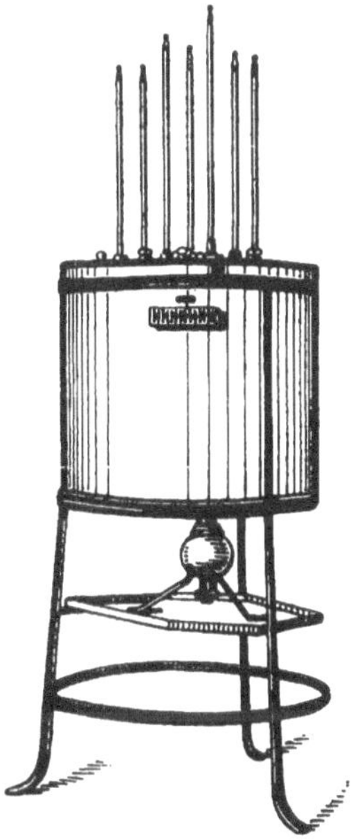

Fig. 2.

Das Kalorimeter besteht aus einem Glasgefäß von rund 300 ccm Inhalt, das in einen Hals ausläuft; dieses Gefäß ist von zwei Glashüllen, die einen Abstand von $^1/_2$ cm haben, umgeben; die beiden Räume sind möglichst luftleer. Das doppelte Vakuum und die dreifache Glashülle setzt den Wärmeverlust außerordentlich herab; wenn also Wärme von dem Inhalt des Kalorimeters — Kulturflüssigkeit — erzeugt wird, so steigen die Temperaturgrade sehr rasch. Die letzteren werden durch ein feines Thermometer abgelesen, dessen Küvette fast ebensolang als die Flüssigkeitsschicht im Kalorimeter ist. Von den Apparaten werden mindestens drei in einem Bakterienbrutschrank so montiert, daß sie von der Berührung mit festen Stoffen tunlichst isoliert sind; die drei Thermometer, die mittels Pfropfen das Kalorimeter abschließen, gehen durch den Deckel des Brutschrankes hindurch und werden, ohne diesen zu öffnen, mit der Lupe abgelesen.

Da man sich auf völlig konstante Temperatur des Brutschrankes selten so verlassen kann, wie dies für die kalorimetrischen Versuche nötig, so dient eines der Kalorimeter, mit Sublimatlösung gefüllt, als Kontrolle. Wenn die ganze Ausrüstung in Ordnung ist, müssen die drei Gefäße, mit steriler Flüssigkeit gefüllt, die gleichen Temperaturen zeigen. Wenn nicht, so ist die Wärmeverteilung des Brutschrankes keine genügende und muß verbessert werden. Die Kalorimeter sind durch Schirme gegen eine gegenseitige Bestrahlung geschützt.

Bei Beginn des Versuches muß das Hauptgewicht darauf gelegt werden, daß man die Nährflüssigkeiten einzufüllen lernt, ohne Abweichungen von der Temperatur des Brutraumes zu erhalten.

Bringen wir an Stelle des Wassers eine Nährlösung mit Mikroorganismen in eines der Instrumente, so zeigt uns der Gang des Thermometers manchmal bald, manchmal erst sehr langsam eine Wärmebildung.

Das Thermometer und Kalorimeter vermag uns zwar eine Anzeige über den Wärmegang zu geben; um darzustellen, was in jedem Moment an Wärme geliefert wird, ist es weiter notwendig, eine absolute Angabe über die Wärmemenge zu machen.

Das Kalorimeter erleidet zwei Veränderungen:

1. es gibt beständig Wärme ab, beim Gleichbleiben des Thermometers steht Wärmeerzeugung und Verlust im Gleichgewicht;
2. das Kalorimeter verändert auch seine Temperatur, speichert Wärme auf oder gibt sie ab. Dieser Umstand ist dann von Belang, wenn alle innerhalb eines längeren Zeitraumes entwickelte Wärme gemessen werden soll und das Kalorimeter eine von der Anfangstemperatur verschiedene Wärme besitzt. Was den ersten Punkt anlangt, so muß das Kalorimeter zunächst „geeicht" werden, d. h. bestimmt werden, wieviel es im Gleichgewichtszustande bei Temperaturerhöhung über die Umgebung an Wärme abgibt.

Am bequemsten geschieht dies mittels des elektrischen Stromes; in die Kalorimeterflüssigkeit taucht ein Platindraht von bestimmtem Widerstand. Aus einer konstanten Elektrizitätsquelle wird ein Strom bestimmter Stärke entnommen und die Ampèremenge genau gemessen. Dann kennt man die angewandte Wärmemenge und erfährt durch die Thermometerablesungen, wieviel Wärmeverlust z. B. 1^0 Temperaturüberschuß entspricht.

Bei jeder Stromstärke wurde 10—12 Stunden beobachtet, um sicher eine zuverlässige Mittelzahl zu erhalten. Das Resultat einer solchen Eichung gibt folgende Tabelle:

Wenn das Thermometer gestiegen ist um:		ist für 1° Erhöhung die Menge der erzeugten Wärme
0·46°		0·0455 kg-Kal. p. 1 Std.
1·57°		0·0458 „ „ „
2·005°		0·0450 „ „ „ „
2·185°		0·0439
2·471°		0·0454 „ „
	Mittel	0·0444 kg-Kal. p. 1 Std.

Bei anderen Kalorimetern fand sich zwischen 0,052 bis 0,062 Kal. pro 1 Stunde schwankende Werte. Die Vakuumkalorimeter lassen sich also leicht in genügender Empfindlichkeit herstellen.

Will man die Methode noch empfindlicher machen, so ist es leicht, dieses Ziel zu erreichen; für die in diesem Buche erörterte Frage genügte es fast ausnahmslos bei der angegebenen Art der durchsichtigen Glaskalorimeter zu bleiben. Der einfachste Weg zur Empfindlichkeitserhöhung ist die Versilberung der Glaswandung. Dann erhält man bei den gewählten Dimensionen der Gefäße für 1° Temperaturdifferenz und 1 Stunde (Kalor. Nr. 680) 6·4 g-Kal. als Wärmeverlust, in einem anderen Falle (Kalor. Nr. 681) 6·7 g-Kal.

Da das Thermometer eine Ablesung von 0·01° direkt erlaubt und 0·005 leicht noch geschätzt werden kann, so erkennt man noch Wärmeprozesse von 0·064 bis 0·035 g-Kal. pro Stunde. Die erreichbare Genauigkeit hängt dann gar nicht einmal mehr von dem Kalorimeter selbst, sondern mehr von der gleichmäßigen Verteilung der Wärme im Brutschrank, in welchem das Kalorimeter aufgestellt war, ab, was man weder von jeder Konstruktion des Schrankes noch von jedem Thermoregulator sagen kann. Wenn ich also annehme, daß man sich auf eine Differenz von 0·01° zwischen messendem Instrument und Kontrollinstrument verlassen kann, so kann man immer noch 0·065 g-Kal. auffinden, wenn diese im Zeitraum einer Stunde sich entwickeln.

Für viele Untersuchungen wurde ein elektrischer Thermostat (s. Fig. 2) angewendet, der eine größere Anzahl von Gärkalorimetern gleichzeitig beobachten läßt. Namentlich bei Bakterien scheint es notwendig auf die empfindlichen Instrumente zurückzugreifen, aber auch bei Fermentreaktionen, die sich oft äußerst langsam entwickeln und über Tage hinaus sich fortschleppen können.

Ich bin dauernd bei der Anwendung der elektrischen Eichung

geblieben. Vor allem handelt es sich dabei um die Anwendung genau bekannter Widerstände. Die stündliche Wärmebildung ist:

$$W = \frac{\Omega \cdot 3600 \cdot \text{Amp.}^2}{9{,}81 \cdot 424}$$

Der Widerstand muß auch so in die Flüssigkeit gebracht werden, daß keine Verluste durch Nebenströme entstehen. Ich schließe die Widerstandsdrähte in feine Glasröhrchen ein.

Jede elektrische Eichung kontrolliere ich noch durch einen einfachen Abkühlungsversuch. Wenn man einen sich langsam abkühlenden Körper vor sich hat und solche sind die Kalorimeter, so kann man, falls der Wasserwert des Körpers bekannt ist, die Menge der verlorenen Wärme feststellen, wenn man Temperaturverlust und Wasserwert in Beziehung bringt zur Temperaturdifferenz zwischen abkühlenden Körper und Umgebungstemperatur.

Der Wasserwert des Kalorimeters muß für alle Fälle festgestellt werden, die Anwendung der Abkühlungsmethode macht daher nicht viel mehr Mühe, und gibt eine auf elementarem Wege gewonnene Kontrolle. Arbeitet man genau, so gehen Abkühlungsmethode und elektrische Eichung fast völlig überein. Abweichungen sind meist auf kleinste Fehler im Wasserwert zurückzuführen.

Die Versuche beweisen, daß die Kalorienproduktion proportional dem am Thermometer nachweisbaren Temperaturüberschuß zu- und abnimmt.

Für die Berechnung der erzeugten Wärme braucht man, wenn ein Gleichgewicht eingetreten ist, nur die Höhe der Temperatur zu wissen und die Eichungszahl des Kalorimeters.

Wenn man aber die ganze Menge der erzeugten Wärme eines längeren Zeitraumes und vom Anfang eines Experimentes an wissen will und der Versuch vor vollständiger Abkühlung des Kalorimeters beendigt wird, so steckt im Kalorimeter noch Wärme, welche besonders in Rechnung zu ziehen ist.

Sie ergibt sich aus dem Wasserwert des Kalorimeters und dem Wasserwert der Füllung; die letztere läßt sich berechnen, wenn man die spezifischen Wärmen der Füllung kennt.

Für die meisten hier in Frage kommenden Substanzen ist diese nicht bekannt; ich habe sie selbst direkt bestimmt und in folgender Weise:

Ein Kalorimeter mit 2 l Wasserfüllung befand sich, durch Luft isoliert, in einem Wassergefäß, dessen Temperatur sich in der in Betracht kommenden Zeit nicht ändert.

Die Temperatur des Kalorimeters wird genau bestimmt. Die auf ihre spezifische Wärme zu untersuchende Substanz befindet sich in einem zylindrischen Kupfergefäß mit eingeschliffenem Deckel, durch den ein Thermometer in gut schließendem Korkstopfen hindurchgesteckt ist. Die Flüssigkeit wird durch Einsenken des Kupfergefäßes in ein Wasserbad erwärmt, in einem gegebenen Moment äußerlich wohl abgetrocknet in das Kalorimeter übertragen und mit dem langen Thermometer als Halter hin und her bewegt, bis die Abkühlung eine erhebliche oder annähernd totale ist.

Die Endtemperatur wird im Kalorimeter und dem Kupfergefäß abgelesen und unter Berücksichtigung der einschlägigen Temperaturen die spezifische Wärme bestimmt.

Die Bestimmung des Wasserwertes des Kalorimeters wird in folgender Weise ausgeführt.

Das Kalorimeter wird mit Wasser von der Lufttemperatur gefüllt und stehen gelassen, die Temperatur notiert, inzwischen warmes Wasser (von 40° etwa) hergestellt und in ein zylindrisches Gefäß gebracht. Letzteres besteht aus Glas, hat unten eine mittels eines eingeschliffenen Glasstiftes verschlossene Öffnung. Als Auslauf dient ein gebogenes Rohr, das bequem in den Hals des Kalorimeters geschoben werden kann.

Dieses Gefäß dient zur vorübergehenden Aufnahme des warmen Wassers: Es hat eine Luftisolierung, dann noch Blechmantel und Filzisolierung, doppelten Deckel, durch welchen ein Mischer, ein Thermometer und der oben genannte als Verschluß dienende Glasstab hindurchgesteckt sind.

Man verfährt weiter wir folgt: Wenn man sicher ist, daß das in dem zylindrischen Gefäß befindliche Wasser sich nur wenig ändert, gießt man das Wasser des Kalorimeters, das ja nur den Zweck hat, die Temperatur des Glaskalorimeters zu finden, rasch aus, bringt das gebogene Rohr des zylindrischen Gefäßes in den Hals des Kalorimeters, ließt nochmals die Wasserwärme ab und hebt in einem gegebenen Moment den Verschlußglasstab und das Thermometer mit einem Griff etwas in die Höhe. Das Wasser läuft ins Kalorimeter ab; kühlt sich dort allmählich ab. Die Erwärmung des Glases (Wasserwert) ist in zwei Minuten vollendet, dann beobachtet man noch in einer Zeit die Abkühlung zum Zwecke der Berechnung einer meist belanglosen Korrektur.

Die Wasserwerte des Glaskalorimeters bewegten sich meist zwischen 10 bis 12 g-Kal. und spielen in der Gesamtberechnung keine besondere Rolle.

Eine dritte Voraussetzung, welche man zur Messung der Wärme machen muß, ist die Vermeidung der Wasserverdunstung. Dieser Bedingung wird am leichtesten, wo angängig, durch Aufgießen von Öl genügt oder durch einen gut schließenden Pfropfen.

Endlich könnte, was aber bei der Hefe keine Rolle spielt, das Entweichen brennbarer Gase in Betracht kommen; hier kann die Untersuchung natürlich sehr kompliziert sich gestalten.

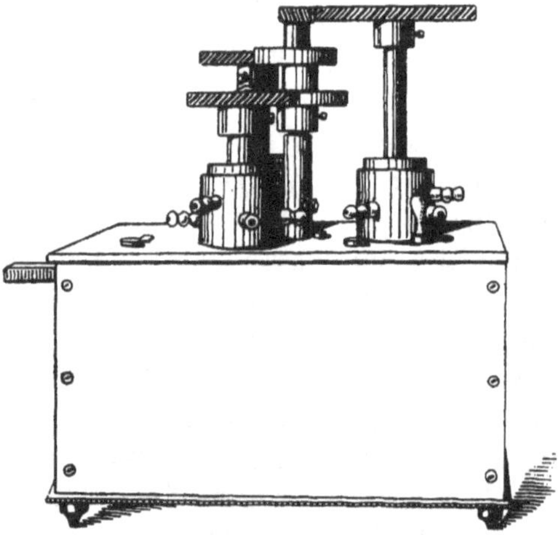

Fig. 3.

Für diese Fälle lassen sich Kalorimeter herstellen, welche aufgeschliffene Kapseln mit zwei Durchbohrungen besitzen. Eine dieser Öffnungen trägt das Thermometer, das zugleich als Gasableitungsröhre dient. Die andere Öffnung wird verschlossen, oder zur Zuleitung der Luft, des Sauerstoffs usw. benutzt.

Zur Durchleitung von Gasen verwende ich ein Uhrwerk, welches automatisch durch Drehung von Hähnen nach meiner Wahl eine bestimmte Anzahl von Gasblasen durch das Kalorimeter treten läßt (Fig. 3). Die Gase werden aus einem kleinen Gasometer unter Druck zugeleitet.

Die Glaskalorimeter haben den großen Vorzug, daß dieselben den Gang der Hefegärung jederzeit auch mit dem Auge verfolgen lassen. Sie sind ferner leicht zu sterilisieren, um Versuche mit Reinkulturen ausführen zu können.

Als eine Schwierigkeit wird von Anfängern meist das Füllen der Kalorimeter empfunden, weil dabei Veränderungen in der Temperatur der einzugießenden Flüssigkeit auftreten können.

Wenn man sofort nach dem Einfüllen der Gärflüssigkeit die auftretende Wärme messen will, muß man die erstere gerade so warm ins Kalorimeter bringen, als der Temperaturgrad des Thermostaten ist. Das mißlingt anfänglich, erst einige Erfahrung lehrt, wie viel man die Gärflüssigkeit höher erwärmen muß, damit der Wärmeverlust beim Eingießen gerade abgeglichen wird. Die Hefe etwa dem im Kalorimeter befindlichen Nährboden zuzumischen, geht nicht an. Die Hefe muß stets mit der Nährlösung in einer Reibschale sachte angerieben werden.

Viertes Kapitel.

Das Verhältnis der Gärung zum Wachstum.[1]

Ich muß meine biologischen Betrachtungen des Lebens der Hefe mit einer Kontroverse die mit einem großen Aufwand von Argumenten und viel Temperament behandelt worden ist, beginnen, mit der von den meisten Autoren bis heute vertretenen Auffassung, daß eine Gärung ohne gleichzeitiges Wachstum nicht möglich sei.

Schon bei Pasteur oder besser gesagt gerade durch Pasteur wurde in den Diskussionen mit Liebig die These, „keine Gärung ohne gleichzeitiges Wachstum", mit größter Lebhaftigkeit verfochten. Es stand damals die vitalistische Gärungstheorie mit der rein chemischen in scharfem Kampf; wenn die Lebenserscheinungen die Zuckerumsetzung verursachten, so lag es nahe, als wesentliches Argument dieser Auffassung den völligen Parallelismus zwischen Gärung und Leben in einem innigen Zusammenhang mit jener Erscheinung zu suchen,

[1] Die Untersuchungen, über welche ich in den nachfolgenden Arbeiten berichte, sind größtenteils schon in den Jahren 1903—1906 angestellt worden, ich hatte deren Veröffentlichung im Anschluß an eine Publikation über die Gärungswärme bei der Zuckerzerlegung durch Hefe beabsichtigt (*Archiv für Hygiene.* 1904, Bd. XLIX, S. 418). Durch verschiedene Umstände hat sich dieser Wunsch nicht verwirklichen lassen. Zwei kleinere Mitteilungen haben einige der Resultate bereits bekanntgegeben: Grundlagen einer Theorie des Wachstums nach Ernährungsversuchen an Hefe: Sitzungsbericht der Kgl. preußischen Akademie der Wissenschaften 1909. Sitzung vom 4. Februar, und „Über die Beteiligung endozellularer Fermente am Energieverbrauch der Zelle". *Ebenda.* 1912. Sitzung vom 1. Februar.

die als typischste, sinnenfälligste angesehen werden kann, mit dem Wachstum.

Und Tatsachen, welche für diesen Zusammenhang beweisend sein sollen, ließen sich auch anscheinend sehr leicht erbringen. Wenn man sich an die Verhältnisse des natürlichen Vorkommens der Hefegärungen und auch an jene der Gärungsindustrie hält, so kann über den Parallelismus zwischen Hefewachstum und Gärung kein Zweifel sein. Doch beweisen, wie man leicht einsieht, solche Vorkommnisse gar nichts für die innere biologische Untrennbarkeit beider Funktionen, in Gärflüssigkeiten natürlicher Art findet sich eben immer neben dem Gärstoff auch Material zum Wachstum.

Es ist natürlich auch Pasteur nicht unbekannt gewesen, daß Gärung in reinen Zuckerlösungen vorkommen kann, und es wäre wunderbar gewesen, wenn man solche Versuche nicht angestellt hätte, die wir heute in so vielen Fällen als Methode zum quantitativen Nachweis von Zucker im Harn und anderer Flüssigkeit benutzen. Aber Pasteur verwies bei diesen Experimenten, bei welchen eine überreichliche Hefemenge (mehr als 2·3 g trockene Hefe auf 100 g Zucker) in eine gute Nährlösung oder in einfache Zuckerlösung gebracht war, darauf, daß dabei Hefe nicht mehr normal bleibe, sondern an Gewicht abnehme.

Um die Wachstumstheorie zu retten, mußte man besondere Auslegungen der Versuchsergebnisse versuchen. Man sagte, auch dann wenn die Hefe wirklich abgenommen hat, betrage die Hefe + dem in der Flüssigkeit vorhandenen „Extrakt", d. h. Spaltprodukten der Hefe, mehr an Gewicht als die ursprüngliche Hefe. Eine solche Betrachtungsweise wird man heute nicht ohne ernste Bedenken annehmen; Berechnungen, bei denen man wie Pasteur es tat, nur von der Trockensubstanz der Hefe ausgeht, werden schon um deswillen Zweifel über die Beziehung zwischen Wachstum und Gärung aufkommen lassen, weil der Begriff Wachstum sich nicht mit dem Begriff Mehrung der Trockensubstanz deckt; um einwandsfreie Betrachtungen anzustellen, müßte man doch mindestens von dem N-Gehalt der Aussaat in der Ernte ausgehen. Es finden sich unter den Resultaten Pasteurs einige positive Angaben über den N-Gehalt der ausgesäten Hefe (a. a. O. S. 134), die kaum einen Zweifel über einen gelegentlichen N-Verlust während der Gärung lassen, woraus doch unmittelbar der Mangel des Wachstums und die Tatsache einer wachstumslosen Gärung zu folgern gewesen wäre. Aber Pasteur sieht in einem allenfallsigen Leben ohne Wachstum offenbar eine kurzdauernde mehr pathologische Erscheinung. S. 23 a. a. O. macht er auf Formveränderungen und Verdickungen der Wandungen aufmerksam, die bei solcher Tätigkeit der Hefe sich ausbilden. „La vie continuée des globules déja formés ist nach seiner Auffassung eine Zellarbeit im vorgerückten Alter der Zellen, ein träger Vorgang. Normale frische Zellen pflanzen sich fort.

A. Mayers Auffassung aus späterer Zeit läßt aber schon eine Loslösung von diesem Dogma „ohne Wachstum keine Gärung" erkennen. Wenn es bei Mayer an einer Stelle (S. 136) heißt: „Der Hefepilz wächst unter gewöhnlichen Verhältnissen mit dem Zerfall des Zuckers während der Gärung und nimmt an Masse zu, indem seine Vegetation im wesentlichen die Veranlassung zur alkoholischen Gärung weckt", so ist das allerdings ein Wortlaut, der eine Deutung im Sinne der Pasteurschen Auffassung erlaubt, aber genau besehen bezieht sich diese Darstellung nur auf die namentlich unter praktischen Verhältnissen auftretende Vermehrung der Zellen, ohne daß er (a. a. O. S. 120 u. 126) den ausnahmsweisen Gärvorgang ohne Wachstum in Abrede stellt.

Indes scheint doch noch die Anschauung über die Unerläßlichkeit des Hefewachstums ihre Vertreter zu finden.[1] Man hat zur Erklärung von Versuchen, in denen Brown (1892) das Hefewachstum durch überreichliche Aussaat ausgeschlossen hatte, angenommen, daß das Ausbleiben der Gewichtszunahme und selbst die völlige Gleicherhaltung der Zahl der Hefezellen nicht das völlige Fehlen des Wachstums bei der Gärung bedeute, sondern so zu deuten sei, daß ebenso viele Zellen absterben als neu gebildet werden. Diese Anschauung läßt sich aber nicht beweisen, sie ist selbst nur eine Hypothese, ja eine schlecht fundierte, denn diese Art eines biologischen Perpetuum mobile, dieser quantitativ ganz unverkürzte Aufbau neuer Zellen aus Trümmern und Stoffwechselprodukten alter und abgestorbener Zellen hat sich noch nirgendwo erweisen lassen und widerspricht aller Erfahrung.

Man kann sich leicht von dem fortschreitenden N-Verlust gärender Hefe in reiner Zuckerlösung überzeugen und dies geschieht, wovon ich mich unterrichtet habe, obschon die Zellenzahl zunächst gar nicht abnimmt und keinerlei morphologische Zeichen des Absterbens vorhanden sind. Die Zellen sind nach einer solchen Zuckergärung übrigens ganz anders zusammengesetzt, wie dort, wo sie durch Wachstum ihren Bestand an Zellstoffen immer neu ersetzen können. Die Möglichkeit einer ausgiebigen Alkoholgärung besteht auch ohne Wachstum, wenn die N-haltige Nahrung ganz fehlt wie Zucker in einer reinen Lösung und sie ist auch bei bestem Wachstumsnährmaterial möglich, wenn, wie Brown

[1] S. Rapp, zit. bei Lafar, Bd. IV. S. 388.

ganz richtig angegeben hat, die Masse der Aussaat gewisse Grenzen überschreitet. Ich kann auch hinzufügen, daß man bei den Bakterien geradeso das wachstumslose Leben einige Zeit beobachten kann, wenn man den gleichen Kunstgriff reichlicher Aussaat wählt.[1] Das Dogma „keine Gärung ohne Wachstum" ist ein Vermächtnis aus der Kampfzeit für die vitalistische Hypothese und kann heutzutage weder aufrecht erhalten werden, noch wird man in diesem Zugeständnis ein gegen die vitalistische Hypothese zu verwertendes Moment sehen können.

Ja diese Trennung zwischen Wachstum und Gärung oder besser gesagt Wachstum und Dissimilation wird uns sogar die richtige Auffassung der Lebensprozesse bei der Hefe und anderer ähnlicher Organismen wesentlich erleichtern.

Die Dissimilation, der Abbau von Stoffen, welche die Kraftquelle für das Leben zu liefern hat, macht, worauf ich hingewiesen habe bei einer Reihe untersuchter Bakterien, die größere Masse des Stoffverbrauchs aus. Die beiden hängen aber, wie ich außerdem bewiesen habe und wie aus den Gesetzen der Ernährung höherstehender Wesen vermutet werden konnte, nur locker zusammen, je nach der Konzentration der Nährlösungen kann das Wachstum auch = 0 werden, dann haben wir eine bestimmte Zeit hindurch noch den Umsatz allein.

Ich habe mich für die folgende Untersuchung mit großem Vorteil der Kultur der Hefe in reinen Rohrzuckerlösungen bedient, um den einen komplizierenden Faktor, das Wachstum, zunächst beiseite zu lassen, und erst dann, als die wachstumslosen Vorgänge näher aufgeklärt waren, mich dem Wachstum selbst zugewandt. Ausschluß des Wachstums ist auch schon deshalb zeitweilig erwünscht, weil dieses, wie wenigstens angegeben wird, sehr leicht durch die Anhäufung von Alkohol (durch 2 bis 3prozentige Lösungen des letzteren) beeinflußt wird, während die Dissimilation, falls diese in der Alkoholgärung gesucht werden sollte, erst durch Mengen von 12 bis 13 Prozent Alkohol zum Stillstand kommt.

Außer dem Wachstum begegnen wir bei den Hefezellen, wie bei vielen anderen Organismen, besonders bei den in reiner Zuckerlösung wachsenden, bei Rückkehr in gutes N-haltiges Nährmaterial einer Ergänzung des mehr und mehr zurückgegangenen Zellinhaltes.

Die verschiedenen Ernährungsvorgänge in Zellkörpern scheiden sich im wesentlichen in drei Gruppen. Der eine Prozeß ist das Wachstum im engsten Sinne, wobei der Zelleib in allen Teilen eine Mehrung

[1] Rubner, *Archiv für Hygiene.* 1906. Bd. LVII. S. 240.

erfährt. Wenn hier auch Vorgänge vorkommen müssen, welche die Zellen selbst zu vergrößern bestrebt sind, so gehört zum Begriff des Wachstums vor allem die Bildung neuer Zellen. Für Vorkommnisse dieser Art wähle ich den Namen Nutrition.

Daneben gibt es Zustände der Anhäufung von einzelnen Stoffen. Ausgleich für zu Verlust gegangenes Material — die Regenerationsvorgänge benannt werden. Die Ernährung kann nur bestehen unter gleichzeitigem Abbau von Stoffen, jede solche Veränderung, die zur Erhaltung der Zelle durch ihre Umsetzung beiträgt, sei als Dissimilationsvorgang bezeichnet. Dem Zustande ungenügender Ernährung der Inanition, steht der Zustand des Stoffwechselgleichgewichts der Äquation gegenüber.

Ich werde zunächst alle wichtigen biologischen Tatsachen an der nicht wachsenden Hefe schildern, um dann weiter auf das Wachstum und den N-Stoffwechsel der Zelle überzugehen. Und diese sind so eigenartig, daß sie eine eingehende Behandlung für sich beanspruchen werden.

Fünftes Kapitel.

Ist neben der Zuckergärung noch eine weitere Quelle der Wärmebildung bei der Hefe nachweisbar?

Die Fermenttheorie wie die eine biologische Richtlinie verfolgende ökologische Theorie lassen beide in biologischer Hinsicht eine Lücke offen, indem sie auf eine Erklärung und Begrenzung der Natur des Lebensprozesses der Hefe verzichten. Lassen wir vorläufig die Berechtigung der einen wie der anderen dieser Hypothesen gelten, so muß eine den Fortschritt anbahnende Untersuchung die Natur des Lebensprozesses der Hefe zu ergründen suchen, indem sie feststellt, welches die Energiequellen sind, aus denen die Zelle sich erhält, um neben anderen Funktionen eine zum mindesten sehr kräftige Fermentsekretion zu unterhalten. Ein experimenteller Versuch dieser Art liegt bislang nicht vor; ich werde im folgenden zeigen, daß das Problem zu lösen ist. Die Überlegung des einzuschlagenden Weges führt uns zu einer Vorfrage, welche in der Kapitelüberschrift zusammengefaßt ist; das technische Können vorausgesetzt, mußte sich erweisen lassen, ob bei der Hefegärung soviel Wärme auftritt, wie der Umsetzungsgleichung des Zuckers entspricht oder vielleicht mehr. Sollte letzteres der Fall sein, so würde dies allerdings als ein Hinweis angesehen werden können, daß neben der Gärung ein besonderer Stoffwechsel und Kraftwechsel — also der supponierte „besondere Lebensvorgang" der Hefe besteht, dann könnte in der Tat die gesamte Gärwirkung als Folge der Sekretion von Zymase angesehen werden, und letztere ausschließlich ökologischen Zwecken dienen.

Die methodischen Hilfsmittel der Neuzeit erlauben uns diese Fragestellungen in präziser Weise einer absoluten Entscheidung entgegenzuführen. Der Weg dazu ist folgender:

1. Wir bringen die Hefe während des Gäraktes unter solche Bedingungen, daß alle thermischen Vorgänge absolut genau gemessen werden können und keinerlei Wärmeentwicklung unserer Messung entgeht. Dieses Ziel erlaubt uns das Biokalorimeter zu erreichen; wir gewinnen mit Hilfe meines Kalorimeters alle Wärme einer in das Kalorimeter gebrachten Flüssigkeit, die Methode habe ich auch bereits für zahlreiche Messungen an der Hefe selbst schon erprobt und wir werden deren Resultate gleich im einzelnen vornehmen können.[1]

2. Erfahren wir auf dem eben genannten Wege alle bei dem Gärprozeß sich ergebenden Wärmeprozesse nach ihrer Gesamtsumme ausgedrückt in Kal., so bieten uns verschiedene thermochemische Untersuchungen die Mittel, die Wärmebildung bei der Zerlegung einer bestimmten Zuckermenge an der Hand der bekannten chemischen Umsetzungen zu berechnen. Die Spaltprodukte des Zuckers bei der Gärung sind von verschiedenen Autoren bestimmt worden und haben sich im allgemeinen als so übereinstimmend erwiesen, daß man die Aufstellung einer Gärungsgleichung, die uns die regelmäßigen Spaltprodukte quantitativ angibt, allgemein akzeptiert hat. Wir haben allen Grund anzunehmen, daß die heute gültige Gleichung, nachdem sie im Laufe der Jahre keine Korrekturen erfahren hat, die Verhältnisse richtig angibt.

Wir besitzen eine Reihe von Bestimmungen der Verbrennungswärme der Gärprodukte, die durch mehrfache Nachprüfungen einen genügenden Grad der Genauigkeit gewonnen haben; allerdings müssen zu derartigen Berechnungen hohe Anforderungen an die Genauigkeit der thermochemischen Methode gestellt werden. Somit läßt sich die Gärwärme des Zuckers wenigstens, wie wir sehen werden, mit einer gewissen Genauigkeit auch durch Rechnung finden.

Angaben sind auch schon vielfach hierüber gemacht worden, allerdings in den Resultaten keineswegs übereinstimmend. Doch wird die kritische Sichtung uns zu einem bestimmten Entscheide kommen lassen.

---

[1] **Rubner**, Die Umsetzungswärme bei der Alkoholgärung. *Archiv für Hygiene.* 1904. Bd. XLIX. S. 355.

Vergleichen wir am Ende solcher Untersuchungen die Ergebnisse sub 1, d. h. die direkt gemessene Gärwärme mit sub 2 der nach der einfachen Formel des Zuckerzerfalles berechneten Wärme, so sind nur zwei Fälle denkbar:

a) eine Übereinstimmung beider Größen 1 und 2, was beweisen müßte, daß neben der Zuckerzerlegung gar keine andere Wärmequelle vorhanden ist, ev.

b) es fällt 1 merklich größer aus als 2, dann hätten wir den hypothetischen, spezifischen Hefestoffwechsel neben der Gärung parallelverlaufend nachgewiesen.

Ich wende mich zuerst zu Punkt 2 unserer Aufgabe, also zunächst zur Gärungsgleichung. Daß diese nicht mit einer einfachen Spaltung des Zuckers in Kohlensäure und Alkohol ausgedrückt werden kann, ist lange schon betont, namentlich waren es die verdienstvollen Arbeiten Pasteurs, welche auf gewisse Nebenprodukte als regelmäßige Bestandteile des Gärvorganges hingewiesen haben. Langdauernde Diskussionen erregten die Frage der Essigsäurebildung, die vielfach als Folge einer Verunreinigung der Hefegärung mit Essigsäurepilzen angesehen wurde; der Streit scheint damit erledigt, daß das regelmäßige Entstehen von Spuren von Essigsäure anerkannt wurde.

Bezüglich des früher angenommenen regelmäßigen Auftretens von Fuselöl (früher zu 0·4 Prozent berechnet) haben neuere Autoren im höchsten Maße wahrscheinlich gemacht, daß der Amylalkohol und seine Begleiter wohl aus N-haltigen Körpern abgespalten werden und nicht in die Zuckergärungsformel hineingehört. Von der Bernsteinsäure hat E. Buchner erwiesen, daß sie bei der Zymasegärung des Zuckers nicht entsteht, also wohl dem Zellstoffwechsel im engsten Sinne angehört. Da aber nach allgemeinem Urteil doch die Bernsteinsäure in ihrer Menge offenbar mit der Zuckergärung parallel geht, kann man sie, da ihre Menge ohnehin sehr gering ist, in der Gärungsformel belassen. Dies um so mehr, als ja auch bis jetzt nicht widerlegt ist, daß sie bei der wirklichen Zellgärung aus Zucker gebildet wird. Manche Gärungschemiker sind der Anschauung, daß die Nebenprodukte vielleicht nicht immer mathematisch genau derselben Gleichung entsprechen[1], daß vielmehr die drei Produkte Alkohol, Glyzerin und Bernsteinsäure kleine Variationen aufweisen können (Effront). So soll die Bernsteinsäurebildung auch von der Temperatur der Gärflüssigkeit abhängen.

[1] S. Mayer, Bd. VI. S. 29.

Die heute anerkannte Formel der Zuckergärung lautet:[1]

Es bildet sich bei der Gärung von

	100 g Rohrzucker	1 Molekül Rohrzucker = 342 g
Alkohol	51·10	174·75
Kohlensäure	49·20	168·26
Glyzerin	3·40	11·63
Bernsteinsäure	0·65	2·22
Zellulose	1·30	4·44
	und für Traubenzucker[1]	
Alkohol	48·54	87·37
Kohlensäure	46·74	84·13
Glyzerin	3·23	5·81
Bernsteinsäure	0·62	1·11
Zellulose	1·23	2·22

Die Formel gilt, streng genommen, für das gleichzeitige Hefewachstum, wobei ein Teil des Zuckers (1·3 Proz.) zur Hefebildung mit verwandt wird. Auf ihre Anwendung für wachstumslose Hefe komme ich zurück.

Es muß, wie mir scheint, auch noch offen bleiben, ob nicht die neuen schärferen Methoden des Glyzerin- und Bernsteinsäurenachweises vielleicht noch eine geringe Abänderung der Gärungsformel herbeiführen werden; doch dürfte diese Vermutung und ihre etwaige Realisierung auf die nachfolgenden Betrachtungen von keinem erheblichen Einfluß sein.

Die Berechnung der Gärungsgleichung nach thermochemischen Werken ist schon häufig genug versucht worden, hat aber vielfach zu recht erheblichen Differenzen der Ergebnisse geführt, die zum größten Teil zuerst in der verschiedenen, zum Teil recht mangelhaften Methodik ihre Begründung hatten. Man muß bei diesem Vorwurf aber billigerweise bedenken, daß zur Berechnung der Gärungsgleichung selbst kleine Abweichungen von den absolut richtigen Werten zu erheblichen Unterschieden führen müssen. Macht doch die Gärwärme nach der Gärungsgleichung überhaupt nur Bruchteile (3 bis 4 Proz.) der Gesamtverbrennungswärme des Zuckers aus.

Auch heute ist vielleicht noch nicht eine vollkommene Übereinstimmung der Berechnungen zu erzielen, falls man die Angaben verschiedener Experimentatoren verfolgt. Die Gärwärme wurde nach den älteren Feststellungen der Verbrennungswärme gewiß um ein Mehrfaches überschätzt. Ich will auf die hier einschlägigen Zahlen gar nicht

[1] 100 Rohrzucker = 105·3 Invertzucker; die Zahlen für Traubenzucker sind nach diesem Verhältnis umgerechnet.

mehr zurückgreifen und verweise auf meine Abhandlung Arch. f. Hyg. XLIX a. a. O., wo sich nähere Angaben über frühere Berechnungsversuche finden. Ich will nur versuchen, die neueren, zweifellos sicheren Verbrennungswerte kritisch zu sichten, um zu möglichst einwandfreien Mittelzahlen zu gelangen.

Die für die Berechnung nötigen Grundlagen sind folgende. Die wichtigste Zahl betrifft die Verbrennungswärme des Alkohols; ich benutze als zuverlässigste Werte die Zahlen von Berthelot und Stohmann. Ersterer gibt an pro Molekül 325·7 (flüssig) und letzterer 324·5 = 325·1 im Mittel.[1] Für verdünnten Alkohol kann man nach Berthelot pro Molekül 2·5 kg-Kal. weniger rechnen, also 325·1 — 2·5 = 322·6 pro Molekül (46 g) = 7·013 kg-Kal. pro 1 g.

In neuester Zeit haben Albert G. Emery und Francis Benedict[2] Bestimmungen der Verbrennungswärme des Alkohols mitgeteilt, die etwas von dem eben berechneten Mittelwerte abweichen, nämlich 7·104 g-Kal. pro 1 g = 326·78 kg-Kal. pro 1 Molekül (= 46 g). Zieht man hiervon 2·5 für die Wärmeentwicklung bei der Lösung in Wasser ab, so bleibt pro 1 Molekül Alkohol (verdünnt) 324·38 kg-Kal.

Für die übrigen Spaltprodukte der Gärung und die Zuckersorten benutze ich gleichfalls die Kombination der Werte von Berthelot und Stohmann, oder die sonstigen als zuverlässig geltenden Messungen, die unter sich wenig abweichen (s. die Zusammenstellung bei Landolt und Börnstein). Wir erhalten für Glyzerin 395·5 kg-Kal. pro 1 Molekül, wovon nach Berthelot für die Verdünnung noch 1·5 kg-Kal. abgehen, also 394 kg-Kal. (92) = pro 1 g 4·283 kg-Kal.

Für Bernsteinsäure (fest) 356 kg-Kal. pro 1 Molekül (118), wozu für die Lösung nach Berthelot noch 6·4 kg-Kal. zu addieren sind = 362·4 kg-Kal. u. pro 1 g 3·068 kg-Kal.

Für Traubenzucker 675·3 kg-Kal. pro 1 Molekül (180), dazu für die Lösung + 2·2 kg-Kal. = 677·5 kg-Kal. = 3·760 kg-Kal. pro 1 g.

Für Rohrzucker pro 1 Molekül 1354 kg-Kal. (gelöst 1354·8) und pro 1 g 3·959 kg-Kal.

Nach einfacher Spaltung des Zuckers in Kohlensäure und Alkohol berechnet Berthelot für das Molekül Traubenzucker und für CO_2 als Gas 33·0 kg-Kal.; für Rohrzucker 59·9 kg-Kal.

In letztem Falle wäre übrigens noch die Invertierungswärme = 3·1 kg-Kal. hinzuzuzählen, also 59·9 + 3·1 = 63 kg-Kal.

[1] Berthelot, *Chaleur animale*. T. II. p. 56; und Stohmann, *Journal für praktische Chemie* (2). Bd. 45. S. 352.

[2] *American Journal of Physiology*. Vol. XXVIII. 1911. Nr. 6.

Berechnete Berthelot die Pasteursche Gleichung für Dextrose, so wurde statt 33·0 nur 32·07 kg-Kal. erhalten. Auf Gramme gerechnet: 1 Molekül Rohrzucker = 184·2 gr-Kal.; 1 Molekül Traubenzucker = 183·3 g-Kal.[1]

Verwendet man dabei sorgfältig gesichtete Mittelzahlen, so kommen wir zu etwas anderen Ergebnissen.

Der Rohrzucker wird bei der Gärung invertiert. Nach meinen direkten Messungen der Invertierungswärme beträgt diese pro Molekül 3·293 kg-Kal.[1], also das ganze Molekül Rohrzucker = 1357·3 kg-Kal. und 1 g = 3·968 kg-Kal. 1 g Kohlensäure liefert bei der Absorption 0·128 kg-Kal. an Wärme.

Die oben (S. 40) angegebene Pasteursche Gärungsgleichung ausgerechnet, gibt demnach folgendes Resultat.

Angewendet 100 g Rohrzucker		=	396·8 kg-Kal.
Produkte der Gärung:			
51·1 g	Alkohol	=	358·36 kg-Kal.
3·4 g	Glyzerin	=	14·38 ,,
0·65 g	Bernsteinsäure	=	1·99 ,,
1·30 g	Zucker angesetzt (fest)	=	5·15 ,,
	Summe		379·88 kg-Kal.
	die CO_2 als gasförmig angenommen also	=	379·88 g-Kal.
	Somit Wärme bei der Gärung frei	=	16·92 kg-Kal.
	oder pro 1 g = **0·169** kg-Kal.		

Das wäre also nach allen vorliegenden Werten der thermochemischen Unterlagen die wahrscheinlichste Größe der Gärwärme, welche allerdings von anderen Berechnungen wie jener von Berthelot nicht ganz unerheblich abweicht.

Pro 1 Molekül Rohrzucker (342), für CO_2 als Gas, erhält man sonach 57·79 kg-Kal. Gärwärme.

Da aber $C_{12}H_{22}O_{11} + H_2O = 2C_6H_{12}O_6 + 3\cdot29$ kg-Kal. als Inversionswärme liefern, trifft auf 1 Molekül Traubenzucker

$$\frac{57\cdot79 - 3\cdot29}{2} = \frac{54\cdot50}{2} = 27\cdot25 \text{ kg-Kal.}$$

für Kohlensäure als Gas.

Lege ich die neuesten Bestimmungen für Alkohol von Emery und Benedict zugrunde, so gibt sich folgender Unterschied:

---

[1] *Archiv für Hygiene*, Bd. XLIX. S. 361.

[2] *Ebenda.* Bd. XLIX. S. 398.

51·1 g Alkohol = 358·36 kg-Kal. nach älterer Bestimmung,
= 360·25 „ neuer „
Differenz = 1·89 kg-Kal.

Um diese 1·89 kg-Kal. ist die Gärungswärme nach der älteren Analyse zu hoch berechnet, also bleibt:

16·92 kg-Kal.
− 1·89 „
15·03 kg-Kal. als richtiger Wert.

Die Gärungswärme berechnet sich hiernach pro 1 g Rohrzucker auf
0·1503 kg-Kal.

Pro Molekül Rohrzucker (342 × 0·1503) 51·403 kg-Kal. und für 1 Molekül Traubenzucker also $\frac{51 \cdot 403 - 3 \cdot 29}{2} = \frac{48 \cdot 11}{2} = 24 \cdot 055$.

Man könnte gegen die Berechnung nun etwa einwenden, daß für reine Zuckerlösungen als Nährböden kaum ein Ansatz von Zellulose eintritt; es ist aber in den 1·3 Proz. des Zuckers, die nicht vergären, auch die Möglichkeit einer Glykogenbildung miteinbegriffen und diese letztere überhaupt kaum scharf quantitativ zu begrenzen. Glykogenbildung kann mit und ohne Wachstum eintreten.

Errera und Laurant haben zuerst die Beobachtung gemacht, daß man Hefe nur ein paar Stunden in zuckerhaltiges Material zu legen braucht, um Glykogen zu erhalten.

Ich habe diese Frage auch experimentell behandelt, indem ich Hefe verschiedener Herkunft in Zuckerlösungen legte und in der Aussaat wie in der Ernte sowohl deren N-Gehalt wie deren Verbrennungswärme bestimmte. Der Zuwachs an Verbrennungswärme kann dann als Glykogenansatz betrachtet werden.

Gewaschene Doppelhefe liefert auf 1 g N rund 58 kg-Kal. an Verbrennungswärme. Wurden Proben davon in 20 proz. Rohrzucker gelegt und bei 37° ½ Stunde, 1 Stunde, 2 Stunden belassen, dann zentrifugiert, ausgewaschen bis zum Schwinden der Zuckerreaktion, dann mit 9 proz. ClNa gewaschen, um durch Plasmolyse etwa vorhandenen Zucker aus den Zellen herauszuschaffen, so traf[1]

nach ½ Stunde auf 1 N in Hefe 60·9 kg-Kal.
„ 1 Stunde „ 1 N „ „ 62·0 „
„ 2 Stunden „ 1 N „ „ 69·0 „

so daß sie auf 1 Teil N um 69·0 − 58 = 11 kg-Kal. zugenommen hatte. 4·19 kg-Kal. entsprechen 1 g Glykogen, obige 11 kg-Kal. = 2·66 g. 1 Teil

[1] *Archiv für Hygiene.* Bd. XLIX. S. 410.

N entspricht zumeist 12 Teilen Doppelhefe, also kämen auf 12 g Hefe 2·66 g Glykogen, was rund 22 Proz. ausmachen würde. Davon verschwindet im Laufe der Gärung die Hauptmenge wieder.

Das Gesagte genügt, um darzutun, daß es jedenfalls zutreffender ist, die in der Pasteurschen Gleichung zum Ansatz gebrachten 1·3 Proz. Zucker auch für die reine Zuckergärung als Korrektion zu belassen.

Mit den thermochemischen Ergebnissen wollen wir nun die experimentelle direkte Messung der Gärwärme vergleichen. Die Zahl solcher Experimente war bis vor kurzem erstaunlich gering. Die älteste Untersuchung dieser Art rührt von Dubrunfaut her; sie war in einem großen Gärbottich angestellt.[1] Die Berechnung zum mindesten, aber auch die Ausführung der Experimente war sehr primitiv, auch die Verbesserungen der Berechnung durch Nägeli[2] führten neue Ungenauigkeiten in die Betrachtungen ein.

Bouffard hat später in einer Berthelot-Bombe Hefe gären lassen, allerdings nur 1 bis 2 Stunden. Er war dabei genötigt, wegen des in 2 Stunden sehr erheblichen Wärmeverlustes des Kalorimeters auch sehr bedeutende Korrektionswerte einzuführen, so daß schon deshalb das Ergebnis unsicher blieb. Als er gar dieses letztere mit einer nach Berthelots Verbrennungswärmen berechneten Pasteurschen Gärungsgleichung verglich, ergab sich keinerlei Übereinstimmung, denn die thermochemisch berechnete Wärme war sogar um 36 Proz. höher als die wirklich bei der Gärung gefundene, was geradezu unverständlich schien.

In neuester Zeit hat Brown[3] mit Bierwürze und Maltose wieder versucht, die Gärwärme zu bestimmen. Ich habe die älteren Versuche von Dubrunfaut nach modernen Unterlagen nochmals durchgerechnet, und so Werte erhalten, welche immerhin mit jenen der anderen beiden Autoren in keinem wesentlichen Mißklang stehen.[4]

Die drei Ergebnisse lauten:

				g-Kal. Gärwärme
Umrechnung von	Dubrunfaut	1 g	Rohrzucker	= 120·9
	Bouffard	1 „	Traubenzucker	= 131·5
	Brown	1 „	Maltose	= 119·2

Meine Untersuchungen über die Gärwärme wurden mittels meines mikrobiologischen Kalorimeters ausgeführt und unter vielfacher Variierung der Bedingungen.

---

[1] *Compt. rend.* 1856. p. 945.

[2] *Theorie der Gärung.* 1879. S. 59.

[3] Siehe *Zeitschrift für das gesamte Brauwesen.* 1901. Bd. XXIV. S. 273.

[4] *Archiv für Hygiene.* Bd. XLIX. S. 386.

1. Versuche bei verschiedener Temperatur:

5 g	Hefe	10 Proz. Rohrzucker	38^0	Gärwärme pro 1 g Rohrzucker	151·3
5 ,,		10 ,,	28^0	,, ,,	149·3
5 ,,	,,	10 ,,	22^0	,, ,, ,,	148·2
5 ,,	,,	10	29^0	,, ,, ,,	149·7

2. Verschiedene Verdünnungen des Zuckers und gleichbleibende Verhältnisse der Hefe:

50·0 g	Hefe	20 Proz.	Rohrzucker	(140·7)
25·0 ,,	,,	10 ,,	,,	147·9
12·5 ,,		5	,,	152·9
6·5 ,,	,,	2·5 ,,	,,	147·9

3. Wachsende Hefe:

In Bierwürze und Maltose	148·5
,, ,, ,, Rohrzucker	145·3

Die Gärwärme ist also sicher nicht abhängig von der angewandten Hefe: beim Verhältnis von 1 g Hefe zu 5 Zucker findet sich für 28^0 149·5 g-Kal. Gärwärme
,, ,, ,, 1 ,, ,, ,, 1 ,, 149·5 ,, ,,

Die Gärung erfolgt dort, wo viel Hefe angewandt wird, in sehr kurzer Zeit; wo wenig angewandt wird, dauert sie länger. Wäre ein besonderer Kraftwechsel der Hefezelle neben dem Gärvorgang vorhanden, so müßten dort, wo die Hefezellen länger zu arbeiten haben, um den Zucker zu zerlegen, auch mehr Wärme aus den spezifischen Stoffwechselvorgängen der Hefe erschienen sein. Dies ist aber absolut nicht der Fall gewesen.

Vielleicht ist ein geringer Einfluß der Temperatur auf die Spaltwärme nachzuweisen; die bei 22^0 und 38^0 beobachtete Differenz, welche aber sehr klein ist, könnte so gedeutet werden.

Die Gärwärme ist während des Wachstums etwas kleiner (um − 1·7 Proz.) als das Mittel aus allen Versuchen, was durch eine stärkere Inanspruchnahme von Zucker zum Aufbau der Hefe, aber nicht auf Verbrauch von Energie zur Anlagerung des Eiweißes bezogen werden kann. Alle Versuche zusammengenommen[1] geben im Mittel für 1 g Rohrzucker 149·5 g-Kal., inklusive der Invertierungswärme und für CO_2 als Gas.

[1] *Archiv für Hygiene.* Bd. XLIX. S. 396.

Daraus folgt für (342 g =) 1 Molekül Rohrzucker und CO_2 als Gas 51·13 kg-Kal. 1 Molekül Rohrzucker, abzüglich 3·2 kg-Kal. als Invertierungswärme entspricht 2 Molekülen Traubenzucker:

$$\frac{51 \cdot 13 - 3 \cdot 2}{2} = 24 \cdot 01.$$

Vergleichen wir die Resultate der anderen Autoren, so haben wir bei Dubrunfaut für 1 g Rohrzucker 120·9 g-Kal. als Gärwärme. 1 Molekül Rohrzucker liefert 3·2 kg-Kal. Invertierungswärme, also 1 g $\frac{3200}{342}$ = 9·3 g-Kal., wir haben 120·9—9·3 = 111·6 g-Kal. für 1 g Rohrzucker = 1·053 Invertzucker. Auf die Hexose gerechnet:

1 g = 105·9 g-Kal.

Für die Maltose nach Brown 1 g = 119·2, mit der eben berechneten Reduktion 119·2—9·3 = 109·9 g-Kal., nach Abzug der Invertierungswärme, und für die Hexose 1·053 = 109·9 g-Kal.; für 1 g Hexose 104·3 g-Kal. Für meine Werte: Rohrzucker 1 g = 149·5 g-Kal. 149·5—9·3 = 140·2 und für Hexose 1·053 = 140·2 g-Kal.; für die Hexose also 1 g = 133·1.

Auf 1 g Hexose beträgt die Gärwärme nach meiner Korrektion der Experimente von:

Dubrunfaut	105·9 g-Kal.
Brown	104·3 „
Bouffard	131·5 „
Nach meiner Messung . .	133·1 „

Letztere Zahl entspricht pro Molekül, wie oben schon angegeben, 24·00 kg-Kal.

Wir kehren jetzt zurück zur thermochemischen Berechnungsweise. Ich habe (oben S. 43) als Resultat für die Hexose erhalten:

	27·25	nach den Berechnungen mit den älteren Angaben über die Verbrennungswärme des Alkohols;
	24·05	nach den neueren Angaben;
meine direkte Messung	24·00	kg-Kal.

Das ist eine völlige Übereinstimmung. Man sieht auch, daß die bisherigen Inkongruenzen zwischen Rechnung und direkter Bestimmung auf Seite der thermochemischen Methodik, der Messung der Verbrennungswärme lagen. Ich muß hier noch besonders betonen, daß mein Gärungsmittelwert aus einer sehr großen Menge von Untersuchungen abgeleitet ist, also zufällige kleine Abweichungen gar keine Rolle mehr dabei spielen.

Aus diesen Tatsachen ergibt sich mit absoluter Sicherheit, daß in der gärenden Flüssigkeit, gleichgültig, ob die Hefe wächst oder nicht, ob viel oder wenig Hefe in Aktion tritt, ob schnelle Gärung bei hoher Temperatur eintritt oder langsame bei niedriger, ob die Lösungen konzentriert sind oder verdünnt, keine andere Wärmequelle nachzuweisen ist, als jene Wärmemenge, welche aus der Gärung des Zuckers fließt. Ich halte diesen fundamentalen Satz für absolut einwandsfrei bewiesen.

Da kein anderer energetischer Vorgang nachweisbar ist, muß also der Gärungsprozeß in seiner Totalität oder zum Teil Quelle der Lebensenergie sein, deren die Hefe ebenso wie jeder sonstige Organismus bedarf.

Außer diesem Kohlehydratstoffwechsel von ungeheurer Ausdehnung ist man also nicht in der Lage, auch nur den geringsten Anhaltspunkt für anderweitige Stoffwechselvorgänge, die sich in Energieverbrauch ausdrücken, zu finden. Das mag vom Standpunkt der Analogie zu den anderen uns näher bekannten Stoffwechselvorgängen bei Tieren immerhin auffallend sein. Finden nicht doch noch bei der Hefe nebenbei auch Umsetzungen der Eiweißstoffe statt? Vorläufig, freilich, wissen wir nicht viel von ihnen; wir werden sie später ins Auge fassen. Aber wenn auch solche vorlägen, so sagt uns auch die sonstige Erfahrung, daß sie möglicherweise außerordentlich klein und von etwas anderer Art sein mögen als bei höheren Organismen. Aber wir haben vorläufig keinen Anhaltspunkt zu weiteren Vermutungen, als die schon oben erwähnte Tatsache, daß die Zellen ohne Wachstum im Verlaufe ihrer Tätigkeit etwas N-haltige Substanz einbüßen.

Die Gedanken leiten uns zu einer Reihe anderer Experimente, die zugleich das Problem, ob es neben der Gärung noch einen anderen Stoffwechsel gibt, von einer anderen Seite angreifen.

Man kann der Meinung sein, die Hefe müsse im nahrungsfreien Nährmedium verraten, welchen besonderen Stoffwechsel sie habe! Sollte vielleicht gar eine Umwandlung der Eiweißstoffe des Zelleibes ein Äquivalent des sonstigen Stoffwechsels sein?

Die Hefe zeigt in ausgesprochener Weise, wenn sie einfach in Wasser gebracht wird, Lebenserscheinungen, die man als Selbstgärung bezeichnet hat und als eine Umwandlung der Körperstoffe angesehen hatte. Schützenberger hat zuerst neben der Gärung, neben der Kohlensäure und Alkoholbildung eine Reihe von Spaltprodukten eiweißartiger Natur nachgewiesen, so daß es den Anschein haben kann, als handle es sich neben der Zerstörung von Kohlehydraten um eine Art Eiweißstoffwechsel.

Bei solchen Versuchen handelt es sich recht oft um Experimente, bei denen sich allmählich ganz offenkundig Fäulnisbakterien eingeschlichen haben. Schon Nägeli[1] hat namentlich gegen J. Liebig, der die Selbstgärung als einen sehr beachtenswerten Vorgang innerer Spaltung angesehen hatte, Stellung genommen und auf die Fäulnis als Fehlerquelle hingewiesen und sie durch Zugabe organischer Säuren auszuschließen gewußt. Man kann sich von der Richtigkeit dieser Angabe sehr leicht überzeugen, da uns heutzutage die bakteriologischen Methoden das Mittel in die Hand geben das Auftreten von fremden Bakterien leicht zu beweisen.[2] Nach der heute allgemein feststehenden Annahme der Gärungsphysiologie entsteht tatsächlich CO_2 und Alkohol auf Kosten von in den Zellen vorhandenen Kohlehydraten.[3] Namentlich sind das Glykogen und die Zellulose der alten Zellen die einzige Quelle der Alkoholbildung[4], neben der auch Fruchtesterbildung vorkommt. Nach dem Aufhören der CO_2-Entwicklung, etwa nach dem 2. Tage, treten die durch ein proteolytisches Ferment der Hefe, die Hefeendotryptase, bedingten Spaltungen mehr in die Erscheinung, wobei Arginin, Lysin, Leuzin, Tyrosin, Carnin, Xanthin, Sarkin, Guanin gebildet werden.[5]

Man begreift, daß diese Vorgänge früher vielfach den Gedanken an einen Hungerstoffwechsel der Hefe nahegelegt haben, zumal sie doch ein völliges Analogon zum allmählichen Zerfall des Organeiweißes bei den höheren Organismen zu bilden scheinen. Sollte nicht die Hefe, wie andere Lebewesen, einem allmählichen Eiweißzerfall vorübergehend die Lebenserhaltung zu verdanken haben?

Leider fehlt zu einer weiteren Verfolgung dieses Gedankens bei solchen Überlegungen ein quantitativer Begriff. Wissen wir denn, wieviel von solchen Stoffen zerlegt wird und ob dabei tatsächlich eine Energiequelle gegeben ist und wieviel von letzterer die Hefe beansprucht?

Ohne zu weit abzuschweifen, möchte ich da doch kurz auf den gewaltigen Kraftwechsel der Bakterien verweisen, der irgend welche Nahrungsvorräte in der Zelle zum Schutz der Lebenserhaltung während der Inanition als völlig illusorisch erscheinen läßt. Wie ich zuerst nach-

---

[1] *Theorie der Gärung.* 1879. S. 7.

[2] *Archiv für Hygiene.* Bd. XLIX. S. 403.

[3] Mayer, a. a. O. S. 176.

[4] Lindner, *Centralblatt für Bakteriologie usw.* (2). Bd. V. S. 793.

[5] Schützenberger, *Compt. rend.* 1874. T. 78. p. 49. Kutscher, *Zeitschrift für phys. Chemie.* Bd. XXXII. S. 59.

gewiesen habe, kann bei manchen Bakterien der Kraftwechsel pro 24 Stunden doppelt so groß sein, als der gesamten Verbrennungswärme des Zelleibes entspricht. In anärobem Zustand, der zumeist vorliegt, ist vollends an eine energetisch nutzbringende Verwertung der Substanzen des Zelleibes ohnehin nicht zu denken.[1]

Über die Spaltvorgänge des Zelleiweißes der Hefe bei der Selbstgärung wird man in biologischer Hinsicht zu einer völlig anderen Auffassung geführt, wenn man bedenkt, daß dieselben Spaltvorgänge auch gefunden werden können, wenn, wie Schützenberger es getan hat, kreosothaltiges Wasser zugesetzt wird. Dann kann man aber von einem Lebensvorgang überhaupt nicht mehr reden; es handelt sich um rein autolytische Vorgänge, wie solche in zahllosen Geweben auch höherer Organismen nach dem Tode auftreten, wobei die Menge der entwickelten Wärme verschwindend klein zu sein pflegt.[2]

Die Selbstgärung kann also schon nach diesen Auseinandersetzungen nichts zur Aufklärung über einen besonderen Hefestoffwechsel aussagen.

Ich habe übrigens die bei diesem Prozeß der Hefe auftretende Wärme gemessen und im Mittel von vielen Messungen pro Tag 408·6 g-Kal. für 100 Teile frischer Hefe gefunden; dies ist ungemein wenig. Wenn Alkoholbildung die Wärmequelle dabei war, so hätten 2·92 Proz. Zucker bzw. Glykogen in der Hefe schon genügt, um die gemessene Wärme zu erklären. Es wird anzunehmen sein, daß, wenn man aus einem zuckerreichen Medium die Zellen entnimmt, gelegentlich kräftigere Selbstgärungen zu erzielen sind. Läßt man dagegen die Hefe bei 0° in dünner Schicht einen Tag lagern, wobei sie das Glykogen ziemlich einbüßt, so beträgt die autolytische Wärmebildung kaum die Hälfte wie oben angegeben.

Mit dem in normaler Hefe bei der Gärung von N-freier Zuckerlösung auftretenden N-Verlust darf man die autolytische Zerlegung der toten Hefe nicht in Parallele stellen, wie ich zuerst durch Versuche nachgewiesen habe[3]; die autolytische Zerlegung führt mehr oder minder bald zur Auflösung des ganzen Zellmaterials.

Auch bei Hefe mit Toluolzusatz erhält man in der ersten Zeit bei dieser Autolyse etwas Wärme, was offenbar auf fermentative Zuckerspaltung zurückzuführen ist; dieser Prozeß ist meist in den ersten

[1] *Archiv für Hygiene.* 1906. Bd. LVII. S. 218.
[2] Rubner, *Ebenda.* Bd. LVII. S. 231.
[3] *Ebenda.* Bd. XLIX. S. 409.

12 Stunden zu Ende. Während der autolytischen Eiweißspaltung, welche dann weiter verläuft, findet sich aber gar keine thermische Veränderung. Diese von mir bei der Hefe zuerst gefundene thermisch indifferente Spaltung des Eiweißes ist in meinem Laboratorium später durch Grafe auch für die tryptische Verdauung durch Pankreassaft nachgewiesen worden.[1]

Wenn man die Hefe in Peptonlösungen leben läßt, so hält sie sich in der Tat bemerkenswert lange frisch und von gutem Aussehen; aber eine Wärmeentwicklung, welche als Ausdruck eines besonderen Stoffwechselvorgangs aufgefaßt werden könnte, findet sich nicht, wovon ich mich durch besondere Versuche überzeugt habe.

Die soeben aufgeführten Tatsachen lehren:

1. Das Fehlen eines besonderen Kraft- und Stoffwechsels nach Entziehung des kohlehydrathaltigen Gärmateriales. Bei Sauerstoffabschluß gärt die Hefe so lange Zucker vorhanden oder sie geht ohne ihn allmählich in Zerfall über.

2. Die Unmöglichkeit, geringe Spaltvorgänge des Eiweißes — wie sie neben der Gärung im anäroben Zustand vorhanden sein mögen — kalorimetrisch nachzuweisen. Daher besteht kein Widerspruch zu den oben angeführten Beobachtungen, daß, wenn nebenbei Eiweiß sich spaltet, man ebensoviel Gärwärme erhält, als der thermochemisch berechneten Gärungsgleichung entspricht.

3. Es ist aber nicht ausgeschlossen, daß auf dem Wege der chemischen Untersuchung und durch Prüfung der N-Bilanz auch eine Beteiligung der N-haltigen Bestandteile am Umsatz der Zelle nachzuweisen ist. Davon später.

Der Beweis, daß die Alkoholgärung der anärob lebenden Hefe der einzige Vorgang ist, bei welchem Energie ausgelöst und schließlich in Wärme übergeführt wird, muß die Grundlage für alle weiteren Betrachtungen und Erwägungen liefern. Die Unmöglichkeit, für diesen ganzen Prozeß eine rein fermentative Spaltung des Zuckers vorauszusetzen, liegt auf der Hand; wir wissen auf biologischem Gebiete keinen Fall, in welchem einfach Wärme zur Befriedigung des Kraftbedürfnisses des lebenden Protoplasmas dienen könnte. Bei einer Fermentwirkung entsteht bei der Umsetzung freie Wärme; die Fermenttheorie ist, wenn wir die alkoholische Gärung nur auf die Zymasewirkung zurückführen wollten, also unhaltbar, da wir hier bei der Hefe ausschließlich Umsetzungsvorgänge hätten, die mit der lebenden Substanz in gar keiner

---

[1] *Archiv für Hygiene.* 1907. Bd. LXII. S. 216.

näheren Beziehung stehen. Es muß also entweder die ganze Gärwärme oder doch vielleicht ein Teil der durch sie repräsentierten Energie als Kraftquelle für die lebende Substanz dienen. Im letzten Falle würde eine Erklärung der Umsetzungsvorgänge sich das Ziel setzen müssen, zwischen rein zymatischen und vitalen oder Lebensvorgängen für denselben chemischen Mechanismus zu unterscheiden.

Die Annahme, die vitale Tätigkeit der Hefezelle sei im wesentlichen mit Bezug auf den Zucker dieselbe wie die fermentative, kann an und für sich nicht als sehr auffällig erscheinen. So hat man angenommen, die Hydrolyse des Glykogens, z. B. in den Muskeln, sei zwar die Folge der Einwirkung eines Fermentes, aber zugleich direkt auch die Wirkung des Protoplasmas, weil es nie gelang, reichliche Mengen von Diastase aus den Muskeln zu gewinnen[1].

Die Ursache, welche den Zucker spaltet, muß in der Zymase und beim Protoplasma dieselbe sein. Der Unterschied, das Vitale, ist nichts Mystisches, sondern nur darin zu suchen, daß eben bei der lebenden Substanz die Fermentgruppe direkt mit dem lebenden Komplex in Zusammenhang steht. Durch diese Verbindung muß die Kombination von lebender Substanz und Fermentgruppe einerseits die allem Lebenden eigenartige Selbstregulation bekommen, d. h. nach Bedürfnis die Zersetzungen zu regeln imstande sein, und anderseits muß dem Lebenden ein Nutzen aus der Zersetzung fließen, darin bestehend. daß Energie dem ganzen lebenden System zufließt, welche nachträglich ihre Transformierung in Wärme findet. Eine Schilderung eines solchen einfachen Ernährungsprozesses habe ich in meinem Buche „Kraft und Stoff im Haushalt der Natur", S. 54, gegeben, und die kleinsten Lebenseinheiten, die Bionten, als ein organisiertes Ferment von rhythmischer Wirkung bezeichnet, das momentan und für einige Zeit annulliert wird, wenn die Aufnahme von Energie für die Zwecke des Lebens geschehen ist.

Sollte eine solche Zweiteilung (vitale und fermentative Gärung) der nach außen hin einheitlich erscheinenden Alkoholgärung gegeben sein, so würde das freie Ferment entweder von vornherein zu bestimmten Zwecken sezerniert werden können, oder sich bis zu einem gewissen Grade vielleicht erst bei den Eingriffen „loslösen", welche zur Darstellung des Fermentes angewendet werden. Leicht abtrennbare Seitengruppen der lebenden Substanz anzunehmen, kann als eine unzulässige Voraussetzung nicht bezeichnet werden, wenn das Bindeglied sehr labil

[1] Green, *Die Enzyme*, Berlin 1901. S. 344.

ist und das abgespaltene Stück, in diesem Fall das Ferment. eine nicht unerhebliche Resistenz besitzt.

Bei der Hefe ist Gärungsumsatz und Wärmebildung zahlenmäßig gleichbedeutend. Dieses Schema wird wahrscheinlich für den einen oder anderen Gärprozeß noch Anwendung finden; aber man darf es sicher nicht auf alle Gärprozesse verallgemeinern. Wenigstens habe ich für die Milchsäuregärung schon erwiesen, daß bei ihr wohl knapp die Hälfte des ganzen energetischen Umsatzes aus der Säurebildung erklärt werden kann.[1]

Sechstes Kapitel.

Die Trennung zwischen fermentativer und vitaler Zuckerzersetzung.

Im vorigen Abschnitt habe ich der Zuckergärung wahrscheinlich zwei verschiedene Funktionen, eine vitale und eine rein fermentative, zuweisen müssen, und es kann daher die Auffassung derer, welche alle Gärung durch das präformierte Ferment geschehen lassen wollen — in diesem Sinne äußert sich auch E. Buchner — nicht weiter als zulässig angesehen werden. Durch meine Experimente steht fest, daß die Fermenttheorie in der jetzt zumeist ausgesprochenen Form unhaltbar ist. Man pflegt häufig zu sagen, durch die neuere Enzymforschung lebe die ursprünglich enzymatische Liebigsche Gärungstheorie wieder auf. Eine solche Behauptung ist schon einfach historisch betrachtet nicht richtig, denn Liebigs Theorie war doch nicht nur durch die Annahme einer reinen Fermentwirkung allein charakterisiert.

Eine Scheidung in einen vitalen und einen fermentativen Zerfall des Zuckers werden wir unbedingt festhalten müssen, denn mit der Tatsache der Anwesenheit von Gärungsferment in der Hefezelle ist unbedingt zu rechnen. Möglicherweise handelt es sich dabei um sehr verwickelte Prozesse, um sehr weite Grenzen, in denen diese beiden Vorgänge sich abspielen. Wenn wir die Gärung zum Teil als Kampfmittel der Konkurrenz zu anderen Pilzen ansehen wollen, so ist ein solcher weiterer Spielraum gewiß wahrscheinlich, auch natürlich, daß sich die Hefe den verschiedenen Umständen entsprechend in ihrer Fermentsekretion anpassen wird. Man wird gewiß auch bei wachsender und nicht wachsender Hefe auf mancherlei Unterschiede der beiden Funktionen der Gärwirkung gefaßt sein müssen. Jugend und Alter der Zelle könnte recht wohl einen bestimmenden Einfluß auf die Fermentbildung ausüben.

---

[1] *Archiv für Hygiene.* Bd. LVII. S. 252.

Naturgemäß habe ich versucht, bei diesem komplizierten Problem zunächst einen experimentellen Anknüpfungspunkt unter möglichst einfachen Bedingungen zu gewinnen.

Mit besonderem Vorteil habe ich mich auch dabei, wie man sehen wird, der thermischen Methodik bedient.

Das Alkoholferment ist in der Hefe nachzuweisen. Unsere Untersuchung muß bei der quantitativen Frage eingreifen, bei der Mengebestimmung der Fermente, oder, da man ja das Ferment nicht chemisch darstellen kann, bei der Wirksamkeit des aus der Hefe zu gewinnenden Fermentes. Da man die Wirksamkeit einer bestimmten Hefemenge, d. h. den Verbrauch von Zucker annähernd kennt, müßte sich doch auch nachweisen lassen, ob die in der Hefe bisher nachgewiesenen Fermentmengen diese der lebenden Zelle zukommende Gärungskraft erklären können oder nicht. Für den Fall, daß genügend Ferment gefunden wird, um die ganze Zuckergärung zu erklären, bliebe mit Rücksicht auf die unabweisliche Notwendigkeit eines vitalen Anteils an der Gärung nur die Annahme einer teilweisen Abspaltung von Ferment durch die Methoden der Fermentdarstellung übrig.

Sehen wir einmal zu, welche Tatsachen der einen oder anderen meiner Annahmen und Voraussetzungen entsprechen.

Zur Fermentdarstellung können bekanntlich verschiedene Methoden, die vor allem E. Buchner[1] ausgearbeitet hat, dienen: das Auspressen des Hefepreßsaftes, die Mischung von Hefe und Thymol oder Toluol, oder die Herstellung der Acetonhefe. Es begegnen uns aber sehr bald große Schwierigkeiten zur Vorführung der enzymatischen Wirkung der Hefe, weil viele Sorten, namentlich die obergärigen Rassen, überhaupt mit keiner Methode Zymase in größeren Mengen ergeben. Ich habe mich persönlich, da ich namentlich bei höheren Temperaturen gut fortkommende Hefe benutzte, von dem negativen Ausfall der Zymasenachweise trotz der günstigen Zuckervergärungskraft solcher Hefe überzeugt. Wenn man sehr große Hefemengen zur Darstellung von Preßsaft benutzte, so kamen wohl die bekannten Wirkungen; aber mit Rücksicht auf die im Versuche zu benutzenden Hefemengen war das Ergebnis oft so gut wie negativ. Ob von Anfang an keine Zymase vorhanden war, oder ob sie durch Endotrypsin vernichtet war, kann unerörtert bleiben; sie fand sich eben nicht vor. Es dauert aber nur Minuten, bis trotz alledem solche frische Hefe Wärme produziert, also gärt.

Man wäre also, wenn man nur durch Ferment die Gärung vor

[1] *Die Zymasegärung.* 1903.

sich gehen lassen will, genötigt zu sagen, daß in wenigen Minuten schon die Zymase vorhanden ist, welche hinreicht, den ganzen Zucker zu zersetzen.

Ich denke aber, daß diese Annahme doch keinesfalls als eine wahrscheinliche angesehen werden kann. Man wäre dann, wie es die späteren Versuche lehren, sogar noch genötigt, an eine sofortige Sekretion einer ganz bestimmten, begrenzten Menge, die bei allen Zellen gleichmäßig erfolgt, zu denken, da sich tatsächlich die Gärungsleistung wie die Zellmengen verhalten und zwar bei den mannigfaltigsten Variationen der Versuchsbedingungen.

Das Fehlen der Zymase, oder deren geringe Menge, kann nicht auf einen Mangel der Nachweismethoden geschoben werden; ich habe die verschiedenartigsten nebeneinander versucht, und meist gleichzeitig ohne Erfolg. Mit der kalorimetrischen Methode ist es leicht, jederzeit auch noch so kleine fermentative thermische Vorgänge nachzuweisen. Ich habe aber bei Tötung der Hefe mit Aceton oder Thymol oder Toluol keine anderen Gesamtresultate erhalten wie bei der Preßsaftmethode; es ist häufig nur eine minimale thermische Wirkung vorhanden, wenn man das lebende Protoplasma vorher getötet hat. Wir lassen die Hefe von Anfang an in normaler Weise gären und setzen mitten im üppigsten Gärakt Toluol zu — in wenigen Minuten hat die Hefe aufgehört weitere Wärme zu bilden.

Im allgemeinen ist für die Verarbeitung kleinerer Hefemengen von 5 bis 10 g und mehr, wie sie bei meinen Versuchen eine Rolle spielen, der Toluolzusatz der Acetonbehandlung vorzuziehen.

Alle diese Ergebnisse sind, was man wohl zugeben wird, mit der Annahme größerer Mengen präformierter freier Enzyme nicht vereinbar; eine rapide, genau dosierte Produktion von Alkohol, binnen wenigen Minuten einsetzend, ist unmöglich, und ebenso unverständlich bliebe es, warum bereits entstandenes Ferment bei der Unterbrechung der Hefegärung sofort wieder verschwinden könnte, zumal das dabei angewandte Mittel, Toluol, doch erfahrungsgemäß für die Zymase unschädlich ist.

Die Gärung der Hefe hängt eng zusammen mit der normalen Beschaffenheit ihres Protoplasmas, mit dessen kolloidalem Zustand. Man kann bei der Hefe durch Kochsalz leicht plasmolytische Erscheinungen erzeugen. In konzentrierter Kochsalzlösung erscheinen die Hefezellen kleiner wie sonst, die Zellwand oft runzelig, doppelt konturiert, die Vakuolen verschwinden und das Plasma zieht sich von der Zellwand zurück und wird dunkler. Ähnliche Erscheinungen, nur in abgeschwächter

Form, sieht man bis zu etwa 4 Proz. Kochsalzgehalt. Wie die chemische Untersuchung ergibt, nimmt mit steigender Salzkonzentration der Wassergehalt der Hefe ab. Untersucht man das Gärvermögen in Mischungen von Kochsalz und Zucker, so ergeben sich bei 2 bis 4 g Kochsalz keine merklichen Unterschiede, erst da, wo auch im mikroskopischen Bilde Veränderungen sichtbarer Natur sich ergaben, ist auch das Gärvermögen vermindert und war bei 12 Proz. Kochsalz so gut wie aufgehoben.

Zerreibt man die Hefe, wie es E. Buchner für die Darstellung des Preßsaftes vorschreibt, so wird nicht etwa die Gärung stürmischer, weil nun das Ferment frei ist, sondern das Gärvermögen nimmt sofort ab. Da aber viel freies Plasma in der Flüssigkeit ist, so schäumt die Flüssigkeit sehr und macht, äußerlich betrachtet, den Eindruck stürmischer Gärung. Die Gärung hängt also von der Struktur ab, von der Organisation. Zählt man die Hefezellen aus, so sieht man, daß meist nicht alle Hefezellen zerstört sind, und daß deshalb die Gärung nur so weit absinkt, wie es der Zahl konservierter Zellen entspricht. Ich habe gefunden, daß die normale Hefe eine recht erhebliche Menge von Gerbsäure, dem Zucker beigemengt, ertragen kann, ohne im Gärvermögen benachteiligt zu werden. Die Gerbsäure selbst wird durch Hefe nicht angegriffen. Setzt man zu zerriebener Hefe Gerbsäure in Konzentrationen, die der normalen Hefe nicht schaden, so entsteht eine mächtige Fällung des durch Zerreiben frei gemachten Plasmas. Die Gärfähigkeit eines Gemisches normaler Zellen und zerriebener Zellen wird nicht verändert, ein weiterer Beweis, daß das freie Plasma, Plasma also von zerstörter Struktur, überhaupt nicht gärfähig ist.

Das Verhalten plasmolysierter Zellen und solcher mit zerstörter Struktur gibt den sicheren Beweis, daß die Gärung eine Lebenserscheinung und kein rein fermentativer Vorgang ist. Damit ist der Entscheid über mein Problem in eindeutigster Weise geliefert. Ich möchte aber trotzdem noch auf einige Argumente eingehen, die nach dem Gesagten eigentlich kaum mehr nötig erscheinen.

Gehen wir aber an die Analyse jener Fälle, in welchen eine genauere Untersuchung über die Wirksamkeit der aus Hefe dargestellten Zymase ausgeführt worden ist.

Darüber liegen einige Schätzungen von E. Buchner selbst vor. Am besten vergleicht man einmal die maximal beobachteten Wirkungen von Preßsaft oder Acetonhefe mit den mittleren Leistungen der lebenden Zelle.

Für Preßsaft untergäriger Hefe hat E. Buchner[1] angegeben, daß

[1] *Die Zymasegärung.* S. 85.

derselbe für 20 ccm bei Zusatz von 8 g Rohrzucker (= 40 Proz.) bei 22° bis 1·87 g CO_2 liefert. Diese 20 ccm Preßsaft entsprechen nach Buchner 40 g frischer Hefe; somit würde 1 g Hefe nach den Preßsaftuntersuchungen 0·046 g CO_2 liefern können, also rund 0·092 g Zuckerzersetzung als Leistung besitzen, was an sich höchstens 14 g-Kal. als thermische Leistung folgern ließe. Buchner bemerkt hierzu, daß die Preßsaftmethode natürlich nicht die ganze Zymasemenge gewinnen lasse, sondern nur einen Teil; immerhin aber stellt sich auch nach seinen Überlegungen die Zymasewirkung wesentlich kleiner als die der lebenden Zelle.

Nach meinen Messungen über die vitale Leistung der obergärigen Hefezelle allein, würde die oben angenommene Umsatzfähigkeit des Preßsaftes ganz außerordentlich hinter der Zelleistung zurückbleiben. Das ergibt sich ohne weiteres selbst für den Fall, wenn wir nunmehr die größten Wirkungswerte, die für Zymase je erhalten worden sind, in Vergleich setzen.

Zunächst habe ich mir von Rapp in München ein Präparat von Zymase (Acetonhefe = Zymin) verschafft, das als außerordentlich wirksam gilt, tatsächlich sehr kräftige Wirkungen gab und nach vielen Jahren noch immer kräftige Umsetzungen lieferte.

Ich schicke voraus, daß das Zymin in Mengen zur Anwendung kam, welche rund 50 g lebender Zellen entsprechen (12·5 g Acetonhefe). Wenn ich 50 g lebender Hefe 30 Stunden auf 20 Proz. Rohrzucker bei 30° wirken lasse, ist der Zucker aufgebraucht und es sind nach direkter Messung 6921 g-Kal. Wärme gebildet worden. Dieselbe Hefemenge hätte in der gleichen Zeit noch viel mehr Wärme erzeugen können, wenn nicht der Zucker allmählich aufgezehrt würde.

In nachstehender Tabelle habe ich den Verlauf eines kalorimetrischen Zyminversuchs vorgeführt.

12·5 g trockenes Zymin (= etwa 50 g frischer Hefe).

Zeit in Stunden	20 Prozent Rohrzucker	10 Prozent Rohrzucker
2	1042 g-Kal.	319 g-Kal.
4	18	79
6	57	54
8	55	41
10	37	28 ,,
12	27	4
14	41	20
16	23 ,,	14 ,,
18	16	9 ,,
20	8 ,,	6 ,,
Summe	1324 g-Kal.	574 g-Kal.

12·5 g Acetonhefe wurden mit 41 g Wasser angerührt, was etwa 50 g frischer Hefe entspräche. Es wurden noch 5 g Toluol zugesetzt, um die lästigen Nebengärungen zu vermeiden. Angewandt wurden 20 Proz. und 10 Proz. Rohrzucker, dem das Zymingemisch zugesetzt wurde.

Man sieht zunächst, die Wirkung des Fermentes hängt enge mit der Konzentration der Zuckerlösung zusammen. Die Umsetzung beträgt bei 20 Proz. Rohrzucker 1324 g-Kal. bei 10 Proz. 319 g-Kal. und war viel stärker, als durch meine Hefesorten (Preßhefe) nach der Behandlung mit Toluol jemals erzielt werden konnte. Die Reaktionen verlaufen stürmisch, wie eine Explosion, ganz verschieden von der Wirkung lebender Hefe. Aber selbst unter diesen ganz ungewöhnlichen, biologisch unhaltbaren Vergleichen wurden nur 17·3 bis 15·3 Proz. des vorhandenen Zuckers umgesetzt, dann stand die Gärung still.

50 g Hefe, die der Acetonhefe entsprachen, hätten aber zum mindestens wie angegeben 6921 g-Kal. in 20 Proz. Zuckerlösung geliefert. Die Zymasewirkung zerstörte also nur einen kleinen Teil des Zuckers, sie würde im Falle, wo 20 Proz. Rohrzucker zur Verwendung kam, noch nicht 20 Proz. der Zelleistungen in gleicher Zeit decken. In dem zweiten Experiment mit 10 Proz. Rohrzucker ist das Verhältnis noch kleiner. 25 g lebende Hefe, also die Hälfte des Wertes des angewandten Zymins, würden genügen, um in 26 Stunden 3523 g-Kal. an Wärme zu bilden, wenn man einen ganz primitiven Versuch macht. In letzterem Falle lieferte das Ferment (574 g-Kal.), also nur 16 Proz. der von einer lebenden Zelle umgesetzten Wärme.

Diese Zusammenstellung der Zyminwirkung aus untergäriger Hefe und der Zellwirkung von obergäriger Hefe ist natürlich nicht sinngemäß und unzulässig. Ich habe dem oben angeführten Experiment lebender Hefe von 20 und 10 Proz. Rohrzucker entsprechend auch bei dem gleichen Material die toluolisierte Hefe untersucht und weit weniger als 1324 bzw. 574 g-Kal. wie oben bei Zymin erhalten, nur 700 bzw. 500 g-Kal. Wärme. Auch diese Werte sind keineswegs nur eine ausschließliche Zymasewirkung auf Zucker, sondern zum Teil die Folge der Invertierung des verwendeten Rohrzuckers. Die Invertierungswärme (9·3 g-Kal. pro 1 g Zucker), so klein sie ist, kommt aber natürlich je nach der Mischung von Zymase und Invertin unter Umständen mehr oder minder in Betracht. Es kann ja weit mehr Zucker invertieren als der Zymase zur Vergärung anheimfällt.

Die kräftigste Zyminwirkung, welche ich in der Literatur beschrieben finde (nach Rapp, siehe bei Lafar S. 362) wird wie folgt angegeben:

2 g Zymin liefern bei 22° in 40 proz. Lösung von Zucker in 96 Stunden: 1·09 g CO_2, was rund 2·18 g Zucker entspricht. 1 g Zucker liefert bei der Vergärung rund 150 g-Kal. (inkl. Invertinwirkung), demnach obige 2 g Zymin = 327 g-Kal. Wärme als Maximalleistung. 2 g Zymin sind mindestens = 8 g frischer Hefe. Zymin aus 1 g frischer Hefe bereitet würde in maximo leisten: 41 g-Kal.

Wenn man nun annimmt, daß das Zymin, welches bei 22° 96 Stunden zur Beendigung seiner Umsetzungen bei 30° nur 22 Stunden, d. h. die Zeit braucht, die zur Zerlegung einer 20 proz. Zuckerlösung durch lebende Zellen notwendig ist, so würden — unzweifelhaft **hoch** überschätzt — Zymin aus 50 g Hefe bei kräftigster Leistung 2050 g-Kal. an „fermentativer" Wärme liefern, was die von mir (s. o. S. 56) mit anderem Zymin beobachteten Werte von 1324 g-Kal. nur deshalb überschreitet, weil das Zymin mit zunehmender Zuckerkonzentration wirksamer ist. Zymin wurde nach **Rapp** bei 22° in 40proz. Zuckerlösung, in meinem Versuch bei 30° in 20 proz. Lösung untersucht.

Also wenn ich auch die bis jetzt mit der allergrößten Zymasemenge an untergäriger Hefe beobachteten Werte heranziehe, wird nichts an der schon oben berechneten Größe der Zyminwirkung geändert. Die bis jetzt nachgewiesene Zymasemenge untergäriger Hefe liefert stets nur einen ganz kleinen Bruchteil der Wärmemenge, welche man mittels lebender Zellen unter denselben Versuchsbedingungen der Zuckerkonzentration und Temperatur bei einem einfachen Gärversuch erhält. Da mit verschiedenen Methoden der Zymasedarstellung annähernd auch ähnliche Wirkungen gefunden werden, so ist es unwahrscheinlich, daß es nur technische Mängel sein sollten, welche eine reichlichere Gewinnung von Zymase hindern, wahrscheinlicher ist es, daß wirklich eben nichts Nennenswertes mehr vorhanden sein wird, als den gefundenen Wirkungen entspricht.

Wenn normale Hefe eine Zuckerlösung zerlegt, so wird in der späteren Zeit der Gärung, durch das Entstehen von Alkohol, die Wirkung der Hefe abgeschwächt, um so mehr, je kleiner das Flüssigkeitsvolumen ist. Das was die Hefezelle wirklich an Zuckergärung leisten kann, erfahren wir also bei einem solchen Versuch überhaupt nicht. Läßt man Hefe so gären, daß keine äußeren hemmenden Ursachen in Frage kommen, so kann nach meinen später mitzuteilenden Versuchen 1 g frische Hefe im Durchschnitt pro 24 Stunden 860 g-Kal. als Gärungseffekt liefern. Vergleicht man damit die bisherigen Zymaseleistungen, so haben wir gefunden:

Zymasewirkung von 1 g lebender Hefe gibt Wärme

a) nach Preßsaftversuchen . . 14 g-Kal.
b) „ Zyminvers. I. . . . . . 27 „
c) „ Angaben E. Buchners . . 41 „

Die nachgewiesene Fermentwirkung beträgt, wenn sie binnen 24 Stunden völlig zum Ablauf kommt, bei

a) 1·6 Proz.
b) 3·0 Proz.
c) 4·6 Proz.

der Gesamtleistung der Zelle, wenn optimale Bedingungen vorliegen.

Es ergibt demnach auch diese Betrachtung, daß die ganz überwältigende Masse der Zerlegung des Zuckers auf die nachzuweisende Zymase nicht zurückgeführt werden kann, also Zellwirkung sein muß.

Durch die oben angegebenen Vergleiche von Ferment und Zellwirkung ist auch der Weg angegeben, auf dem wir versuchen müssen, zwischen Ferment und vitaler Wirkung zu unterscheiden.

Ich habe dies in der Weise zu lösen versucht, daß ich genau dieselben Experimente wie mit lebender Hefe auch mit solcher anstellte, die mit Toluol abgetötet war. Zu diesem Zwecke wurde die Hefe mit etwas Zuckerlösung und Toluol ($2^1/_2$ bis 5 ccm) versetzt und in der Reibschale schwach gerieben. Die Einwirkung des Toluols ist dabei eine kräftige und recht unmittelbare. In vergleichenden Versuchen habe ich gesehen, daß erhebliche Unterschiede in der Menge des von mir angewandten Toluols ohne jeden Einfluß auf die nachher festzustellende Fermentwirkung ist. Die präformierten Fermente werden nach der Annahme anderer Autoren dabei nicht geschädigt. Als solche kommen in Betracht das Invertin und die Zymase; ersteres natürlich nur da, wo Rohrzucker angewandt worden ist.

Es gibt ja freilich auch noch andere Möglichkeiten, den jeweiligen Gehalt an wirksamen Fermenten zu bestimmen.

Wenn man Hefe in das Lavoisiersche Eiskalorimeter bringt, daneben Zuckerlösung, und beide gut sich abkühlen und auf 0° sich einstellen läßt, erhält man, aber nicht immer, eine Schmelzung des Eises, sobald Hefe und Zuckerlösung gemischt werden. Lebensprozesse kommen dabei nicht in Betracht, nur fermentative Umlegungen. Es ist das aber keine sehr empfehlenswerte Methode.

Die Preßsaftmethode steht wegen ihrer Umständlichkeit der Toluolmethode weit nach und eignet sich auch aus anderen Gründen weniger für die thermische Methode. Preßsaft, aus Brauereihefe bereitet (1 kg lieferte 325 ccm), gab mit Toluol versetzt eine allzu stürmische Entwicklung von Gas und Wärme. Man muß dann besorgen, schon bei dem Akt der Mischung und des Zuckerzusatzes Wärme zu verlieren.

Auch die Herstellung eines Acetonpräparates wäre in der Regel ein unnötiger Umweg, weil die Toluolisierung dasselbe leistet und durch Schonung der Zellen eine allzu stürmische Wärmebildung — falls diese auftritt — verhindert.

Die Anwendung von Toluol bot also die günstigste Methodik, die Anwesenheit und Stärke der Fermente zu untersuchen. Wie bekannt ist und eben auseinandergesetzt wurde, schwankt der Fermentgehalt bei den einzelnen Spezies offenbar je nach den vorhergegangenen Kulturbedingungen sehr. Es hat daher, wenn man Schlüsse auf die vitale Wärmebildung ziehen will, jedesmal eine Prüfung auf die Größe des fermentativen Energieverbrauchs einzutreten.

Sehr naheliegend übt die Reinheit der Hefe und die Jugendlichkeit der Zellen einen Einfluß auf die Menge des Fermentes, wie aus folgendem Versuche hervorgeht:

Je 5 g frische Doppelhefe wurde in 10 Proz. Rohrzucker aufgeschlemmt und nach Toluolzusatz die Zymasewirkung bestimmt. Die N-Mengen dieser Hefeproben waren: 0·1411 g
0·1316 g
0·1534 g
0·1481 g

Von derselben Hefe wurde in Bierwürze ausgesät und nach 24 Stunden die Hefe abzentrifugiert, in 10 Proz. Rohrzucker gebracht und mit Toluolzusatz gären lassen. Die N-Mengen waren: 0·0893 g
0·0987 g
0·0717 g
0·0658 g

Die Menge der erzeugten Wärme bei Preßhefe 504·4 g-Kal.
bei frischester Hefe 330·8 „

für gleiche N-Mengen berechnet:

$$\frac{504\cdot4}{0\cdot1435} = 350 \text{ g-Kal. pro 100 mg N} = \text{Preßhefe}$$

und

$$\frac{330\cdot8}{0\cdot076} = 445 \quad ,, \quad ,, \quad ,, \quad \text{frischer Hefe.}$$

Ganz frische Hefe enthält also, weil alle Zellen in normalem Zustande sind, tatsächlich mehr Zymase wie ältere. Der Unterschied im Wärmebildungsvermögen betrug aber auch nur 27 Proz.

Recht maßgebend dürfte die Art der Hefezellen für die Größe der Zymasewirkung sein. Eine Reinkulturhefe (N. 696) wurde 40 Stunden bei 27° auf 3 Proz. Würzagar gezüchtet. Die Hefe blieb sehr feucht; 11·2 ccm dieser Hefe lieferte bei 28° in 20 Proz. Rohrzucker unter Toluolzusatz 951 g-Kal. in folgender Weise:

Reinkulturhefe + Toluol, g-Kal., 20 Prozent Rohrzucker bei 28°.

Zeit in Stunden	g-Kal.
2	348
4	144
6	118
8	88
10	72
12	59
14	38
16	31
18	28
20	9
22	10
24	6

Ich kann nunmehr an die Mitteilung der Experimente gehen, welche mit normaler und toluolisierter Hefe angestellt wurden, unter denselben Bedingungen, bei gleicher Temperatur, bei gleicher Zuckerkonzentration.

Die Erfolge der Versuche sind so eklatant und belehrend, daß man an wenigen Beispielen alsbald eine Bestätigung der von mir gemachten Voraussetzung findet. Die Wärme bei der Alkoholgärung stammt meist aus zwei verschiedenen Quellen: aus einer mit den vitalen Prozessen eng verknüpften Zuckerzerstörung, also aus Wirkungen des lebenden Protoplasmas, und aus der mehr zurücktretenden, rein fermentativen Zerlegung.

Ich verweise zur Erläuterung der nachstehenden Untersuchungen auf meine früheren Publikationen über Gärungswärme. Die Gärwärme durch Hefe in Zuckerlösung zeigt eine steil ansteigende, dann langsam abklingende Kurve.

In nachstehender Figur ist die Wärmebildung normaler und toluolisierter Hefe in g-Kal. ausgedrückt, dargestellt.

Man sieht, die fermentative Wärmebildung macht, wie nach den früheren Betrachtungen zu erwarten war, einen kleinen Teil der gesamten Wärme aus, und zieht man die fermentative Wärme ab, so bleibt für vitale Wärmebildung die gestrichelte Kurve übrig, die schon nach der 6 bis 7. Stunde fast ganz mit der bei der unversehrten Hefe beobachteten Kurve zusammengeht.

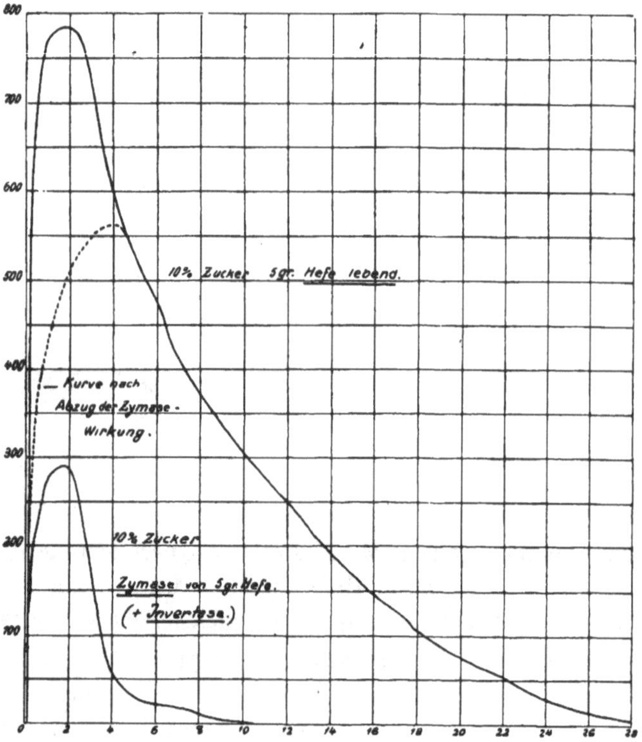

Fig. 4.

Das Ferment hatte um die 8. Stunde versagt; der Zucker war in der 28. Stunde durch vitale Tätigkeit ganz aufgezehrt.

Die Zahlenwerte enthält die Tabelle auf Seite 63.

D i e s e T a t s a c h e n w e r d e n d u r c h a l l e s p ä t e r e n i n g r ö ß t e m U m f a n g e a u s g e f ü h r t e n V e r s u c h e b e s t ä t i g t.

Das Ferment stellt bald seine Wirkung in der Zuckerlösung ein, obschon, wie die Beobachtung mit Hefe im lebenden Zustande zeigt, durch die mit den vitalen Vorgängen verbundene Zuckerspaltung viel gewaltigere Zuckermengen umgesetzt werden können, ehe der sich ansammelnde Alkohol hemmend wirkt.

10 Prozent Rohrzucker, Wärme in g-Kal. pro 2 Stunden.

In 2 Std.	5 g lebende Hefe	5 g getötete Hefe	Differenz = Zellwirkg.
2	791	295	496
4	601	36	565
6	465	20	445
8	447	11	436
10	388	0	388
12	252	0	252
14	210	0	210
16	158	0	158
18	114	0	114
20	70		70
22	49		49
24	23		23
26	2		2
28	8		8
30	0		—
32	0		—

Zieht man die Fermentwirkung von der Wirkung der lebenden Zelle ab, so sieht man, daß die Kurve den gestrichelten Verlauf nimmt, also abgeflachter wird; die Stundenwerte der Wärmebildung differieren während der ersten 8 Stunden relativ wenig. Die Steilheit der ursprünglichen Kurve ergibt sich aus der Beimengung von Ferment. Ein bestimmtes Verhältnis zwischen fermentativen und vitalen Vorgängen gibt es nicht, in den einzelnen Zeiten eines Versuchs wird die Relation zwischen den Wirkungen der beiden Vorgänge sehr ungleich.

Die Trennung vitaler und enzymatischer Vorgänge ist nach dem angegebenen Verfahren möglich. Der vitale Vorgang ist der für das Zelleben wichtigere Prozeß, der die Energieversorgung der Hefezelle bedeutet.

Zur Erläuterung des Einflusses der Invertasewirkung lasse ich die Temperaturkurven zweier Parallelversuche derselben Hefe auf Rohr- und auf Traubenzucker folgen (Fig. 5).

Man sieht das anfänglich stärkere Ansteigen der Gesamtwärmebildung in der Rohrzuckerlösung, das nach einiger Zeit sich abgleicht.

Nehmen wir als letztes Beispiel die Wärmebildung von Traubenzuckerlösung bei lebender und toluolisierter Hefe (Fig. 6), so fällt die

Nebenwirkung der Invertierung ganz weg, wie die nachstehenden Wärmekurven deutlich zum Ausdruck bringen.

Während der Traubenzucker mit lebender Hefe sofort intensiv zu gären sich anschickt und in der ersten Viertelstunde bereits ein sehr deutlicher Wärmeanstieg zu sehen ist, erschöpft sich die Zymasewirkung sehr bald und sinkt schon in der 16. Stunde auf 0; sie gewinnt zu keiner Periode einen erheblichen Einfluß auf das Gesamtresultat.

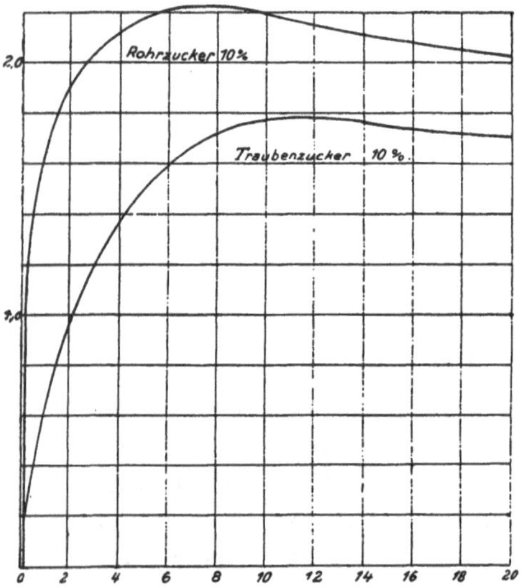

Fig. 5.

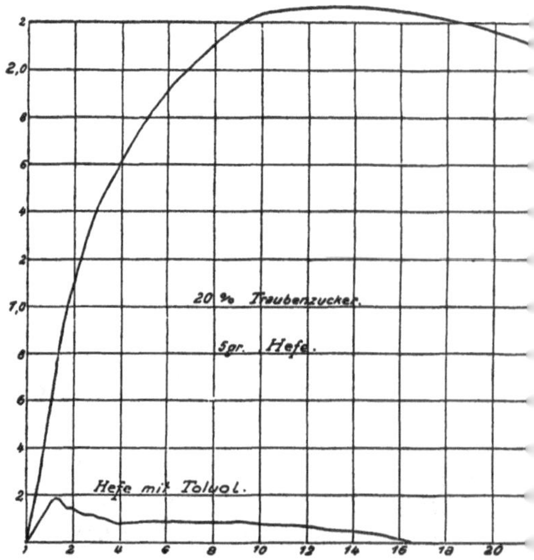

Fig. 6.

Auf die weitere, naheliegende Frage, wie groß der energetische Verbrauch der Zelle für ihre vitalen Aufgaben sei, können wir hier noch nicht eingehen; dazu gehören eine ganze Reihe anderweitiger Untersuchungen über die Lebensweise der Hefezellen.

Nachdem es hier an der Hefe gelungen ist, die irrige Anschauung völlig freier und ungeordnet wirkender Fermente zu widerlegen, werden wir auch sonst der Annahme aller möglichen frei wirkenden Stoffwechselfermente bei den Mikroorganismen mit einer gewissen Reserve gegenüberstehen. Die einfache Tatsache des Nachweises von Stoffwechselfermenten beweist noch keineswegs, daß alle sonst gefundenen Spaltungen der gleichen Art auf freie Fermente zu beziehen sind. Das am lebenden Eiweiß hängende Ferment oder die fermentative Wirkung desselben zeigt sich vor allem gekennzeichnet durch die Regulierung der Zersetzung, welche letztere bestimmte Grenzen der Leistung nicht überschreitet. Die Wirkung freier Fermente flackert auf wie Strohfeuer und sinkt ebenso rasch wieder zusammen.

Dem freien Ferment gewisse Schutzeigenschaften zuzuschreiben, möchte ich nicht zurückweisen; zum mindesten wird bei der Hefe sofort der Nährboden durch die Gärung verändert, was hemmend auf andere Organismen und Bakterien einwirkt, der anärobe Zustand kommt rasch zustande. Die Hefezellen werden durch die Gasentwicklung voneinander getrennt und der Verband gelockert, die einzelnen Zellen im Nährmedium gleichmäßig verteilt. Nach einiger Zeit kann dann die eigentliche Zelltätigkeit beginnen.

II. Teil.

Die physiologischen Bedingungen des Energiebedarfs der Hefe im Zustande der Wachstumsbehinderung.

Erstes Kapitel.

Einleitende Betrachtung.

Nachdem in der vorherigen Abhandlung der Weg gezeigt worden ist, der die Feststellung der Größe der auf vitale Prozesse zu beziehenden Wärme gestattet, will ich mich im folgenden mit der genauen Messung der von der Hefezelle unter normalen Lebensverhältnissen gelieferten Wärme beschäftigen. Und hieran wird sich die Frage knüpfen müssen, ob die Hefezelle unter gleichbleibenden physiologischen Verhältnissen ein konstantes energetisches Bedürfnis im Sinne anderer Organismen besitzt und welche absolute Größe diesem Energiebedarf entspricht. Denn zu dem Begriffe echt vitaler Vorgänge gehört die durch Selbstregulation bestimmte Größe des Energieverbrauches. Die Vorstellung einer Unabhängigkeit einer kleinen Zelle von der Verschiedenheit des Angebots an Nährmaterial, wird freilich erst durch Versuche zu beweisen sein, weil die Lebensprozesse der Einzelligen, vielfach nur als Spielball der wechselnden Außenbedingungen betrachtet werden. Die Aufgabe ist um so reizvoller, als bis jetzt bei keinem einzelligen Organismus diese Frage präzis gestellt oder gar gelöst worden ist, auch für die Hefe unter den bisher obwaltenden Auffassungen über den Chemismus der Alkoholgärung sinnlos sein mußte.

Gelegentliche Angaben über den Zuckerkonsum der Hefe in der älteren Literatur sind auffallend spärlich, sie beziehen sich bestenfalls auf ein paar Notizen über die durch die Hefegewichtseinheit oder auf ein anderes Maß, das Trockengewicht, bezogene Zuckermengen, welche vergoren werden. Ich habe schon erwähnt, daß selbst der Zeit, innerhalb deren die Zersetzung stattfindet, von manchen Autoren nur ein nebensächliches Interesse zugewandt worden ist. Aber wenn wir auch die Zeit berücksichtigende Experimente in ausreichender Zahl besäßen, würden diese für die gestellte Frage nicht verwertbar sein, weil nicht der gesamte Umsatz als ein vitaler angesehen werden kann, und eine Trennung von vitalen und fermentativen Vorgängen unabweislich ist.

Die Besonderheiten des Gärungsverlaufes machen den Nachweis eines bestimmten energetischen Bedürfnisses zum mindesten zu einer komplizierten Frage. Bei einigen Bestimmungen über den Zuckerkonsum der Hefe wurde meist nur gemessen, innerhalb welcher Zeit eine Zuckerlösung vollkommen vergoren ist. Auch wenn die Unterfrage, was ist vitale, was fermentative Leistung, nicht gestellt werden müßte, wären solche Untersuchungen wenig wertvoll, weil sich dabei die Hefe nicht dauernd unter gleichartigen und sicher nicht unter optimalen, sondern von Stunde zu Stunde wechselnden Ernährungsverhältnissen befindet.

Ergebnisreich können also nur kurzdauernde Versuche sein, weil die wichtigsten Veränderungen der Nährlösung sich schon in den ersten Stunden eines Experimentes geltend machen; hierzu bot aber die bisher geübte Methodik der Kohlensäuremessung keine Möglichkeit. Außerdem beziehen sich die Erfahrungen an Hefe, wie auch bei anderen Mikroorganismen, fast ausnahmslos auf wachsendes Material, also auf die Kombination zweier verschiedener Lebensprozesse, so daß ohne weitere Experimente gar nicht gefolgert werden kann, welch Anteil des Energiebedarfes für das Wachstum und welcher für die Vorgänge eines Energiegleichgewichtes, wie es bei einer ausgewachsenen Zelle vorausgesetzt werden muß, Geltung hat.

Einige Notizen über die Größe der Zuckervergärung finden sich bei Nägeli[1] angeführt, er erwähnt da eine Angabe Pasteurs, nach welcher 1 g Hefe (Trockensubstanz), 50 g Traubenzucker in 20 Tagen vergäre, „also durchschnittlich 2·5 g in 24 Stunden, 0·1 g in einer Stunde“.

[1] Nägeli, *Theorie der Gärung.* 1879. S. 31.

Nach Nägelis eigenen Versuchen soll 1 g Hefe (Trockengewicht) in einer 10proz. Zuckerlösung mit weinsaurem Ammoniak und bei Luftdurchleitung in 24 Stunden „ungefähr“ 70 g Zucker vergären, wobei sich ihr Gewicht nach 18 Stunden verdoppelt. Er schätzt den Zuckerverbrauch von 1 g Trockengewicht (und bei Wachstum) auf das 1·67fache des letzteren für die Stunde. Diese letztere Angabe wäre 167 mal so groß, wie die oben angeführte von Pasteur; auch wenn, wie Nägeli richtig bemerkt, in der ersten Zeit der Gärung letztere viel lebhafter ist, als später, klafft offenkundig zwischen beiden Angaben eine unüberbrückbare Kluft: wenn aber Dumas'[1] Beobachtungen richtig sind, nach welchen 20 g oder 100 g derselben Hefe die gleiche Zeit notwendig haben, um 1 g Glykose zu zerlegen, so ließe sich von irgendeiner Normierung eines wenn auch mittleren Nahrungsbedarfes der Hefe überhaupt nicht reden, sie würde viel Zucker umsetzen, wenn sie viel vorfindet, oder wenig, wenn es eben an Nahrung mangelt.

Diese kurzen Notizen charakterisieren den ganzen Stand der Frage, ihr Resultat bedeutet die Unmöglichkeit einer konkreten Vorstellung über das, was man den Nahrungsbedarf der Hefe nennen könnte. Nicht um kleine Differenzen der Anschauungen und Meinungen der Autoren handelt es sich hier, sondern überhaupt um Prinzipienfragen, welche zum mindesten für die Beurteilung des Lebensprozesses solcher Einzelligen, welche in Nährlösungen zu leben gezwungen sind, von höchster Tragweite sind.

Die Konsequenzen der Versuche von Dumas würden eine völlige Variabilität des Nahrungsbedürfnisses einer Zelle zur Voraussetzung haben, in dem einen Experiment hätten die Zellen sich mit nur einer halb so großen Zuckermenge genügen lassen, wie in dem anderen Versuch, obschon die sonstigen Lebensbedingungen, außer der Zuckermenge, dieselben waren.

Wir kennen nun auch bei den höheren Organismen die Möglichkeit eines ungleichen Energieverbrauches, die Abhängigkeit von der Nahrung, aber diese Beziehungen sind doch insofern nicht mit den von Dumas angeführten Tatsachen in Parallele zu stellen, als ein Mehr der Zufuhr keineswegs in proportionaler Weise den Konsum steigert. Für die lebende Substanz der höheren Tiere gilt das Gesetz, daß einerseits, wenn die Nahrung unter ein bestimmtes Optimum fällt, die Zellen sofort von ihrer Substanz selbst zuschießen und bei fortgesetztem Nahrungsmangel zugrunde gehen, andererseits bei Nahrungsüberschüssen

[1] Siehe bei Schützenberger, *Gärungserscheinungen*. 1876. S. 142.

(von Eiweiß und dessen kompliziertem Verhalten abgesehen) nur wenig mehr verbrauchen, dafür aber den Überschuß als Reservestoff zurückhalten. Das energetische Bedürfnis der Zelle regelt sich innerhalb sehr enger Grenzen.

Die Dumassche Angabe würde aber diese Gesetzmäßigkeit eines begrenzten Energiebedarfes als eine auf die höheren Organismen beschränkte erscheinen lassen.

Ein einzelliges Wesen, das im Nährmedium schwimmt, ist ja, das kann man zugeben, naturgemäß den Konzentrationsänderungen seiner Nahrung direkt und unmittelbar ausgesetzt, und vielleicht deshalb mit einer in weiten Grenzen akkomodablen Zersetzungsfähigkeit begabt, die ihm gelegentlich zum Vorteil im Kampfe ums Dasein werden könnte.

Die heutige Auffassung der Lebensvorgänge hat aber gelehrt, daß die lebende Substanz aller eingehender untersuchten Organismen bei bestimmten Temperaturen einen für die Spezies als Konstante aufzufassenden Bedarf an Nahrungsstoffen und Energie besitzt, die lebende Substanz bestimmt den Bedarf, von außen können wohl Einflüsse sich geltend machen, die aber nur durch funktionelle Anforderungen die Nahrungsaufnahme steigern. Ebensowenig wie das Mehrangebot an Sauerstoff den Verbrauch des aeroben Lebens mehrt, ebensowenig können wir der Nahrung selbst einen unbeschränkten Einfluß zugestehen.

A priori werden wir sicher von der Hefe nicht behaupten dürfen, sie müsse diesen Erfahrungen unweigerlich angepaßt sein, das ist doch erst die Frage, die zu entscheiden ist, also wäre es auch denkbar, daß die Spannweite der optimalen Ernährungsverhältnisse sich vielleicht weiter gesteckt zeigen könnte, als bei den höheren Organismen. Können dieselben, um bei dem Beispiel Dumas' zu bleiben, einmal eine vita minima, was die Ernährung anlangt, führen, und doch in den sonstigen Erscheinungen uns keine besondere Abweichung erkennen lassen, und kurz darauf energetische Verhältnisse zeigen, bei denen 167 mal so viel wie vorher zersetzt wird? Das klingt zum mindesten sehr unwahrscheinlich.

Unsere Aufgabe wird sich zur Klärung dieser eben kurz skizzierten Verhältnisse mit einer systematischen Bearbeitung der Lebensvorgänge der Hefe beschäftigen müssen, wobei alle Lebensbedingungen, soweit sie auf die energetischen Verhältnisse voraussichtlich eine Wirkung ausüben, einer getrennten Untersuchung zu unterziehen sind. Die Hefe äßt ein solches Studium, weil ihre Stoffwechselvorgänge gut bekannt und einfach gestaltet sind, eher zu, als die Bakterien, die auch technisch schwierigere Aufgaben stellen.

Im folgenden sollen die hauptsächlichsten Variabeln des Stoff- und Kraftwechsels in besonderen Abschnitten behandelt werden. Diese beziehen sich:

1. auf die Wirkung der Masse der lebenden Substanz,
2. auf die Variation der Menge der Nahrung,
3. auf die Variation der Art der Nahrung,
4. auf den Einfluß der Wärme auf die Kraftwechselvorgänge,
5. endlich auf die Wirkung des Wachstums und der Beeinflussung des Energieverbrauchs,
6. auf störende Einflüsse hinsichtlich des Wachstums, Stoff- und Kraftwechsels.

Ich beschränke mich vorläufig ausschließlich auf die Betrachtung der thermischen Verhältnisse. Für diese kommen die Ausblicke auf den etwaigen N-Stoffwechsel nicht in Betracht. Ich werde mich mit letzteren in einem späteren Teil des Buches eingehend beschäftigen. Als N-freie Nahrung bleiben nur die vergärbaren Kohlehydrate zu betrachten, einige Stichproben gewissermaßen werden genügen, um vom Rohrzucker abgesehen, die Grundzüge der Ernährungsvorgänge zu zeigen.

Zweites Kapitel.

Abhängigkeit des Energieverbrauchs von der Hefemasse.

Keine Erscheinung der Ernährungsvorgänge erscheint selbstverständlicher als die Abhängigkeit des Energieverbrauchs in Nährlösungen von der Zahl der vorhandenen Zellen.

Jede der letzteren ist ein Organismus für sich, also würde nach unseren sonstigen biologischen Vorstellungen eine streng gesetzmäßige Beziehung zwischen Zahl der Zellen und Größe ihrer Gärleistung geradezu a priori vorausgesetzt werden müssen.

Wenn wir die Nahrung für ein unter bestimmten Verhältnissen lebendes Tier festgestellt haben, so nehmen wir für 2, 3, 4 Tiere derselben Art und bei Einhaltung gleicher Lebensbedingungen auch einen der Individuenzahl proportionalen Mehrverbrauch an — von kleinen individuellen Unterschieden abgesehen.

Man sieht sofort ein, daß diese Analogie, was die Hefezelle anlangt, zulässig sein könnte, wenn die letztere frei über einen großen unerschöpflichen Nahrungsüberschuß verfügt: dies bildet gewiß nur die Ausnahme, wahrscheinlicher ist ein alsbald eintretender Nahrungsmangel, wobei es zu sehr schwankender Relation von Nahrung und Zellenzahl kommen muß, bis schließlich eine totale Vergärung des Zuckers eingetreten sein wird. Jede Vergärung und jede ungleiche Aussaat von Hefezellen führt nun folgerichtig wieder zu der Frage zurück, ob und inwieweit eine Akkommodation der Hefezellen zu verschiedenen Nahrungsmengen möglich sei. Eine solche wäre bei höheren Organismen durch partielle Inanition möglich. Von der völligen Nahrungsentziehung haben wir schon in dem vorhergehenden Abschnitt bemerkt, daß diese zu einem echten Hungerzustand mit wahrnehmbarer Wärmebildung nicht führt. Also können wir auch eine partielle Inanition nicht zur Erklärung des Umstandes, daß Hefezellen an einem Nährmedium mit sinkendem Nährstoffgehalt vegetieren, heranziehen.

Es wird demnach ein direkter Versuch zum Nachweis der Variabilität des Energiebedürfnisses in Abhängigkeit von den Schwankungen des Nährstoffgehaltes des Nährbodens nach wie vor nicht zu entbehren sein.

Ein strikter Beweis in positivem wie negativem Sinne dürfte aber nicht leicht zu erbringen sein, weil bei einer Verringerung der Nahrung die Einschränkung des Nahrungsbedürfnisses vielleicht nur eine scheinbare und darin begründete ist, daß unter den Millionen von Zellen eines Experimentes bei Minderung der Nahrung einem Teil die Nahrung ganz entzogen wird, während andere, wir wollen den allgemeinen Ausdruck „die Kräftigeren" wählen, fortfahren, ihre Nahrungsbedürfnisse unbeschränkt auf gleicher Höhe zu halten.

Solches würde sich schließlich auch in einer Herde von Tieren, der man eine begrenzte, nicht für alle ausreichende Futtermenge vorsetzt, ereignen, einzelne kräftige Individuen würden auf Kosten der Schwächeren wohl auf ihre Rechnung kommen. Man wird also in der Deutung von Versuchsergebnissen eine große Vorsicht walten lassen müssen, wo es sich um die Entscheidung handelt, ob ein verringertes Nahrungsbedürfnis vorliegt.

Diese Deutung würde an Wahrscheinlichkeit gewinnen, wenn wir unter sehr günstigen Lebensbedingungen bei Nahrungsüberschüssen immer wieder einen gleichbleibenden Energiebedarf nachweisen könnten.

Die Abnahme des Zuckerumsatzes im Laufe einer Gärung dürfen wir von vorne herein nicht als Beweis eines ungleichen Nahrungsbedürfnisses der Zellen ansehen, ehe wir nicht nachgewiesen haben, daß wirklich die Nahrungsabnahme allein die Ursache der Minderung der Gärtätigkeit ist.

Kehren wir nun zur Frage über die Beziehungen zwischen Zellenzahl und Energieverbrauch zurück.

Eine Proportionalität zwischen Zellenzahl und Konsum wird zweifellos dann zu erwarten sein, wenn das Nährmaterial in großem Überschuß vorliegt bzw. der Konsum durch die Zellen keine nennenswerte Minderung der Nährwertvorräte herbeiführt, so daß stets eine optimale Zersetzung durch die Zellen möglich ist. Diese Bedingungen zu realisieren, ist natürlich nicht besonders schwierig, und wir werden bald sehen, welchen Aufschluß das Experiment wirklich gibt.

Ehe ich meine Resultate mitteile, will ich noch einige Literaturangaben erwähnen, die, wie ich schon andeutete, unter sich widersprechende Ergebnisse erkennen lassen. Nach Dumas wird bei 24^{0} 1 g Zucker durch 20 g Hefe in 23—24′ zersetzt, aber auch 100 g Hefe zersetzten in 24 Minuten nur 1 g Zucker. „Die Hefe wirkt also gleich rasch auf den Zucker ein, wenn 1 Teil des letzteren 20 oder 100 Teile Hefe zersetzen.“ Hier wird also jeder Zusammenhang zwischen Masse und Wirkung in Abrede gestellt.

Im Gegensatz zu diesen Angaben stehen sehr gut angeordnete Versuche von Jodlbauer (Journal für Brauereiwesen 1888, S. 257), in welchen die Zeiten bestimmt wurden, in denen je 2 g Zucker in 4prozentigen Lösungen durch verschiedene Hefemengen zerstört werden.

Diese Anordnung verhütet ungleiche Bedingungen, welche auf die Leistungsfähigkeit der Hefe von Einfluß sein können, mit Ausnahme des Wachstums bei sehr kleinen Aussaaten von Hefe. Die Resultate waren folgende:

Angewandte Hefe in g	Stunden bis 2 g Zucker vergoren waren
8	5
4	10
3	15
2	20
1·5	30
1·0	46
0·5	90
0·4	103
0·2	240

Wie man sieht, herrscht innerhalb eines sehr weiten Intervalls eine vollkommene Übereinstimmung im Sinne proportionaler Leistung, denn das Produkt Zeit × Hefemasse ist nahe übereinstimmend:

[1] Schützenberger S. 142.

8	×	5	=	40		1	×	46	=	46
4	×	10	=	40		0·5	×	90	=	45
3	×	15	=	45		0·4	×	10·3	=	41
2	×	20	=	40		0·2	×	240	=	48
1·5	×	30	=	45						

Die kleinen und besonders kleinsten Hefemengen leisten vielleicht mehr als die großen Hefemengen, weil kleine N-haltige Verunreinigungen des Zuckers, die unvermeidlich sind, ein geringes Wachstum der Hefe ermöglicht haben dürften. Diese Ergebnisse stehen mit den Angaben von Dumas nicht im Einklang, wie man vielleicht vermuten darf, deshalb, weil bei Dumas wohl die Hefemenge zum Teil zu reichlich im Vergleich zu dem vorhandenen Zucker gewesen sein mag, doch bedarf diese Frage noch einer schärferen Nachprüfung. Ich habe daher auf Zuckerlösungen, auch solche verschiedener Konzentration, wechselnde Hefemengen wirken lassen und zweistündig die erzeugte Wärmemenge gemessen.

Meine Ergebnisse lassen sich weder mit den Angaben von Dumas noch jenen von Jodlbauer in Einklang bringen.

Wärmebildung bei 30° in 10prozent. Rohrzucker, g-Kal. pro 2 Stunden:

Zeit in Stunden	1 g Hefe	5 g Hefe	10 g Hefe	20 proz. Rohrzucker 1 g Hefe[1]
2	238	583	791	251
4	155	294	605	196
6	110	258	465	155
8	92	240	447	121
10	86	231	388	100
12	75	215	252	89
14	67	201	209	82
16	71	187	158	79
18	62	170	114	71
20	56	161	70	58
22	54	149	50	54
24	52	144	38	52

In vorstehender Tabelle[2] habe ich eine Reihe von Versuchen mit 10 Prozent Rohrzucker und variablen Hefemengen zusammengestellt.

---

[1] 1 g Hefe in 10prozentiger Lösung liefert in 16 Stunden 894 g-Kal. 1 g Hefe in 20prozentiger Lösung liefert in 16 Stunden 1073 g-Kal.

[2] Wenn in Zukunft keine besonderen Angaben gemacht werden, sind die Wärmemengen stets für je 2 Stunden angeführt. Die Werte sind auch immer die Ergebnisse vieler Einzelreihen.

nämlich mit 1, 5, 10 g Hefe. Das Verhältnis der absoluten Gewichtsmengen von (frischer) Hefe und Zucker war:

1:25 (1 g Hefe)
1:5 (5 g ")
1:2·5 (10 g ")

In den ersten Stunden nach der Einsaat sind irgendwelche Störungen durch Verminderung der Zuckermenge oder Alkoholanhäufung natürlich nicht zu erwarten. Trotzdem ist in dem vorliegenden Experimente von einer Proportionalität zwischen Hefemasse und Wärmebildung nichts nachzuweisen, wenn auch entgegen der Behauptung von Dumas mehr Hefe auch mehr Wärme bildet. Die 10fache Hefemenge bringt nur etwas über 3 mal so viel Wärme wie 1 g Hefe, ja in den einzelnen Zeitperioden stehen die Wärmemengen in den verschiedensten Relationen, nur nie in dem erwarteten Zahlenverhältnis 1:5:10.

Es lassen sich aber die Ergebnisse meiner Versuche noch in einer anderen Weise darstellen, in graphischer Form. Diese gewährt den Vorzug, einige Schlüsse, welche aus der Tabelle selber schwer ersichtlich zu machen sind, abzuleiten. Die letztere gibt die Vorgänge für je ein zweistündiges Intervall. Fassen wir aber mehrstündige Zeiträume zusammen, indem wir die Werte für die aufeinander folgenden Perioden summieren und auf eine Abszisse als Zeit auftragen, so erhalten wir die in der nachfolgenden Tafel verzeichneten Kurven als Verbindungen der Ordinaten.

Sie beweisen sicher, daß die Wirkung der Hefe keine einheitliche ist, denn sie sind nicht gleichmäßig ansteigend, sondern zeigen einen steilen Anstieg, in den ersten Stunden, späterhin nähern sie sich in ihrem Verlauf mehr einer Geraden.

Der gleichartige Anstieg der Kurven, besonders im späteren Verlaufe, beweist, daß in den gewählten Beispielen nirgends eine Störung der Hefewirkung durch äußere Umstände gegeben ist.

Aus dieser Tafel lassen sich leicht die Zeiten bestimmen, welche notwendig waren, gleiche Leistungen zu erreichen; womit wir die Zahlen in der von Jodlbauer gewählten Form zur Darstellung bringen. Wir wählen z. B. die Punkte der Linien für eine Leistung von 1000 g-Kal. und entnehmen an der Abszisse die dazu gehörigen Zeiten. Dann sind also in den einzelnen Fällen die Zuckermengen, welche zerlegt waren und die daraus sich etwa ableitenden Störungen (Alkoholbildung) in allen Experimenten dieselben.

Die Wirkung der Zellenzahl drückt sich dann aus in den ungleichen Zeiten der Hefearbeit. Wir wollen annehmen, es sei der Zeitunterschied ohne alle Rückwirkung auf die Leistungen der Hefe, was später etwas eingeschränkt werden wird. Die Rechnung, wie sie hier, wo immer nur Bruchteile eines Tages in Frage kommen, ausgeführt wird, kann als fast fehlerfrei angesehen werden.

Man findet für eine Leistung von 1000 g-Kal. als Gärzeit bei

10 g Hefe	2·4	Stunden,	Produkt	10 × 2·4 = 24
5 g ,,	4·8	,,	,,	5 × 4·8 = 24
1 g ,,	18·6	,,	,,	1 × 18·6 = 18·6

Die proportionale Wirkung ist hier zwischen 10 und 5 g Hefe scharf zutreffend, nicht mehr ganz aber zwischen 5 g Hefe und 1 g.

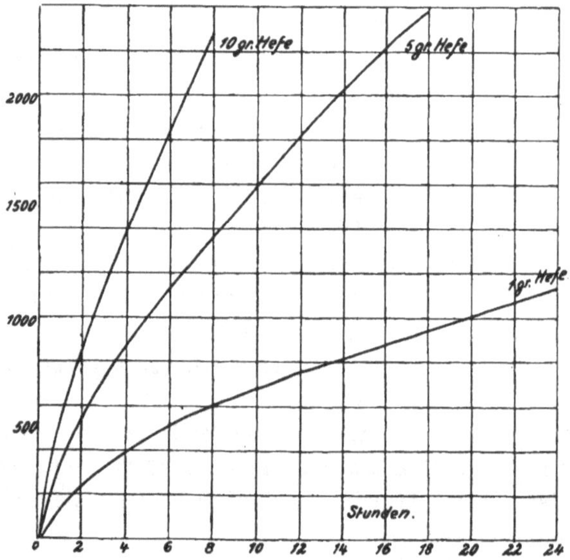

Fig. 7.

Zur Sicherstellung der Ergebnisse habe ich nochmals eine umfangreiche Serie von Versuchen mit Aussaat von 8, 4, 2, 1 g frischer Hefe in 20 prozent. Zuckerlösung, also mit der doppelten Rohrzuckermenge, wie in der vorigen Reihe ausgeführt. Die Relationen zwischen Hefe (frisch) und Zucker waren:

1:50
1:25
1:12·5
1:6·25

Die Zahlen sind in nachstehender Tabelle enthalten und in der Fig. 8 graphisch dargestellt

20 prozent. Rohrzucker, g-Kal.

Stunden	8 Hefe	4 Hefe	2 Hefe	1 Hefe
2	1004	649	339	161
4	498	371	296	184
6	405	246	207	143
8	355	238	167	138
10	335	219	158	117
12	319	205	147	94
14	304	199	142	87
16	284	186	134	78
18	276	172	126	78
20	238	154	120	65
22	226	146	108	55
24	226	135	106	60

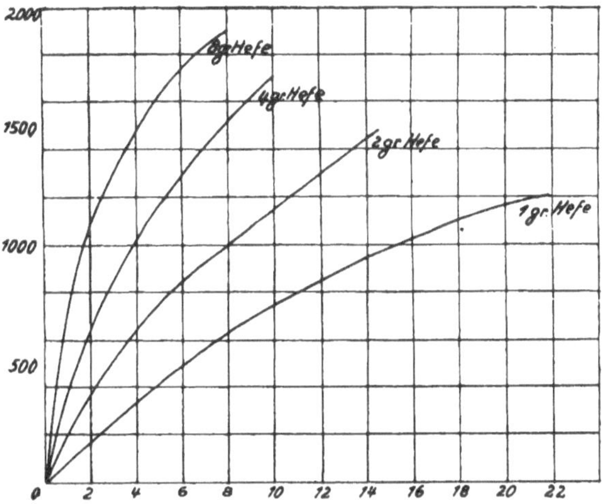

Fig. 8.

Betrachtet man zunächst in der 2., 4., 6 Stunde die Leistungen verschiedener Hefemengen, so ist von einer der Menge proportionalen Wirkung nicht die Rede. Es verhält sich die Leistung von 1 g Hefe zu 8 g in den ersten zwei Stunden wie 1:6, in der 3. bis 4. Stunde wie 1:2, 7 usw., also die mannigfaltigsten Relationen, die eine Proportionalität nicht im entferntesten vermuten lassen.

Fassen wir aber nach der graphischen Darstellung längere Perioden gleicher absoluter Wirksamkeit zusammen und berechnen die dazu notwendigen Zeiten, wie in der vorigen Serie, so ist das Bild ein ganz anderes, die Ungleichheiten verwischen sich.

Rechnet man für 3 Parallelen, d. h. für gleiche Wärmesummen (z. B. 800 g-Kal., 1000 g-Kal., 1200 g-Kal.) die zur Arbeit notwendigen Zeiten, so findet man

	8 g Hefe	4 g Hefe	2 g Hefe	1 g Hefe
a)	2·6 Stdn.	5·5 Stdn.	10·5 Stdn.	21·5 Stdn.
b)	2·0 ,,	4·0 ,,	8·0 ,,	15·5
c)	1·2 ,,	2·5 ,,	5·5 ,,	11·0

Wir bilden analog wie in der früheren Reihe die Produkte aus Hefemasse und Zeit und erhalten:

	8 g Hefe	4 g Hefe	2 g Hefe	1 g Hefe
a)	20·8 Stdn.	22 Stdn.	21 Stdn.	21·5 Stdn.
b)	16·0 ,,	16 ,,	16 ,,	15·5 ,,
c)	9·6 ,,	10 ,,	11 ,,	11·0 ,,

Die Betrachtung vorstehender Resultate gibt ein absolut einwandfreies Resultat, denn eine Proportionalität zwischen Masse und Zellleistung — mit kleinen Abweichungen — besteht zweifellos.

Die Gründe der Abweichung von dieser Gesetzmäßigkeit bei kurzen Zeiträumen werde ich auf Grund experimenteller Prüfung nunmehr vorzulegen haben.

Die Aufdeckung gesetzmäßiger Beziehungen zwischen Hefemasse und Zuckerzerstörung kann auch bei der von Jodlbauer gewählten trefflichen Versuchsanordnung nur unter ganz bestimmten, gewiß nicht immer realisierten Bedingungen (kleiner Fermentwirkung) exakte Resultate bringen. In die Ergebnisse spielt ein von der lebenden Masse sehr unabhängiger variabler Faktor hinein, d. i. der Fermentgehalt der Zellen, der sich besonders in den ersten Stunden der Experimente geltend machen muß. Die Proportionalität, die wir verlangen, gehört der Wirkung des lebenden Protoplasmas an. Bisher hat man an eine Trennung der fermentativen und vitalen Reaktionen gar nicht gedacht, ich werde nun eine solche Scheidung vornehmen. Einiges über die momentane Wirkung der Zymase habe ich schon früher S. 56 mitgeteilt, ihre Außerachtlassung übt, wie ich gleich zeigen will, einen wesentlichen Einfluß auf die Resultate.

In 20 prozent. Rohrzuckerlösung wurden je 1—10 g mittels Toluol getöteter Hefe eingebracht und folgendes beobachtet:

20prozent. Rohrzucker + 5g Toluol. Wärmemengungen g-Kal.

Stunden	10 Hefe	5 Hefe	2 Hefe	1 Hefe	50 Hefe[1]
2	495	425	272	103	527
4	55	84	180	94	101
6	17	24	70	70	41
8	7	9	45	58	15
10	—	1	14	47	2
12	—	—	—	33	0
14	—	—	—	17	—
16	—	—	—	12	—
18	—	—	—	4	—
Summe	574	543	581	438	696

Die Resultate waren in hohem Maße überraschend. Die getötete Hefe gab durch ihre Fermente kräftige Anfangswirkungen, die im allgemeinen schon in der 2. bis 4. Stunde stark abfallen und dann minimal sind. Zwischen der Fermentwirkung von 5 bis 10 g Hefe ist so gut wie überhaupt kein Unterschied. Werden dann die Fermentmengen kleiner (2 und 1 g Hefe), so ist hauptsächlich die Wirkung in den ersten Stunden herabgesetzt, aber im Gegensatz zu jenen von 5 und 10 g Hefe auf viele Stunden verlängert. In absolutem Maße betrachtet, bleibt aber die Wirkung von 1 g Hefe hinter den drei übrigen Reihen vielleicht auch nur scheinbar zurück, weil möglicherweise noch stundenlang eine minimale Wärmeentwicklung stattfinden mag, die eben unterhalb der methodischen Grenzen des Nachweises liegt. Zwischen der Summe der Fermentwirkung bei 2 bis 10 g Hefe ist ein nachweisbarer Unterschied gar nicht vorhanden gewesen. Bei Verminderung der Fermentmenge änderte sich zunächst nicht die Gesamtleistung, sondern nur die

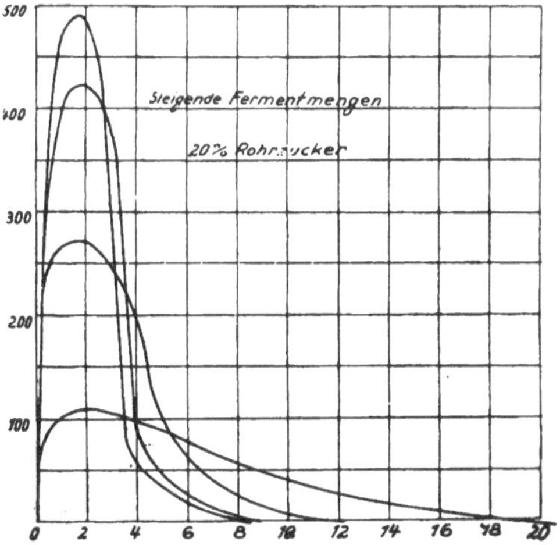

Fig. 9.

[1] Aus einer späteren Versuchsreihe.

zeitliche Folge der Wärmebildung. Man begreift also, wie sehr durch diesen Umstand eine Aufdeckung der richtigen Gesetze der Wirkung der Zellsubstanz (des vitalen Energieverbrauchs) erschwert werden mußte. Sehr übersichtlich zeigt uns Kurve 9 den Verlauf der reinen fermentativen Wärmebildung.

Durch die Fermentwirkung wird also namentlich der erste Teil der Kurve der Wärmebildung der lebenden Zelle wesentlich beeinflußt und steil ansteigend gemacht (s. Fig. 9 S. 77 und Fig. 4 S. 62).

Ich glaube, daß es durchaus erlaubt sein wird, die mit 1, 2, 5, 10 g Hefeferment erhaltenen Werte auf die Resultate der mit 1, 2, 4, 8 g lebender Hefe angestellten Versuche anzuwenden, denn ob 4 oder 5 g 8 oder 10 g toluolisierter Hefe angewandt werden, hat keinen wesentlichen Einfluß. Korrigiere ich daher die mit lebender Hefe erhaltenen Zahlen, indem ich die Fermentwerte abziehe, so bekomme ich nachstehende Zahlen über den vitalen Energieverbrauch.

Werte abzüglich Fermentwirkung in g-Kal.,
20 prozent. Rohrzucker.

Zeit	8 Hefe	4 Hefe	2 Hefe	1 Hefe
2	509	224	67	58
4	443	287	116	90
6	388	226	137	73
8	348	229	142	80
10	335	218	144	70
12	319	205	147	61
14	304	199	142	60
16	284	186	134	66
18	276	172	126	74
20	238	154	120	65
22	226	146	108	55
24	226	135	106	60

Sie lehren, daß der steile Anstieg der Wärmebildung (s. S. 75) nunmehr fehlt, ja daß sogar deutlich in den ersten zwei Stunden die Lebensäußerungen der Hefe niedriger stehen wie in den nächsten Stunden. Besonders bei den kleinen Hefemengen ist diese Erscheinung ausgeprägt. Darauf folgend haben wir eine Periode gleichmäßiger Leistung, bis sich die Alkoholmenge als Gift bemerkbar macht und andere Umstände hemmend einwirken.

Am gleichmäßigsten arbeitet die kleinste Hefemenge, nach 24 Stunden fanden sich fast noch dieselben Wärmemengen wie zu Anfang der Reihe, am raschesten mindert sich, wie leicht verständlich, die Leistung der großen Hefemengen.

Ich summiere nun wie früher die Wärmemengen von Periode zu Periode und trage die Summen als Ordinate auf der Abszisse als Zeit.

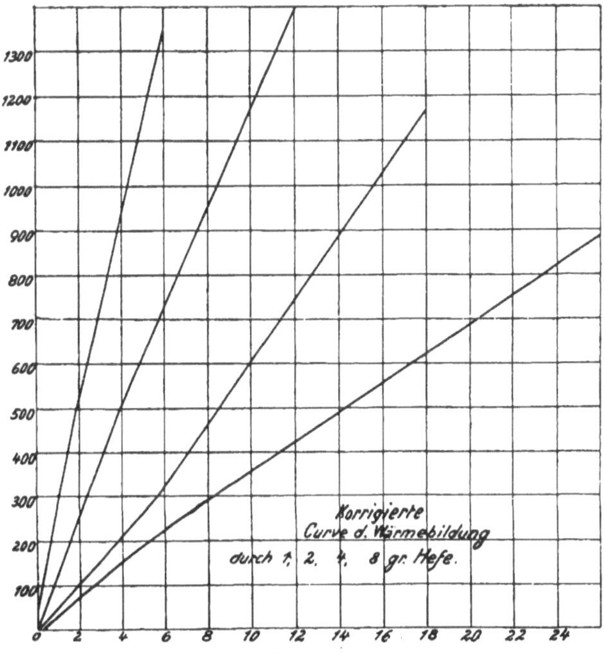

Fig. 10.

Man vergleiche die Darstellung mit der früheren S. 75. Die Form der Kurve hat sich vollkommen geändert, vom 0-Punkte an erheben sich die Linien gleichmäßig, also proportional zur Zeit. Greifen wir eine Parallele, z. B. jene für 900 g-Kal. heraus und bestimmen die entsprechenden Zersetzungszeiten durch Ablesung an der Abszisse, so erhalten wir in Stunden die Zahlen 3·6, 7·5, 14, 26·3 für 8, 4, 2, 1 g Hefe, und als Produkt aus Zeit und Hefe 29·8, 30·0, 28, 26·3, also eine ausreichende Übereinstimmung für die Annahme der Proportionalität der Wirkung.

Es ist auch begreiflich, wie der ungleiche Gehalt an Ferment in allen Experimenten früher in einer unberechenbaren Weise hineingespielt haben muß. In hohem Maße belehrend erweist sich ein Vergleich der graphischen Darstellung der Fermentwirkungen mit diesen eben erhaltenen vitalen Vorgängen, bei letzteren die gleichmäßige Zellarbeit über Stunden und oft Tage kaum nennenswert schwankend, dort eine Art von Strohfeuer, rasch aufflammend, aber auch rasch versiegend. Die Hefezellen arbeiten also innerhalb sehr weiter Grenzen der Variation der Nahrungsmenge gleichartig, jede Zelle nimmt in der Zeiteinheit eine bestimmte Zuckermenge in Arbeit und bildet eine gleichbleibende Wärmemenge. Dort, wo viele Zellen beisammen sind, werden die Umsetzungen pro Zeiteinheit sehr große, wo aber wenig Zellen vorhanden sind, dauert es sehr lange Zeit, bis ebenso große Leistungen wie durch die große Zellenzahl in kurzem zustande kommen. Aber die Zellleistungen werden allmählich geringer, sie sind bei 8 g Hefe in 24 Stunden auf 44 Prozent, bei 4 g auf 60 Prozent abgesunken, bei 2 und 1 g auch nach 24 Stunden noch kaum verändert. (Siehe Tabelle S. 78.)

Dieses Absinken ist aber völlig von der Nährstoffabnahme zeitlich abhängig, weil alle Zellen viele wie wenige nach gleichen Leistungen der Gärung (Zuckerabnahme, Summe der Wärmebildung) immer wieder der Zellenzahl proportionale Leistungen aufgewiesen haben.

In diesem Sinne betrachtet, erfahren wir also nur, daß die Grundeigenschaften der Zellen soweit dieselben sind, daß diese unter vergleichbaren Bedingungen gleichartig arbeiten. Es würde sich aber hieraus immer noch ableiten lassen, daß mit Abnahme der Konzentration der Zuckerlösung ceteris paribus stets auch die Nahrungsaufnahme proportional gesunken sei, also die Frage, ob nur e i n optimales Nahrungsbedürfnis befriedigt werde, oder ob die Zellen bei sinkender Nährstoffmenge sich an diese akkommodieren, bleibt ungelöst.

Wir wollen diese Seite des Problems auch hier nicht entscheiden; aber immerhin ist doch zu beachten, daß, wenn wir vorläufig über den Einfluß der Konzentration der Nahrung auf die Zelle eine bestimmte Auffassung nicht aussprechen können, es doch immerhin zu denken gibt, daß die Zellen das eine Mal bei einem Verhältnis von 1 g Hefe 2·5 Zucker, das andere Mal bei 1 Teil Hefe auf 60 Teile Zucker die gleiche Nahrungsmenge aus der Nährflüssigkeit aufnehmen. Das läßt doch eher auf eine gleichmäßige Regulierung des Nahrungsbedarfes schließen, als auf labile Verhältnisse.

Die vorstehenden Untersuchungen haben gezeigt, daß wir zwei verschiedene Wirkungen auf die Alkoholgärung unterscheiden müssen, die eine, schwächere, ist die Folge präformierter Zymase und Invertins, die zweite ist eine Wirkung der lebenden Hefezelle und diese begreift also den energetischen Prozeß, der zur Lebenserhaltung der Hefezelle beiträgt, in sich.

Die protoplasmatische Tätigkeit zeichnet sich nach der Richtung besonders aus, daß durch sie die Zerstörung des Nährmaterials bis auf die letzten Spuren in kurzer Zeit eingeleitet wird.

Vitale und fermentative Zerlegung laufen nebeneinander her, sie folgen beide offenbar verschiedenen Gesetzen äußerer Einwirkung.

Drittes Kapitel.

Abhängigkeit des Energieverbrauchs von der Zelltemperatur.

Die Zunahme der Lebhaftigkeit der Lebensvorgänge mit dem Wachstum der Temperatur innerhalb des biologischen Intervalls Minimum—Optimum ist eine bekannte, bei den Kaltblütern, bei Warmblütern, bei dem Wachstumsprozeß der höheren Pflanzen, der Vermehrung von Mikroorganismen bzw. der Zellteilung des Eies erwiesene Tatsache.

Dagegen ist die Zahl der nach einwandfreien Methoden bei den niederen Organismen ausgeführten Untersuchungen sehr gering, selbst für die Hefe, die immerhin zu den besser bekannten Organismen gehört, liegen nur spärliche Experimente vor. Mit Rücksicht auf die Notwendigkeit einer Unterscheidung zwischen den Wachstumserscheinungen und einfachen Dissimilationsvorgängen, die ich zuerst scharf betont und durchgeführt habe, gewinnt natürlich auch für die Hefe das Gesagte besondere Bedeutung. Eine Auflösung der Erscheinungen von Dissimilation und Wachstum ist meist sehr schwierig, aber unabweislich, da ja bei den vielen Beobachtungen, die sich auf die Stoffwechselvariationen wachsender Mikroorganismen beziehen, die wachsende Masse zugleich den Dissimilationsprozeß mehrt, die Wirkungen der Temperatur also durch einen Faktor gesteigert erscheinen, der logischerweise, soweit es sich um die Beurteilung des Stoffverbrauchs an sich handelt, ausgeschaltet werden muß.

Es ist als sicher anzunehmen, daß bei der „Hefe" natürlich je nach der vorhandenen Spezies der Verlauf der Temperaturwirkung sich unterschiedlich gestaltet. Was im folgenden zu berichten ist, bezieht sich nur auf die von mir verwendeten obergärigen Arten. In der zusammenfassenden Darstellung von Schützenberger (a. a. O. S. 64) werden spezielle Experimente über die Wirkung der Wärme auf die alkoholische Gärung nicht mitgeteilt. Eingehende Experimente liegen von Jodlbauer vor[1], welcher in gleicher Weise, wie er die Einwirkung der Masse der Hefe studiert hat, worüber S. 71 berichtet wurde, die Zeit feststellte, innerhalb welcher eine 4 prozentige Zuckerlösung bei verschiedenen Temperaturen vergoren wird. Geprüft wurde das Intervall 30—40°. Jodlbauer hat seine Versuche mit Bierhefe angestellt und gleiche Mengen Zucker und Hefe in 4 prozentige Zuckerlösung gebracht, dann die Zeiten bestimmt, nach welchen aller Zucker vergoren war. So fand er:

bei	30°	Vergärungszeit	total	19 Stdn.
,,	32°	,,	,,	18
,,	34°	,,	,,	17 ,,
,,	36°	,,	,,	20 ,,
,,	38°		,,	22
,,	40°	,,	,,	32
,,	45°	keine vollkommene Vergärung nach 5 Tagen.		

Die Versuche lassen ein Optimum bei 34° erkennen, eignen sich aber wegen der geringen angewandten Temperaturintervalle nicht zu einer genaueren Angabe über den Einfluß der Wärme auf die Steigerung der Intensität der Zuckerzersetzung.

Für meine Versuche, die nach der thermischen Methode ausgeführt sind, habe ich ein etwas größeres Temperaturintervall gewählt; einmal die Grade 24 und 30, die innerhalb jener Grenzen liegen, die man gemeinhin als die günstigen für die Hefe betrachtet und die Temperatur von 38°, welche über diese Grenze hinausreicht. Für jeden dieser drei Temperaturpunkte wurde eine größere Anzahl von Experimenten angestellt, um kleine Schwankungen der Ergebnisse tunlichst zu eliminieren, Die Resultate habe ich in folgender Generaltabelle zusammengestellt.

10 g Rohrzucker + 5 g Hefe.
Wärmebildung in 2 Stunden in g-Kal.

Zeit	23·6°	30·1°	38·1°
2	484	583	710
4	257	294	380
6	201	258	326
8	190	240	334
10	177	231	305
12	175	215	282
14	178	201	265

[1] *Journal für Brauereiwesen.* 1888. S. 292.

Zeit	23·6°	30·1°	38·1°
16	179	187	232
18	158	170	180
20	155	161	141
22	146	149	138
24	140	144	83
26	112	126	53
28	120	102	48
30	110	97	32
32	89	75	26
34	99	73	17
36	95	65	22
38	82	53	—
40	83	46	—
42	79	36	—
44	73	25	—
46	81	11	—
48	73	—	—

Die durch die Temperatur bedingten Unterschiede der Wärmebildung sind sehr erhebliche, es empfiehlt sich aber nicht, die Zeiten zu vergleichen, die bei Beendigung der Zersetzung des ganzen Zuckervorrates gefunden wurden; denn die Bestimmung eines solchen Endpunktes bleibt immer etwas unsicher.

Das einwandfreieste bleibt auch hier die Ableitung der Zeiten für gleiche Gärleistung, jedoch für irgendeinen früheren Zeitpunkt vor Vollendung der Zuckerzerstörung, mit der Reserve jedoch, daß es für die Leistung der Hefezelle vielleicht nicht gleichgültig ist, wie lange sie zur Bewältigung ihrer Arbeit braucht. Stellen wir die Ergebnisse der Versuche wieder graphisch dar wie früher, die Summen der Wärmebildung als Ordinaten, der Zeit als Abszissen (die Figur bleibt als unwesentlich weg), so lassen sich für eine gewisse Summe von Kalorien, also gleiche Zuckerumsätze, die hierzu nötigen Zeiten leicht auffinden:

	für 38°	30°	24°
I	17·5 Stdn.	26·2 Stdn.	24·0 Stdn.
II	13·2 „	19·5 „	25·0 „
III	9·7 „	14·0 „	18·0 „
IV	3·5 „	5·0 „	6·6 „

oder in relativen Werten:

I	100	149	195
II	100	147	190

III	100	144	189
IV	100	143	188

I, II, III, IV sind Parallelen gleicher Wärmemenge, in absteigender Reihe geordnet.

Die Zahlen werden kleiner, je näher man dem Anfang der Kurven kommt.

Gesamtmittel:

38°	30°	24°
100	147	191

Die Zeitdauer gleicher Wärmebildung ist bei 30° 1·47 mal so lang als bei 38°, und bei 24° 1·91 mal so groß, und da die Lebhaftigkeit des Nahrungsverbrauches umgekehrt proportional zu den Zeiten, erstere

für 24°	bei 30°	bei 38°
= 1	= 1·3	= 1·91
	1	= 1·47

Zwischen 24—30° steigt pro 1° Temperaturzunahme die Wärmeproduktion um 5 Prozent,

Zwischen 30—38° steigt pro 1° Temperaturzunahme die Wärmeproduktion um 5·8 Prozent.

Diese Zahlen sind nur vorläufig als Annäherungswerte zu betrachten.

Die vorstehenden Experimente geben uns die gemeinsame Wirkung von vitalen und fermentativen Prozessen, wir haben also noch zwischen beiden zu trennen, und da die Größe der fermentativen Wirkungen nicht bekannt ist, so habe ich eine Reihe von Experimenten mit Hefe der gleichen Art wie vorstehend unter Toluolzusatz vorgenommen; geprüft wurde das Intervall von 24° und 38° als die beiden Extreme, woraus sich die Wirkung bei 30°, wie man sehen wird, durch Interpolation ergänzen läßt.[1]

10 Prozent Zucker, 5 g Hefe, 5 g Toluol.
Wärmeentwicklung in g-Kal.

Stunden	24°	38°
2	20·5	233
4	23	22
6	15	10
8	14	—
10	11	—
12	4	—
Summe:	274	265

[1] Mit anderer Hefe zeigte sich bei 28° die Fermentwirkung bei etwas höheren absoluten Werten auf 7 g-Kal. in der 8. Stunde abgesunken.

Die Fermentwirkungen waren, als absolute Größe betrachtet, nicht verschieden, nur die zeitliche Verteilung der Wirkung ist verschoben, indem bei hoher Temperatur die letztere schnell erschöpft ist, bei niederer Temperatur sich mehr in die Länge zieht.

Bei 24⁰ trafen von der Gesamtwärmebildung in den ersten zwei Stunden 42 Prozent auf die Fermentwirkung, bei 38⁰ aber nur 32 Prozent, was begreiflich erscheint, da durch die Temperatur — die Fermentmenge bleibt dieselbe — hauptsächlich die vitale Umsetzung gesteigert wird.

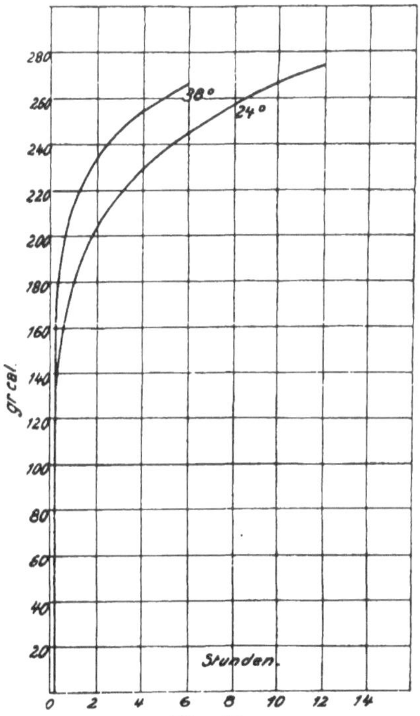

Fig. 11.

Die graphische Darstellung (Fig. 11) gibt uns deutlich den rapiden Verlauf der auf das Ferment zu beziehenden Wärmewirkung bei 24 und 38⁰; eine Auswertung hinsichtlich der Steigerung der Fermentreaktion durch die Wärme läßt sich nicht ausführen, da hierzu eine Wärmemessung von Bruchteilen der ersten zweistündigen Periode nötig wäre, wozu wegen der Kleinheit der in Frage kommenden absoluten Menge der Wärme viele Serien durchgeführt werden müßten, was für meine Aufgabe keine Bedeutung besaß. Man kann aber aus dem Kurvenverlauf der ersten zwei Stunden wohl entnehmen, daß diese Steigerung zwischen 24⁰ bis 38⁰ weit mehr als das Doppelte bis Dreifache des Wertes bei niedriger Temperatur betragen haben mag.

Die Fermentwirkungen bedingen sicherlich einen Einfluß auf die durch Temperaturänderungen hervorgerufene Variation der Zuckerzersetzung durch die lebende Zelle. Wir benutzen die in Tabelle S. 84 gegebenen Werte für 24⁰ und 38⁰, berechnen den Wert pro 30⁰ durch Interpolation und erhalten dann für die vitalen Prozesse der Wärmebildung folgende Größen:

g-Kal. in 2 Stunden nach Abzug der fermentativen Wärme.

Stunden	24°	38°	(30°)[1]
2	279	575	(350)
4.	234	356	(272)
6	186	315	(248)
8	176	334	(240)
10	166	305	(231)
12	171	282	(215)

welche in graphischer Darstellung folgendes Bild gibt:

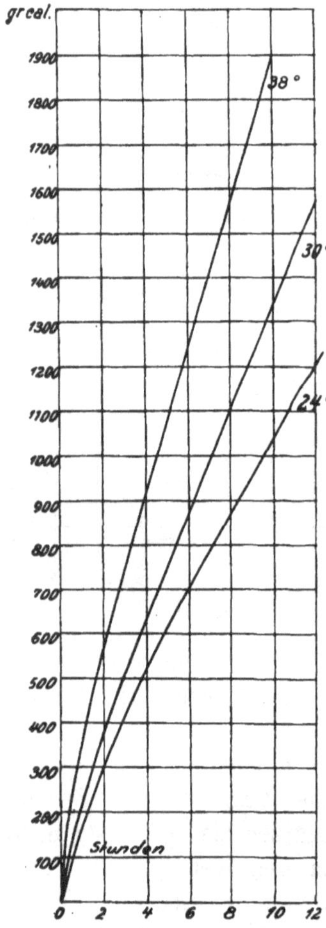

Fig. 12.

Entnimmt man dieser Figur die Zeitenwerte für den Umsatz von 1200 bzw. 900 g-Kal., wobei diese mit genügender Genauigkeit an der Abszisse abzulesen sind, so werden gefunden:

	für 24° Std.	30° Std.	38° Std.
bei 1200 g-Kal. Leistung	12·0	8·7	5·8
„ 900 „ „	8·1	6·0	4·0

Für die Reihe mit 1200 g-Kal. Umsatz hat man:

Es arbeiten die Zellen bei 30° um das 1·38fache mehr,
bei 38° um das 2·07 „ „
als bei 24°,

und für die Reihe mit 900 g-Kal.:

Es arbeiten die Zellen bei 30° um das 1·35fache mehr,
bei 38° um das 2·05 „ „
als bei 24°.

Der Energieverbrauch verhält sich also

	bei 24°	bei 30°	bei 38°
	= 1	= 1·38	= 2·07
	= 1	= 1·35	= 2·05
im Mittel	1	1·365	2·06
		1	1·50

[1] Interpolierte Werte abgezogen.

Zwischen 24—30^0 steigt der Energieverbrauch pro 1^0 um 6·08 Prozent
,, 30—38^0 ,, ,, ,, 1^0 ,, 6·25 ,,

Drückt man die Veränderlichkeit des Energieverbrauchs mit der Temperatur für das Intervall von 10^0 aus, wofür die Bezeichnung Q_{10} gewählt zu werden pflegt, so beträgt diese Größe bei der Hefe nur 1·62, sie bleibt wesentlich unter der Grenze mehrerer Angaben, welche für die Stoffwechseländerungen mancher Tiere (für O-Verbrauch oder CO_2-Ausscheidung) gemacht worden sind und meist Zahlen erreichen, die über 2, ja 3—3·8 betragen sollen.

Viertes Kapitel.

Schädigender Einfluß des Alkohols.

Die Gärungskurve einer Zuckerlösung zeigt, wie die von mir gegebenen Beispiele dargetan haben, einen steilen Anstieg, den wir teils auf den fermentativen, teils auch auf den vitalen Energieverbrauch zurückgeführt haben; dann folgt der Abfall der Kurven und ein Stillstand der Wärmebildung. Bei kleiner Aussaat und großen Zuckermengen nimmt die abfallende Kurve eine mehr oder minder gestreckte Form an.

Eine Periode gleichmäßigen Lebens kommt zumeist gar nicht zum Ausdruck, das Veränderliche beherrscht das Bild des Lebens der Einzelligen in Nährlösungen. Die Gründe des Lebensstillstandes liegen bei der Hefezelle, wie man bestimmt weiß, vielfach in der Ansammlung des Produktes der Dissimilation des Zuckers — in der Alkoholbildung.

Die Tatsache, daß bei der Hefe-Zuckergärung der durch die Zellen erzeugte Alkohol ein Hindernis für das weitere Gedeihen der Hefe bzw. für die Gärung wird, ist genügend festgestellt. Bei der Spiritusfabrikation steigt der Alkoholgehalt nicht höher als auf rund 12 Prozent. E. Buchner hat gefunden, daß der Alkoholgehalt einer Lösung auch die Wirkung des Preßsaftes stark vermindert (a. a. O. S. 174).[1] Somit bleibt fraglich, ob der Alkohol als Zellgift oder als ein für das Ferment störend wirkender Körper allein zu betrachten ist.

Die schädliche Wirkung auf die Wärmebildung der Hefezelle ist leicht darzutun. Es wurden in Parallelversuchen mit 5 g Hefe und 10 Prozent Zucker der einen Probe von Anfang an 15 ccm absoluter Alkohol zugesetzt = 4·72 Gewichts-g-Alkohol.

[1] Selbst bei sehr hoher Zuckerkonzentration.

Die Wirkung war folgende:

Wärmebildung in je 2 Stunden g-Kal. bei 30°.

Zeit	mit Alkohol	ohne Alkohol	$\frac{\text{ohne}}{\text{mit}}$ Alkohol
2	435	637	0·68
4	224	290	0·77
6	161	287	0·56
8	140	254	0·56
10	141	242	0·58
12	140	213	0·64

Der Alkohol hat also in jedem Zeitintervall von Anfang seinen Einfluß geäußert, indem er die Wärmebildung verlangsamt hat. Die relativen Zahlen sind zwar wohl in den einzelnen Stunden etwas schwankend, aber nicht in dem Maße ungleichartig genug, um eine bestimmte Gesetzmäßigkeit sicher zu stellen. Im Mittel betrug (unter Ausschluß der 4. Stunde) die unter Alkoholeinfluß stehende Wärmebildung nur 60 Prozent der sonst erzeugten Wärme für einen Prozentgehalt von 4·72 Gewichtsteilen Alkohol pro 100 ccm Kulturflüssigkeit. Für 1 Prozent Alkohol entspräche dies 8·47 Prozent Hemmung der Wärmebildung.[1]

Man kommt durch eine einfache anderseitige Überlegung auch zu einer fast gleichen Zahl. Nehmen wir an, die Alkoholgärung käme zum Stillstand bei 12 Gewichtsprozenten Alkohol, dann liegt der Schluß nahe, daß der Alkohol die Gärung um 100 Prozent behindert habe, woraus folgt, für 1 Prozent Alkohol $\frac{100}{12} = 8 \cdot 3$ Prozent Hemmung der Zuckerzersetzung, Werte also, die in befriedigender Übereinstimmung stehen. Der Modus der toxischen Wirkung ist durch meine Versuche klargelegt. Die Giftwirkung äußert sich in diesem Falle sowohl auf das Ferment, als auf das Protoplasma, was bei der gleichen Wirkung beider nicht eben befremdend sein kann. Es ist in der ersten Zeit des Versuches wie in den späteren Stunden der Einfluß derselbe, woraus weiter geschlossen werden muß, daß auch die quantitative Wirkung des Alkohols auf Ferment und Protoplasma nicht sehr verschieden sein kann.

Das Alkoholgift bewirkt in allen Stadien der Lebenstätigkeit der Hefezelle eine Minderung des Kraftwechsels, eine Verminderung auf eine gleiche Quote des Normalen.

[1] $\frac{40}{4 \cdot 72} = 8 \cdot 47$ Prozent Hemmung pro 1 Prozent Alkohol.

Ich habe in vorstehendem nur das Ziel verfolgt, nicht das ganze Gebiet der Alkoholschädigungen darzulegen, sondern die Experimente sollen für die weiteren Versuche gewisse Anhaltspunkte für die Berechnung ermöglichen. Man muß auch beachten, daß hier nur nicht wachsende Hefe ins Experiment einbezogen worden ist.

Die Beziehungen zwischen wachsender Hefe und Alkohol sind ganz andere[1], und da die Sache von allgemeiner Bedeutung ist, mag schon an dieser Stelle kurz darauf eingegangen werden.

Es ist durch Erfahrung festgestellt, daß viele Eigenschaften der Hefezelle durch schädigende Einflüsse nicht in gleicher Weise getroffen werden. Insbesondere scheint bemerkenswert die unterschiedliche Wirkung des Alkohols auf die Hefevermehrung und auf die Gärung des Zuckers. Alle Hefegifte wirken zunächst auf die Vermehrungsfähigkeit und dann erst auf die Gärtätigkeit, zur Tötung gehören noch größere Dosen.

Nach M. Hayduck[2] wird in Spiritusmaische die Vermehrung der Hefezellen eine träge, sobald 2 Volumprozent Alkohol entstanden sind und hört bei 6 Prozent Alkohol ganz auf. Je reicher die Aussaat, das lehren die obigen Versuche, um so rascher werden die geringen, das Wachstum hemmenden Mengen von Alkohol erreicht sein. Auch bei der Biergärung wird in der Praxis ähnliches beobachtet.

Wenn man in einer bisher alkoholfreien Flüssigkeit durch Alkohol, den man zusetzt, die Entwicklung eingebrachter Hefe hemmen will, dann reichen 3 Prozent Alkohol nicht aus, sondern man muß, wie behauptet wird, etwa 10 Volumprozent zufügen.[3] Die Hefe wird also während der spontanen Vermehrung und durch allmähliches Entstehen des Alkohols mehr geschädigt, als wenn Alkohol von vornherein zugegeben wird, was als besonders erklärungsbedürftiges Problem von anderer Seite angesehen wird. Ich werde später zeigen, daß eben hier noch andere Faktoren mitspielen, so die allmähliche Nahrungsentziehung und die Erschöpfung der Hefe durch den Gärakt selbst.

Die Behinderung der Gärtätigkeit durch den Alkohol erfolgt bei den einzelnen Spezies offenbar in ungleicher Weise. Auch scheint dann der Alkohol besonders stark die Gärtätigkeit zu beeinflussen, wenn man die optimale Temperatur nahezu überschreitet. So scheinen wenigstens

[1] Sie werden in einem späteren Abschnitt noch eingehender behandelt werden.
[2] *Journal für Spiritusindustrie.* Bd. III. S. 174.
[3] Lafar, Bd. IV. S. 131.

von mancher Seite die Resultate von Müller-Thurgau[1] gedeutet zu werden. Ich selbst hatte keinen Anlaß, mich hier eingehend mit dieser interessanten Frage zu beschäftigen. Nur betreffs des Einflusses von Alkohol auf das Wachstum im allgemeinen möchte ich eine Beobachtung mitteilen; ich habe in Bierwürze, der auch noch etwas Traubenzucker zugesetzt war, Hefe eingeimpft, in einem Falle aber auf 100 ccm Nährflüssigkeit 3·3 ccm absoluten Alkohol zugegeben. Nebenstehende Fig. 13 gibt die thermometrischen Ablesungen der beiden Kalorimeter (eines ohne, das andere mit Alkoholzusatz).

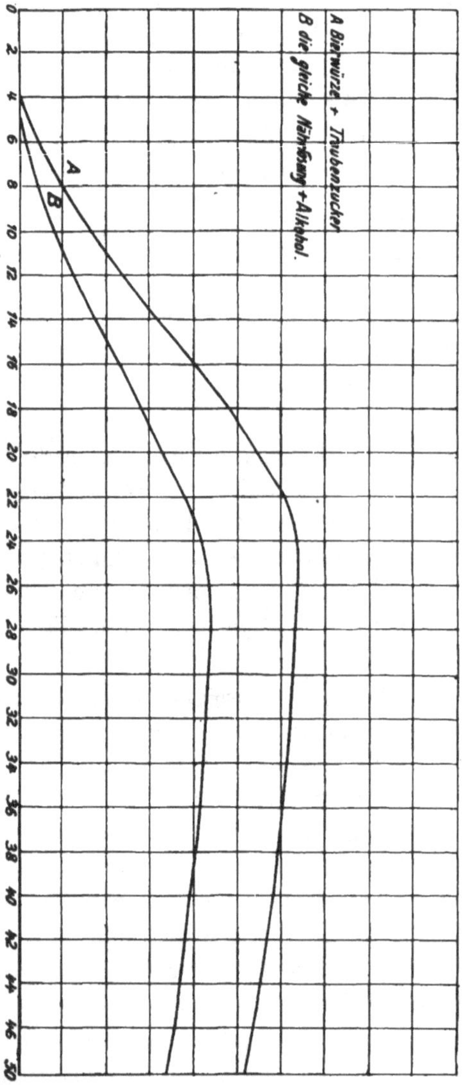

Fig. 13.

Es zeigt sich, daß der Alkohol gewissermaßen nur eine gleichmäßige Verkleinerung des Bildes der alkoholfreien Kurve gibt. Selbst nach 48 Stunden findet sich keinerlei Inkongruenz. Die durch die Gärung entstandenen weiteren Alkoholmengen haben von der 24. bis 26. Stunde ihren gärungshemmenden Einfluß in analoger Weise erkennen lassen.

[1] Siehe Lafar, Bd. IV. S. 131.

Fünftes Kapitel.

Gärung bei gleicher Hefe- und Zuckermenge, bei wachsenden Mengen von Wasser.

Hinsichtlich der Beziehungen der Zellen zum Nahrungsmaterial haben die Experimente der Aussaat ungleicher Hefemengen, die eine sicher stehende Tatsache ergeben, daß auch in überreichen Nahrungsvorräten die Zellen einen konstanten Nahrungskonsum bewahren. Die Zellen wurden bei der Aufrechnung der Resultate stets untereinander verglichen, nachdem dieselbe Menge von Zucker durch die ungleiche Zahl von Zellen aufgezehrt war, so daß also stets ein Vergleich bei der nämlichen Zuckerkonzentration vorlag. Jede Zelle geht aber bei jedem Versuch mit begrenztem Nahrungsvorrat durch verschiedene Stufen der Nahrungskonzentration hindurch, denn mit der allmählichen Aufzehrung des Zuckers wird dessen Konzentration von Stunde zu Stunde geringer.

Aber gerade diese im Laufe jeder Gärung eintretende Veränderung des Nahrungsvorrates ist ein Vorgang, dessen Rückwirkung auf die Energiewechselintensität wir einer näheren Untersuchung noch unterziehen müssen.

Der Einfluß einer solchen Konzentrationsänderung wird schon offenkundig, wenn man bei den Experimenten mit verschiedenen Hefemengen nicht die gleichen Leistungen der Zuckerzersetzung als eine Funktion der Zeit, sondern bei gleicher Zeit die Leistungen an Zuckerzersetzung auf gleiche Hefemengen berechnet, wobei sich dann erhebliche Unterschiede der Zersetzung pro Gramm Hefe herausstellen. Weniger ist dieses letztere der Fall, wenn wenige Zellen überhaupt in einem enormen Nahrungsvorrat ausgesät werden, und auch verständlich, weil unter diesen Umständen, so könnte man vermuten, eben die zeitlichen Unterschiede der Zuckerkonzentration relativ geringe sind.

Auch in der Enährungslehre der Tiere hat die Frage nach der Bedeutung der Konzentration des Nahrungsstromes zu den Zellen eine wichtige Rolle gespielt, so schrieb C. Voit der Größe des Säftestromes eine wesentliche Bedeutung für den Umsatz an Stoffen zu. Wir sind aber allmählich, namentlich durch meine Untersuchungen über die Größe des Energieverbrauchs zu einer anderen Auffassung gekommen. Der Säftestrom an sich ist nicht der Regulator des Gesamtverbrauchs der Energie, sondern in seiner quantitativen Zusammensetzung wohl innerhalb gewisser Grenzen das Bestimmende für die Beteiligung der einzelnen Nahrungsstoffe am Verbrauch. Für den Gesamtkonsum besteht ein Regulationsprinzip in der Zelle selbst, in ihrem Bedarf, der sich mit den funktionellen Veränderungen der Zelle geändert hat. Der Nahrungsstrom ist also nur ein sekundärer Faktor im Dissimilationsprozeß und das gleiche gilt für den Aufbau der Zelle beim Wachstum.

Es muß mit Rücksicht auf diese Allgemeinheit der Probleme von großer Bedeutung sein, an der Hefe die Frage des Einflusses der Konzentration der Nahrung zu studieren. Zwar scheint das einzellige Wesen bei gelöster Nahrung durch den osmotischen Austausch mit der Umgebung ein Spielball der Außenwelt, ob aber die Tatsachen dieser Annahme Recht geben, das eben ist zu entscheiden.

Viele Beobachtungen der neuen Zeit haben bereits erkennen lassen, daß der Austausch von Stoffen durch die Zellwand den einfachen osmotischen Auffassungen nicht entspricht, daß vielmehr besondere Eigenschaften der Zellwand gerade bezüglich der regelmäßigen Nahrungsstoffe deren Aufnahme regeln.

Aber es muß immerhin von Wichtigkeit sein, an einem einfachen Objekt, wie die Hefe eines ist, diese Verhältnisse der Nahrungsversorgung genauer darzulegen.

Ich habe außerdem schon hervorgehoben, daß es sich für uns nicht um diese Frage etwa allein handelt, sondern um den Nachweis, ob die Zellen in ihrem Bedarf sich an verschieden große Nahrungszufuhr angepaßt erweisen, oder wie bei höheren Organismen, einen bestimmten Energiebedarf haben, bei dessen Verminderung auch die Zelle nicht auf ihrer Leistungsfähigkeit und körperlichen Intaktheit erhalten werden kann.

Zwischen Wachstum und Dissimilation ist hier zu scheiden; beide sind nicht untrennbar verbunden. Ersteres kann allerdings nicht ohne letzteres gegeben sein, aber Dissimilation ohne Wachstum ist eine Erscheinung, der wir zeitweise in außerordentlicher Ausdehnung begegnen werden, wie ihr auch im großen und ganzen die Hauptumwandlung der Nährböden zugeschrieben werden muß. Wachstum und Dissimilation haben ganz verschiedene biologische Ursachen, die getrennten Gesetzen folgen.

Wachstum besteht in spezifischer Anziehung bestimmter Atomgruppen — N-haltiger Natur — in Abhängigkeit jener unerklärlichen Konstitutionseigenschaft, die mit dem Alter variiert und bis jetzt in ihrer Variation von uns nicht beeinflußt werden kann. Die Dissimilation kann bei Tieren sowohl N-haltige wie N-freie Nahrungsgruppen verwenden.

Die Rückwirkung der Konzentration geeigneter Nahrungsstoffe auf das Wachstum habe ich bei einer Bakterienspezies schon eingehend geschildert und die große Bedeutung dieser Ernährungsbedingung dargelegt. Bei dem Wachstum bedingt die Konzentrationsverschiedenheit, wie ich bereits für flüssiges Nährmaterial bewiesen habe, sofort einen je nach der Masse des Nahrungsüberschusses — innerhalb gewisser Grenzen — einsetzendes Moment für die Lebhaftigkeit der Neubildung von Zellen, die Nahrung ist trotz allem aber ein sekundäres Moment, sie kann nur verschiedene Wirkungen nach Maßgabe des Nahrungsvorrates haben, wo eben durch eine bestimmte Zelleigenschaft der Nahrungstrieb von vornherein gegeben ist.

Ob bei der nicht wachsenden Zelle, hier der Hefe, das gleiche Moment der Nahrung als sekundäre oder primäre Ursachen sich geltend machen, bedarf erst des Entscheides.

Zur Erleichterung des Verständnisses bemerke ich, daß ich unter Nahrungsvorrat die Gesamtmenge der Nahrung in einer gegebenen Lösung begreife, ihm gegenüber steht als andere Eigenschaft einer Nährflüssigkeit die Konzentration.

Die einfachste Versuchsvariante ist offenbar die, daß man Nährmaterial und Zellen, in gleicher Menge gemischt, mit verschiedenen Wassermengen verdünnt.

Der Nahrungsvorrat ist nun derselbe; auf je eine Zelle trifft in der ganzen Nährlösung dieselbe Zuckermenge in absoluter Zahl, aber Hefezelle und Zuckermoleküle sind voneinander räumlich verschieden getrennt, weil die Konzentrationen verschieden sind. Eine Reihe von solchen Versuchen mit verschiedenen Konzentrationen gibt uns dann etwa die Verhältnisse, wie sie nacheinander in ein und derselben Lösung eintreten müssen, indem der Zuckervorrat kleiner wird. Aber in anderer Richtung läßt sich das Experiment nicht auf den wirklichen Ablauf der natürlichen Gärprozesse übertragen, weil bei dem Verdünnungsversuch die sich folgenden Konzentrationen zugleich mehr Wasser in Aktion treten. Die auf eine Hefezelle treffenden Flüssigkeitsmengen steigen bei dieser Art des Versuches mit der Verdünnung, was eine im natürlichen Verlauf nicht gegebene Veränderung mit sich bringt — die zunehmende Verdünnung des Alkohols, dessen stärkere Anhäufung sonst die Verhältnisse sehr kompliziert.

Der Einfluß der Konzentration auf die Hefegärung ist bereits öfters einer Untersuchung unterzogen worden, aber mit sehr verschiedenem Erfolge.

Bei Schützenberger (S. 143) findet sich eine Angabe Dumas'. Er sagt: „Wird dieselbe Hefesuspension (10 g : 150 Wasser) mit 0, 1,

2, 4 g Zucker versetzt, so entsprechen die zur völligen Zuckerzerlegung notwendigen Zeiten den Konzentrationen."

Daraus würde folgern, daß die Hefezellen eine konstante Arbeitsgröße besitzen, gleichmäßig weiter arbeiten und für 4 g Zucker also 4 mal so lange brauchen, wie etwa ein Holzhacker zu 4 Klaftern Holz mindestens 4 mal so lange braucht wie zu einem. Daraus würde also auch folgern, daß die Zuckerkonzentration ganz ohne Einfluß auf die Zellarbeit ist und stärkere Konzentrationen diese nicht anregen.

Es ist in hohem Maße unwahrscheinlich, daß solche einfachen Beziehungen unter den gewählten Bedingungen bestehen können. In den Beispielen Dumas', das zeigt schon die elementarste Überlegung, arbeiten die Zellen unter sehr ungleichen Bedingungen, indem bei der einen Probe schließlich rund 0·5 g, bei der konzentrierten aber 2 g Alkohol in der Lösung vorhanden sein müssen, von dem großen Mißverhältnis zwischen Hefe und Zucker (überreichliche Hefe) gar nicht zu reden. Unter diesem Gesichtspunkt betrachtet, würden Dumas' Versuche ganz gewiß das nicht beweisen, was aus ihnen gefolgert worden ist, nämlich die Unabhängigkeit der Zersetzung von der Konzentration, im Gegenteil, wenn das angegebene Resultat tatsächlich zustande kommen soll, dann müßte man eher schließen, die Konzentration steigere zwar anfänglich den Energieverbrauch, verlangsame ihn aber in der späteren Zeit des Experimentes durch die Erzeugung von großen Mengen Alkohols.

Zu anderen Resultaten als Dumas ist Wiesner hinsichtlich der Bedeutung der Konzentration für den Zuckerumsatz bei der Hefe gekommen.

Wiesner[1] hat mittels einer Gewichtsverlustmethode bei kleinen Flüssigkeitsmengen (5 ccm) verschiedene Zuckerlösungen in ihrem Einfluß auf die Hefe ohne bestimmte Ergebnisse geprüft. Zwei Gründe mögen die Lösung der Frage verhindert haben: die Nichtbeachtung der Forderung, daß absolute gleiche Hefemengen in Anwendung kommen müssen, was aber nicht geschehen ist, und der Umstand, daß die Gärung in manchen Fällen gar nicht zu Ende kam. Ungleiche Vergärungen lassen sich aber rechnerisch in diesen Experimenten gar nicht verwerten.

Diese Angaben von Wiesner, nach denen die vollständige Vergärung von Zucker durch Hefe nur in 2 und 4 Prozent und 20 und 25 Prozent erfolge, sind später von Jodlbauer (a. a. O. S. 293) einer kritischen Betrachtung unterzogen, und durch eigene Experimente widerlegt worden.

---

[1] Wiesner, *Sitzungsberichte der Wiener Akademie.* Bd. LIX. II. Abt. 1869.

Letzterer hat je 5 g Hefe und 5 g Zucker (untergärige Hefe) bei 34° unter verschiedener Wasserverdünnung untersucht, die Zeiten, nach denen der Versuch ganz zu Ende gekommen war, festgestellt und jedesmal durch Ausfällen mit Blei und nachheriger Konzentration des Zuckers (bei den Verdünnungen) sich von der vollkommenen Vergärung des letzteren überzeugt.

Er fand bei 34°

in einer	0·1	prozent.	Lösung	(Volum	5000	ccm)	Zersetzungszeit	81	Stdn.
,,	0·5	,,	,,	(,,	1000	,,)	,,	41	,,
,, ,,	1	,,	,,	(,,	500	,,)	,,	28	,,
,, ,,	2	,,	,,	(,,	250	,,)	,,	20	,,
,, ,,	3	,,	,,	(,,	150	,,)	,,	18	,,
,, ,,	4	,,	,,	(,,	125	,,)	,,	17	,,
,, ,,	5	,,	,,	(,,	100	,,)	,,	17	,,
,, ,,	6	,,	,,	(,,	85	,,)	,,	17	,,
,, ,,	7	,,	,,	(,,	70	,,)	,,	17	,,
,, ,,	8	,,	,,	(,,	60	,,)	,,	17	,,
,, ,,	9	,,	,,	(,,	55	,,)	,,	18	,,
,, ,,	10		,,	(,,	50	,,)	,,	19	,,
,,	11			(	45	,,)	,,	20	,,
,, ,,	12		,,	(,,	40	,,)	,,	22	,,
,, ,,	13	,,		(,,	38	,,)	,,	23	,,
,, ,,	14	,,	,,	(,,	35	,,)	,,	24	,,
,, ,,	15	,,	,,	(,,	33	,,)	,,	25	,,
,, ,,	20	,,	,,	(,,	25	,,)	,,	39	,,
,, ,,	25	,,	,,	(,,	20	,,)	,,	65	,,
,, ,,	30	,,	,,	(,,	15	,,)	,,	—	,,

Es ergab sich also, daß nur mittlere Zuckermengen zwischen 3 bis 9 Prozent gleich gut vergoren werden, und daß größere Verdünnungen wie größere Konzentrationen verlangsamend wirkten.[1]

Die Versuche sind auch nicht ganz einwandfrei; welche Momente die Ursache für den ungleichen Verlauf der Gärung sind, wurde nicht untersucht und waren für Jodlbauer auch nebensächliche Erscheinungen, weil er sich nur die Aufsuchung jener Versuchsbedingungen zum Ziele steckte, welche die Anwendung der Gärprobe zur Bestimmung des Zuckers beeinflussen. Da auch nur das Endresultat der voll-

[1] *Zeitschrift für das gesamte Brauwesen.* **1888. S. 293.**

kommenen Vergärung festgestellt wurde, läßt sich über das Verhalten der Hefe in den einzelnen Zeitmomenten der Gärung nichts aussagen, und ebenso blieb die Rückwirkung der Alkoholmengen auf den Gärverlauf ganz unbeachtet.

Es gelten also schließlich für diese Versuche, was den Entscheid der Hauptfrage, die uns interessiert, anlangt, dieselben kritischen Bedenken wie für die Experimente bei Dumas. Wir kennen eben nur das Gesamtresultat nach völliger Vergärung, aber nicht die wirkliche Rückwirkung der Zuckerlösungen verschiedenen Gehalts am Beginn der Gärung.

Im übrigen sei über die praktischen Ergebnisse Jodlbauers noch folgendes angeführt:

Bei Konzentrationen von 9 bis 15 Prozent Zucker wird die Gärung pro 1 Proz. Zucker mehr um 5 Proz. verlangsamt, bei weiterer Erhöhung bis 25 Proz. für je 1 Proz. Zucker mehr um ca. 12 Proz.; bei Verringerung unter 4 Proz. tritt eine Verlangsamung ein:

eine	2prozent.	Lösung	vergärt	um	10	Prozent	langsamer	als	eine	3prozent.
,,	1 ,,	,,	,,	,,	40	,,	,,	,,	,,	2 ,,
,,	0·5 ,,	,,	,,	,,	45	,,	,,	,,	,,	1 ,,
,,	0·1 ,,	,,	,,	,,	100	,,	,,	,,	,,	0·5 ,,

Jodlbauer meint, daß diese Verlangsamung bei starker Abnahme der Zuckerkonzentration bei allen Gärversuchen in die Erscheinung trete, wo zu Ende des Experimentes die langsame Zuckerzerstörung auffalle (a. a. O. S. 294).

Zur Vollständigkeit mögen noch die Versuche von Hayduck erwähnt sein, welcher mitteilt[1], daß Hefe

in 30proz.	Zuckerlösung	von	120 g	Zucker	92·7 g	vergärt,
50 ,,			200	,,	45·9	,,
60 ,,			240	,,	24·9	
70 ,,	,,	,,	280	,,	5·9	

Ziehe ich also das Fazit aus dem ganzen mir bekannten Versuchsmaterial der anderen Autoren, so bleibt nur der Schluß übrig, daß man eine genaue einwandfreie Angabe über die Wirkung verschiedener Konzentrationen der Nahrung auf die Gärwirkung nicht wachsender Hefe nicht machen kann. Im besonderen bemerke ich, daß die innerhalb einer bestimmten Grenze von Dumas und Jodlbauer gefundene Unabhängigkeit der Zuckerzerlegung von der Konzentration zu einem Entscheide gewiß nicht verwendet werden können, schon weil die

[1] *Zeitschrift für Spiritusindustrie.* 1881. S. 27.

ungleiche Alkoholkonzentration unbedingt einen Einfluß ausüben muß. An eine Korrektion und eine nähere Untersuchung dieser störenden Einflüsse des Alkohols ist aber gar nicht gedacht worden.

Ich habe es daher als eine dringende Notwendigkeit empfunden, einen endgültigen Entscheid zu bringen, dieses ist aber sicher nur möglich, wenn man nicht die ganzen Perioden der Vergärung betrachtet, sondern den Anfang des Gärungsprozesses, wo die Hefe noch frisch und energisch arbeitet, zum Ausgangspunkte der Untersuchung wählt.

Bei meinen Versuchen habe ich auch zunächst Hefe und Zucker in gleichbleibenden Mengen gemischt und dann 4 Verdünnungen mit Wasser, und zwar die Konzentrationen 1, $^1/_2$, $^1/_4$, $^1/_8$ hergestellt, weiter zu verdünnen war nicht möglich, da mit zunehmender Verdünnung auch die Wärmemengen zu sehr abnahmen. Von der Verdünnung auf das Doppelte konnte nur die $^1/_2$-Flüssigkeitsmenge ins Kalorimeter kommen, von der Verdünnung um das Vierfache nur $^1/_4$ usw.

Bei der Konzentration $^1/_8$ werden dabei die stündlichen Wärmemengen bereits sehr gering, die Grenze der Methode war erreicht.[1] Die Versuchsergebnisse sind in nachstehender Tabelle eingetragen.

Gleiche Zucker- und Hefemengen. Verschiedene Verdünnung.
g-Kal. pro 2 Stunden.

Stunden	50 Zucker 50 Hefe 20% Z.	25 Zucker 25 Hefe 10% Z.	12·5 Zucker 12·5 Hefe 5% Z.	6·25 Zucker 6·25 Hefe 2·5% Z.
2	3215	1699	921	468
4	1622	895	492	218
6	880	529	255	155
8	366	100	75	38
10	157	48	49	14
12	158	60	30	15
14	113	59	20	—
16	75	44	11	—
18	61	30	—	—
20	21	17	—	—
22	21	19	—	—
24	19	13	—	—
26	10	12	—	—
28	3	—	—	—
30	0	—	—	—

[1] Wenigstens für die einfachen Glaskalorimeter.

Wenn wir die Wirkungen der Verdünnung ins Auge fassen wollen, so müssen wir die Ergebnisse der Tabelle für die doppelte Verdünnung mit 2, für die vierfache mit 4 usw. multiplizieren, weil ja, von der Stammlösung abgesehen, nur ein Bruchteil des Gemisches im Kalorimeter untersucht werden konnte.

Wenn in 4 Stunden 50 g Hefe und 50 g Zucker 4837 Kal. liefern, so haben in der nächsten, der doppelten Verdünnung 50 g Zucker und Hefe 2 mal so viel Wärme erzeugt als 25 g Hefe und 25 g Zucker, also

$$2 \times 2594 = 5188 \text{ Kal.}$$

usw., für die nächste Verdünnung

$$4 \times 1413 = 5652$$
$$8 \times 686 = 5488 \quad ,,$$

Ich unterlasse vorläufig jede weitere Betrachtung dieser Ergebnisse, da sie ja nur die Summe fermentativer und vitaler Vorgänge darstellen und die Scheidung beider unerläßlich ist.

Zur Lösung der Frage wurden mit der gleichen Hefe in mehreren Versuchen auch die fermentativen Vorgänge allein untersucht, wobei sich folgendes Resultat ergab:

Gleiche Zucker- und Hefemengen mit Toluol verschiedener Konzentration.

Wärmeentwicklung in g-Kal.

Stunden	50 Hefe 50 Zucker 20% Z.	25 Hefe 25 Zucker 10% Z.	12·5 Hefe 12·5 Zucker 5% Z.	6·25 Hefe 6·25 Zucker 2·5% Z.
2	527	279	154	80
4	101	45	46	27
6	41	66	46	8
8	15	48	25	5
10	12	40	28	1
12	—	15	11	—
14	—	8	5	—
16	—	8	2	—
Summe:	696	509	317	122

Die Fermentwirkungen betragen, auf gleiche Massen angewandter Flüssigkeit berechnet, also

bei den Konzentrationen:

1	1/2	1/4	1/8
696 g-Kal.	1018 g-Kal.	1268 g-Kal.	976 g-Kal.

Da die Hefemenge in allen Fällen die gleiche war, so ist dies Verhalten eigenartig, denn die mittleren Verdünnungen lieferten zweifellos mehr Wärme als die geringste und die größte.

Bis zu einem gewissen Grade kann man aber die Verhältnisse wohl aufklären. Ich habe schon früher auf Grund der Arbeiten von E. Buchner erwähnt, daß das Ferment der Hefe auch unter den Einflüssen des erzeugten Alkohols zu leiden hat. Die Konzentration an Alkohol war aber in den 4 Fällen stufenweise verschieden, sie war bei 1 am größten und nahm dann bis zur Verdünnung $^1/_8$ ab, es wirkte aber gleichzeitig die Verdünnung des Zuckers auf die Wirksamkeit des Fermentes zurück und vermindert sie.

Im übrigen werden die Resultate durch kleine Unterschiede in der Gesamtwirkung der Fermente nicht weiter beeinflußt, da für unsere Betrachtung gerade nur die ersten Stunden der Gärung die wichtigsten sind.

Was weiter die zeitlichen Unterschiede der Fermentwirkung anlangt, so liegen die Verhältnisse in den einzelnen Fällen ähnlich wie bei der Gesamtwirkung; in der stärksten wie geringsten Verdünnung war der Ablauf am raschesten, aber es wäre ja denkbar, daß bei der größten Verdünnung die Wärmebildung nur scheinbar abbricht, weil die Wärmegrößen eben die Grenzen der Methode schon frühzeitig erreicht haben.

Die Fermentwirkung von der jeweiligen Wärmesumme der Zwei-Stunden-Werte abgezogen, liefert für vitale Wärmebildung:

Gesamtsumme. g-Kal. unter 2 Stunden.

Stunde	Konzentr. 1	Konzentr. $^1/_2$	Konzentr. $^1/_4$	Konzentr. $^1/_8$
2	2688	2840	3168	3096
4	1521	1700	1784	1528
6	839	926	836	1176
8	351	104	200	264
10	143	16	84	104
12	158	90	76	120
14	113	102	60	0
16	75	72	36	
18	61	60	0	
20	21	43		
22	21	38		
24	19	26		
26	10	24		
28	3	0		
30	0			
32				

Es ergibt sich somit ganz eindeutig nur eine sehr geringe Verschiedenheit der Wärmebildung in Abhängigkeit von der Konzentration des Zuckers zwischen 20—2·5 Prozent. Wenn man nun die rohen Zahlen der ersten beiden Stunden betrachtet, schwankt die Wärmebildung in den Extremen der Konzentration zwischen 2688 bis 3096 g-Kal., ja es ist ganz zweifellos, daß die stärkeren Verdünnungen sogar die etwas höheren Zahlen der Wärmebildung aufweisen.

Die fundamentale Tatsache einer innerhalb sehr weiter Gebiete unbedeutenden Konzentrationswirkung steht fest, die Zellen sind nicht von der Nahrungskonzentration schlechthin abhängig, sondern auch bei großer Verdünnung haben die Hefezellen das Nahrungsmaterial in so genügendem Maße zu erhalten gewußt, daß sie ebensoviel Wärme produzierten, als wäre ihnen das Nährmaterial unverändert zu Gebote gestanden. Außerdem ist ohne weiteres ersichtlich, daß die Unterschiede der Wärmeproduktion in der 3.—4. Stunde und 5.—6. gegenüber der vorhergehenden Periode recht erhebliche sind. Sind wir gezwungen, den Abfall des Energieverbrauchs auf die Verminderung des Zuckervorrates zu beziehen?

In den ersten beiden Stunden sind in runder Zahl folgende Zuckermengen verbraucht worden, wenn aus den absoluten Zahlen der Wärmebildung gerechnet wird:

17·8 18·8 21·1 20·6 g,

d. h. es sind statt 50 g Zucker nur noch vorhanden:

33·2 31·2 28·9 29·4 g;

diese waren enthalten in:

250 Vol. 2 × 250 Vol. 4 × 250 Vol. 8 × 250 Vol.,

also die Konzentration am Ende der 2. Stunde:

13·3 6·24 2·89 1·47 Prozent Zucker.

Also schwankte:

die konzentrierte Lösung	von 20—13·3	Prozent Zucker,
die nächst dünnere Lösung	„ 10—6·24	„ „
die dritte Verdünnung	„ 5—2·89	„ „
und die vierte	„ 2·5—1·47	„ „

Daraus sieht man, daß man die Ergebnisse der 4 Verdünnungen ohne Fehler sich aneinander gereiht denken könnte, und daß man damit gewissermaßen in idealer Weise den Prozeß einer allmählichen Zuckerverminderung auf die Zersetzung ausdrücken könnte. Wenn man damit aber die in den einzelnen Zeitperioden e i n e r Reihe abfallenden Werte des Zuckerzerfalls oder der Wärmebildung vergleicht, so gibt dies ein ganz anderes Bild, eine starke Abnahme des Gärvorganges nämlich.

Die Zuckerverminderung würde also an sich nicht so leicht eine Verminderung der Zersetzungsmöglichkeit herbeiführen. Wenn zwischen 20- und 2·5prozent. Lösungen kaum ein Unterschied ist, dann kann (und nun betrachten wir die 3.—4. Stunde der Wärmeproduktion in Tabelle S. 99) der sehr beträchtliche Abfall der Wärmebildung, wie wir ihn in den Zahlen ausgedrückt sehen, unmöglich auf Zuckermangel zurückgeführt werden, betragen doch die Veränderungen bei der achtfachen Verdünnung kaum 1 Prozent Zucker, und doch sehen wir in der Tabelle die Wärmewerte schnell weiter in der 5.—6., 7.—8. Stunde usw. sinken.

Die Abnahme beruht offenbar auf der Rückwirkung des Alkohols auf die Hefezellen, auf einer durch letztere bedingten Hemmung. Wir wollen aber hier schrittweise in der Berechnung vorgehen, da noch neben dem Alkohol kleine Nebenumstände zu berücksichtigen sind.

Eine allerdings geringe Ungleichheit in den Ergebnissen der Wärmebildung bei verschiedenen Konzentrationen bedingt die ungleiche Menge absorbierter Kohlensäure im Verhältnis zur Wärmemenge, die gemessen wird; in der doppelten, dreifachen Verdünnung ist selbstredend die Menge der absorbiert bleibenden Kohlensäure verschieden. Sie läßt sich, da ich mehrfache Bestimmungen der Kohlensäureabsorption ausgeführt habe, durch Rechnung eliminieren. Wir haben folgendes:

	g-Kal.	g-Kal.	g-Kal.	g-Kal.
Wärmebildung:	2688	2840	3168	3096
ab für gelöste CO_2:	58	117	234	467
	2630	2723	2934	2629

Nunmehr zeigen zwar die größte und die kleinste Verdünnung fast Übereinstimmung, die beiden mittleren Werte bei 10 und 5 Prozent Zucker lassen aber immerhin eine kleine Erhöhung der Wärmewerte erscheinen.

Wir haben außerdem die Alkoholbildung zu berechnen.

100 g Zucker geben 51,1 g Alkohol. Am Ende der 2. Stunde war vorhanden:

I	17·6 g[1]	Zucker zersetzt =	8·98 g Alkohol	in 250 ccm	= 3·59%
II	18·1	,,	9·25 ,,	,, 500 ,,	1·85
III	19·5 ,,	,,	9·96 ,,	,, 1000 ,,	0·996
IV	17·5 ,,	,,	8·94 ,,	,, 2000 ,,	0·447

[1] Nach den korrigierten Werten und der CO_2-Korrektur.

Da zu Beginn der Perioden gar kein und am Ende der 2. Stunde die angegebenen Prozente vorhanden waren, so haben wir die Berechtigung, einen mittleren Wert zugrunde zu legen, also für

Serie	I:	1·79	Prozent Alkohol
,,	II:	0·92	,, ,,
,,	III:	0·50	,, ,,
,,	IV:	0·22	,, ,,

Diese Alkoholmengen haben zweifellos ihren Einfluß auf die Wärmebildung also schon in der ersten Periode überhaupt ausgeübt und später hat selbstverständlich der Alkohol noch erheblicher in den Ablauf der Wärmebildung eingegriffen.

Wenn der Alkoholgehalt um 1 Prozent zunimmt, so fällt die Wärmebildung um 8·47 Prozent, oder umgekehrt gerechnet, wenn der Alkohol entfernt gedacht wird, nimmt die Wärmebildung von 91·5:100 zu, d. i. um 9·3 Prozent.

Also für obige Alkoholwerte:

1·79 × 9·3 =	16·64	Prozent Änderung der Wärmebildung
0·92 × 9·3 =	8·56	,, ,, ,, ,,
0·50 × 9·3 =	4·65	,, ,, ,, ,,
0·22 × 9·3 =	2·05	,, ,, ,, ,,

Als Resultat für völlig alkoholfreie Lösung erhalten wir

bei 20	Prozent Zucker	3068	g-Kal. für die ganze Flüssigkeitsmasse
,, 10	,, ,,	2957	,, ,, ,, ,,
,, 5	,, ,,	3070	,, ,, ,, ,,
,, 2·5	,, ,,	2695	,, ,, ,, ,, ,,

Die Zahlen gehen also sehr nahe überein; wir können daher als Gesamtresultat eine völlige Unabhängigkeit der Zersetzung durch Hefe zwischen 20—5 Prozent Rohrzuckerlösung annehmen. Einen geringen Unterschied, d. h. eine etwas geringere Wärmeproduktion, zeigt allerdings die 2·5prozent. Lösung. Die mittlere Wärmebildung zwischen 20—5 Prozent beträgt 3032 g-Kal., die in 2·5prozent. Lösung nur 2695 g-Kal., was einem Verhältnis von 100: 88·9 entspricht, rund eine Minderung von 11 Prozent. Es liegt nahe, hier einen gewissen Mangel an Nahrung als Ursache des Abfalls der Wärmebildung anzusehen.

Auch diese Versuche bestätigen die Annahme einer „Selbstregulation" des Zuckerverbrauchs durch die Hefe, wodurch diese innerhalb weiter Grenzen eine gleichmäßige Zersetzung beizubehalten weiß.

Wenn man, von der kleinen Zuckerkonzentration ausgehend, die Resultate bei höherem Zuckergehalte betrachtet, könnte man sagen, trotz eines zunehmenden Überschusses berührt die Hefe nicht mehr Zucker, als sie eben in der Zeiteinheit für ihre energetischen Bedürfnisse braucht, oder man kann bei umgekehrter Reihenfolge der Überlegung, von der hohen Konzentration ausgehend, die geringere betrachtend, behaupten, es müßten Einrichtungen bestehen, welche trotz Verdünnung der Nahrung der Hefe erlauben, sich mit ausreichend Zucker für die Bedürfnisse ihres Krafthaushaltes zu versorgen. Beide Gesichtspunkte werden das Richtige treffen.

Vergleiche ich meine Resultate mit den Gesamtergebnissen Jodlbauers, die oben S. 96 zahlenmäßig aufgeführt sind, so stimmen sie nicht in allen Teilen überein, was ja schließlich nicht wundernehmen kann. Sehr gut lassen sich meine Experimente mit denen Jodlbauers an der unteren Verdünnungsgrenze vergleichen. Die 5prozent. Lösung fällt noch innerhalb der normalen Breite einer optimalen Zersetzung des Zuckers, 2·5 Prozent nicht mehr; bei dieser Konzentration fand Jodlbauer schon sehr verlängerte Gesamtzersetzungszeiten und ich bereits einen merklichen Abfall der Wärmebildung. Nicht übereinstimmend bei Jodlbauer und mir ist die obere Begrenzung optimaler Zersetzung; bei ersterem beginnt schon bei 9 Prozent eine Verzögerung der Vergärung, bei mir noch nicht bei 20 Prozent, dies rührt davon her, daß bei Jodlbauer die Rückwirkung der Alkoholanhäufung in der Flüssigkeit nicht in Betracht gezogen wurde, was kein Vorwurf sein soll, da ja Jodlbauer an seinen rein praktischen Zielen dienenden Ergebnissen keine weitere Betrachtung über die Eigenschaften der Hefe angeschlossen hat.

Wie man sich die Mechanik der Nahrungsversorgung bei sehr schwachen Zuckerkonzentrationen vorzustellen hat, ob dabei neben einer gleichmäßigen Befriedigung der Energiebedürfnisse einer Anzahl von Zellen andere völlig ohne Nahrung bleiben, oder ob noch andere Gesichtspunkte Platz zu greifen haben, will ich vorläufig nicht erörtern, sondern die Entscheidung darüber auf später zurückstellen.

Aber auf einen Umstand will ich schon hier mit Nachdruck hinweisen: auf die Unterschiede zwischen dem Einfluß, welchen die Konzentrationsänderung einerseits auf den Gang der Dissimilation (der nicht wachsenden Hefe), andererseits auf das Wachstum bei Einzelligen ausübt. Auf das Hefewachstum bin ich zwar hier nicht eingegangen, aber ich verweise auf meine Untersuchungen an Bakterien, aus denen sich ergeben hat, daß in Gemischen, in denen Wachstum überhaupt zustande kommt, die Intensität des letzteren sich fast ebenso zu verhalten scheint, wie die Konzentration.[1]

In den Lösungen steigender Konzentrationen beginnt von Anfang an das Wachstum mit großer Lebhaftigkeit. Bei den Dissimilationsvorgängen ändern selbst Unterschiede der Nahrungskonzentration um das 8fache so gut wie nichts am Energieverbrauch, für das Wachstum könnten wir aber Unterschiede um ein Mehrfaches voraussetzen. Beim Wachstum folgt der Zellvermehrung selbstverständlich auch ein Anwachsen der Dissimilation nach Maßgabe der Zellenzahl, wie schon in einem früheren Abschnitt bewiesen worden ist. Die Verhältnisse werden also unter dem gleichartigen Einfluß des Wachstums viel verwickelter, da hierbei eine stetige relative Verminderung des Nahrungsmaterials zur Zellmasse gegeben ist. Dieser biologische Zustand der relativ steigenden Zellenzahl muß daher auch für sich einer Untersuchung unterzogen werden, am besten ohne Wachstum, durch Aussaat derselben Zellenzahl in verschiedenen Konzentrationen von Zucker. Über die Ergebnisse einer solchen Versuchsanordnung berichtet das nächste Kapitel.

Sechstes Kapitel.

Verschiedene Konzentration der Zuckerlösung bei gleichbleibender Aussaat an Hefe.

Eine andere Art der Einwirkung verschiedener Zuckerkonzentration kommt noch zustande, wenn dieselbe Hefemenge in verschiedenen Zuckerlösungen ausgesät wird. So einfach dieser Fall auch erscheinen mag, die Analyse der tatsächlichen Ergebnisse bietet die allergrößten Schwierigkeiten.

Die von mir geprüften Konzentrationsänderungen schwanken um das 16fache, umfassen also ein sehr erhebliches Intervall; die höchste Zuckermenge war 20 Prozent, — das geht an die erlaubten Grenzwerte heran, denn in einer 25prozentigen Zuckerlösung wird die Gärung schon nicht mehr gleichmäßig zu Ende geführt. Die unterste Grenze war durch die Grenze der Methodik der Wärmemessung gegeben. Die Relation zwischen Nahrung und Zellmasse unterliegt demnach in diesem Experiment sehr großen Schwankungen.

In nachstehender Tabelle habe ich die Mittelwerte einer sehr großen Anzahl von Parallelversuchen zusammengestellt. Die Aussaat betrug

[1] *Archiv für Hygiene.* Bd. LVII. 1906. S. 161.

stets 5 g frische Hefe = 0·11—0·12 g N. Die Reihen endigten alle mit völliger Aufzehrung des Zuckers.

Für das Studium der Wirkung kommt aber weniger das Endstadium als vielmehr der zeitliche Verlauf des Zuckerkonsums und der Wärmebildung in Betracht.

Verschiedene Konzentrationen des Zuckers.
5 g Hefe. Wärmewerte pro 2 Stunden in g-Kal.

	Relative Werte				
	100	50	25	12·5	6·25
Stunden	20 Proz.	10 Proz.	5 Proz.	2·5 Proz.	1·25 Proz.
2	1056	791	743	576	369
4	568	601	525	172	71
6	461	465	312	67	23
8	384	447	98	23	14
10	336	388	35	28	7
12	312	252	52	37	10
14	271	210	32	24	8
16	247	158	7	22	7
18	207	114	16	21	6
20	220	70	10	10	3
22	218	49	11	3	0
24	185	23	4	0	0
26	184	2	0	0	0
28	172	8	0	0	0
30	166	0	0	0	
32	161	0	0		
34	152				
36	142				
38	142				
40	130				
42	125				
44	119				
46	116				
48	104				
50	91				
52	90				
54	88				
56	80				
58	78				

Stunden	Relative Werte 100 20 Proz.
60	65
62	54
64	48
66	46
68	40
70	**33**
72	37
74	31
76	25
78	20
80	20
82	13
84	6
86	6
88	0
90	0

Die Geschwindigkeit der Zerlegung ist bei den einzelnen Konzentrationen sehr verschieden. In der 20prozentigen Lösung war erst nach 86 Stunden der Zucker aufgebraucht, bei 10 Prozent in 28 Stunden, bei 5 Prozent in 24 Stunden, bei 2·5 Prozent in 22 Stunden, bei 1·25 Prozent in 20 Stunden.

Aus diesen Zeiten lassen sich offenbar bestimmte Annahmen über Gesetzmäßigkeiten des Verlaufs überhaupt nicht ableiten. Auch die Art der Wärmeproduktion in einer dieser Serien ist nicht identisch mit der anderen. Bei 2·5—1·25 Prozent Zucker sind schon in der 6.—8. Stunde die Wärmewerte sehr klein, die Gärung zieht sich aber noch über Stunden hinaus fort, bis das letzte Milligramm Zucker aufgezehrt ist. In den ersten zwei Stunden kann von einem der Konzentration proportionalen Verbrauch sicherlich nicht die Rede sein, was ja schließlich nach den Ergebnissen des vorigen Abschnittes nicht wundernimmt. Mit abnehmendem Prozentgehalt an Zucker fallen die von der gleichen Hefemasse entwickelten Wärmemengen. Berechnet man in dieser Periode den Prozentanteil, um welchen der Zuckervorrat verändert wird, so erkennt man gewissermaßen das lebhafte Bestreben der Zellen, sich unter ungünstigen Verhältnissen mit dem Nährmaterial zu versehen, denn der Prozentanteil des in den ersten zwei Stunden zerstörten Zuckers wird mit der Verdünnung immer größer.

In den ersten zwei Stunden wird zerstört:

bei	20	Prozent	Rohrzucker	14·2	Prozent	des Vorrates
,,	10	,,	,,	21·3		,,
,,	5	,,		40·0	,,	
	2·5			62·0	,,	,,
,,	1·25	,,		84·8		,,
,,	1·25	,,	,,	84·8		,,

Also enorme Unterschiede der Zerlegungskraft.

In der 20prozentigen Rohrzuckerlösung haben wir auf 50 g Zucker 5 g frische Hefe, also 10 g Zucker : 1 g Hefe, bei der 1·25prozentigen Lösung aber auf 6·25 g Zucker 5 g frische Hefe, also 1 : 0·8. Dies mag sicher auf das Fehlen jeder ausgesprochenen scharfen Proportionalität der Wirkung Einfluß haben, kann uns aber nicht befriedigen.

Auch der weitere Verlauf der Zahlen unserer Zwei-Stunden-Werte gibt keinen Anhaltspunkt, die Beziehungen zwischen Konzentration und Kraftwechsel herauszulesen.

Ehe man zu weiteren Schlüssen kommen kann, empfiehlt es sich, die Wirkung der Fermente in wechselnder Zuckerkonzentration eingehend zu verfolgen. Nachstehende Tabelle enthält die Mittelwerte mehrerer Versuchsreihen.

10 g Hefe und Toluol.
Wärmemengen in g-Kal.

Stunden	20 Prozent Zucker	10 Prozent Zucker	5 Prozent Zucker	2·5 Prozent Zucker
2	495	295	193	124
4	55	36	24	10
6	17	20	—	—
8	7	11	—	—
10	—	—	—	—
Summe:	574	362	217	134

Fermentwirkung zeigt sich überall, bei jeder Konzentration.

Die Fermente verhalten sich ganz anders als die lebende Zelle. Sie setzen gleich zu Beginn der Einsaat mächtig ein und bilden viel Wärme. Dies war in allen Konzentrationen der Fall. Die Wärmebildung mindert sich mit der vorhandenen Zuckermenge; sie steht überhaupt sehr bald still; nach 4, 6, 8 Stunden war die Zersetzung zu Ende, nachdem nur ein kleiner Teil des vorhandenen Zuckers zur Wärmebildung gedient hatte.

Nur ein Teil der Wirkung der Hefezellen konnte also aus diesen vorgebildeten Fermenten abgeleitet werden.

Von der ganzen Leistung des Ferments erschien in den ersten 2 Stunden

bei	20	Prozent	Zucker	86·2	Prozent	der	Wärme
,,	10	,,	,,	81·4	,,	,,	,,
,,	5	,,	,,	88·9	,,	,,	,,
,,	2·5	,,	,,	92·5	,,	,,	,,

Das Ferment entwickelt die Hauptmenge seiner Umsetzungskraft, die aber, absolut betrachtet, nicht sehr bedeutend ist, in den ersten Stunden.

Anders die lebende Zelle. Diese verteilt ihre Wirkung auf lange Zeit, sie arbeitet sparsamer, gleichmäßiger, wird reguliert durch den inneren Bedarf der lebenden Substanz. Von der ganzen Leistung der lebenden Zelle (inkl. Ferment) erschienen in den ersten 2 Stunden nur folgende Prozentanteile:

bei	20	Prozent	Zucker	14·2	Prozent	der	Gesamtwärme
,,	10	,,	,,	21·3	,,	,,	,,
,,	5	,,	,,	40·2	,,	,,	,,
,,	2·1	,,	,,	62·1	,,	,,	,,

Dieses eigenartige Verhalten tritt noch mehr hervor, wenn man die Fermentwirkung bei der lebenden Hefe in Abzug bringt und die reine vitale Tätigkeit betrachtet.

Daß die Fermentwirkung ganz gesetzmäßig von der Zuckerkonzentration abhängig ist, ergibt sich ohne weiteres, wenn man die Summen der Fermentwirkung betrachtet.

Wenn die Zuckerkonzentration in gleichartiger Weise von 1 auf $^1/_2$, $^1/_4$, $^1/_8$ sinkt, so fällt die Fermentwirkung um den Wert 0·613 x, wenn x den Grad der Verdünnung angibt.

Ich finde:

direkt:	durch Rechnung:
574 g-Kal.	574 g-Kal.
362	352 ,,
217 ,,	222 ,,
134 ,,	136 ,,

Mit stärkerer Verdünnung wird also dieselbe Menge von Ferment immer unwirksamer. Dies ist übrigens kein befremdendes Ergebnis, denn 1. sehen wir die Fermente in ein und derselben Lösung bald ihre Wirksamkeit einstellen — also sehr beeinflußt von der Aufzehrung des Zuckers; 2. vermag das Ferment immer nur einen kleinen Teil des Zuckers umzuwandeln im Gegensatz zur vitalen Tätigkeit der Zelle.

Nunmehr gehe ich zu der Fermentreihe über, die mit Anwendung von 5 g toluolisierter Hefe ein völliges Analogon zu unserer großen Untersuchungsreihe über die Zuckerkonzentration bildet.

5 g Hefe und Toluol.

Wärmemengen in g-Kal. pro 2 Stunden.

Stunden	20 Prozent Zucker	10 Prozent Zucker	5 Prozent Zucker	2·5 Prozent Zucker
2	425	320	196	88
4	84	23	27	2
6	24	6	—	—
8	9	7	—	—
10	1	—	—	—
Summe:	543	356	223	90

Auch hier zeigt sich — die Fermentmenge war $^1/_2$ der des vorigen Versuches — ein wesentlicher Einfluß der Zuckerkonzentration auf die Größe und Art der Wärmebildung. Wir haben eine rapide Anfangswirkung (auf die Untersuchung der Wirkung des Fermentes in den Konzentrationen 1·25 Prozent Zucker habe ich verzichtet, da die Werte schon bei 2·5 Prozent, wie wir sehen, sehr geringfügige sind), einen raschen Abfall der Wirkung und je nach der Verdünnung einen frühzeitigen Stillstand überhaupt. Von den ganzen Mengen der durch Ferment erzeugten Wärme fällt auf die ersten zwei Stunden

bei 20	Prozent	Zucker	78·3	Prozent
„ 10	„	„	89·8	„
„ 5	„	„	87·9	„
„ 2	„	„	97·7	„

Die Fermentwirkung erstreckt sich nur auf die ersten paar Stunden. Die Abnahme der Fermentwirkung mit der Zuckerkonzentration verhält sich bis auf die 2·5prozentige Zuckerlösung gleich dem, was ich im vorigen Versuch angegeben habe, sie fällt in einer geometrischen Progression, bei der doppelten Verdünnung um das 0·643fache.

Es ergibt sich:

	beobachtet	berechnet
20 Prozent	543 g	543 g
10 „	356 g	349 g
5 „	223 g	224 g
2·5 „	90(?)	143 g

Zwischen den Zahlen mit 10 g Hefe und jenen mit 5 g Hefe ist sozusagen kein Unterschied in der Fermentwirkung, obwohl beide Reihen mit Hefe verschiedener Herkunft ausgeführt waren.

	20 Proz. Zucker	10 Proz. Zucker	5 Proz. Zucker	2·5 Proz. Zucker
10 g Hefe	574	362	217	134
5 g „	543	356	223	90

Nur die Werte bei 2·5 Prozent Zucker differieren um einiges, möglicherweise spielt der Umstand eine Rolle, daß im zweiten Falle die Fermentmenge tatsächlich kleiner war, und daß bei hohen Zuckerverdünnungen dies fühlbar wird.

Nunmehr will ich eine Zusammenstellung des vitalen Energieverbrauchs geben, indem die Fermentwirkung von der Gesamtwirkung der Hefe in Abzug gebracht wird. Ich bemerke an dieser Stelle — und die Konsequenzen hieraus ergeben sich für viele analoge Verhältnisse —, daß der Abfall der Fermentwirkung neben der vitalen Tätigkeit etwas verschieden ist von den Ergebnissen mit dem Ferment allein, weil in ersterem Falle die Konzentration des Zuckers auch durch die vitale Tätigkeit abnimmt. Wenn man aber bedenkt, daß an und für sich schon die Hauptwirkung des Fermentes sich in den ersten zwei Stunden erschöpft, so wird man, glaube ich, auf eine umständliche Korrektur, die doch auf das allgemeine Ergebnis wenig Einfluß hat, verzichten.

Vitale Wärmebildung in g-Kal. pro 2 Stunden.

Stunden	20 Prozent	10 Prozent	5 Prozent	2·5 Prozent
2	631	471	547	488
4	484	578	498	145
6	437	459	312	67
8	375	440	98	23
10	311	388	35	28
12	271	252	32	37
14	247	210	7	24
16	207	158	16	22
18	220	114	10	21
20	218	70	11	10

Stunden	20 Prozent	10 Prozent	5 Prozent	2·5 Prozent
22	185	49	4	3
24	184	23		
26	172	2		
28	166	8		
30	161			
32	152			

Das Bild der Wärmebildung hat sich wesentlich geändert, der vitale Energieverbrauch ist sehr ähnlich geworden, besonders wenn man bei 20 Prozent, 10 Prozent, 5 Prozent die Mittel der ersten vier Stunden betrachtet:

557 g-Kal., 524 g-Kal., 522 g-Kal., Werte, die von den Werten der größten Verdünnung, 488 (1.—2. Stunde), nicht sehr abweichen. Späterhin verwischt sich diese Regelmäßigkeit. Man hat also den Eindruck, daß auch hier ein erheblicher Einfluß der Konzentration auf den Zuckerverbrauch nicht vorliegen kann.

Nur die Reihe mit 1·25 Prozent Zucker, deren Werte die Generaltabelle S. 105 aufführt, ist beiseite gelassen, man sieht auch ohne Korrektion für die Enzymwirkung, daß hier die Grenze einer genügenden Ernährung der Hefe schon in den ersten 2 Stunden nicht mehr erreicht worden sein kann.

Für die anderen Fälle läßt besonders die graphische Darstellung Fig. 14 die weitgehende Unabhängigkeit von der Konzentration des Zuckers gut erkennen.

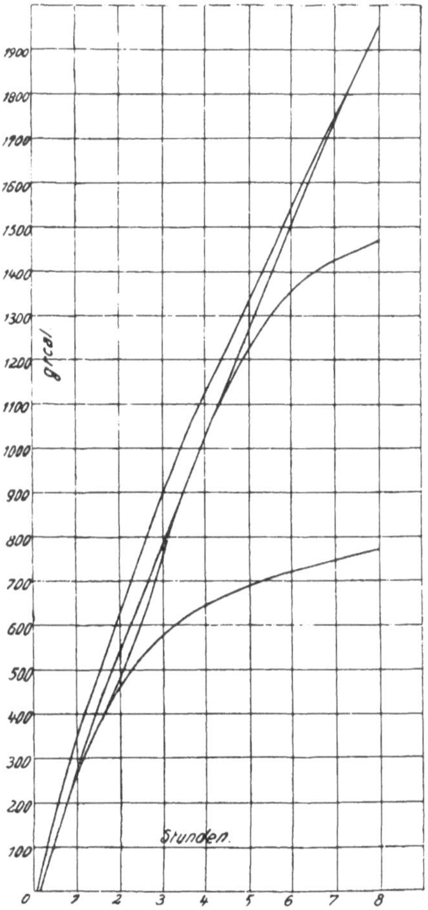

Fig. 14.

Die Abszissen als Zeiten, die Ordinaten als Wärmesummen eingetragen ergibt die Zeichnung die vier Kurven in den ersten 2 Stunden fast identisch verlaufend, sie stimmen doch sehr nahe überein; allmählich sehen wir dann die Kurve mit schwächster Zuckerlösung nach rechts abbiegen, sie verläßt den gemeinsamen Weg, dann folgt später die Kurve der nächsthöheren Konzentration, und wenn wir die Darstellung über die 8. Stunde ausgedehnt hätten, ließe sich das gleiche Verhalten bei den anderen Konzentrationen zeigen.

Tatsächlich haben sich also innerhalb eines großen Gebietes die Hefezellen der Zuckerlösung gegenüber fast übereinstimmend verhalten.

Nun beachte man aber noch folgendes:

In der Kubikeinheit der Flüssigkeit waren stets dieselben Mengen von Hefezellen vorhanden.

Das Ergebnis lautet also:

Trotz ungleicher Konzentration haben alle Zellen, soweit ihre vitale Tätigkeit in Frage kam, gleiches geleistet, dieselbe Wärme produziert, d. h. also die relativ größte Zellenmenge hat noch genügende Nahrung für eine bestimmte Zeit gefunden, und die Zellen, welche dem Zucker gegenüber in der Minderzahl waren, haben vom reichlichen Nährmaterial nur eine bestimmte begrenzte Menge jeweilig weggenommen. Die vitale Energetik, die Selbstregulierung ist demnach auch hier ausgesprochen, und zwischen weiten Grenzen, die diesmal noch umfangreicher gezogen sind, wie sie in den Serien des vorigen Abschnittes waren. Die Zellen arbeiten ein bestimmtes Arbeitspensum ab, auch bei 2·5 Prozent reicht die Zuckerkonzentration zu einer „typischen“ Ernährung hin und sie verbrauchten bei 20 Prozent in der Zeiteinheit für ihre Lebensfunktion nicht mehr, nur die zymatische Quote des Energieverbrauchs ist streng abhängig von der Konzentration. Also die beiden Komponenten, aus denen sich die Wirkung der Hefe für gewöhnlich zusammensetzte, folgen ganz verschiedenen gesetzmäßigen Beziehungen. Wenn aber in der 2·5prozentigen Lösung die Zellen länger als zwei Stunden tätig waren, versagte die Zuckerzufuhr, sie wurde ungenügend, wir sehen die Kurve seitlich abbiegen. Die Ergebnisse sind uns also jetzt vollkommen verständlich und geklärt, während sie zuerst einer einfachen Gesetzmäßigkeit nicht gehorchen wollten.

Es könnte vielleicht mit dem bisher dargelegten Verhalten der Hefe zur Zuckerkonzentration und dem Hinweis auf den vorherigen Abschnitt als sprechender Beweis der Unabhängigkeit der Dissimilationsprozesse von der Konzentration sein Bewenden haben. Allein es ist doch wünschenswert, auch durch einen weiteren Versuch der Berechnung die Versuchsergebnisse auf die zahlenmäßige Übereinstimmung näher zu prüfen. Dies kann zunächst in der Weise geschehen, daß wir die ungleiche Wirkung des Alkohols bei der Gärung, wie im vorigen Abschnitt, eliminieren.

Die Größe des Gesamtzuckerumsatzes ergibt sich aus den Werten für die Wärmebildung S. 105 der Generaltabelle mit einer Produktion von:

	1056 g-Kal.	791 g-Kal.	743 g-Kal.	576 g-Kal.
bei	20 Prozent	10 Prozent	5 Prozent	2·5 Prozent Zucker,

was einem Verbrauch von Zucker entspricht von absolut

7·04 g	5·27 g	4·95 g	3·84 g

und einer Alkoholmenge von

3·60 g	2·69 g	2·53 g	1·96 g

zu Ende der Versuchszeiten, also im Mittel der Versuchszeit

1·80 g	1·34 g	1·26 g	0·98 g

und da das Kalorimeter 250 ccm Füllung enthielt, ist die Konzentration

0·72 Prozent	0·54 Prozent	0·50 Prozent	0·39 Prozent.

Für 1 Prozent Alkoholverminderung steigt die Wärmebildung um 9·3 Prozent, also für obige Konzentration um

6·7 Prozent	4·92 Prozent	4·65 Prozent	3·63 Prozent

Die vitale Wärmeproduktion war für die 0.—4. Stunde bei 20 Prozent, 10 Prozent, 5 Prozent, und für die 0.—2. Stunde bei 2·5 Prozent Zucker ohne Korrektion:

20 Prozent	10 Prozent	5 Prozent	2·5 Prozent
557 g-Kal.	524 g-Kal.	524 g-Kal.	488 g-Kal.

und mit Korrektion:
für den Alkoholgehalt:

605 g-Kal.	550 g-Kal.	548 g-Kal.	506 g-Kal.

Nun ist noch folgendes zu bemerken: Durch die Wärmebildung der Hefe selbst wird die Temperatur der Gärflüssigkeit erhöht, und zwar überschreitet dieselbe die Temperatur des Brutschrankes im Mittel um folgende Grade:

bei	20 Prozent	10 Prozent	5 Prozent	2·5 Prozent Zucker
um	$1{\cdot}70^0$	$0{\cdot}86^0$	$0{\cdot}80^0$	$0{\cdot}40^0$

Für einen Grad Temperaturerhöhung steigt die Wärmebildung um 6·08 Prozent (s. 3. S. 87).

Erhöhen wir also für

10 Proz. Zucker die Werte um 1·7—0·86 = 0·86 × 6·08 Proz. = 5·23 Proz.
5 „ „ „ „ 1·7—0·8 = 0·9 × 6·08 „ = 5·5 „
2·5 „ „ „ „ „ 1·7—0·4 = 1·1 × 6·08 „ = 6·7 „

so haben wir alle Werte auf gleiche Gärtemperatur gebracht und sie lauten

für 20 Prozent	10 Prozent	5 Prozent	2·5 Prozent Zucker
605 g-Kal.	579 g-Kal.	578 g-Kal.	540 g-Kal.

Dieses Ergebnis stimmt also mit den anderweitig angeordneten Versuchen des vorigen Kapitels, in welchen viel größere Hefemengen zur Verwendung gekommen waren, sehr gut überein, denn die absoluten Zahlen waren dort:

für 20 Prozent	10 Prozent	5 Prozent	2·5 Prozent Zucker
3068 g-Kal.	2957 g-Kal.	3070 g-Kal.	2695 g-Kal.

Die kleinste Zahl war hier wie oben jene für 2·5 Prozent Zucker; die neue Reihe ergibt nun ein geringes Mehr bei 20 Prozent Zucker gegenüber 10 und 5 Prozent, aber dieser Unterschied ist höchst unbedeutend.

Die Unterschiede der Versuche lagen, um es kurz zu wiederholen, darin, daß im vorigen Abschnitt Hefe und Zucker einem Verhältnis von 1:1 in allen Experimenten entsprach, in diesen Serien war aber das Verhältnis von Hefe und Zucker ein verschiedenes; wenn auch in der vorhergehenden Reihe natürlicherweise die Schwankungen zwischen Hefe und Zucker mit der Vergärung des letzteren auch eingetreten sein mußten, so waren doch diese in den ersten Versuchsperioden nicht so variabel wie hier, wo sie von Anfang an different gewählt worden waren. Auch die vorliegende Versuchsserie beweist wieder die Unabhängigkeit der Zuckerzersetzung von der Konzentration und das Innehalten eines von der Zellenzahl abhängigen Konsums bis zu einem gewissen Grade. Fällt dann das Verhältnis von Hefe und Zucker unter bestimmte Grenzen, so nimmt die Wärmebildung rasch ab, nicht aber wohl deshalb, weil die Zellen sich auf ein anderes Nahrungsbedürfnis einstellen, als weil eben nur mehr ein Teil der Aussaat sich die hinreichende Zuckermenge verschaffen kann, und andere Zellen nahrungslos bleiben. Die Zellen sind also so organisiert, daß sie innerhalb weiter Grenzen eine gleichmäßige Zersetzungsarbeit vollbringen, für deren Gelingen offenbar eine Reihe von Schwierigkeiten, die in der ungleichen Konzentration des Zuckers liegen, glücklich überwunden werden. Ich glaube nicht unberechtigt auf die wichtige Analogie für die Zellen höher stehender Wesen hinweisen zu dürfen, bei denen mit Sicherheit eine volle Selbständigkeit ihrer energetischen Leistungen vom Nahrungsstrom durch mich zuerst festgestellt worden ist. Ich habe schon damals, also vor nunmehr 30 Jahren, auf die Bedeutung des konstanten Energiebedarfs als Selbstregulation der Zelle hingewiesen, wenn schon eine solche Übertragung der Gesetzmäßigkeiten der Warmblüter auf die Einzelligen sich noch nicht auf zahlenmäßiges Material stützen konnte.

Ich habe in meiner Arbeit über die Vertretungswerte im Jahre 1883 geschlossen: „daß die Beobachtungen am ganzen Organismus auch auf die Vorgänge an der einzelnen Zelle[1] mit höchster Wahrscheinlichkeit zu übertragen sind; daß auch in den Elementarorganismen schon die Vertretung der einzelnen Nahrungsstoffe nach Maßgabe des Inhalts an potentieller Energie erfolgt", und mir demnach vorgestellt, daß jede Zelle auf ein Prinzip bestimmter energetischer Leistung eingestellt sei.

Wir dürfen, nachdem sich diese Annahme als richtig erwiesen hat, nun umgekehrt, das was wir aus den Einzelligen erfahren haben, auch für die Mehrzelligen und höheren Organismen als eine Stütze für unsere Vorstellungen über die Beziehungen zwischen Nahrung im Säftestrom und Zellinhalt ansehen.

In dieser Hinsicht dürfen wir annehmen, der Nahrungsstrom sei eine Ursache für die Vermehrung des Verbrauchs nur dann, wenn die Zelle noch unterernährt ist, aber der Kraftwechsel wird dabei nicht größer, nur die Einsparung des sonst vom Leibe der Zelle des Warmblüters Verlorenen wird kleiner. Übersteigt der Nahrungsstrom die Größe des Energiebedürfnisses, so bedingt dies keinen Mehrverbrauch, wie man früher meinte, als man aus dem lebhaften Blutstrom kleiner Tiere ihren erhöhten Stoffverbrauch ganz oder zum Teil erklären wollte, sondern die Zelle ist auf ein bestimmtes Energiemaß durch ihren physiologischen Zustand eingestellt.

Die näheren Gründe dieser Nahrungsregulation sind uns noch verborgen, wir wissen nicht, ob die Hefezelle bei Nahrungsüberschuß diesen Zucker überhaupt nicht in das Innere gelangen läßt, oder ob er allemal einwandert und als Glykogen, als Reservestoff aufgespeichert wird, wenn er die Grenzen des Bedarfs überschreitet, oder ob er eindringt und als solcher in der Zelle bleibt, und letztere nur einen bestimmten Bruchteil zur Zersetzung bestimmt. Wir werden später Gelegenheit haben, diese Frage nochmals zu streifen; da werden wir auch auf die Behauptungen Nägelis, daß der größte Teil des Zuckers nicht in die Zelle trete, sondern außerhalb zersetzt werde, so weit die „Mechanik" eines solchen Vorganges Interesse besitzt, zu sprechen kommen. Diese

---

[1] *Zeitschrift für Biologie.* Bd. XIX. S. 294.

Seite der molekularphysikalischen Theorie Nägelis haben wir schon früher, aus anderen Gründen, als wir die energetischen Vorstellungen besprochen haben, als unhaltbar abgelehnt.

Die bisherigen Versuche der mannigfaltigsten Art haben mir also bewiesen, daß, wenn man die Fermentwirkungen ausschaltet, die physiologischen Äußerungen der Hefezelle uns in anderem Lichte als bisher erscheinen, sie zeigen, daß nunmehr die vitale Arbeit klar zum Ausdruck kommt, und daß diese Arbeit beeinflußt wird von einem bestimmten Prinzip, welches gleichzeitliche Leistungen der Zelle zu erzielen sich bemüht. Die Ergebnisse sprechen auch an sich für die Richtigkeit meiner Auffassung über die Beteiligung der Fermente an dem Prozesse biologischer Art.

Eine Trennung zwischen Invertin und Zymase war für die vorliegenden Versuchsreihen unnötig, sie wird, wo sie von Bedeutung ist, noch besonders behandelt werden.

Der zeitliche Verlauf der Gärung kann nur in allgemeinen Zügen einen gewissen Typus, der unter dem Bilde einer rasch ansteigenden, dann allmählich abfallenden Kurve sich darstellt, aufweisen, genauer besehen gibt es Gründe genug, welche die Ähnlichkeit des Verlaufes keineswegs auf gleiche ätiologische Faktoren zurückführen lassen.

Der charakteristische steile Anstieg, den man auch bei Bakterien findet, wenn diese in großer Masse auf einmal ausgesät werden, wird durch den Fermentreichtum und die auf die Fermentwirkung rückwirkende Zuckerkonzentration mannigfaltig variiert.

Der absteigende Teil der Kurve erhält seine Gestalt durch das Verhältnis der Zellenzahl zur Zuckermenge, durch die Verdünnungsgrade des Zuckers und durch den Alkoholgehalt der Lösung.

Die nachstehenden Kurven sind auf Grund der oben S. 105 gegebenen Zahlen ausgezogen.

Die Kurve für 10 Prozent Zucker und 5 g Hefe wird als Beispiel eines durch Alkoholanhäufung modifizierten Verlaufes gelten, jene für 1·25 Prozent Zucker stellt den Gang der Wärmebildung dar, wie er bei hochgradiger Armut an Nährstoff und ohne nennenswerte Beeinflussung durch Alkohol erscheint. Der Zucker reicht im letzten Falle nicht einmal hin, während der ersten beiden Stunden die volle Ernährung der Hefe zu bestreiten. Die ungleichen Faktoren für den Gärverlauf verraten sich kaum durch die Eigenart der Kurve.

Die oben aufgeführten, den Gärverlauf modifizierenden Momente können in sehr wechselnden Modifikationen zur Geltung kommen; man

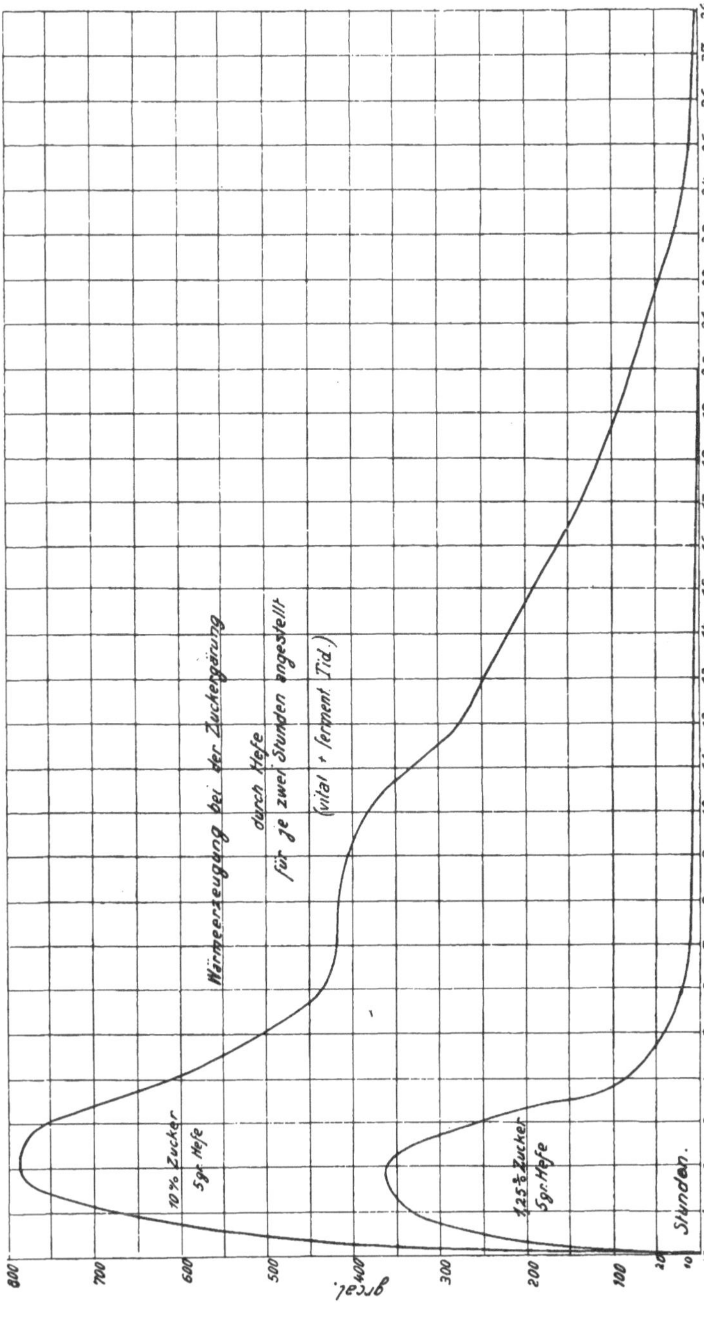
Wärmeerzeugung bei der Zuckergärung
durch Hefe
für je zwei Stunden angestellt
(vital + ferment. Tid.)
10% Zucker
5gr. Hefe
1,25% Zucker
5gr. Hefe
Stunden.
grcal.
800
700
600
500
400
300
200
100
20
10
0
1
2
3
4
5
6
7
8
9
10
11
12
13
14
15
16
17
18
19
20
21
22
23
24
25
26
27
28

Fig. 15.

wird in den bisher mitgeteilten Experimenten Beispiele für sehr verschiedene Verhältnisse dieser Art finden, die in extenso behandelt zu werden kein weiteres Interesse bieten.

Siebentes Kapitel.

Gärkraftänderungen der Hefezelle.

Indem wir bisher die Hefezellen unter der Variation sehr mannigfacher Lebensbedingungen betrachtet haben, fanden wir gewissermaßen, daß einheitliche Zelleistungen besonders hervortreten, indem der Kraftwechselintensität durch regulatorische Einrichtungen, deren Erklärung wir noch offen gelassen haben, ein gleichmäßiger Hochstand gewahrt wird.

Lassen wir die Verfolgung des Gedankens an eine präzise Formulierung dieser Kraftwechselbedürfnisse mit Rücksicht auf Unterschiede der Individuen untereinander ganz beiseite, so findet man doch gerade im individuellen Leben selbst, bei Betrachtung mancher Gärkurven und unter Würdigung aller mit dem Gärverlauf wirkenden Faktoren, daß mit der Zunahme der Gärzeit bei vielen ein durch die bekannten biologischen Momente nicht zu erklärender Abfall der Gärleistung eintritt, so daß man an die Möglichkeit spontaner innerer Veränderungen der Gärkraft denken könnte. Diesem Umstande muß zweifellos eine nähere Betrachtung gewidmet werden. Ob eine tatsächliche Veränderung des Protoplasmas oder eine nur scheinbare vorliegt, ob eine pathologische Variante gegeben ist, das wird sich nur durch anderweitige Experimente feststellen lassen. Wir müssen daher im Auge behalten, daß wir es mit einer wachstumslosen Hefe zu tun haben, wenn die letztere in reiner Zuckerlösung kultiviert wird. In dieser Tatsache liegt der Zusammenhang der von mir ins Auge gefaßten Erscheinungen mit einem in der Geschichte der Gärung einst heiß umstrittenen Gebiete gegeben, nämlich mit einem in der Gärtechnik wohlbekannten Vorkommnis: den Äußerungen der sogenannten „Trägheit“ der Hefe.

Wenn diese Erscheinungen, auf die ich gleich näher eingehen werde, auch in neuerer Zeit bis zu einem gewissen Grade geklärt sind, so bleibt doch mancher Zweifel noch zu lösen, und insbesondere sind gerade die Variationen der Gärkraft selbst weniger genau bekannt, als einige Erscheinungen der sie begleitenden Stoffwechselveränderungen. Unter Trägewerden der Hefe versteht man die allmähliche Abnahme des Gärvermögens einer Hefemasse, die mehrfach nacheinander zu Gärzwecken verwandt wird, ohne daß sie sich dabei vermehren kann. Von dieser Tatsache hat aber das Studium der Hefeträgheit nicht seinen Ausgang genommen, sondern den Anstoß zu Untersuchungen gab eine Behauptung von Thénard über eine Änderung der N-haltigen Bestandteile der Hefe. Thénard behauptete, die Hefe verliere beim Gärakt ihren N, der sich zum Teil in lösliche Produkte umwandle[1]. Genau besehen war Thénard gar nicht in der Lage, eine solche Auffassung zu begründen, da die Methoden des N-Nachweises damals (1803!) noch in den Anfängen lagen.[2]

Wie es aber oft schon in der Geschichte der Naturwissenschaft geht, eine unrichtige Behauptung überdauert sehr oft ihre Widerlegung und wird zum Anstoß einer fruchtbringenden neuen Ära der Experimente. Die Behauptung Thénards vertrug sich nicht mit den Anschauungen Pasteurs, der nun insbesondere die Gärung in reinen Zuckerlösungen zum Gegenstand von Untersuchungen gemacht hatte, weil man schon aus der Möglichkeit der Gärung in reinen Zuckerlösungen eine Widerlegung seiner vitalen Gärtheorie finden wollte. In diesem Streite legte Pasteur das Schwergewicht seiner Argumente auf den Nachweis, daß das Leben der Hefezelle auch stets mit Wachstum, der eigenartigsten Äußerung des Lebens verknüpft sein müsse.

Liebigs These lautete: „Wenn die Gärung eine Folge der Entwicklung und Vervielfältigung der Hefezellen wäre, sie würden diese Gärung nicht hervorrufen in reinem Zuckerwasser; denn die wesentlichen Bedingungen fehlen zur Offenbarung der Lebenstätigkeit."

Demgegenüber suchte Pasteur zu beweisen, daß zwischen Gärung in reinem Zucker und in anderen Nährlösungen kein Unterschied sei.

„Ich habe die Gewißheit, daß die Erscheinungen ungefähr dieselben sind, ob man nun die Hefe in reinem Zuckerwasser anwendet oder in solchem, das mit stickstoffhaltigen Substanzen gemischt ist. In beiden Fällen organisiert die Hefe sich und vermehrt sich: nur sind in dem ersten Fall alle Kügelchen, jung wie alt, nach Beendigung der Gärung ihrer löslichen stickstoffhaltigen Substanzen beraubt."

Eine biologische Argumentierung dieser Art befriedigt uns heute nicht mehr, und an ein Wachstum zu glauben, wenn einerseits die N-Menge der gesamten Kulturflüssigkeit gleich bleibt und die Zellen selbst sogar einen Teil ihres N dabei abgeben, fällt nur schwer. Die

[1] *Annalen der Chemie.* Bd. XLVI. 1803. S. 29.
[2] Siehe auch Pasteur, *Alkoholgärung.* S. 85.

Wachstumsmöglichkeit auf Grund solcher von den Zellen ausgeschiedener Produkte N-haltiger Natur war natürlich auch nach Pasteurs Meinung nur eine beschränkte; sie erschöpft sich. „Es ist keine N-haltige Nahrung mehr da für die Kügelchen, die zu jung sind, um tätig zu sein und sich vermehren zu können. Auch in eiweißhaltigen Flüssigkeiten gibt es Kügelchen, die erschöpft sind, aber sie sind gefüllt mit N-haltigen und mineralischen Substanzen.“ Für den Gedankengang Pasteurs ist es von fundamentaler Bedeutung, daß er die Annahme, bei Gärung von Hefe in Zuckerwasser werde ein Teil der Hefe zerstört und aus dieser zerfallenden Masse neue Hefe regeneriert, entschieden zurückweist.

Man wird gespannt sein, die Beweise für dies allgemeine Wachstum der Hefe kennen zu lernen. Pasteur meint, das Wachstum werde bewiesen, wenn man zur vorhandenen Hefe (Trockenmasse) das Gewicht des Extrakts addiere, der in einer solchen Zuckerlösung zu finden sei und unlöslich wäre in Alkohol und Äther.

Die Berechnung einer Gewichtsvermehrung, die sich bei der Addition von Hefetrockenmasse + den Extraktstoffen ergibt, die sich nach der Gärung in reiner Zuckerlösung findet, kann natürlich als sicherer Beweis eines auch nur beschränkten Wachstums bei gleichbleibendem Gesamtstickstoffgehalt der Nährflüssigkeit nicht angesehen werden.

Es war in der damaligen Zeit nicht bekannt, daß man die Hefe sehr oft von einer gewissen Zuckerlösung in eine andere bringen kann, ohne daß die Gärung ganz unterbrochen wird, sonst hätte man die Unzulässigkeit der Pasteurschen Erklärung längst erkannt. Der auffällige Standpunkt Pasteurs in der Frage der Gärung seiner Zuckerlösungen kann nur auf historischer Basis richtig gewürdigt werden. Sachlich zweifellos unbegründet hat sich aber der Gedanke, Gärung und Wachstum seien untrennbar, bis in die neueste Zeit namentlich in der bakteriologischen Literatur erhalten und haben das Verständnis der biologischen Prozesse bei den Mikroorganismen aufs äußerste erschwert. Die spätere Entwicklung der Lehre von dem Verhalten der Hefe in reinen Zuckerlösungen hat die von Thénard auf Grund ganz ungenügender experimenteller Methoden behauptete Abnahme des N-Gehalts der Hefe bestätigt. Es ist nicht zu bezweifeln, daß Hefe, welche in N-freien Nährmedien gärt, einen N-Verlust erleidet. Schon die Analysen von Mulder, Mitscherlich, Schloßberger lassen darüber keinen Zweifel; denn aus ihren Untersuchungen zeigt sich deutlich eine Verminderung des N-Gehaltes der Hefezelle bei der Gärung in N-freier Nährlösung bis um 50 Prozent. Auch unter den

Pasteurschen Angaben finden sich solche, welche unzweifelhaft in diesem Sinne gedeutet und verwendet werden können.

Der in den Zellen nicht mehr vorhandene Stickstoff findet sich von ersteren trennbar in der Gärflüssigkeit, der Verlust ist hervorgerufen durch den Mangel an N-haltigen Ernährungsmaterial und kann, wie Adolf Mayer gezeigt hat, schon durch Zugabe kleiner Mengen von N-Nahrung aufgehoben werden. Über die Natur dieser aus der Zelle ausgeschiedenen Stoffe kann in biologischer Hinsicht, da sie die Zelle eben nicht weiter verwenden kann, kein Zweifel obwalten. Adolf Mayer formuliert die Beziehungen dieses N-Verlustes zum Leben der Hefe in folgender Frage[1]: „Was geschieht mit den vom Hefepilz assimilierten Substanzen, helfen dieselben lediglich mit zum Aufbau der neu sich bildenden Zellen? oder gibt auch der Hefepilz nach Analogie der tierischen Organismen wieder in einer Form aus, in welcher er zu weiterer Assimilation durch denselben Organismus unfähig ist; findet mit anderen Worten neben dem N-Ansatz ein N-Umsatz statt?"

A. Mayer beantwortet die gestellte Frage durch die Annahme, daß der abgegebene Stickstoff nur exkretorischen Charakter besitzen könne. Einen strikten Beweis können wir freilich noch nicht als gegeben ansehen, da ja vorläufig bei Versuchen dieser Art noch mit der Möglichkeit eines gelegentlichen kompletten Zerfalls einzelner Zellen wird gerechnet werden müssen. Aber die Analogie dieser Vorgänge zu den Lebensvorgängen bei anderen Lebewesen ist doch so bestechend, daß der Hypothese A. Mayers schon deshalb ein hoher Grad von Wahrscheinlichkeit beigemessen werden kann.

Wenn die Hefe wirklich etwa wie eine hungernde Zelle eines höheren Organismus an Masse einbüßt, vor allem aber Protoplasma verliert, so sind damit auch die Beziehungen des N-Verlustes der Zelle zu den Erscheinungen der Trägheit der Hefe verständlich. Die Hefe bildet sicher keine flüchtigen N-haltigen Spaltprodukte, kein Ammoniak. Der Gesamt-N-Gehalt einer Gärflüssigkeit sinkt in reiner Zuckerlösung nicht, wohl aber die Menge des lebenden Protoplasmas, von dem die Gärkraft abhängt. Adolf Mayer glaubte u. a. bewiesen zu haben, daß man durch Zugabe kleinster Mengen N-haltigen Nährmaterials — durch Pepton — die Gärungsträgheit der Hefe verhindern kann, indem offenbar das Pepton die kleine Menge des N-Zerfalles in reiner Zuckerlösung eben aufhebe.

---

[1] *Die Gärungschemie.* 1902. S. 126.

Diese Versuche sind in folgender Weise ausgeführt worden:

A. Mayer hat eine 15prozentige Zuckerlösung, die Salze enthielt, mit „Pepsin“ versetzt. Unter letzterem verstand er das Verdauungsprodukt des Eiweißes, also annähernd das, was heute Pepton genannt wird. Er gab verschiedene Mengen zu, schied nach einiger Zeit die Hefe ab, destillierte den Alkohol über, vereinigte dann wieder Hefe und Rückstand der Destillation und gab wieder Zucker zu. Dies wurde 5 mal wiederholt, mit dem Erfolg, daß, wie nachstehende Tabelle zeigt, bei 0·05 Prozent Pepton schon am 3. Tage die Alkoholmenge kleiner wie am 1. und 2. Tage war, bei 0·10 Prozent Pepton war noch am 4. Tage das Erträgnis an Alkohol nicht vermindert.

Es wurden an g Alkohol erzeugt:

	0·15 g Pepsin	0·10 g Pepsin	0·05 g Pepsin
Reihe 1	1·38	1·43	1·48
„ 2	1·45	1·33	1·37
„ 3	1·60	1·59	1·16
„ 4	—	1·52	0·62
„ 5	—	0·74	0·25

Die eben angeführten Versuche sind nicht ausreichend an Zahl und auch nicht lange genug durchgeführt worden, denn das Experiment mit 0·15 Prozent Pepton bricht schon am 3. Tage ab, die beiden anderen am 5. Tage. Man kann denn auch nur sagen, es hat den Anschein, als sei hier durch Pepton eine Erhaltung der Leistungsfähigkeit der Hefe zustande gekommen. Wie das Pepton gewirkt hat, läßt sich freilich nicht ersehen. Wir wissen nicht, wie groß die N-Menge in der Hefe war und ob eine N-Zunahme in der Hefe erfolgt ist, ob die auf die N-Einheit berechnete Gärkraft größer oder kleiner geworden ist. Ein Umstand ist noch besonders zu betonen. Es wäre denkbar, daß der Trägheit der Hefe durch Peptonnahrung noch besser entgegengewirkt werden kann, wenn man die erzeugten Umsetzungsprodukte in ihrer Totalität (Alkohol + Bernsteinsäure + Glyzerin u. a.) beseitigt, während A. Mayer nur den Alkohol durch Destillation entfernte, Bernsteinsäure und Glyzerin aber wieder zur Hefe fügte.

Die Frage der Gärträgheit der Hefe in reiner Zuckerlösung erweist sich nach den vorliegenden Versuchen mit dem Stickstoffwechsel der Hefe, den wir bis jetzt zu berühren keinen Anlaß hatten, eng verbunden. Außer diesen ziemlich allgemein gefaßten Beziehungen zwischen beiden Stoffwechselvorgängen können wir kaum mehr aussagen.

Es scheint mir unerläßlich, diese Verhältnisse einer eingehenden Untersuchung nach der Richtung der Stoffwechselprobleme, die hier erörtert werden sollen, zu unterziehen.

Der systematische Gang der Experimente ist in den Grundzügen bereits angegeben: es wird sich um eine möglichst lang dauernde Untersuchung der Gärkraft von Hefe in reinen Zuckerlösungen handeln, mit denen eine gleichzeitige Untersuchung des N-Stoffwechsels zu verbinden ist.

Ich werde von einer dem N-Gehalt nach bekannten Aussaat ausgehen und möglichst reinen Rohrzucker anwenden. Ersteres ist einwandfrei möglich, wenn man die Hefeprobe von einem gemeinsamen großen Vorrat entnimmt, von welchem ein aliquoter Teil auf N untersucht wird. Die Hefe soll bei günstiger Temperatur gären; nach einem genau innegehaltenen Zeitintervall von 24 Stunden wird abzentrifugiert und die Flüssigkeit nach nochmaligem Auswaschen und Wiederzentrifugieren der Hefe auf N untersucht, wodurch man erfährt, mit welchem N-Gehalt die Hefe in den zweiten Versuchstag tritt. Die abgeschleuderte und gewaschene Hefe wird dann wieder mit reiner Zuckerlösung von geeigneter Temperatur gemischt und ins Kalorimeter gebracht. In diesen Versuchen wird also vermieden, Glyzerin und Bernsteinsäure in steigenden Mengen mit der Hefe in Berührung zu bringen, und der gelöst auftretende N wird als Abfallprodukt angesehen und beseitigt, also auch die etwaige Rückwirkung solchen N-haltigen Produktes auf die Zelle vermieden.

Das war also im großen der Versuchsplan, den ich streng innegehalten habe.

Mit Rücksicht auf die angewandte Methodik möchte ich noch kurz ein paar Angaben machen. Man wird überlegen müssen, ob nicht beim Ausschleudern der Hefe unvermeidliche Verluste an N auftreten. Diese könnten von zweierlei Art sein, einmal wirkliche Substanzverluste, diese halte ich bei geschulten Arbeiten für bedeutungslos. Dagegen spielt in der älteren Literatur eine Behauptung eine Rolle, die, wenn zutreffend, eine größere Beachtung als Fehlerquelle hätte, nämlich das Auswaschen von Extraktivstoffen aus den Hefezellen. Ich habe selbst schon in einer anderen Publikation mich über derartige Vorgänge auf Grund quantitativer Untersuchung ausgesprochen[1].

Wenn man Bakterienkulturen oder auch Hefe einer Temperatur von 100° aussetzt, so treten gewisse Mengen von N-haltigen Stoffen aus, die

---

[1] *Archiv für Hygiene.* Bd. XLVIII. S. 304.

nach der Koagulation der Eiweißstoffe eben leicht zu extrahieren sind und sozusagen, wie bei der Gerinnung von Fleisch und ähnlichem, spontan ausgepreßt werden. Bei Hefe kann diese N-Menge 7·9 Prozent des Gesamt-N ausmachen (a. a. O. S. 306). Bei einem Versuche, bei dem in der Kälte Hefezellen in 3 prozent. Kochsalzlösung gebracht worden waren, konnten nach Filtration durch ein Chamberlandfilter 10 Prozent des Hefe-N im Filtrat gefunden werden. Wenn man Bakterien kocht und dann durch Tonfilter filtriert, kann man je nach der Art der Ausführung der Erhitzung weit bis an 30 Prozent des N übertreten, bei Hefe bis 21·4 Prozent.

Man muß also eventuell bei einfachem Auswaschen von Hefe schon ein Übertreten von N aus dem Zellinnern erwarten, dem Auswaschen gleichzusetzen ist die Aufschwemmung in neuer frischer Zuckerlösung, wie sie in den zu besprechenden Versuchsreihen ausgeführt wurden.

Die warme Hefekultur läßt sich nicht klar abzentrifugieren, die Hefe muß vorher stark abgekühlt werden, dann gelingt die Abscheidung der Zellen ohne Schwierigkeit, so ist stets verfahren worden. Diese Abkühlung ist ein ganz unbedenklicher Eingriff, durch den sicher keine Veränderungen und Schädigungen der Hefe gesetzt werden.

Nachstehend berichte ich über einige Experimente, in denen von einer Hefesorte mehrere gleiche Portionen weggenommen wurden. Eine Anzahl diente zur N-Bestimmung, eine andere Gruppe wurde aufgeschwemmt, abgeschleudert, wieder aufgeschwemmt usw., und schließlich auch der N-Gehalt bestimmt, nachdem die Proben 6 mal hintereinander mit Wasser oder Zuckerlösung aufgeschwemmt und wieder abzentrifugiert waren.

Im Mittel wurde erhalten:

vor dem Auswaschen .	0·1139 g N
nach 6 mal Auswaschen	0·1081 g N

Der Verlust betrug also im ganzen 5·1 Prozent des zu Beginn vorhandenen N.

Dabei wurden rund 1·5 Liter Flüssigkeit zum Auswaschen verbraucht. Wenn man annimmt, daß bei dem ersten Auswaschen der größere Teil dieser N-Menge verloren wird, so dürfte die nach einem einzelnen Versuche übliche Waschung und Ausschleuderung nicht wohl mehr wie 2 bis 3 Prozent Verlust ergeben.

Ich glaube, es handelt sich ebensowohl um mechanische Verluste als um ein Auswaschen von fremden Beimengungen zur Hefe; der geringe Verlust kommt für die folgenden Betrachtungen und Schlüsse gar nicht in Rechnung.

In der Literatur finde ich eine Angabe Schützenbergers, die zum Vergleich herangezogen werden kann. Es kommt natürlich wesentlich auf die Art der Auswaschung an, auf die Dauer der Einwirkung des Wassers, auf die Anwendung anderer als wässeriger Flüssigkeit. Sehr nahe kommt meinen Angaben die Zahl Schützenbergers (a. a. O. S. 109), der 8 Prozent des N als Verlust annimmt. Ich habe noch mehrere Versuche ausgeführt, deren Werte unter der obigen Zahl, 5 Prozent, bleiben. Der auswaschbare N ist offenbar jene N-Menge, von der Pasteur zu Unrecht angenommen hat, er werde wieder zum Aufbau junger Zellen verwendet. Wenn in einigen Versuchen über das Trägwerden der Hefe eine Verringerung des N-Gehaltes der Hefe um 50 Prozent gefunden worden ist, so erhellt schon aus einem Vergleich solcher Werte mit meinen Ergebnissen über den „auswaschbaren N“, daß der N-Verlust der trägen Hefe nicht durch einen einfachen physikalischen Vorgang der Auslaugung, sondern durch einen biologischen Prozeß erklärt werden muß. Kommt dem auswaschbaren N der Charakter einer physiologisch bedeutungsvollen Substanz zu, oder trägt er den Charakter einer für den Lebensprozeß nebensächlichen Substanz? Ein Entscheid hierüber ist durch die direkte Untersuchung und den Vergleich der Gärkraft normaler und mehrmals ausgewaschener Hefe möglich. Das Ergebnis einer solchen Untersuchungsreihe war folgendes:

In 16 Stunden wurde an Wärme erzeugt, als 5 g Hefe in 10 Prozent Rohrzucker gärten, in g-Kal.:

Zeit	Ausgewaschene Hefe	Normale Hefe
2 Stdn.	612	624
4 „	269	254
6	216	266
8	227	227
10	213	223
12	266	213
14	198	216
16 „	181	211
Summe:	2132 g-Kal.	2234 g-Kal.

Es ist also zwischen beiden Versuchen kaum ein Unterschied vorhanden, und wenn auch bei normaler Hefe ein kleines Plus an Wärmebildung vorhanden ist, so wage ich nicht, diese Tatsache in dem Sinne zu besprechen, daß das Auswaschen der Hefe an sich die Wärmebildung bei nachfolgender Gärung beeinflusse.

Grundsätzlich verschieden von den eben geschilderten Versuchen verläuft die Selbstgärung oder Autolyse in wässerigen Suspensionen der Hefe. Hier treten alsbald lösliche Produkte N-haltiger Natur in gewisser Menge auf. Besonders groß ist, wie man aus Schützenbergers Versuchen vom Jahre 1874 bereits weiß, die Menge der in heißem Wasser löslichen Produkte. Manche Zellen zerfallen auch in kleine krümliche Massen, die schwer abzuzentrifugieren sind. Es läßt sich ferner das Absterben vieler Zellen nach einiger Zeit durch bakteriologische Untersuchung der Kultur erweisen. Es ist möglich, daß namentlich in der ersten Zeit der Autolyse die Veränderung der Form der Zellen den Eindruck von echter Vernichtung macht, und daß manche dieser runzligen Elemente doch durch einfache Stoffaufnahme ihre ursprüngliche Form wiederfinden. Die Produkte dieses Zellzerfalls verhalten sich nun ganz anders in biologischer Hinsicht als die N-haltige Ausscheidung der Zelle bei der Gärung des Zuckers, wie wir gleich zeigen werden.[1]

Man muß sich zunächst noch die sonstigen Eigentümlichkeiten einer solchen, der Mazeration unterworfenen Hefe in das Gedächtnis rufen.

Hefe, in Wasser angerührt bei Bruttemperatur, gibt, in geringer Menge angewandt, keine nennenswerte Wärmebildung in den ersten 24 Stunden, dann trübt sich die Flüssigkeit, die Hefe aber bleibt auf dem Boden des Gefäßes. Stinkende Fäulnis setzt unter schwacher Temperaturerhöhung ein. Die Fäulnisbakterien finden sich in Unmengen. Die Hefezellen sind zum Teil innerlich im Zerfall und großenteils deformiert. Die Fäulnis ist ein Beweis, daß reichlich gelöste Stoffe des Zellzerfalls sich in der Flüssigkeit finden.

Das überraschendste Ergebnis brachte mir aber die kalorimetrische Messung, als durch Zuckerzugabe diese übelriechende Kultur in Gärung geriet. Letztere setzte mit größter Lebhaftigkeit ein, die Fäulnis steht still und nach 24stündiger Gärung war zu meiner Überraschung die entwickelte Wärme überhaupt nicht hinter jener einer frisch gärenden Hefe zurückgeblieben.[2] Die Hefe selbst sah wieder ganz normal aus.

Nicht in allen Fällen darf man, wie hier, bis nach dem 3. Tage der Selbstzersetzung der Hefe warten, wenn man dies Resultat erhalten will, weil gewiß die Bakterien in sehr wechselnder Weise wachsen und wenn einmal ein erheblicher Anwuchs von Bakteriensubstanz entstanden ist, natürlich ein Ausfall an Gärkraft eintreten muß.

---

[1] Siehe *Archiv für Hygiene.* Bd. XLIX. S. 404.

[2] *Ebenda.* S. 406.

g-Kal. pro 2 Stunden.

Stunden	Faule Hefe nach Selbstgärung	Normale Hefe
2	631	697
4	260	269
6	260	276
8	253	249
10	250	242
12	221	216
14	212	205
16	211	207
Summe:	2298	2351

Dieser Versuch hat auch nach anderen Richtungen hin noch Interesse, einmal als schlagender Beweis, wie schnell die gärende Hefe mit den Bakterien, die als Verunreinigungen sich nebenbei fanden, aufzuräumen in der Lage ist, zweitens hinsichtlich enorm raschen Aufbaues des Zelleiweißes, der sich schon in den ersten beiden Stunden vollzogen haben muß, während der Zerfall in Spaltprodukte ein viel langsamerer gewesen war und sich über 72 Stunden erstreckt hatte. Zweifellos hat daher auch ein Wachstum der Zellen stattgefunden, da ja bei der Selbstgärung die Zahl der kultivierbaren Zellen abnimmt. Die hohe Bedeutung der bei der Selbstzersetzung gebildeten Produkte für den Wiederaufbau und die Synthese des Zelleiweißes geht auch aus einer Versuchsreihe Schützenbergers hervor; er sagt, daß, wenn man die Hefe, welche der Selbstgärung in Wasser unterworfen war, mit Wasser (30°) gründlich auswäscht, viel von dem Zellinhalt in Lösung geht, dann zehre sie hinterdrein auch fast keinen Sauerstoff mehr, und in reine Zuckerlösung gebracht, kommt es nur zu einer langsamen, kaum merklichen Gärung[1].

Wieviel tiefgreifender der Zerfall durch Autolyse gegenüber dem N-Zerfall durch Gärung in N-freiem Medium ist, erhellt noch aus der Tatsache, daß ich bei einem 6 Tage fortgeführten Experiment unter Vergärung in 20prozentiger Zuckerlösung bei 38°, also unter höchster Anspannung der Gärtätigkeit bei kaum abnehmender Zellenzahl noch 0·039 g N in den Hefezellen wiederfand, während ein analog durchgeführter Versuch mit der gleichen, aber von vornherein durch Toluol abgetöteten Hefe nach 4 Tagen nur noch 0·009 g N bis 0·010 g lieferte.[2]

[1] Schützenberger, *Die Gärungserscheinungen.* 1876. S. 164.

[2] *Archiv für Hygiene.* Bd. XLIX. S. 409.

Außer der Spontanzerlegung der Hefe in Wasser haben wir noch eine rein autolytische in vorher abgetöteten Kulturen, ein prinzipieller Unterschied dürfte hier nicht gegeben sein, denn die Spontanzerlegung im ersten Falle kann das Eiweiß ja nur betreffen, weil es eben vorher abgestorben ist.[1] Die bisherigen Experimente zeigen zur Evidenz, daß zwei Formen der Spaltung des Eiweißes der Hefezelle biologisch von ganz verschiedener Funktion vorkommen, jene durch Selbstzersetzung bei völligem Nahrungsmangel, und jene durch den Akt der Gärung bei Mangel an N-haltigem Material.

Die erstere findet ihr Analogon bei den höheren Organismen in der Auflösung der Zellen während der Inanition, aber mit dem Unterschiede, daß bei letzterer eine Zerstörung des gelösten Eiweißes unter weiter Verwendung der Energievorräte eintritt, während die Hefe Eiweiß nicht weiter verbrennt und abbaut. Der bei der Gärung eintretende N-Verlust könnte nur mit der Abnützungsquote in Parallele gestellt werden, eine Frage, deren Berechtigung wir erst später beurteilen können.

Vorerst wollen wir nun den bei der Gärung auftretenden N-Verlust noch einer genaueren experimentellen Analyse unterziehen. So weit sich aus Versuchen von Pasteur für die hier interessierenden Verhältnisse ein Schluß ziehen läßt, kann man nur sagen, daß bei Anwendung größerer Hefemengen zur Gärung ein größerer N-Verlust einzutreten scheint; aber es ist nicht gewiß, ob wir diese Versuche wirklich als Beispiele reinen Gärverlustes ansehen dürfen. Sonstige verwendbare Angaben quantitativer Natur habe ich nicht finden können; denn der bloße Nachweis, daß Hefe während der Gärung N verliert, ist ein mehrdeutiger, weil da doch kombinierte Zustände vorliegen können, neben einem Verlust durch Gärung ein N-Zerfall rein autolytischer Natur bei anderen Zellen, wenn die Zuckermenge zu einer gleichmäßigen Ernährung aller Zellen nicht hinreicht. Nur Experimente mit sicher ausreichendem Zuckergehalt der Lösung sind einwandfrei.

Die in Zuckerlösung gärende Hefe verliert täglich etwas an N, die nicht gärende in den ersten 24 Stunden gleichfalls, aber schon an dem nächsten Tage wird der Unterschied in dem Sinne ausfallen, daß nunmehr der Zerfall der in Wasser mazerierten Hefe ansteigt und jener der gärenden geringer ist. Die Gärung zeigt dadurch ihre besondere biologische Funktion, der Zucker nährt und hält durch seine Energie-

[1] *Archiv für Hygiene* XLIX. S. 415 usw.

zufuhr das Protoplasma in seiner richtigen und normalen Konstitution. Beispiele für das Verhalten ernährter und nicht ernährter Hefezellen während der ersten 24 Stunden gibt nachstehende Tabelle.

bei 28⁰

	Hefe 5 g mit Wasser	Hefe 5 g mit 10 prozent. Zucker
angewandt	0·1080 g N	0·1080 g N
nach 24 Stunden	0·0939 „ „	0·0908 „ „
—	—	—
angewandt	0·1091 „ „	0·1091 „ „
nach 24 Stunden . .	0·100 „ „	0·0924 „ „
—	—	—
angewandt . . .	0·1130 „ „	0·1130 „ „
nach 24 Stunden	0·0998 „ „	0·1037 „ „

Sicher sind schon in dieser Zeit der Beobachtung die Ursachen des N-Verlustes verschieden, bei der Hefe in Wasser autolytische Prozesse, bei der Hefe in Zucker Zerlegung des N-haltigen Materials in weiterhin unbrauchbare Abfallstoffe. Rechnet man in jeder Reihe den Prozentverlust für 24 Stunden und legt alle drei Serien in einen Mittelwert zusammen, so gab

die Hefe in Wasser	die Hefe in Zucker
11 Prozent	13·2 Prozent

ihres gesamten N-Bestandes ab, in dieser Größe ist beiderseits ein Verlust durch einfache Auslaugung, von der wir früher sprachen, mit enthalten.

Die nahen Beziehungen des N-Verlustes bei der Gärung in N-freien Medien mit Lebensvorgängen werden uns auch noch durch die wechselnde Größe des Verlustes unter verschiedenen biologischen Verhältnissen vor Augen geführt, der N-Verlust hängt nicht etwa im allgemeinen von den Beziehungen zwischen Hefe von Zucker ab, wie man nach manchen Darstellungen der älteren Literatur meinen möchte. Die einfachen Relationen zwischen Hefe und Zucker könnten, da sie den Zuckerumsatz nicht steigern werden, im allgemeinen ohne Einfluß sein; dagegen ist es naheliegend, daß je nach der Hefe- und Zuckerrelation in dem einen Falle eher als in einem anderen Mangel an Nährmaterial und autolytischer Zerfall eingeleitet wird. Wichtig dagegen muß die Intensität des Gärungsgrades, also der Einfluß der Temperatur sein. Ein Beispiel dafür sei folgendes:

Ich habe 10 Prozent Rohrzuckerlösung bei verschiedener Temperatur durch je 5 g Hefe 3 Tage vergären lassen und danach in der Hefe an N wiedergefunden:

				Verlust:
bei 22° Gärwärme	68·1 Prozent	=	7·32 Prozent im Tag
„ 28°	66·0	=	11·3	
„ 39° „	50·0 „	=	16·6 „	

Darnach war der N-Verlust um so größer, je stürmischer die Gärung.

Die hier nachgewiesenen N-Verluste der Hefe, die sich ja wegen eines geringen Grades von Auslaugung, wie schon erwähnt, in Wirklichkeit etwas geringer gestalten, sind zum Teil recht erheblich: 7 bis 17 Prozent, daraus folgt von selbst, daß Hefe in reiner Zuckerlösung nicht allzulange zu erhalten sein wird, wenn dieser N-Verlust in gleicher Weise ungekürzt andauert. Da sich das Lebende nicht wohl bis auf den letzten Rest selbst aufreiben und verzehren kann, sondern die Zellen vermutlich schon zusammenbrechen, wenn sie erst einen Teil ihres N-Bestandes eingebüßt haben, so verkürzt dieser Umstand noch mehr die Lebensmöglichkeiten der Hefe in reiner Zuckerlösung. A priori könnte es sich also nur um Fristen von wenigen Tagen handeln.

Noch einen genaueren Einblick in die Art des N-Verlustes bei der Gärung erhalten wir, wenn längere Versuchsreihen ausgeführt werden, dabei ist es zugleich von Interesse, auch die bakteriologische Untersuchung mit heranzuziehen. (Tabelle s. nächste Seite)

Mehrere Kolben, mit 10 g Rohrzucker und je 5 g Hefe beschickt, werden bei 28° gehalten und täglich eine kleine Probe für die bakteriologische Untersuchung weggenommen, dann zentrifugiert, im Zentrifugat der N nach Kjeldahl bestimmt, die restierende Hefe nun mit Zucker versetzt (10 Prozent). Als die Hefe 6 Tage gegoren hatte, waren nur mehr 30 Prozent des N, der zu Beginn in der Hefe sich fand, in dieser vorhanden. Dieser Verlust ist also in der Weise zustande gekommen, daß sich in der Hefezelle Zerfallsprodukte des Eiweißes bilden, die nach außen hin abgegeben werden. Pro Tag war ca. 11·6 Prozent verloren worden, wenn man aber den Verlust durch „Extraktion“ von Hefebestandteilen selber auf 5 Prozent schätzen wollte, bleiben pro Tag dann noch 10·6 Prozent N-Verlust, was mit einigen der früheren Werte genügend übereinstimmt.

Kann dieser N-Zerfall als eine etwas abnorme Größe angesehen werden, die mit anderen biologischen Erscheinungen ähnlicher Art unvereinbar ist? Ich glaube nicht.

10 Prozent Rohrzucker, 5 g Hefe.
15.—20. XII. 1903.

Tag	N in der Hefe	Relative Zahl für N	Zählung der Zellen in Millionen	Kultivierte Zellen in Millionen	Relative Abnahme der Kulturzellen
0	0·0935	100	84600	20355	100
1	0·0789	84·4	62845	20898	103
2	0·0663	70·9	66605	13728	67
3	0·0559	59·8	66950	824	4
4	0·0471	50·3	88600	21.8	1
5	0·0396	42·3	105400	8·2	0·04
6	0·0280	30·0	101600	6·2	0·02

Kommen doch selbst bei manchen Warmblütern im Hungerzustande gelegentlich tägliche Eiweißverluste von 10—11 Prozent des N-Bestandes wohl vor, dieser Vergleich ist aber nicht erlaubt, weil ja bei diesen Tieren Eiweiß als Nahrungsstoff für energetische Zwecke eingeschmolzen wird. Für die kleinsten Warmblüter kann man aber, obwohl ihr Kraftwechsel jenen der Hefe gewiß nicht erreicht, auch bei alleinigem Verlust der Abnützungsquote mit einem Zerfall von mehreren Prozenten der Körpersubstanz rechnen. Die hohen N-Verluste der Zelle wären also an sich keine „biologische Unmöglichkeit".

Die Tabelle enthält auch wichtige biologische Werte insofern, als sie die Werte der mikroskopischen Zählung der Hefe und die Zahl der auf zuckerhaltigem festem Nährboden (Bierwürzeagar) gewachsenen Zellen angibt. Die kultivierbaren Zellen betrugen von Anfang an nur einen Bruchteil der überhaupt vorhandenen. Die Zählung ist natürlich mit einigen Fehlern behaftet, weil die Probeentnahme auch bei gutem Schütteln nie ganz exakt zu machen ist. Im ganzen sieht man, daß ein wirkliches Zugrundegehen der Zellformen während der ganzen 6 Tage nicht eingetreten ist. Das Bild ist ein ganz anderes bei einfacher Aufschwemmung in Wasser, wobei eine rasche Abnahme der zählbaren Zellen erfolgt.

Ganz anders wie die Zählung der Zellen verhält es sich mit der Kultivierbarkeit auf Würzagar; diese leztere sinkt schon am ersten Tag, ganz enorm am 3. und 4. Tag, wo kaum $^1/_{100}$ der sonst kultivierbaren Hefen gefunden werden, am 5. und 6. Tag waren noch 3:10000 kultivierbare Zellen vorhanden. Diese Beobachtungen geben zu einer Reihe ganz interessanter Erwägungen Veranlassung. Zunächst hat jedenfalls die Lösung des N nichts mit der Zunahme unkultivierbarer Zellen zu tun. Denn wenn die nicht kultivierbaren Zellen etwa einfach durch Autolyse aufgelöst würden, müßte der N-Verlust ebenso stark sinken, wie die Menge der unkultivierbaren Zellen zunimmt. Das trifft ganz und gar nicht zu.

Ebensowenig konnte die Gärkraft in irgendeinen ursächlichen Zusammenhang mit der Abnahme kultivierbarer Zellen gebracht werden, denn sie waren am 6. Tage noch ziemlich lebhaft.

Diese beiden Tatsachen zwingen uns zu der Annahme, daß die Nichtkultivierbarkeit auf Würzagar nicht als Beweis für den Tod der betreffenden Hefezellen anzusehen ist. Diese letzteren haben also jedenfalls nur eine Lebenseigenschaft verloren, die Fähigkeit des Wachstums und der Vermehrung. Diese letzte Eigenschaft wird also rascher verloren als die Gärkraft.

Wir müssen also schließen, die gelösten N-Produkte bestanden bei der Hefe in N-freien Zuckerlösungen aus Zellen, die zwar vorübergehend oder für immer, das bleibe dahingestellt, die Wachstumsfähigkeit, aber nicht die Gärfähigkeit eingebüßt haben.

Eine zweite Versuchsreihe habe ich unter den gleichen physiologischen Bedingungen ausgeführt, aber neben der N-Bilanz, der Zellenzählung und der Kultur habe ich auch noch mit der Berthelotschen Bombe die Verbrennungswärme der ausgesäten und geernteten Hefe untersucht.

Die Ausgangshefe hatte 2·15 Prozent N der frischen Substanz und bei 24·1 Prozent Trockensubstanz (bei 98°) 8·92 Prozent der letzteren.

1 g trockene Hefe gab 4·875 g-Kal.

1 N : Kal. = 1 : 54·7.

Sie hat also neben Eiweißstoffen noch reichlich N-freie Stoffe eingeschlossen, da im Eiweiß selbst auf 1 N kaum mehr als 34 kg-Kal. gefunden werden, wie ich mich vielfach überzeugt habe.

Nach 6 Tagen hatte die Hefe nur mehr 2·66 Prozent N der Trockensubstanz, was einen enormen Unterschied bedeutet. Sie hat also viel N eingebüßt, weit weniger hatte sich die Verbrennungswärme geändert, da 1 g Trockensubstanz nun 5·11 kg-Kal. lieferte, ja dieser Wert steht sogar etwas höher als vor der Gärung. Aber die Relation zwischen N und Kal. zeigt uns die innere Natur ihrer Veränderung, denn auf 1 g Hefe = 0·0266 g N treffen 5·11 g-Kal. Verbrennungswärme, also pro 1 g N 191·3 g-Kal. gegenüber 1 : 54·7 zu Anfang. Es dürfte kaum anzunehmen sein, daß die herabgekommene Hefe besonders reich an Glykogen geworden ist, aber ihr Inhalt ist zweifellos an Eiweiß verarmt, während die Zellhüllen kaum eine Einbuße erlitten haben dürften. Man kann aus vorliegenden Zahlen auch berechnen, wie in der zugrunde gegangenen Substanz (Defizit) das Verhältnis von N:Kal. war; man erhält den Wert: 1:30, was gut auf Eiweiß stimmt, denn für letzteres wird etwa 1:34 gefordert, was mit Rücksicht auf andere N-haltigen Stoffe, die die Zelle außerdem verloren haben mag, eine genügende Annäherung darstellt.

In einem weiteren Falle war eine Reinkultur ausgesät worden, die reich an kultivierbaren Zellen war (72·1 Prozent!). Die Kultur war 42 Stunden bei 26^0 gezüchtet. Angewandt wurden 10 Prozent Rohrzucker und rund 5 g Hefe, letztere war aber viel feuchter als sonst verwendete. Es wurden gleichzeitig 4 Kontrollproben angesetzt. Das Resultat gibt nachstehende Tabelle.

20 g Hefe, 20 Prozent Rohrzucker bei 38^0.

Zeit	N in der Hefe	Relative Zahl für N	Verbrennungswert der Hefe in kg-Kal.	Relative Zahl für die Kal.	Hefezellen in Millionen	Davon kultivierbar	Relative Zahl der kultivierbaren Zellen
Vor dem Versuch	0·430	100·0	23·49	100·0	176200	133320	100·0
Nach 6 Tagen	0·065	15·1	12·57	53·4	173000	4975	3·7

(Hefe gewaschen, filtriert, in der hydraulischen Presse entwässert.)

Die Zellen konnten hier ungestört 72 Stunden gären, innerhalb dieser Zeit wurde keine frische Zuckerlösung aufgegossen. Sie erschöpft sich also langsamer, zumal sie durch den Alkoholgehalt der Lösung einige Zeit in Ruhe gehalten wurde. Das Ergebnis lautet: Die Zellenzahl nimmt nicht ab, wohl aber die der kultivierbaren, der N-Verlust der Hefe ist kleiner als die Abnahme der lebenden Zellen. Der N-Gehalt, welcher zu Verlust geht, kann nicht aus einer Auflösung der absterbenden Zellen allein erklärt werden.

Auch diese Reinkulturhefe büßte in 6 Tagen den größten Teil ihres N ein, nämlich der N sank von 100 auf 15, oder wenn wir die unvermeidlichen Verluste eliminieren, auf 15·1 + 5·1 = 20·2 Prozent, was einem täglichen Verlust von 13·3 Prozent entspricht, also sogar etwas mehr wie im vorigen Versuch.

Das Verbrennliche nimmt nicht in gleichem Maße ab, nämlich nur von 100 auf 53·4 = also nur 46·6 Prozent —, wahrscheinlich noch etwas weniger, da wohl unvermeidliche Verluste der Methodik auch für die kalorimetrischen Werte in Rechnung zu ziehen wären. Wie schon erörtert, spricht das Verhältnis des zu Verlust gehenden N zu den Kalorien für den Abbau von Eiweißstoffen in den Hefezellen. Es hinterbleiben daher hauptsächlich die N-freien Stoffe, wohl Gerüstsubstanzen in größerer Menge.

Die morphologischen Veränderungen bewegen sich ganz innerhalb der Bahnen, die wir durch den vorigen Versuch vorgezeichnet fanden. Die Zellenzahl nimmt nicht ab, wohl aber die der kultivierbaren Zellen. Da die Hefe von Anfang an besser dem Nährboden angepaßt war und zum größten Teil aus gut kultivierbaren Zellen bestand, so haben sich diese bis zu Ende des Experimentes besser gehalten und sind nur auf 3·7 Prozent der zu Beginn des Versuches vorhandenen Zahl abgesunken. Auch in diesem Experiment erklärt sich die Abnahme des N-Verlustes wie die Abnahme der verbrennlichen Substanz ganz und gar nicht aus der Abnahme der Kultivierbarkeit. Die „toten" Zellen, d. h. die nicht kultivierbaren, können für sich allein nicht die Quelle des N- und Energieverlustes sein. Auch die nicht mehr kultivierbaren Zellen halten sich offenbar in großem Umfange intakt und zerfallen nicht, indem ihr Protoplasma zusammenbricht.

Man muß also unbedingt die Befähigung der Hefezelle annehmen, daß sie auch nach dem Verlust der Wachstumsfähigkeit noch mehr oder minder lange Zeit in ihren wesentlichen Gäreigenschaften lebend bleibt und dabei N verliert.

Zur nochmaligen Feststellung der bakteriologischen Verhältnisse wurde noch folgende, nur dreitägige Versuchsreihe ausgeführt, aus der bei einer Reinkulturhefe der Abfall an kultivierbaren Zellen schon in dieser frühen Zeit ganz sichergestellt ist. Die Bezeichnungen a, b, c, d bedeuten vier verschiedene Kölbchen als Parallelversuche, von jeder dieser Einzelproben wurden mehrere Proben zur Analyse genommen, und deren Mittelzahlen führt die Tabelle auf. Der N-Verlust nach 3 Tagen ist noch ziemlich gering, aber stärker als die Abnahme kultivierbarer Zellen entspricht.

Zellenzahl in Millionen				Kultivierbare Zellen in Millionen			N-Menge in Milligramm		
		Mittel	Relat.		Mittel	Relat.		Mittel	Relat.
Aussaat	—	72000	100	—	51850	100	—	0·0627	100
Nach 3tägiger Gärung	a) 84250	74100	102	31000	40600	78	0·0521	0·522	83
	b) 73250			55100			0·0510		
	c) 67000			38200			0·0546		
	d) 72200			38200			0·0512		

Die weitere Frage, welche nunmehr nach Erledigung der Erscheinungen des N-Zerfalls zur Entscheidung gestellt werden muß, betrifft eine exakte Messung der Gärwirkung während der Kultur der Hefe in N-freien Medien. Die ältere Literatur enthält hierüber nur außer den bereits zitierten Versuchen von A. Mayer keine zuverlässigen Angaben; das allgemeine Resultat meiner Untersuchungen habe ich schon kurz berührt, die Gärung geht bei wiederholter Übertragung in reine Zuckerlösungen viele Tage weiter. Wir wollen aber nun die genauen quantitativen Analysen hier anschließen. In einer großen Versuchsreihe habe ich 5 g Hefe mit 0·120 g N bei 36 bis 38° je 24 Stunden in 10prozentigem Rohrzucker belassen, dann wurde abzentrifugiert, das Zentrifugat abgegossen, zur Analyse benutzt und die Hefe neu in 10proz. Rohrzucker aufgeschwemmt und so an sechs aufeinanderfolgenden Tagen verfahren.

Die N-Zahlen sind folgende gewesen:

		Anfang	0·120
Ende des 1. Tages:	0·110,	Ende des 4. Tages:	0·063
„ „ 2. „	0·092,	„ „ 5. „	0·052
„ „ 3. „	0·077,	„ „ 6. „	0·043

Läßt man die Korrektur für den auswaschbaren N (= 5 Prozent) beiseite, so sind in 6 Tagen 67·8 Prozent des Gesamt-N in Lösung gegangen = 11·3 Prozent pro Tag, und nur 32·2 Prozent des N-Gehalts von Anfang in der restierenden Hefe noch aufzufinden gewesen.

Die kultivierbaren Zellen waren am Schlusse des Experimentes sehr erheblich abgesunken, auf 1 bis 2 Prozent aller Zellen, und bezogen auf den Anfangsgehalt fanden sich noch etwa 3 Prozent am Schlusse noch wachstumsfähig vor; also analoge Verhältnisse wie im vorhergehenden Versuch. Der Abfall der Zahl der wachsenden Zellen erfolgt nicht gleichmäßig, sondern rasch schon nach 3 bis 4 Tagen, ohne daß diese Erscheinung in dem N-Verlust und der Gärung analog zum Ausdruck käme.

Der Abfall des N-Gehaltes entspricht einer geometrischen Reihe, indem, wie es scheint, der N-Gehalt jedes Tages gleich dem 0·86 fachen des vorausgehenden ist.

Gefunden:	1. Tag Ende	0·112	Berechnet: 0·103
	2. „ „	0·092	„ 0·089
	3. „ „	0·077	„ 0·076
	4. „ „	0·063	„ 0·066
	5. „ „	0·052	„ 0·056
„	6. „ „	0·043	„ 0·048

Von dem N-Gehalt der Zelle zerfällt jeden Tag ein gleichbleibender Bruchteil. Über die Gärungswirkung gibt nachfolgende Tabelle Aufschluß.

Wärmemengen in g-Kal. pro je 2 Stunden.

Zeit	1. Tag	2. Tag	3. Tag	4. Tag	5. Tag	6. Tag	
2	671	336	302	255	168	128	
4	333	186	130	39	23	23	
6	338	167	103	56	32	23	
8	248	134	81	44	28	24	
10	248	142	77	44	29	23	
12	200	127	63	27	26	21	
14	162	122	58	28	21	18	
16	134	112	50	22	18	16	
18	107	99	38	17	15	14	
20	87	97	35	18	17	12	
22	64	93	42	18	21	9	
24	24	65	40	19	15	6	
Summe:	2614	1680	1019	587	413	317	
Alkoholgeh:	8·74	5·60	3·06	1·96	1·34	1·06	Proz.

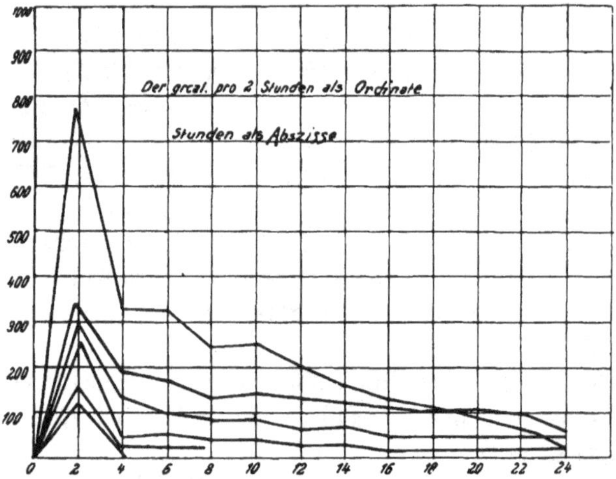

Fig. 16.

Die Gärung nahm bereits bei der zweiten Aufschwemmung in Zucker sehr erheblich ab und sinkt dann aber langsamer. In keinem Falle war die Gärung nach 24 Stunden abgelaufen, sie ist deutlich am 2. und 3. Tage in der 23. bis 24. Stunde noch höher als am 1. Tage.

Vorstehende graphische Darstellung (Fig. 16) gibt ein übersichtliches Bild.

(Die g-Kal. pro 2 Stunden sind als Ordinaten aufgetragen, sie geben daher die Kurven doppelt so hoch als dem Mittel pro Stunde entspricht. Die Kurven der letzten zwei Tage sind nicht weiter als zur 8. Stunde ausgezogen, da ihre Werte bei dem kleinen Maßstabe der Darstellung belanglos sind.)

Vor allem fällt auf, daß der steile Aufstieg des ersten Tages an den folgenden verhältnismäßig immer mehr verschwindet. Aber es ist eben noch sichtbar, daß nach dem Aufgießen frischer Zuckerlösung offenbar Hemmnisse wegfallen, welche den Tag vorher allmählich einen Hochstand der Wärmeentwicklung gestört hatten. Diese dämpfende Wirkung ist offenkundig nicht durch Zuckermangel, sondern durch Anreicherung an Alkohol zuwege gebracht. In einem gewissen Sinne haben diese Ansammlungen von Stoffwechselprodukten etwas Nützliches für die Zelle, denn diese würde vielmehr geschädigt, wenn Wärme und Zuckermangel ohne Alkohol einwirken könnten; weil eben ihre Lebensbedürfnisse durch den Alkohol vermindert sind, wodurch die Gefahr des Absterbens und der Autolyse vermindert wird.

Von Tag zu Tag werden die Gesamtleistungen der Hefe in reinen Zuckerlösungen geringer, der Ausdruck der „Trägheit“ ist also eine sehr gute und treffende Bezeichnung.

Die Abnahme der Gärungsleistung ist eine streng gesetzmäßige. Wenn man die Tagessummen untereinander in Relation setzt, so fallen die Zahlen jedes folgenden Tages auf das 0·64 fache des vorhergehenden; es liegt also eine die Lebenstätigkeit gesetzmäßig schwächende Einwirkung vor.

Die kultivierbaren Zellen zeigen niemals einen gleichmäßigen Abfall, aber hier ist in der Gärung ein unbezweifelbares Zahlenverhältnis in der Verminderung der Wirkung ausgeprägt.

Absolute Zahlen der täglichen Wärmebildung.

Beobachtet:	Berechnet:
2614	2614
1680	1680
1019	1075
587	684
413	418
317	267

Die Schwächung der Zersetzungskraft schreitet gleichmäßig weiter; sie fällt aber rascher ab, als der N-Verlust der Hefezelle; denn der letztere nahm täglich um das 0·86fache, die Gärungsgröße aber um das 0·64fache ab. Berechnet man daher, wieviel pro 1 g N in der Hefezelle an Wärme erzeugt wurde, so hat man:

1.	Tag	23·7	kg-Kal.	pro	24	Stunden
2.	,,	18·2	,,	,,	24	,,
3.	,,	13·2	,,		24	,,
4.	,,	9·3	,,		24	,,
5.	,,	7·9		,,	24	
6.	,,	7·4	,,	,,	24	,,

Der N der Hefe, d. h. die eiweißartige Masse, hat mit der Zeit also an Gärkraft eingebüßt, obschon die Zellenzahl die gleiche bleibt. Jede Zelle arbeitet weniger; in ihrer Leistung wird sie anscheinend träger. Daß sie schließlich auch vielleicht in sehr langer Zeit den Zucker überhaupt nicht mehr ganz zerstört, ist damit nicht präjudiziert. In der Gärpraxis selbst besteht die große Gefahr, daß die geschwächte Hefe durch andere Organismen überwuchert wird.

Die tägliche Leistung an Wärmebildung ist nach 6 Tagen etwa 10·2 Prozent der Anfangsleistung, die Anzahl der kultivierbaren Zellen ist aber weit stärker abgefallen. Diese Gärungsleistung läßt sich also nicht als eine Äußerung der lebenden, d. h. kultivierbaren Zellen ansprechen, es wäre dann die Voraussetzung gegeben, daß die überlebenden Zellen, um ein vielfaches der Umsetzungsenergie den lebenden Zellen früherer Perioden der Gärung überlegen sein müßten, wofür irgend ein Grund sich nicht finden läßt.

Die Gärungserscheinungen müssen daher auf einen mehr oder minder großen Anteil der nicht kultivierbaren Zellen zurückgeführt werden. Eine der Ursachen in der Abnahme der Gärkraft liegt sicher in der Abnahme derjenigen N-haltigen Substanz, welche als lebende im engeren Sinne zu bezeichnen sein wird. Nicht aller N, das habe ich schon eingangs erwähnt, ist von Anfang an als lebende Substanz zu betrachten, in der Zelle sind neben der Gärung auch andere Funktionen zu erfüllen, es müssen Substanzgruppen vorhanden und erhalten sein, welche das Wachstum und die Vererbung der Eigenschaften in sich konservieren. Sie sind nicht vernichtet, auch wenn die Zellen sehr herabgekommen sind. Extraktivkörper N-haltiger Natur finden sich, die Zellwand kann man sich, da sie wichtige variable biologische Eigenschaften äußert, kaum als eine ausschließlich N-freie Substanz (Zellulose) vorstellen.

All das bedingt bei einer Ausrechnung der Gärungsleistung auf den N-Gehalt ein scheinbares Absinken der Gärleistung, womit ich das tatsächliche Vorkommen einer solchen Abnahme nicht bezweifle.

Die Rückwirkung des Alkoholgehaltes der Gärflüssigkeit war an den einzelnen Tagen eine verschiedene. An den ersten Tagen wird weit mehr erzeugt als am 5. und 6. Tage, also ist die Hemmung im ersteren Falle auch bedeutender und die wirklich vorhandene Zersetzungskraft der Zellen in absteigender Linie zu groß angenommen. Berechnet man aus der Wärmebildung je eines Tagesversuches den mittleren Alkoholgehalt pro 24 Stunden, so findet man am 1. Tage 5·5 Prozent Alkohol, am 2. Tage 3·3 Prozent, am 3. Tage 2·0 Prozent, am 4. Tage 1·5 Prozent, am 5. Tage 1·0 Prozent, am 6. Tage 0·75 Prozent Alkohol.

Die Wärme ist richtigerweise also von 100 herabgedrückt worden auf 53·4, 72·1, 83·1, 87·3, 91·5, 93·7. Zur Berechnung auf alkoholfreie Lösung hätten wir die Faktoren: 1·87, 1·39, 1·19, 1·15, 1·09, 1·07. Demnach als Tagesleistung:

2614	×	1·87	=	4887	g-Kal.
1680	×	1·39	=	2335	
1019	×	1·19	=	1222	„
587	×	1·15	=	669	„
413	×	1·09	=	456	„
317	×	1·07	=	339	„

Die Zahlen sollen nur ein ungefähres Bild von der Rückwirkung des Alkoholgehaltes geben, eine Durchrechnung getrennt für alle Stundenwerte habe ich aber unterlassen, da ihre Ergebnisse ja doch für weitere Betrachtungen nicht verwertet zu werden brauchen.

Die Zahlenreihe entspricht einer Abnahme der Umsetzungskraft von einem Tage zu dem anderen um rund 0·5, nur der letzte Tag weicht insofern ab, als hier die Hefe eher leistungsfähiger war, als dieser Rechnung entspricht.

Der ungleiche Alkoholgehalt der einzelnen Versuche hat aber jedenfalls keinen erheblichen Einfluß in dem Sinne ausgeübt, daß er etwa die früher schon errechneten höchst unterschiedlichen Leistungen der Wärmebildung, berechnet auf 1 g Hefestickstoff, beeinflußt hätte.

Der für obige „alkoholfreie“ Versuche berechnete Wert, bezogen auf 1 g Hefestickstoff und 24 Stunden, ist:

1. Tag	44·4 kg-Kal.		4. Tag	10·6 kg-Kal.	
2. ,,	25·3	,,	5. ,,	8·8	,,
3. ,,	15·9	,,	6. ,,	7·9	,,

Das Gesamtbild der Ergebnisse ändert sich demnach nicht.

Die Abnahme der Zersetzungskraft läßt sich nur unter der Hypothese verstehen, daß allmählich ein relatives Überwiegen solcher N-Substanzen in der Zelle eintritt, welche mit der Gärung selbst keinen näheren kausalen Zusammenhang besitzen. Diese Annahme kann als wohl berechtigt erscheinen, wenn man erwägt, daß auch das absterbende Eiweiß nicht sofort aus der Zelle ausgeschieden, sondern in steigendem Maße angesammelt wird.

Die Erscheinungen des Trägwerdens der Hefe verdienen noch eine weitere Betrachtung. Man sieht aus den Kurven S. 136 Verschiedenheiten der Zersetzungsgröße weniger in den ersten 2 Stunden, als namentlich im späteren Verlauf der Gärwirkung ausgeprägt. Vergleichen wir daher einmal die gegebenen Gärunterschiede in ihren Beziehungen zum N-Gehalt der Zelle während dieser ersten beiden Stunden. Eine Berechnung der Wärmebildung pro 1 g N zeigt, daß in der Tat der Unterschied im Umsatz bei diesen Werten nicht so groß war als beim Vergleich der Tageswerte.

1. Tag	5·59	4. Tag	3·75
2. ,,	3·36	5. ,,	2·94
3. ,,	3·75	6. ,,	2·74

Die Zersetzungskraft sinkt auf etwas unter die Hälfte.

Die Zersetzungsgröße der ersten beiden Stunden beträgt im Verhältnis zur Leistung des ganzen Tages:

1. Tag	26 Prozent		4. Tag	43 Prozent	
2. ,,	20	,,	5. ,,	41	,,
3. ,,	30	,,	6. ,,	40	,,

Berechnet man den Einfluß des Alkohols und leitet daraus die Werte für die ersten zwei Stunden ab, so sind diese in g-Kal.:

1. Tag	825	4. Tag	275
2. ,,	373	5. ,,	176
3. ,,	329	6. ,,	132

und auf 1 g N zu Beginn der Reihen ergibt sich:

1. Tag	7·50	4. Tag	4·36
2. ,,	4·05	5. ,,	3·38
3. ,,	4·27	6. ,,	3·07

Nach dem ersten Tage ist die Abnahme am stärksten, dann sinkt sie langsam.

Die Zersetzungsgröße der ersten beiden Stunden zur Gesamtleistung eines ganzen Tages beträgt nach Ausschluß der Alkoholwirkung:

1. Tag	16·9 Prozent	4. Tag	41·4 Prozent
2. „	15·9	5. „	38·5 „
3. „	26·8	6. „	38·9 „

Die Eigenschaft der ermattenden Hefe besteht also darin, daß sie nur mehr an den ersten beiden Stunden noch lebhafter arbeitet und daß in den späteren Stunden eines Tages außergewöhnlich wenig zerlegt wird.

Gerade dieses Hervortreten der Leistungen der Hefezelle in den ersten Stunden nach neuer Zuckerzugabe verweist uns auf die Notwendigkeit, an fermentative Wirkungen zu denken, zumal gerade diese hier ein besonderes Interesse in Anspruch nehmen müssen. Entsprechend den Hauptversuchen wurden Parallelversuche mit toluolisierter Hefe angestellt, deren Resultate in nachstehender Tabelle zusammengestellt sind.

Fermentwirkung.

g-Kal. in 2 Stunden.

Stunden	1. Tag	2. Tag	3. Tag	4. Tag
2	233	186	108	108
4	22	22	67	23
6	10	11	21	15
8	—	4	18	26
10	—	—	—	—
12	—	—	—	—
14	—	—	—	—
Summe:	265	233	214	172

Die Gesamtleistungen, welche 5 g Hefe mit 0·12 g N in 6 Tagen des obigen Versuches vollbracht haben, sind bedeutend gewesen = 6640 g-Kal. = 44 g Rohrzucker entsprechend. Demgegenüber sind die Fermentwirkungen sehr mäßige gewesen, sie wurden nur bis zum 4. Tage inkl. genauer verfolgt. Wir sehen die Fermentwirkung am ersten Tage schon nach der 6. Stunde zu Ende kommen; natürlich wäre nicht ausgeschlossen, daß spurenweise der Zucker auch noch späterhin in Zerfall kam.

Das Ferment stellt seine Tätigkeit ein, obschon der größte Teil des Zuckers unangegriffen bleibt. Es ist nicht zugrunde gegangen; sobald man frische Zuckerlösung aufgießt, beginnt es am 2. Tage seine Tätigkeit wieder, nur mit dem Unterschied, daß die Wirkungen in den ersten Stunden geringer werden, dafür aber länger sich hinziehen. Das erinnert an die Verlängerung der Fermentierungszeiten bei Anwendung kleiner Fermentmengen, die wir früher schon kennen gelernt haben.

Die Gesamtleistungen des Fermentes werden von Tag zu Tag kleiner, aber nicht sprungweise, sondern in bestimmter Zahlenordnung. Die Leistungen des Fermentes nehmen an den aufeinanderfolgenden Tagen in geometrischen Progression ab, und zwar beträgt der Wert des nachfolgenden Tages genau das 0·87fache des vorhergehenden.

	Gefunden an g-Kal. für 24 Std.	Berechnet an g-Kal.
1. Tag	265	265
2. ,,	223	230
3. ,,	214	200
4. ,,	172	174
5. ,,	—	(154)
6. ,,	—	(134)

Vergleicht man diesen Grad des Abfalls mit jenem des N-Verlustes, so stimmt er vortrefflich mit diesem überein, aber nicht mit der Abnahme der Gärwirkung im ganzen.

Diese nahe Übereinstimmung zwischen Abnahme der Fermentwirkung und N-Verlust der Hefe tritt für jeden einzelnen Tag aufs genaueste in die Erscheinung, wenn man den Quotienten zwischen Kalorien durch Fermentwirkung und der N-Menge der Hefezelle (z. B. je am Ende des Tages) ableitet. Man hat für diese Werte:

$\frac{\text{Wärme}}{\text{N}}$ Quotient:

$$\frac{265}{103} = 2{\cdot}57$$

$$\frac{230}{91} = 2{\cdot}50$$

$$\frac{200}{83} = 2{\cdot}41$$

$$\frac{174}{75} = 2{\cdot}32$$

$$\frac{154}{64} = 2{\cdot}41 \text{ (berechnete Fermentwirkung)}$$

$$\frac{134}{13} = 2{\cdot}53 \text{ (,, ,,)}$$

Ein derartiges Resultat ist nur unter der Voraussetzung eines engen Zusammenhanges zwischen Fermentmasse und gesamte N-Menge der Zelle zu verstehen. Die Fermentwirkung ist lediglich geringer geworden, weil eine fortschreitende Masse eines Teiles Zellsubstanz zugrunde gegangen, aufgelöst und ausgeschieden worden ist. Man müßte sich also das Ferment gleichmäßig verteilt in der Hefe vorstellen, und insoweit mit einer N-Substanz verbunden, daß der Untergang der letzteren die Unwirksamkeit oder Zerstörung des Fermentes nach sich zieht. Die einfachste Annahme zur Erläuterung einer solchen engen Beziehung zwischen Ferment und Eiweißbestand wäre natürlich die Voraussetzung einer mit jedem Tage gleichmäßig weiterschreitenden Auflösung eines Teiles der Hefezellen. Aber gerade dieser nächstliegende Ausweg ist ungangbar, da ja die Auszählung der Hefezellen ein solches Zugrundegehen der Zellen widerlegt hat; wodurch wir unweigerlich zur Annahme intrazellularer Veränderungen gezwungen werden.

Über die Bindung von Fermenten in den Zellen ist freilich nicht viel Sicheres bekannt, aber vielleicht können die Beobachtungen an Invertin, das ja bei der Hefewirkung auf Rohrzucker mit in Betracht kommt, etwas zur Erklärung beitragen.

Sehr eingehende Versuche über die Natur des Invertin haben 1889 O'Sullivan und Thompson angestellt, indem sie bei 20° mazerierte Hefe mit Alkohol allmählich fällten. Ihr Invertinprodukt war sehr N-arm (3·69 Prozent N), das Invertin ist kein Eiweißstoff, enthält aber in seinem Molekül Eiweißgruppen.[1] Nach Halliburton sollen die Enzyme Nukleoalbumine sein. O'Sullivan, Peckelharing, Lintner haben Beobachtungen, die sich mit einer Nukleinnatur des Enzyms vertragen, angestellt.

Mit dieser Anschauung sind auch die Vorstellungen, die man sich über die Bildung der Enzyme gemacht hat, wohl vereinbar.[2] Man glaubt annehmen zu dürfen, daß von der Kernsubstanz Teilchen ins Cytoplasma treten und dort nach Vereinigung mit weiterer Plasmasubstanz zu Zymogen der Muttersubstanz der Enzyme werden. Mac Callum meint auch, daß in vielen sezernierenden Zellen die Drüsensekretion mit der Gegenwart eines eisenhaltigen Cytoplasmas verbunden ist. Möglicherweise sind Invertin wie Zymase an solche Eiweißgruppen gekettet, und jedenfalls könnte das aus der Zelle austretende Invertin mit zu dem N-Verlust beitragen, wenn es solche Eiweißverbindungen mit sich nach außen in die Zuckerlösung bringt.

---

[1] Green, *Die Enzyme.* Berlin 1901. S. 412.

[2] Siehe bei Green, a. a. O. S. 377.

Wir wenden uns jetzt zum Schlusse zu der wichtigen Untersuchung der vitalen Wärmebildung überhaupt, deren absolute Größe und Beziehung zu den anderen Stoffwechselelementen und zur fermentativen Leistung ein hohes Interesse in Anspruch nehmen kann.

Für den 1. bis 4. Tag habe ich die Fermentwirkung direkt wie immer untersucht, für den 5. und 6. Tag halte ich mich für berechtigt, die Summe der Fermentwärme aus den gesetzmäßigen Beziehungen, die wir oben genauer geschildert haben, durch Rechnung abzuleiten.

Vitale Wärmebildung.
g-Kal. pro 2 Stunden.

Zeit	1. Tag	2. Tag	3. Tag	4. Tag	5. Tag	6. Tag
2	438	150	194	147	—	—
4	311	164	63	16	—	—
6	328	156	82	41	—	—
8	248	130	63	18	—	—
10	248	142	77	44	—	—
12	200	127	63	27	—	—
		usw.			413	317
					—154	—134
In 24 Std.:	2349	1455	805	415	259	183

Wie die Tabelle zeigt, ist in allen Fällen bis zum letzten Tage wirklich eine vitale Wärmebildung vorhanden gewesen. Die Fermentwirkung hat vor allem Einfluß auf die ersten Stunden der Gärung und kommt in späterer Zeit nicht mehr in Betracht. Hier ergibt sich aus der direkten Messung auch unmittelbar die vitale Umsetzung.

Die vitalen Leistungen wurden schon am 3. Tage recht geringe, ihre Abnahme zeigt sich aber wieder nach den Summen betrachtet als eine gesetzmäßig fortschreitende. Sie fallen von Tag zu Tag auf das 0·56fache des vorhergehenden Wertes ab.

Die Beobachtung zeigt:	Die Rechnung ergibt:
2349	2349
1455	1316
805	737
415	414
259	231
183	129

Der Faktor 0·56 ist aus den Werten des 1. bis 4. Tages abgeleitet. Die Gärwirkung fällt demnach rascher als der N-Verlust und der Fermentverlust; das ist die wichtigste Folgerung, die wir aus diesem Ergebnis ziehen müssen.

Mit welchem inneren Vorgang in der Zelle aber die Abnahme zusammenhängt, ist zahlenmäßig nicht anzugeben. Jedenfalls steht sie nicht in direktem Konnex mit der Verminderung der auf Würzagar kultivierbaren Zellen, denn für den vorliegenden Fall zeigen sich folgende Verhältniszahlen:

Tageswärmesummen durch Lebenstätigkeit der Zellen in g-Kal.		Mittel der lebenden Zelle in Millionen	
Absolut	Relativ	Relativ	Absolut
2349	100	100	38700
1458	—	—	24800
805	—	—	12300
415	—	—	2300
259	—	—	187
183	7·8	0·1	80

Rechnet man die Quotienten $\frac{\text{Kal.}}{\text{Zellenzahl}}$ um des Vergleiches willen aus den absoluten Zahlen der obigen Tabelle, so findet man:

1.	Tag	0·060	g-Kal.	pro	24	Stunden
2.	,,	0·058		,,	24	,,
3.	,,	0·065	,,	,,	24	,,
4.	,,	0·180	,,	,,	24	,,
5.	,,	1·410	,,	,,	24	,,
6.	,,	2·313	,,	,,	24	,,

An den ersten drei Tagen zeigt sich eine ziemlich weitgehende Übereinstimmung, dann aber fällt die Zahl der kultivierbaren Zellen weit rascher als die Wärmebildung. Wenn die Wärme nur aus den kultivierbaren Zellen stammt, müßten diese schließlich 40 mal so leistungsfähig geworden sein, was jeder biologischen Betrachtungsweise und vernünftigen Annahme widerspricht. Die Wärme wird also auch von den nicht mehr kultivierbaren, aber noch lebenden Zellen geliefert.

Für die Erklärung des Vorganges bleiben drei Möglichkeiten:

a) Das Protoplasma aller Zellen nimmt pathologische Eigenschaften an und wird zersetzungsschwächer, oder

b) in jeder Zelle bleibt ein Teil des Protoplasmas unverändert, ein anderer Teil geht zugrunde, oder

c) einzelne Zellen verlieren vollkommen die Gärwirkung und verfallen dem Tode.

Wenn man erwägt, daß tatsächlich die Wachstumseigenschaft bei einzelnen Zellen früher abnimmt als bei anderen, so muß man dieses individuelle Moment auch für das schließliche Absterben gelten lassen, weshalb mir die Hypothese c) als die wahrscheinlichste und begründetste erscheint.

Das Entstehen gärungsunfähigen Protoplasmas führt selbstredend zu einer Vermehrung von N-haltigem Ballast in der Zelle, wodurch die oben nachgewiesene Abnahme des Quotienten für $\frac{\text{Gärung}}{\text{N-Gehalt}}$ genügend seine Erklärung findet (s. S. 142).

Die N-Ausscheidung aus den Zellen kann von der Gärwirkung, wenigstens bei länger dauernder Kultur der Hefe in reinen Zuckerlösungen nicht allein abhängig sein; es ist weiters anzunehmen, daß eine teilweise Zerstörung der abgestorbenen Substanz durch Autolyse bedingt ist.

Ein Wort verdient noch über das Verhältnis der vitalen zur fermentativen Wärmebildung gesagt zu werden.

Der Anteil, den die Enzymwirkung an der Erscheinung der Wärmebildung nimmt, steigt mit zunehmender Schwächung der Zellen; die durch Ferment erzeugte Wärme betrug in Prozenten zur gesamten von der Hefezelle gelieferten Wärmesumme:

1. Tag	10·1 Prozent	4. Tag	28·9 Prozent
2. ,,	13·7 ,,	5.	36·7
3.	20·1 ,,	6.	41·6

Das Enzym ist gar nicht einmal so vergänglich, wie man meinen sollte, es nimmt fortschreitend einen größeren Anteil an der Wärmebildung.

Die Trägheit der Hefe entsteht also aus zwei Gründen: einmal durch den fortwährenden N-Verlust, der mit den Lebensvorgängen immer verknüpft ist, und zweitens durch die allmählichen Absterbeerscheinungen. Die Hefe kann ohne Wachstum, im ausgewachsenen Zustand nur beschränkte Zeit leben; wenn es selbst aber nur einige Tage sind, so ist diese Dauer doch gar nicht so unbedeutend, wenn man bedenkt, daß diese Zellen wieder so rasch bei günstigen Nahrungsverhältnissen sich entwickeln können.

Zuerst erlischt die Fähigkeit des Wachstums auf künstlichem

Nährboden. Das müssen tiefgreifende Prozesse sein, die diesen Vorgang einleiten, vielleicht Änderungen der Kernsubstanz, die ja auch nicht nur unter der N-Entziehung leidet, sondern möglicherweise nach Art der Alterserscheinungen Veränderungen eingeht.

Es liegt anscheinend ein gewisser Widerspruch darin, daß der N-Verlust der Hefe gleichmäßig erfolgt, die Gärwirkung aber rascher abnimmt.

Die N-Ausscheidung ist aber ein Vorgang, der nicht nur das Entstehen von totem Eiweiß erfordert, sondern auch dessen Lösung, also ein Ferment, das die Endotryptase sein wird. Für diese N-Ausscheidung aber scheint es gleichgültig, ob totes, d. h. angreifbares Eiweiß, durch Schädigung bei der Gärung oder durch das Absterben der Eiweißanteile aus anderen Gründen entstanden ist.

Auf die Verschiedenheit der Spaltungsprodukte bei nicht gärender und gärender Hefe komme ich in einem späteren Abschnitt zu sprechen.

Es dürfte nicht von der Hand zu weisen sein, daß das Trägwerden der Hefe in seinem Verlaufe und in dem Grade der Geschwindigkeit auch von der Art der Hefe abhängig sein wird, doch lag es weder in meinen Wünschen, noch innerhalb der Möglichkeit der Arbeitskraft, alle diese Nebenumstände zu berühren, und dürfte es um so mehr entbehrlich sein, hierauf einzugehen, weil mir nur die Prüfung der biologischen Grundzüge am Herzen lag.

Ich habe bisher nicht nötig gehabt, zwischen den Fermenten zu scheiden, und es dahingestellt sein lassen, was Invertin- und was Zymasewirkung war; ob diese oder jene rascher abgenommen hat. Wir haben den Einfluß beider von der vitalen Tätigkeit geschieden.

Aber von Interesse muß es doch sein, darüber noch einiges zu sagen. Man konnte im allgemeinen den Eindruck gewinnen, als sei namentlich die Zymase schwächer an den späteren Tagen in der Wirkung vertreten, wenn sie sich auch sonst als recht widerstandsfähig erweist.

Die Invertierung des Rohrzuckers ist auch bei träge werdender Hefe eine sehr weitgehende und schon hieraus erklärt sich ein Teil der Fermentwirkung als dem Invertin zugehörig. In manchen Fällen hat man bei obergäriger Hefe überhaupt keine Zymasewirkung. Gründe, warum manchmal Zymase sogar einen Tag die Mazeration in Wasser überdauert, sind zurzeit nicht anzugeben.

Toluolisierte Hefen mit Rohrzucker und mit Traubenzucker zeigen nach vielen Richtungen ungleiches Verhalten.

So gibt z. B. in 20 Prozent Rohrzucker

1 g Hefe	2 g Hefe	5 g Hefe
438 g-Kal.	599 g-Kal.	543 g-Kal.

also eine von der Menge der Hefe sozusagen unabhängige Werte, während 5, 10, 25, 50 g toluolisierte Hefe mit Traubenzucker bei steigender Hefemenge zunehmende Wärmemengen liefert.

Bei wechselnder Zuckerkonzentration erhält man in Rohrzucker, wie oben schon berichtet, bei gleichen Hefemengen (+ Toluol) gesetzmäßig abnehmende Wirkungen (S. 107 u. 109).

Bei toluolisierter Hefe mit Zymase waren die Schwankungen in der Wärmebildung in Abhängigkeit von der Konzentration sehr geringfügig, ja nebensächlich.

Bei der Zymase hat man den Eindruck, daß nur kleine beschränkte Mengen von Ferment vorhanden seien, daher die der Masse der Hefe proportionalen Wirkungen; bei dem Invertin ist die Masse so überwiegend, daß wir es fast mit einer monomolekularen Reaktion zu tun haben und manche Versuchsreihen geben zwischen Beobachtung und Rechnung der Umsetzungen eine große Übereinstimmung. Ich behalte mir vor, später, nach weiterer Fortführung der Versuche, darauf zurückzukommen.

Ich habe daher Veranlassung genommen, noch einige Experimente vergleichender Natur mit derselben Hefe in Rohr- und Traubenzucker nebeneinander zu machen, um die Erscheinung des Trägwerdens zu studieren. Die Hefe wurde jeden Tag abzentrifugiert und neue Zuckerlösungen aufgegossen (Temp. 28—29°).

Das Resultat war etwas frappierend. Die Hefe nahm hinsichtlich ihres Gärvermögens in Rohrzucker schneller ab wie in Traubenzuckerlösungen. Beim Rohrzucker findet man täglich den steilen Anstieg der Kurve, der größtenteils auf die Invertierung zurückzuführen ist; aber er wird täglich weniger hoch, die Kurve sinkt bald; bei Traubenzucker findet man deutlich ein etwas langsameres Ansteigen, aber die Leistung in gleichen Zeiten ist bei Traubenzucker sicher größer.

Die Hefe zeigte von Tag zu Tag in Rohrzucker ein Abfallen auf das 0·704 fache der Wärmeentwicklung des vorigen Tages, beim Traubenzucker war dagegen der Faktor 0·812, ein Unterschied, der sich natürlich im Laufe mehrerer Tage sehr bemerkbar macht.

Es ist nicht ausgeschlossen, daß die Ursache in der Doppelfunktion der Zelle bei Rohrzuckerfütterung — Gärung und Invertierung zu suchen ist, während bei Traubenzucker letzteres wegfällt. Das Trägwerden der Hefe ist also ein wichtiger Faktor, der in nicht genügend überdachten Experimenten eine sehr erhebliche Wirkung entfalten kann. Das Trägewerden spielt schon sicher im Laufe der ersten Gärung in reinen Zuckerlösungen eine Rolle, neben Alkoholgehalt und Zuckerverarmung.

III. Teil.

Das Wachstum der Hefe in seinen allgemeinen Beziehungen zu Nahrungsmenge, Nahrungsart und Temperatur.

Erstes Kapitel.

Die Gesichtspunkte, welche beim Studium der Wachstumsfrage in Betracht kommen.

Wir haben die Hefe nicht als ein Konglomerat von Fermenten, sondern als einen Organismus zu betrachten und gesehen, daß sie innerhalb weitester Grenzen der Lebensbedingungen ihre biologische Selbständigkeit wahrt. Ohne Nahrung schnell der Autolyse unterliegend, kann sie ihre freie Existenz in N-freien, aber gärfähigen Medien nur über eine enge Spanne Zeit hin ausdehnen, sie geht dann allmählich zugrunde, Leben ohne Stickstoff ist nur eine Episode im sonstigen Kreislauf ihrer Existenz.

Zwei Möglichkeiten bieten sich dar zur Rettung von dem Untergang, eine N-Ernährung kann entweder zum Wachstum oder wenigstens zur Erhaltung der Zelle beitragen. Meine Aufgabe, die Hefezelle in ihrer Lebensgeschichte weiter zu verfolgen, gliedert sich naturgemäß nach diesen beiden Gesichtspunkten.

Das Problem des Wachstums näher kennen zu lernen, bietet gerade hier bei dem einzelligen Wesen besonderes Interesse, weil es Gewohnheit geworden ist, bei diesen Mikroben im Wachstum das Ein und Alles des Zellebens überhaupt zu sehen. Als Prinzip der ewigen Erneuerung scheint vielen bei den Mikroorganismen das Wachstum in das Ungemessene gesteigert, als ein Vorgang, der alle übrigen Funktionen des Stoffwechsels verschleiert. Im neu entstandenen Leben liegt der Inbegriff größter biologischer Leistungsfähigkeit, das wechselvolle Bild morphologisch bemerkenswerter Erscheinungen dünkt uns die vegetative Seite des Lebens in höchster Blüte zu zeigen. Das Wachstum ist für die Mikroben in der Tat eine viel bedeutungsvollere Erscheinung, als im Leben der höheren Organismen, wo es nur einmal in der individuellen Existenz auf einen kurzen Zeitraum zusammengedrängt erscheint.

Ich habe seit einer Reihe von Jahren mich bemüht, von diesen mehr allgemeinen Betrachtungen in der Wachstumsfrage auf einen realen, experimentellen Boden zu gelangen, ich habe mich bemüht zu zeigen, daß man mit den morphologischen Prozessen nicht die energetischen Vorgänge zusammenwerfen darf, daß zwischen beiden praktisch eine scharfe Scheidewand besteht. Die Vorgänge des Wachstums und der Teilung, des Schaffens neuen Lebensstoffes werden anders und höher bewertet, als die großartigsten energetischen Umsetzungen eines ausgewachsenen Organismus, die wir freilich nicht direkt „sehen" können. Das sichtbare Bild ist aber kein Maßstab der chemischen oder energetischen Arbeit, die im lebenden Substrat verrichtet wird.

Von der „Wachstumsarbeit" ist auch heute da und dort die Rede, obschon meine Untersuchungen dargetan haben, daß von diesem spezifischen „Wachstumsenergieverbrauch" nichts weiter, beim Säuger wenigstens, verblieben ist, als jene geringe spezifisch-dynamische Wirkung, die unter Umständen die etwas erhöhte Nahrungszufuhr eines Wachsenden an sich und ohne Wachstum schon zur Folge hat. Das Wachstum selbst hat aber dadurch, daß ich eine reinliche Scheidung zwischen ihm und den energetischen Abbauprozessen vollzogen habe, nichts an Bedeutung und Interesse für den Biologen eingebüßt. Wohl hat die energetische Auffassung der Umsetzungen zur Erhaltung des labilen Gleichgewichts im Körper die fundamentalste Bedeutung für Theorie und Praxis, aber nicht jeder biologische Vorgang im Leben läßt sich energetisch bewerten.

Bei den Mikroben sind wir in der tatsächlichen Erkenntnis der Wachstumsverhältnisse am Anfang unseres Wissens, und wenn auch aus vielen Gründen die Lebensfunktionen der höheren Organismen ihre stammesgeschichtlichen Vorläufer in den Einzelligen haben werden, so bedarf es doch eines eingehenden Studiums, um einen festen und sicheren Untergrund zu erhalten.

Wenn man aber an die Aufklärung im Lebensprozeß der Einzelligen denselben Maßstab von Genauigkeit und Zuverlässigkeit legen will, wie wir ihn für die Stoffwechselverhältnisse der höheren Organismen zu fordern berechtigt und zu bieten in der Lage sind, dann wird sich ergeben, daß hier bei den Mikroben, wenigstens jetzt, wo es heißt, erst den Weg zu finden, außerordentlich bedeutende Schwierigkeiten zu überwinden sind. Dies gilt vor allem dann, wenn man eine lückenlose Beweiskette zu schaffen unternimmt.

Wenn wir vom Standpunkt der Ernährungslehre uns mit den Wachstumsfragen beschäftigen wollen, so scheint in erster Linie die stoffliche Seite der Frage zu stehen: „Was ist zum Wachstum nötig?“ Eine Diskussion hierüber wird nicht zu entbehren sein. Aber ich will nicht mit der Nahrungsmittelfrage der Hefezelle beginnen, oder mich doch zunächst nur auf wenige Bemerkungen beschränken und mich auf den praktischen Boden stellen, daß eben Hefe besonders gut in Bierwürze wächst.

Nehmen wir die Nahrung als gegeben an, so kommen zunächst drei Probleme als bedeutungsvoll in Betracht:

1. Die Feststellung der Beziehungen der Wachstumsgröße zum Nahrungsvorrat an N-haltigen Nährstoffen, also die Beziehungen zum Wechsel der Konzentration und die Abhängigkeit des Wachstums von letzterer und als weitere Variable die Zeitdauer dieser Wachstumsprozesse, die Geschwindigkeit und Lebhaftigkeit derartiger Veränderungen.

2. Die nächstliegende weitere Aufgabe wird die Feststellung des Gärungsvermögens während der Wachstumsperiode betreffen und die Beziehungen der beiden Größen untereinander.

3. Logischerweise würde man hieran die Betrachtung der Nährstoffverhältnisse, d. h. der Mischung von Eiweiß- und Kohlehydraten anknüpfen können.

Damit wären im großen und ganzen die Hauptgrundsätze der Ernährungsphysiologie insoweit Masseproduktion und energetische Äußerungen zu berücksichtigen sind, erledigt, wie dies für die höheren Organismen bereits geschehen ist, soweit diese eine Parallele mit den Mikroorganismen erlauben.

Es gibt außerdem aber noch viele Probleme in der „Vorgeschichte“ des Wachstums, wie die Vorbedingungen und Auslösungen desselben, die bisher gar nicht zur Diskussion gestellt werden konnten. Auf diese Momente werde ich später zu Ende dieses Buches in einem besonderen Abschnitt näher eingehen.

Das Wachstum ist ein periodischer Vorgang, auch bei der Hefe habe ich in dem vorherigen Abschnitt das wachstumsfreie Leben nachgewiesen und allerdings die Vergänglichkeit dieses Zustandes dargetan, die quantitativen Zeitunterschiede, wie sie zwischen Wachstumszeit und Gleichgewichtsperiode bei Warmblütern und den Hefezellen gegeben sind, scheinen allerdings enorm, allein die beiden Typen einer Lebensperiode bestehen eben doch, wenn schon bei der Hefe nur erzwungen und unter den besonderen Bedingungen des Mangels an Wachstumsstoffen, während die Wachstumsfähigkeit offenbar erhalten sein kann.

Der Wachstumsprozeß wird in seinen Beziehungen zu seinem Nährmaterial bei dem heutigen Stand des Wissens zumeist vom Standpunkt der einfachen Stoffwechselbildung als ein „Überschuß", der an die lebende Substanz übergeht, aufgefaßt.

Die Prozesse, welche mit dem Wachstum enden, sind sicherlich auch bei den Einzelligen, wo die vorbereitende Tätigkeit, wie sie im Verdauungs- und Resorptionsapparat komplizierter Organismen gegeben ist, fehlt, keineswegs so einfacher Natur. Das Wachstum beruht auf einer Anlagerung von „Leibesstoffen" an das in Vermehrung begriffene Zellmaterial. Ich betrachte das Wachstum als eine Reizerscheinung, ausgeübt vom Nährmaterial, dem aber anderseits bestimmte Eigenschaften der wachsenden Substanz eine bestimmte Grenze der Ausdehnung verleiht. Die Wachstumseigenschaft äußert sich in der Lebhaftigkeit der Anziehung überhaupt. Das wachsende Organ kann, wie Miescher beim laichenden Lachs gezeigt hat, das Nahrungsmaterial zuungunsten anderer Organgebiete anziehen, das Wachstum kann, wie Heubner und ich beim Säugling nachgewiesen haben, zeitweilig bestehen, wenn Nahrungsmangel an N-freiem Material vorhanden ist. Das Wachstum findet in jeder Zelle seine Begrenzung durch einen regulatorischen Vorgang, der die Größe der Zelle bestimmt, und weiter eine Hemmung bei den Mehrzelligen durch das Massenwachstum überhaupt. Der Intensitätsfaktor tritt für alle Wachstumserscheinungen besonders wechselnd in die Erscheinung.

Über die inneren Vorgänge, die zu dieser Anziehung für N-haltiges Material führen, wissen wir nichts Näheres, wir müssen uns auch bei den Einzelligen mit ihnen als etwas Gegebenem abfinden, wie schließlich mit den funktionellen Vorgängen im Muskel, in der Drüse usw. bei den höheren Organismen.

Wachstum kann aber auch bei den Einzelligen durch Degeneration zeitweilig fehlen, das hat der vorige Abschnitt meiner Untersuchungen gezeigt, ohne die sonstigen Ernährungsprozesse zu stören oder aufzuheben; oder es wartet wie andere Funktionen, auf den Reiz, der es zur Tätigkeit bestimmt. Die Hefen sind Zellen, die dem Urzustand des Lebens noch nahe stehen, zu deren Existenzmöglichkeit überhaupt die Wahrnehmung günstigerer Nahrungsmöglichkeiten ganz unentbehrlich ist. Wenn aber in der Literatur über Bakterien und Hefe usw. solche Wachstumsbereitschaft bei Gegenwart von Wasser, Wärme und Nahrungsstoff für alle Individuen und unbegrenzt angenommen wird, so greifen wir damit allerdings vielleicht über das, was bewiesen werden kann, hinaus.

Auch in anderer Richtung dürfen wir nicht alle Wachstumsprozesse höherer Organismen mit allen speziellen Eigentümlichkeiten auf die Mikroben übertragen. Eine einseitige Wachstumsernährung ohne Gärungsnährstoff ist bei der Hefe ein Vorgang, der höchstens bei großem Glykogenvorrat eine kurze Weile unterhalten wird; aber bei dem mächtigen Dissimilationsprozeß kommt es selbst bei solchen Mikroben, welche „Fleischfresser" sind (etwa Proteusarten) und Eiweißstoffe vergären können, niemals zu einem echten protrahierten Inanitionsprozeß, dazu reicht das Körpermaß der Mikroben längst nicht aus.

Wenn wir von den ältesten Formen des Kraft- und Stoffwechsels absehen, wie sie bei einigen von Winogradski gefundenen nitrifizierenden Bakterien vorliegt, bei denen aus einfacher Oxydation des Ammoniaks die Kraftquelle zu einem vollkommen synthetischen Aufbau der Leibesstoffe fließen soll, sind die Vorgänge, aus denen der Wachstumsaufbau der eiweißartigen Bestandteile erfolgt, relativ einfacher Art. Ein Aufbau von Eiweiß aus kleineren „Teilstücken" kommt häufig vor, bei der Hefe wird, wenn die Verhältnisse dazu günstig liegen, auch Ammoniak zur Eiweißsynthese verwendet. Aber manche ähnlichen Angaben der Literatur bedürfen einer sorgfältigen Nachprüfung besonders da, wo sich, wie zumeist, die Autoren in der Beurteilung des Nährwertes nicht auf direkte chemische Analysen der Ernte gestützt haben. Zweifellos ist also vielfach eine vorbereitende Tätigkeit der Zellen für den Aufbau von Eiweißstoffen nötig, die unter dem zuströmenden Material organischer Nährstoffe auswählen, sichten und ordnen, um dann die Anfügung des Nährmaterials an die lebende Substanz zu ermöglichen.

Viele Beobachtungen weisen gerade unter natürlichen Verhältnissen darauf hin, daß in den „guten" Nährböden bereits eine sehr weitgehende Annäherung an die Bedürfnisse der Zelle hinsichtlich der Zusammensetzung des Wachstumsnährmaterials vorliegt.

Auch dort, wo eine vorbereitende Umwandlung notwendig ist, um den eigentlichen Wachstumsnährstoff zu bilden, kann von einem meßbaren Aufwand an energetischer Arbeit nicht die Rede sein. Dafür haben wir heutzutage die ausreichenden Beweise in Händen. Bei der großen Wichtigkeit, den diese Frage für unsere allgemeinere Vorstellung über den Wachstumsprozeß und Zellaufbau hat, will ich hier nochmals eingehend auf einige entscheidende Tatsachen hinweisen. Es scheint mir auch gerade mit Rücksicht auf das Hefewachstum selbst eine solche Diskussion unentbehrlich, weil in jüngster Zeit auf diese Theorie der Energieaufspeicherung beim Wachstum wieder zurückgegriffen war.

F. Ehrlich[1] hat die Hypothese aufstellt, „daß der Zerfall des Zuckers in Alkohol und Kohlensäure durch Hefe die für die Zerlegung der Aminosäuren und für den Eiweißaufbau aus dem abgespaltenen Ammoniak nötige Energie liefert und ferner, daß ein Teil des Zuckers selbst das Kohlenstoff- und Wasserstoffmaterial bildet, das die Hefe außer zu Glykogen zusammen mit dem aus Aminosäuren abgespaltenen Ammoniak zu ihrem arteigenen Körperprotein aufbaut," und weiter, „daß eine relativ so große Menge Zucker vergoren werden muß, um eine bestimmte Menge Aminostickstoff in Hefeeiweiß umzusetzen, ist leicht erklärlich, da die bei der Vergärung des Zuckers zu Alkohol und Kohlendioxyd gegenüber der totalen Verbrennung freiwerdende Energie relativ so gering ist, daß die Hefe nur durch Spaltung sehr beträchtlicher Quantitäten von Kohlehydraten die unbedingt nötige Energie für die mannigfachen kraftverzehrenden Prozesse der Eiweißsynthese aus Ammoniak und den Bruchstücken des Zuckers gewinnen kann." Fr. Ehrlich stellt die ganze Gärung in den Dienst dieser Eiweißbildung.

Diese eben vorgetragenen Anschauungen sind unhaltbar und sachlich widerlegt; wir können die lebende Hefe durch Digestion mit Wasser absterben lassen, worauf die Zerlegung des Zelleiweißes beginnt. Es ist das also Umkehrung des Aufbauprozesses. Es ist durch die Untersuchungen Schützenbergers, Kossels und vor allem jenen von Kutscher aus neuer Zeit bekannt, daß die autolytische Auflösung der Hefe mit der tryptischen Verdauung, die wir auch sonst kennen, nahezu völlig identisch ist.

Von der peptischen wie tryptischen Verdauung hat E. Grafe durch Versuche, die in meinem Laboratorium angestellt worden sind, bewiesen, daß sich mit den empfindlichsten Methoden, die wir heute kennen, weder eine positive noch eine negative Wärmetönung nachweisen läßt.[2]

Für die autolytische Umwandlung der Hefe selbst habe ich dargetan, daß durch die Eiweißspaltung sicherlich eine kaum meßbare Wärme auftritt.[3]

Ebenso habe ich fernerhin bewiesen (siehe oben S. 127), daß beim Wiederaufbau von Eiweiß aus autolytischem Spaltmaterial bei der Hefe ein Energieverbrauch nicht nachweisbar ist.[4]

---

[1] F. Ehrlich, *Landwirtschaftl. Jahrbücher.* 1909. S. 317.
[2] *Archiv für Hygiene.* Bd. LXII. 1907. S. 216.
[3] *Ebenda.* 1904. Bd. XLIX. S. 417.
[4] S. auch Rubner, *Kraft und Stoff.* 1909. S. 102.

In den S. 45 aufgeführten zahlreichen Versuchen ist bewiesen, daß die Gärwärme bezogen auf den verbrauchten Zucker dieselbe ist wenn die Hefe wächst oder wenn sie nur gärt. Würde deren Wachstum nebenbei ein endothermer Prozeß ablaufen, so würde natürlich sich während des Wachstums weniger freie Wärme nachweisen lassen.

Es ist also absolut feststehend, daß das Wachstum bei der Hefe mit endothermen Vorgängen im Sinne von Fr. Ehrlich nichts zu tun hat.

Der gleiche Gedanke ist vor vielen Jahrzehnten bereits in der Physiologie viel besprochen worden. Man hat für dessen „Belebungsakt" einen endothermischen Vorgang angenommen, es war namentlich E. Pflüger, der diese Hypothese aufgestellt hatte. Ich habe schon im Jahre 1880[1] diese Anschauung bestritten, und weiterhin an der isodynamen Vertretung zwischen Körperfett und Körpereiweiß und durch direkte biokalorimetrische Bestimmung des Wärmewertes verbrennender Organe im Hungerzustand als erster den Weg gezeigt und den Beweis erbracht, daß meßbare Unterschiede zwischen Leibessubstanz und totem Eiweiß nicht aufzufinden sind.[2] Ich muß Protest dagegen einlegen, wenn in den letzten Jahren von gewisser Seite diese von mir zuerst begründeten Anschauungen anderen Autoren gut geschrieben werden. Andererseits möchte ich mich aber auch gegen die biologisch völlig unhaltbare Behauptung verwahren, welche neuerdings da und dort auftaucht, als sei kein Unterschied zwischen dem Nahrungseiweiß und den Bestandteilen der lebenden Substanz und ersteres ebensogut lebend zu nennen wie letztere. Das ist eine so weitgehende Verkennung der Tatsachen, daß man sich wundern muß, wie derartige Behauptungen überhaupt diskutiert werden können.

Ich trenne zwischen der Arteignung des N-Materials, d. i. der Belebung und den vorbereitenden Umwandlungen des „Rohmateriales". Ich halte diese Abgrenzung, auch ohne den späteren Ergebnissen vorgreifen zu wollen, für nötig.

Im höheren Organismus ist ein Teil, vielleicht ein großer Teil der synthetisierenden Vorgänge für Eiweiß nicht allen Zellen gemeinsam, sondern wahrscheinlich an bestimmte Örtlichkeiten gebunden.

Inwieweit sich solche intermediäre Produkte des Wachstumsprozesses aufhäufen können und als Reservestoffe in der Zelle fungieren, hierüber werden wir gerade bei der Hefe in der günstigen Lage sein, später Näheres anzugeben.

Wir besitzen bis jetzt keine Mittel, zwischen den Bedingungen des

---
[1] *Zeitschrift für Biologie.* Bd. XXI. S. 345.

[2] *Ebenda.* Bd. XXX. S. 141.

Kernwachstums und des Protoplasmawachstums zu unterscheiden, da beide nicht einseitig angeregt werden können und die Zelle selbst anscheinend aus gleichartigem Material für die beiden Hauptkomponenten ihres Zelleibes zu sorgen versteht; doch werden spätere Mitteilungen einiges Licht auf die Beteiligung beider am Wachstumsprozesse werfen.

Bei der Hefe kommt, wie bei Mehrzelligen, auch in Betracht, daß ein Verlust von N-Material aus den Zellen eintritt, in dem Abschnitt über die Trägheit der Hefe findet man zahlreiche Beispiele über den Umfang solcher Eiweißverluste. Nach den von mir (a. a. O.) gegebenen Auseinandersetzungen hat man die Auffütterung solcher Zellen von dem Wachstum zu trennen[1]. Der Ansatz von N nach vorherigem Verlust wird getrennt vom echten Wachstum behandelt werden.

Zweites Kapitel.

Zeitlicher Verlauf und Bedingungen des Hefewachstums.

Nach einer in der Literatur immer wieder vorgetragenen Auffassung ist der Wachstumsprozeß ein ungeheuer einfacher Vorgang. Die zur Aussaat gelangten Mikroben schreiten mit einer für jede Spezies besonderen Teilungsgeschwindigkeit, die man Generationsdauer nennt, zur Massenbildung. Danach könnte es scheinen, als wäre das Ergebnis eines Experimentes schon von vornherein durch Rechnung festzustellen. Jedes Wachstum auf einem Nährboden hat schließlich seine Grenzen, da der Nährstoffvorrat N-haltiger wie N-freier erschöpft werden muß. Diese Rückwirkung der Nahrungsverminderung, ebenso wie die Anhäufung von Stoffwechselprodukten, werden als die Regulationsfaktoren für das sonst als schrankenlos gedachte Wachstum angesehen.

Unter den Mikroben sind namentlich die Bakterien mehrfach, wenn auch nicht gerade oft, durch eine systematische Untersuchung auf ihre Vermehrung hin geprüft worden, wobei sich nichts weniger als eine Bestätigung des eben entwickelten einfachen Wachstumsschemas ergeben hat. Da man ja a priori an eine Übertragung der Methoden des Wachstumsstudiums an Bakterien auf die Hefe denken wird, so muß ich dieses Gebiet erst etwas eingehender kritisch betrachten.

Den Bakteriologen liegen die mikroskopisch anwendbaren Methoden

[1] *Das Problem der Lebensdauer.* 1908. S. 117; *Zeitschrift für Physiologie.* 1911. S. 67.

für das Studium des Wachstums zwar am nächsten, die wichtigste Methode ist aber doch die Anwendung der festen Kochschen Nährböden und die Auszählung der Kolonien geworden. Länger als ein Jahrzehnt ist dies Verfahren im Gebrauch geblieben, als sich die einfache Auszählung der Keime in Zählkammern als neue Methode auf Anregung von Alex. Klein[1] entwickelte.

Eine dritte Methodik umging die Erntebestimmungen irgendwelcher Art ganz und stützte sich auf die Vorstellung, daß große und kleine Ernten abhängig seien von der Generationsdauer. Den ersten Anstoß zu solchen Untersuchungen gab Nägeli. Er hat zuerst auf einem sehr einfachen Wege an säurebildenden Bakterien die Vermehrungsgeschwindigkeit zu bestimmen gesucht, indem er zwei gerade um das Doppelte verschiedene Bakterienaussaaten machte und den Zeitpunkt des Eintritts eines bestimmten Säuregrades feststellte.[2]

Ein sehr brauchbares Verfahren ist die kulturelle oder anderweitige Auszählung der Zellen; die Gesamtzahl der Zellen, welche nach der n-ten Teilung vorhanden sind, ergibt sich, wenn e die Summe, a die Aussaat bedeutet, zu

$$e = 2^n a; \qquad e = n \log 2\, a.$$

Kennt man für zwei Zeitperioden die Menge der Ernte, so wäre die Vermehrungsgeschwindigkeit

$$n = \log 2 \frac{a}{e}$$

oder es kann auch gleich die Zeit in die Formel mit aufgenommen werden, so daß dann diese lautet für die Generationsdauer selbst (x)

$$x = \frac{t \cdot \log 2}{\log n - \log e}$$

Die Bestimmung der Generationsdauer ist namentlich im Anschluß an diese Betrachtungen Nägelis von Buchner, Longaard und Riedlin[3] zum Studium der verschiedenen Wachstumsgeschwindigkeit der Bakterien vorgeschlagen und angewendet worden, hat aber

---

[1] *Zentralblatt für Bakteriologie und Pathologie.* 1. Abt. 1900. Bd. XXVII. S. 834.

[2] S. A. Mayer, *Gärungschemie.* S. 80.

[3] *Zentralblatt für Bakteriologie und Paras.* Bd. II. S. 1.

unter den Bakteriologen wenig Anklang gefunden, da die Ergebnisse sehr schwankend schienen.[1] Erst Hebewerth[2] hat dann durch eine gründliche Durcharbeitung der Methodik in Forsters Laboratorium auf die bei Bakterienkulturen in Betracht zu ziehenden Umstände hingewiesen, vor allem dabei gezeigt, daß man nicht beliebige Zeiten einer Wachstumsperiode herausgreifen und zur Berechnung der Generationsdauer benützen kann, insofern namentlich zu Beginn wie im späteren Verlauf eines Wachstumsverlaufs die allergrößten Unterschiede der Generationsdauer vorkommen können und müssen. Damit entfällt aber für diese Methode der Hauptvorteil, den man ihr nachgesagt hatte, der einer schnellen Orientierung, denn ohne gleichzeitige Auszählung der Keimzahl langer Versuchsreihen kann sie nicht mehr Verwendung finden, und ebensowenig erscheint es möglich, aus der direkten Beobachtung des Teilungsvorganges einer Zelle im hängenden Tropfen eine Generationsdauerbestimmung auszuführen.

Vor einigen Jahren sind namentlich durch Schüler J. Forsters methodische Untersuchungen des Wachstums von Bakterien mit Rücksicht auf praktische Fragen neu aufgenommen worden, aus denen sich eine Reihe wichtiger Tatsachen auch für die Theorie des Wachstums ableiten lassen. Zur Anwendung kamen dabei die drei Haupttypen der Wachstumsmethodik, Zählung der Keime überhaupt (Klein), Zählung der lebenden Keime (R. Koch) und Bestimmung der Generationsdauer (Nägeli-Buchner). Das Wachstum als einen rein rechnerisch zu behandelnden Prozeß der restlos im Tempo einer gleichmäßigen Generationsdauer verlaufenden Prozesse, in welchen jede Zelle berufen ist, immer Neues zu verschaffen, ist durch die eingehenden Untersuchungen F. H. Hebewerths einwandfrei als unhaltbar zurückgewiesen worden.[3]

Bestimmt man im Verlauf eines Wachstums bei Bakterien die Zahl der Zellen (lebende und tote) nach Klein und die Keimzahl nach R. Koch, so decken sich die Ergebnisse absolut nicht. Was wir nach der Zunahme an Masse kurzweg Wachstumsprozeß nennen, ist ein von fortgesetzten Teilungen aller Zellen grundverschiedener Prozeß. In Bakterienkulturen findet man mit fortschreitendem Wachstum stets zunehmend, mit der Dauer des Wachstums relativ immer mehr „nicht kultivierbare“ Zellen, man nennt sie abgestorben, was mir aber eine

---

[1] **Müller**, *Zeitschrift für Hygiene und Infektionskrankheiten.* Bd. XX. S. 245.
[2] *Archiv für Hygiene.* 1901. Bd. XXXIX. S. 321.
[3] *Ebenda.* Bd. XXXIX. S. 367.

Streitfrage zu sein scheint, auf die ich im nächsten Abschnitt eingehender zurückkommen werde. Dieses sogenannte Absterben schreitet nach Vollendung des Wachstums meist rasch weiter.[1]

In vielen Fällen erinnert das Bakterienwachstum gar nicht an eine progressive fortschreitende Entwicklung, sondern an einen mehr oder minder häufig unterbrochenen oder wechselnd beschleunigten, wechselnd verlangsamten Lebensprozeß und ähnlich wenigstens verhält es sich oft auf solchen Nährböden, die man einfache nennt. Ungemein häufig findet man bei Auszählung der Zellen (Klein) oder auch bei Kultur der letzteren (Koch) einen zeitweiligen Stillstand, der tagelang währen kann, und dann ein weiteres Anschwellen der Keimzahl, oder wie Beispiele bei Hebewerth zeigen, eine zeitweilige unbedeutende Vermehrung der Zellenmasse, neben einer fortschreitenden Abnahme der kultivierbaren Zellen.

Man ist beim Studium dieser Wachstumsverhältnisse in Laboratoriumskulturen zu derselben Auffassung gekommen, wie ich sie schon 1890[2] für das natürliche Leben der Bakterien im Brunnenwasser geschildert hatte; fortdauerndes Absetzen und Ablagern von älteren Keimen unter weiterer Neubildung frischen Materiales.

Es sind all dieses Vorgänge, die sich aus dem so oft zitierten Satze, diese Mikroben hätten gewissermaßen eine Unsterblichkeit, indem sie unbegrenzt der Teilung fähig seien, sich kaum erklären lassen.

Dieses Spiel anschwellender und abfallender Keimzahlen (kultivierbare Zellen) kann man in der nämlichen Versuchsreihe sich öfter wiederholen sehen; hier fehlt also jeglicher Maßstab für die Beendigung des Wachstumsprozesses.[3]

Die Summation der Zellenzahl (Klein) zeigt, graphisch dargestellt, eine meist nicht regelmäßig ansteigende Linie, die Keimzahl nach Koch mitunter mehrfache Wellenberge und Täler.

Dies Bild will also nicht im entferntesten mit den so vielfach entwickelten Anschauungen übereingehen. Nur dann, wenn man sehr frühe Stadien der Entwicklung von Bakterien beobachtet, herrscht, wie Max

[1] Gottschlich und Weigang, *Zeitschrift für Hygiene und Infektionskrankheiten.* Bd. XX. S. 376. — Hebewerth, *Archiv für Hygiene.* 1901. Bd. XXXIX. S. 367.

[2] *Archiv für Hygiene.* Bd. XI. S. 377.

[3] Berghaus, *Ebenda.* 1908. Bd. LXIV. S. 14.

Müller gezeigt hat, eine Reihe von Generationen hindurch ein Wachstum mit gleichmäßiger Generationsdauer.[1]

Der Grund für diese Unterbrechung der regelmäßigen Generationsdauer, der Stillstand, das Wiederaufleben des Wachstums liegt darin, daß das, was man einfache Nährlösungen nennt, tatsächlich sehr komplizierte Gemische sind, und daß der Begriff einer Metabiose nicht nur im gebräuchlichen Sinne für nacheinander auf einer Nährlösung sich folgende Spezies angewandt werden kann, sondern gewissermaßen im Laufe der Speziesentwicklung auf einem und demselben Nährboden realisiert ist, wie Nawiasky in meinem Laboratorium nachgewiesen hat.[2] Bact. Finkler-Prior verwendet zuerst Albumosen und Pepton, dann späterhin andere N-haltige Körper einer Peptonbouillonlösung. Bact. mesentericum verwendet zuerst Albumosen, dann Pepton und später auch Kreatin und Aminosäuren. Manchmal kann erst, nachdem eine große Menge von Bakterien gewachsen ist, durch Fermentbildung eine weitere Vorbereitung des Nährbodens zum Wachstum geschaffen werden, wie bei Proteus vulgaris[3], welcher allmählich Albumosen in Pepton verwandelt. Das Leben ist hier gewissermaßen ein Kampf mit dem Nährboden, dem erst allmählich das brauchbare Material abgerungen werden muß.

Aus den angeführten Beispielen folgt, daß der Wachstumsablauf bei Bakterien vielfach gar kein einheitlicher ist, sondern sich aus einzelnen Wachstumsperioden zusammensetzt, in denen dann wieder ein neues Ausschwärmen von Keimen und ein erneuter Zuwachs der wägbaren Ernte eintritt.

Der Verlauf des Wachstums wird noch außerdem durch die beiden Faktoren Nahrungsminderung und Rückwirkung von Stoffwechselprodukten auf Wachstum und Gärleistung in variabler Weise modifiziert.

Noch einen anderen Faktor möchte ich erwähnen. Wir haben oben schon erwähnt, daß bei dem Aufbau des N-Materials Synthesen erfolgen, und zwar bildet es die Regel, daß diesen Synthesen eine streng selektive Auswahl von Stoffen zugrunde liegt, und daß anderes, oft die Hauptmasse des N-haltigen Materials eines Nährbodens, unberührt liegen bleibt. Man muß, glaube ich, mit der Möglichkeit rechnen, daß solche „Bausteinreste" selbst zum Hindernis des Wachstums werden

---

[1] *Archiv für Hygiene.* 1903. Bd. XLVII. S. 149.

[2] *Ebenda.* 1908. Bd. LXIV. S. 33.

[3] Nawiasky, l. c. S. 55.

können. Ich glaube, daß solche Vorgänge wohl im Bakterienstoffwechsel mitunter einen Einfluß üben können, hier bei der Hefe, welche im allgemeinen bei raschem Wachstum nur bereits weit vorgebildete N-Nahrung beansprucht, vielleicht aber nicht berücksichtigt zu werden verdienen.

Die Schwierigkeit für die Ausführung von Wachstumsversuchen schließt nicht deren Unmöglichkeit in sich; ich werde später auf meine eigenen Beobachtungen auf diesem Gebiete zurückkommen. Für die Hefe liegen die Verhältnisse der Wachstumsexperimente einfacher wie für Bakterien und für größere Organismen überhaupt; die Wachstumsernten sind leicht reichlich zu gewinnen, ihr Stoffwechsel ist uns bekannt, und namentlich bietet sich uns die Möglichkeit, jede Störung in der Gärtätigkeit durch ungenügende Ernährung, die wir bei Bakterien oft nicht einmal dem Chemismus nach kennen, durch geeignete Zuckerzufuhr ganz auszuschließen. Aber es gilt doch manche bei dem Bakterienstoffwechsel eben erörterte Erfahrung auch hier.

Die mikroskopische und bakteriologische Methode kann nicht zur Grundlage des Studiums gemacht werden.

Wie man bei den Bakterien bei Aussaat von Zellen keineswegs sofort die Entwicklung der letzteren beginnen sieht, so verhält es sich unter Umständen bei der Hefe.

Prof. Ficker hat eine Reihe von Versuchen mit der Zählkammer angestellt, um auf diese Weise den Anwuchs bei größtem Nahrungsüberschuß zu verfolgen. Um die Methode der Zählung zu erleichtern, war eine Heferasse genommen worden, welche leicht durch Schütteln gleichmäßig zu verteilen war; übrigens machen kleine Zählungsfehler, auch die bei der Aussaat, wenig Änderung im Gesamtresultat. Das Ergebnis war insbesondere mit Rücksicht auf das Verhalten der kleinsten Aussaat bemerkenswert. Die kleinste Aussaat von 24 Hefezellen zeigte 72 Stunden überhaupt keine Vermehrung, erst später begann diese und betrug endlich mehr als das 125000fache der Aussaat.

Keimzahlen (nach direkter Zählung).

Aussaat in 1 ccm	1. Tag Ernte	3. Tag Ernte	6. Tag Ernte
17000	2180000	22800000	24200000
5400	290000	5800000	6100000
24	0	—	3000000

Diese Tatsache hat sich auch in anderen Experimenten wieder bestätigen lassen, ob das Wachstum sofort oder erst nach einiger Zeit beginnt, war bei diesem Peptonnährboden ganz von der Menge der Aussaat abhängig.

Verschiedene Reihen mit verschiedener Aussaat geben also unter Umständen bis zur Vollendung des Wachstums sehr verschiedene Zeiten und, in einzelnen Perioden betrachtet, einen unregelmäßigen Wachstumsverlauf.

Was bedeutet das Ausbleiben des Wachstums bei kleinen Aussaaten?

Bei Bakterien findet sich in der Regel in der ersten Zeit ein Ausbleiben des Wachstums oder wenigstens ein sehr verlangsamtes Wachstum, das sich auf viele Stunden erstrecken kann. Genauere Messungen hierüber findet man in einer Arbeit von Max Müller.[1]

Es ist auch schon lange bekannt, daß beim Überimpfen namentlich aus älteren Bakterienkulturen auf einen frischen Nährboden eine Zeitlang nicht nur keine Vermehrung, sondern sogar eine mitunter starke Abnahme der Keimzahl eintritt, worüber von M. Müller[2], Hehewerth[3], M. Müller[4] nähere Angaben gemacht worden sind. Man will diese Störung als eine durch osmotische Vorgänge bedingte Plasmolyse ansehen.[5] Er scheint mir für die Hefeversuche die Annahme einer schädlichen Substanz in der Nährlösung nicht von der Hand zu weisen. Ihre Wirkung war offenbar eine sehr nachhaltige, denn die Aussaat von 5400 Zellen blieb 3—6 Tage auf derselben Zellenzahl, obschon sie nach den Verhältnissen der größeren Aussaat sehr wohl eine ebenso große Endernte, wie diese hätte erreichen können und müssen.

Ähnliche Beobachtungen sind unter anderen Verhältnissen auch von anderen Autoren gemacht worden, so von F. Hayduk. Letzterer meint, daß Albumosen giftige, die Gärwirkung schädigende Einflüsse ausüben können und bei weiterem Abbau entgiftet werden.[6] Dies kann auch für die obigen Versuche zutreffen, da Peptone des Handels fast ausnahmslos viel Albumosen einschließen. Man hätte also anzunehmen, daß das Wachstum so lange gehemmt bleibe, bis die eiweißverdauenden Fermente die Albumosen weiter abgebaut haben.

---

[1] *Archiv für Biologie.* 1903. Bd. XLVII. S. 149—154.

[2] *Zeitschrift für Hygiene und Infektionskrankheiten.* Bd. XX. S. 245.

[3] *Archiv für Hygiene.* Bd. XXXIX. S. 321.

[4] *Ebenda.* Bd. XLVII. S. 159.

[5] A. Fischer, *Zeitschrift für Hygiene und Infektionskrankheiten.* Bd. XXXV. S. 1.

[6] *Wochenschrift für Brauerei.* Bd. XXVII. S. 149.

Es ist zwar zu erwarten, daß andere Nährböden sich günstiger verhalten werden, doch habe ich aus den Experimenten die allgemeine Regel gezogen, nicht von allzu kleinen Aussaaten auszugehen, mindestens von solchen, welche auch einer elementaranalytischen Bestimmung des N zugänglich sind.

Auf die mikroskopische Zählung und das Kulturverfahren werde ich nur in besonderen Fragen zurückgreifen, die erstere fällt noch am ehesten mit dem Begriff Gesamternte zusammen, vorausgesetzt, daß die Zusammensetzung der Zellen wirklich in allen Stadien eines Versuchs als gleich angesehen werden kann, was kaum generell zutrifft; zur exakten Erntebestimmung ist sie zu wenig einwandsfrei.

Über die Bedeutung verschiedener Nährflüssigkeiten für den Wachstumsverlauf können eine Reihe von Versuchen, in denen ich die wesentlichsten Hefenährböden, die späterhin noch für bestimmte Aufgaben Verwendung finden sollen, untersucht habe, eine Vorstellung geben.

In den nachfolgenden Versuchen wurde N-Aussaat und N-Ernte bestimmt, jedoch von kleinen Aussaaten[1] im allgemeinen ausgegangen. Derartige Analysen kleiner N-Mengen lassen sich nach der von mir angegebenen mikrometrischen N-Methode leicht und mit Genauigkeit ausführen.[2] Die Ergebnisse der Experimente waren folgende.

N-Werte von Aussaat und Ernte
(nach 48 Stunden) in Tausendstel Milligramm.

Nährflüssigkeit	Aussaat	Ernte
Traubenzucker.	346	1960
Pasteurflüssigkeit und Traubenzucker . .	346	12740
Pepton und Traubenzucker	346	10780
Bierwürze und Traubenzucker	346	16660

Nach 48 Stunden wurde der Versuch unterbrochen, das Wachstum war offenbar dem Ende nahe gekommen.

Pasteursche Flüssigkeit, Pepton, Bierwürze waren sämtlich auf gleichen N-Gehalt gebracht, dann noch mit so viel Zucker versetzt, daß überall 20 Prozent vorhanden waren. Der ungleiche Nährwert ist deutlich sichtbar; auch zunächst erkennbar, daß der chemisch reine Rohrzucker immer noch soviel N-haltige Nährsubstanz einschließt, um eine

---

[1] D. h. gewichtsanalytisch betrachtet, nicht vom Standpunkt der Zellenzahl.

[2] Elementaranalytische Bestimmung des Stickstoffs in Wasser. *Arch. f. Hyg.* 1907. LXII. S. 83. Die heute viel empfohlene Methode Folins ist nur eine Modifikation des von mir zuerst angegebenen Verfahrens.

geringe Vermehrung der Einsaat zu ermöglichen. Die Pasteursche Flüssigkeit steht den anderen Nährböden weit näher. Keine Nährlösung ist in ihrem N-Material so reich an echten Nährstoffen wie die Bierwürze, bei welcher ich Ausnützungen des N über 40 Prozent des Vorrates der Lösung gefunden habe. Man darf sicher annehmen, daß die Würze besonders geeignet ist für das Studium des maximalsten Wachstums. Ich bin daher überall dort, wo es sich nicht aus der Fragestellung unbedingt um eine absolute Begrenzung des N-Gehaltes der Nährlösung handelt, bei der Anwendung von Bierwürze geblieben.

Ausgesät wurden $^{346}/_{1000}$ mg N in 200 ccm der Nährflüssigkeit. $^{1}/_{1000}$ mg N entspricht 900 000 Hefezellen.

$346 \times 900\,000 = 311{\cdot}4$ Mill. Zellen im ganzen für das Volum 200; daher in 1 ccm Kulturflüssigkeit 1.55 Mill. Die Aussaat ist groß, dementsprechend auch die Ernten. Will man einen vergleichenden Maßstab außer der Vermehrung der Aussaat gewinnen, so kann man die Zeitdauer der mittleren Teilungszeit der Zellen ermitteln (x). Sie wird wie üblich ermittelt nach der Formel

$$x = \frac{t \cdot \log 2}{\log b - \log a},$$

worin t die Zeit der ganzen Periode, b die Endzahl der Ernte, a den Anfangswert bedeutet.

Die Verdoppelungszeiten für den N der Leibessubstanz obiger Hefe sind:

bei Zuckerkost (allein)	1150′
in Pasteurscher Flüssigkeit und Zucker	552′
in Pepton . . . . „ „	581′
in Bierwürze	515′

Was die methodische Seite der Wachstumsbestimmung anlangt, so kann später mit Bezug auf die gleichzeitig ausgeführte Bestimmung der Gärwirkung nicht von der Aussaat einzelner Hefezellen ausgegangen werden, da eine meßbare Gärwirkung nur bei einer bestimmten absoluten Größe von Hefemasse überhaupt möglich ist; ist die Gärung wirksam, so läßt sich auch die Ernte mit unseren chemischen Methoden auffinden. Ich bin daher von solchen Aussaaten ausgegangen, daß schon in der ersten Stunde bereits eine Wärmewirkung erzielt wird; dies geschieht, wenn nur 0.1 g Hefe vorhanden ist. Meist benutzte ich frische Würzagarkulturen, manchmal auch Aufschwemmungen von Preßhefe.

Die Abscheidung gärender Hefe ist nur möglich, wenn man die Gärung durch Toluol unterbricht oder die Hefe einige Zeit in Eis stellt.

Von der Nährlösung wird sie durch Zentrifugieren bei 5000—6000 Umdrehungen pro Minute getrennt.

Zur Bestimmung der Wachstumsgrößen werde ich mich stets der direkten Stickstoffbestimmung der Hefe bedienen, nicht aber durch Bestimmung der Trockensubstanz, da diese, wie wir schon im Kapitel: Trägheit der Hefe gesehen haben, gar keine einheitliche Zusammensetzung zu haben pflegt. Zur N-Bestimmung genügt die Methode von Kjeldahl, für die nur in seltenen Fällen eine schon erwähnte von mir ausgearbeitete Modifikation derselben mittels kolorimetrischer Bestimmung des Ammoniaks eintreten muß.[1]

Es ist mir gelungen, an einer Bakterienspezies einwandfreie Ernteversuche durchzuführen. Bact. Proteus vulg. wächst auf alkalisiertem Fleischextrakt vortrefflich und gleichmäßig, außerdem bietet dieser Nährboden für die Analyse der Ernten keine besonderen Schwierigkeiten. Das zähe Festhalten an der mikroskopischen und kulturellen Untersuchung des Wachstums bei Bakterien hing enge zusammen mit der Unmöglichkeit, Bakterienernten quantitativ genau aus flüssigen Nährböden abzuscheiden, eine hierfür anwendbare Methode habe ich vor Jahren mitgeteilt.[2]

Ich schicke den Experimenten mit Hefe die Untersuchungsergebnisse an Proteus vulg. voraus.[3]

Die Resultate einer dieser Versuchsreihen sind in Fig. 17 graphisch als Gesamternten dargestellt.

Die Kurve gibt den allmählichen Zuwachs an Ernte mit der Zeit; direkt bestimmt wurde der N erst vom 2. Tage ab. Nach der Impfung vergeht immer einige Zeit, ehe die Vermehrung der Bakterien deutlich einsetzt, die wahre Wachstumskurve der ersten 2 Tage muß also eine nach unten gekrümmte Form besitzen, wie ich sie durch die ausgezogene Linie darzustellen versucht habe.

Die Geschwindigkeit des Wachsens ist in den einzelnen Versuchstagen nicht dieselbe. Wenn man die Zeit als Ordinate des jeweiligen Zuwachses der einzelnen Tage nimmt, so erhält man folgende Wachstumskurve in einem günstigen Nährboden für Proteus vulgaris (Fig. 18):

Die größte Lebhaftigkeit des Anwachsens bemerkt man in den ersten zwei Tagen, in der darauffolgenden Zeit nimmt die Menge der täglich neu gewachsenen Bakterien immer mehr ab, d. h. die Teilungsgeschwindigkeit wird täglich geringer, um schließlich auf Null abzusinken. Der ganze Wachstumsverlauf ist ein sehr träger, obschon

---

[1] *Archiv für Hygiene.* Bd. LXII. S. 83. — Korschun, ibid. S. 92.

[2] *Ebenda.* Bd. XLVII. S. 260.

[3] *Ebenda.* Bd. LVII. S. 186. 1906.

es sich um einen relativ zu anderen Keimen recht erträgnisreichen Mikroben handelt. Die „Erschöpfung" des Nährbodens macht sich in diesem Falle in erster Linie nachteilig geltend.

Ich wende mich nun zu den Wachstumsverhältnissen der Hefe. Was sich bei dem Bakterienwachstum in Tagen vollzieht, geschieht hier in wenigen Stunden. Als Beispiel des Verlaufes der Wachstumsgröße habe ich eine Serie von Versuchen ausgeführt, bei denen auf Würzagar gezüchtete Oberhefe auf frische Bierwürze, die auf einen Gesamtzuckergehalt von 20 Prozent gebracht worden war, bei im Mittel 30° ausgesät wurde. Die Größe der Aussaat betrug 1.7 mg N.

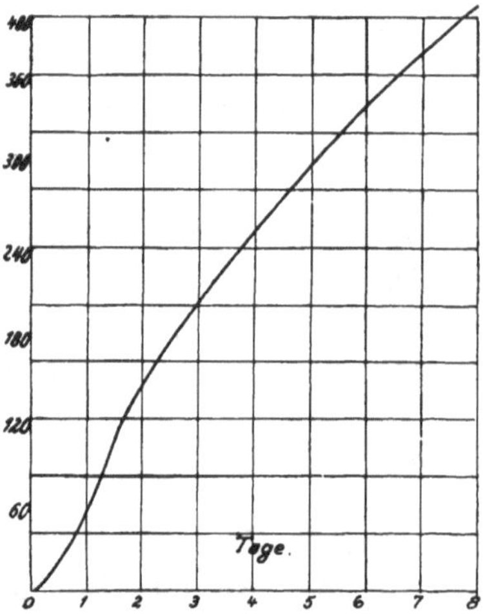

Fig. 17.

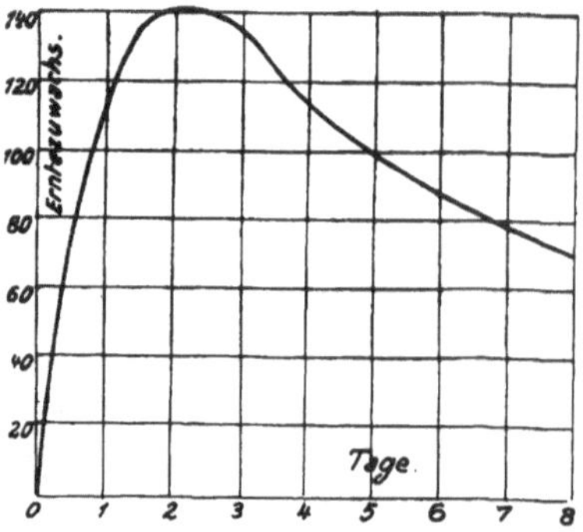

Fig. 18.

In bestimmten Zeitintervallen wurde die Hefe abzentrifugiert, ausgewaschen und der N nach Kjeldahl bestimmt. Die Ergebnisse der Gesamternten sind in nachfolgender Kurve dargestellt (Fig. 19).

Die Kurve ist eine S-förmige mit ziemlich gleichmäßigem Anstieg im Mittelteil.

Die Gesamt-N-Menge der Bierwürze (d. h. die N-Nahrung) war pro 250 ccm 0·2743 g und die erzielte Maximalernte 0·1174 g, was einer Ausbeute von 42·79 Prozent entsprach, so ziemlich die größte, die ich je beobachtet hatte.

Die Bierwürze gab, obschon sie völlig klar schien, ein Zentrifugat einer harzigen, etwas N-haltigen Substanz, deren N-Gehalt gleichmäßig zum Abzug gebracht wurde.

Im Anfang hebt sich die Kurve in der Art, wie sie etwa bei der gleichmäßig fortschreitenden Teilung der Zellen erwartet werden müßte, im oberen Teil prägt sich ein hemmender Einfluß aus.

Geht man von größeren Aussaaten aus als hier, so steigt in anderen Fällen die Kurve anfänglich rascher an, etwa so, als wenn wir die Abszisse auf eine andere Höhe verlegen würden.

Für manche Fälle ist die Bestimmung einer mittleren Ernte von Bedeutung. Pasteur u. a. haben sich meist mit der Annahme genügen lassen, die Mittelernte sei gleich der halben Endernte. Messende Versuche sind ja bisher nicht ausgeführt worden, daher mußte man sich mit einer solchen Annäherung zufrieden stellen. Wie wir noch sehen werden, gibt die Berechnung der Mittelernte überhaupt keinen all-

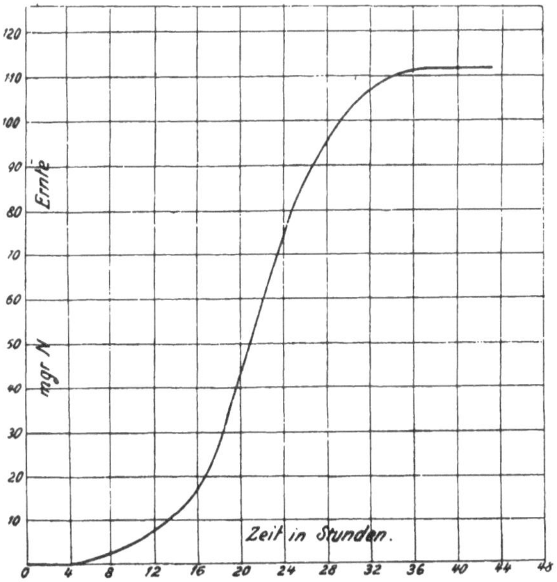

Fig. 19.

gemein anwendbaren Faktor, sondern entspricht einer wechselnden Größe, die eben mit der Form der Wachstumskurve verschieden ist.

Nach einer planimetrischen Ausmessung würde sich die mittlere Ernte während der Zeit des Anwachsens zur Maximalernte am Ende der Wachstumsperiode im vorliegenden Falle wie 0·417:1 verhalten, bleibt demnach unter der Hälfte der Maximalernte.

Die Verschiedenheit der Geschwindigkeit der Zellteilung ist ohne weiteres aus dem ganzen Verlauf der Kurve ersichtlich. Es hat ein großes Interesse, diese Teilungsgeschwindigkeit kennen zu lernen. Ich verzichte darauf, sie graphisch nach dem stündlichen Anwuchs darzustellen, wie ich es eben für Proteus vulgaris getan habe, ich will vielmehr im Interesse anderer sich anknüpfender Betrachtungen für die typischen Teile der Kurve die Teilungszeiten der Zellen berechnen.

Die Kurve ergibt folgende Zellteilungswerte:

1. zwischen	0.—16. Stunde	Aussaat 1·6 mg,	Ernte	17 mg
2. ,,	16.—24. ,,	,, 17	,, ,,	75 ,,
3. ,,	24.—36. ,,	,, 75	,, ,,	112 ,,

Der Zellteilungswert (n) ist $= \log 2 \frac{a}{e}$,

also $n = \log 2 \frac{17}{1 \cdot 6}$; $n_1 = \log 2 \cdot \frac{75}{17}$; $n_2 = \log 2 \cdot \frac{112}{75}$, woraus $n = 3 \cdot 20$; $n_1 = 1 \cdot 327$; $n_2 = 0 \cdot 489$ und der Zellteilungswert

für die 1. Periode 5·00 Stunden
,, ,, 2. ,, 6·29 ,, } für 30—31° Temp.
,, ,, 3. ,, 24·5 ,,

Am raschesten verläuft die Teilung also in der ersten Zeit, wo die Zellen im größten Überfluß der Nahrung sich befinden. Die mittlere Vermehrungszeit der ganzen Wachstumsperiode beträgt 11·79 Stunden.

Drittes Kapitel.

Die Beziehungen des Alkoholgehaltes einer Nährflüssigkeit zum Wachstum.

Die Gründe der verschiedenen Wachstumsgeschwindigkeit müssen wir natürlich noch im einzelnen erörtern. Der nächstliegende Gedanke führt zur Annahme einer allmählichen Wachstumsbehinderung durch die Verminderung der Stickstoffnahrung, mit einer gewissen Berechtigung kann man sagen, denn das Wachstum ist, wie ich auseinandergesetzt habe, eine Funktion, welche zeitweilig wenigstens der Zelle auch fehlen kann, ihre allmähliche Einschränkung aus Mangel an Nahrung braucht zur Störung der sonstigen Funktionen nicht zu führen.

Aber, wie ich schon auseinandergesetzt habe, ist das Wachstum noch von anderen Faktoren abhängig, wir werden da namentlich an die Ansammlung von Alkohol in den gärenden Flüssigkeiten als eines Körpers zu denken haben, der auch direkt auf den Wachstumsprozeß einwirkt.[1]

Dies geht auch aus der allgemein akzeptierten Ansicht hervor, daß der Alkohol schon in kleineren Mengen als er die Gärung unterbricht, das Wachstum stark hindert oder hemmt. Nach Untersuchungen von Hayduk soll ein Gehalt von 5 Prozent Alkohol in der Würze das Hefewachstum stark unterdrücken.[2]

---

[1] Siehe oben S. 88 das Kapitel über Alkohol und Gärung.

[2] Hayduk, *Über die Bedeutung des Eiweißes im Hefeleben.* 1906. S. 34.

Mir scheint ein kurzes Eingehen auf diese Verhältnisse unentbehrlich zu sein; da sich in den späteren Versuchen Gelegenheit finden wird. auf sie zurückzukommen. Die wichtigsten Gesichtspunkte lassen sich leicht an der Hand der folgenden Experimente erörtern.

Für die Untersuchung der Frage der Wachstumshemmung durch Alkohol habe ich folgende Versuchsanordnung getroffen.

Es wurden gleichzeitig in Doppelversuchen je 250 ccm frische Bierwürze mit Alkohol versetzt, dann mit 0·2 ccm einer Aufschwemmung von 2 g Preßhefe in 20 ccm Wasser pro Kolben geimpft.

2 g Hefe = 0·044 g N = 20 ccm; 1 ccm, also 0·0022 g N und davon $^1/_5$ = 0·0004 g N = Aussaat.

Die Bierwürze und Aussaat lieferte als Zentrifugat ohne Wachstum 3·4 mg N.

Nach 24 Stunden wurde die Ernte bei 5000 Umdrehungen der Zentrifuge abzentrifugiert, dann ausgewaschen und der N der Ernte bestimmt. Die Resultate waren folgende.

Ernten aus Bierwürze nach 24 Stunden bei 30°.

	Gehalt an Alkohol Gewicht Prozent	mg N als Ernte	Volum Proz. an Alkohol
1	0	74·5	0
2	0·8	80·3	0·99
3	1·6	80·0	1·96
4	3·1	67·2	3·85
5	5·9	3·5	7·41
6	7·3	3·5	9·09
7	11·0	3·4	13·8

Bierwürze je 250 ccm mit 0·264 g N im ganzen bei 74·5 mg N-Ernte 34·1 Prozent des N ausgenützt.

Was in erster Linie die besonders spezifische, wachstumhindernde Eigenschaft des Alkohols anlangt, so prägt sich diese eklatant aus, wenn ich auch dieselbe nicht auf einen ganz scharf eingeschränkten Prozentgehalt angeben kann. Sie muß zwischen 3·1 und 5·9 Gewichtsprozent liegen, d. h. die Konzentrationsgrade, die das Wachstum hemmen, liegen weit tiefer als jene, welche die Gärung definitiv unmöglich machen.[1]

[1] Eine Wiederholung analoger Versuche gab ähnliche Ergebnisse, Steigerung der Ernte bei 0·6—1·2 Gewichtsprozente Alkohol, der starke Abfall der Ernte begann bei 3·64 Prozent Alkohol und noch rapider von 4·77 Gewichtsprozent Alkohol.

Ich hatte erwartet, auch den Einfluß des Alkohols auf die Gärwirkung indirekt wieder in einer allmählichen Abnahme der Ernteerträgnisse mit fortschreitendem Alkoholgehalt der Flüssigkeit ausgedrückt zu finden. Dies ist aber nicht der Fall, denn die Ernten steigen zunächst von der alkoholfreien Flüssigkeit bis 0·8 Prozent Alkohol sogar noch an, und sie sinken nicht bis 1·6 Prozent Alkoholgehalt, obschon sich die Rückwirkung des letzteren zweifellos auch auf die Gärkraft der jungen Zellen äußern muß.

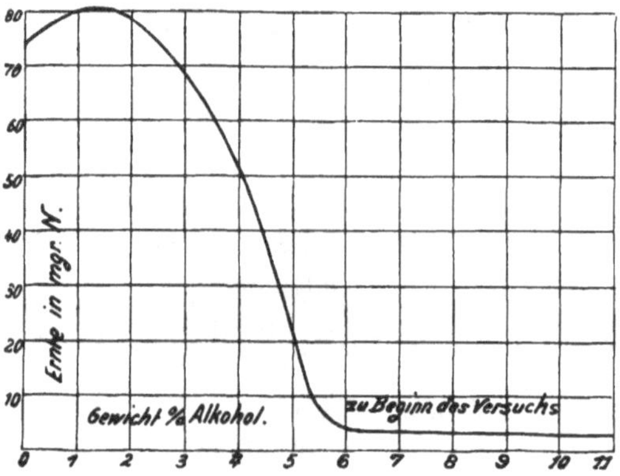

Fig. 20.

Da hier Parallelversuche angestellt worden sind und diese untereinander trefflich übereinstimmten, kann unmöglich ein Zufall vorliegen. Eine Erklärung kann einzig und allein darin gefunden werden, daß ein geringer Alkoholgehalt das Wachstum in dem Sinne fördert, daß eine raschere Teilungszeit hervorgerufen wird, wodurch der Faktor der Einschränkung, der auf die Rückwirkung von Alkohol auf die Gärungsintensität bezogen werden müßte, wieder kompensiert, zum Teil sogar überkompensiert wird. In der Annahme, der Alkohol wirke in kleinen Dosen auf den Wachstumsprozeß als Reiz, in größeren aber schädlich, liegt eine Voraussetzung, die mit vielen toxikologischen Erfahrungen in Parallele gestellt werden könnte. Ich habe die Absicht, diese Fragen in meinem Laboratorium noch weiter bearbeiten zu lassen.

Die Versuche erlauben, wie wir gesehen haben, keine scharfe Präzisierung jener Alkoholkonzentration, welche als Minimalwert der völligen Behinderung des Wachstums angesprochen werden muß. Aber wenn wir in einer graphischen Darstellung die Erntemengen als Ordinaten eintragen und deren Endpunkte durch eine Linie verbinden, erhalten wir eine Kurve, deren Führung ja nicht ganz sicher steht, aber doch mit größter Wahrscheinlichkeit ergibt, daß die Minimalgrenze der Behinderung unter den obwaltenden günstigen Ernährungsverhältnissen zwischen 4—5 Gewichtsprozenten Alkohol liegen muß. Es ist anzunehmen, daß dieser Grenzwert innerhalb einer gewissen Breite, je nach Maßgabe anderer Begleitumstände, z. B. dem Ernährungszustande der Zellen, variiert.

Der Alkohol erweist sich nach vorstehender Grenzbestimmung 2 bis 3 mal so nachteilig für das Wachstum wie für die Gärung selbst.

Impft man zwei Nährlösungen, von denen die eine einen das Wachstum zunächst kaum einschränkenden Alkoholzusatz erhalten hat, so zeigt sich von Anfang an, daß die Gärgröße in der alkoholfreien Nährlösung größer ist als in der alkoholisierten.

Einen Versuch dieser Art gibt die nebenstehende Figur in graphischer Darstellung.

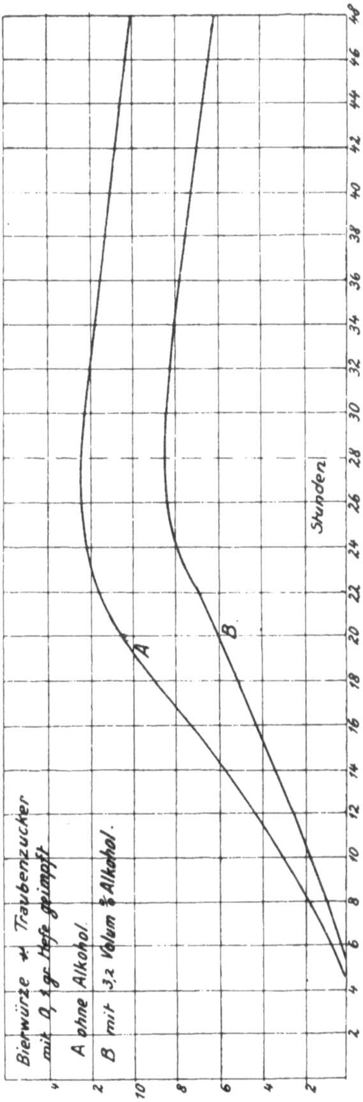

Fig. 21.

Bierwürze war noch mit Traubenzucker versetzt worden, um einen sehr kohlehydratreichen Boden zu erhalten, sodann hatte die eine Lösung einen Zusatz von 3·2 Volumprozent Alkohol erhalten und beide wurden mit der gleichen Hefemenge geimpft. Die Bierwürze enthielt 0·04 Prozent N (0·10 g p. 250 Nährflüssigkeit) und 16 Prozent Zucker (Maltose und Traubenzucker).

Die Darstellung zeigt zunächst ein vierstündiges Latenzstadium, dann hebt sich die Wärmebildung und erreicht in der 24.—26. Stunde ein Maximum, um dann abzuflauen. Die Latenzzeit erklärt sich aus der Menge der Aussaat, die klein genommen wurde. Die angegebenen Werte bedeuten Temperaturgrade, nicht Kalorien, daher scheint der

Anstieg etwas weniger rasch als in anderen Kurven, welche die Gesamtwärme in Kalorien geben.

Die Kurve, welche unter dem Einfluß des Alkohols entstanden ist, gibt ein verkleinertes Bild der Gärung in alkoholfreiem Nährboden. In jeder Zeiteinheit bleibt die Wärmebildung gleichmäßig niedriger bei Alkoholzusatz wie ohne diesen. Das Latenzstadium scheint um weniges länger unter dem Einfluß des Alkohols, sicherlich hat auch aus dem gleichen Grunde die Ernte nicht jene der alkoholfreien Flüssigkeit erreicht, denn Kurve B sinkt nach einem in der 26. Stunde erreichten Höhepunkt allmählich ab. War auch der Anfangsgehalt von 3·2 Volumprozent Alkohol noch nicht imstande, das Wachstum von vornherein stärker einzuschränken, so muß doch der durch Gärung weiterhin entstandene Alkohol diesen Einfluß geübt haben.

Viertes Kapitel.

Beziehungen zwischen der Menge der Ernte und der Konzentration der Nährlösung an N-haltigen Nährstoffen.

In analoger Weise, wie wir oben in Teil II S. 91ff die Beziehung der Konzentration des Kohlehydratmaterials auf die Gärung der nicht wachsenden Hefe behandelt haben, wollen wir uns in nachstehendem mit der Frage der Stickstoff-Nährstoffkonzentration zur Ernte beschäftigen. Für die Hefe liegen solche Untersuchungen bis jetzt nicht vor, insoweit aber einiges Material in anderer Richtung die Ergebnisse berührt, komme ich am Schluß dieses Kapitels auf die literarischen Angaben zurück.

Den Experimenten über die Beziehungen zwischen N-Nahrung und Ernte muß ich vorausschicken, daß allgemein in der Literatur, wenn solche Ernährungsfragen auch für andere Organismen behandelt wurden, die durch unsere heutigen Erfahrungen auf ernährungsphysiologischem Gebiete von selbst sich ergebenden biologischen Möglichkeiten gar nicht beachtet worden sind.

Eine dieser prinzipiell wichtigen Fragen betrifft jene Ergebnisse, welche sich auf die absolute Ernte in einer Nährlösung beziehen.

Der einfachste Fall wäre der, daß tatsächlich nur der Nährwert an N-haltigen Stoffen variiert, aber alle sonstigen Bedingungen der Lebensprozesse völlig gleich gehalten werden.

Unter diesen Voraussetzungen hängt der Enderfolg, d. h. die Ernte, von der Anziehungskraft der Zellen für das Eiweiß oder der Baustoffe desselben ab, ist letztere sozusagen eine unbeschränkte, dann kann über das Endresultat kein Zweifel sein, denn dann können die Ernten nur proportional den absoluten Nahrungsmengen werden.

Sollte aber die Wachstumsmöglichkeit von einer Grenzkonzentration, welche unter allen Umständen dieselbe bleibt, bedingt werden, also als gleiche Größe (Konzentration) in allen Verdünnungen in Rechnung gestellt werden müssen, so würde mit zunehmender Verdünnung des Gesamt-N-Nährwertes relativ in jeder Verdünnung jener Anteil zunehmen, der nicht verwertet werden kann, die Ernten müßten dann rascher abnehmen als die Konzentrationen. Der gleiche Fall könnte eintreten, wenn bei der Synthese einige Verbindungen, z. B. die schwefelhaltigen, in geringer Konzentration sich fänden, als die übrigen Bausteine des Eiweißes. A priori läßt sich also keineswegs, wie es in einem modernen Lehrbuch als selbstverständlich vorausgesetzt wird, eine proportionale Ernte mit der Verdünnung voraussetzen, sondern es wird sich im Einzelfalle erst zeigen müssen, welche Annahme zutreffend ist.

Von der Frage der Maximalernte völlig zu trennen ist der zeitliche Verlauf des Wachstums, der Intensitätsfaktor des Prozesses. Es ist wahrscheinlich, daß innerhalb gewisser Grenzen zwischen diesem Intensitätsfaktor und den variablen N-haltigen Nahrungsmengen eine nähere Beziehung besteht. Mit der Konzentration kann man eine Variation der Wachstumsgeschwindigkeit erwarten, welche mit zunehmenden Nahrungsüberschüssen aber schließlich einem oberen Grenzwert zuschreiten wird, denn wie jede Zellfunktion muß doch auch die Wachstumsmöglichkeit schließlich sich erschöpfen und durch Selbstregulation eine Begrenzung finden.

Die Wachstumsmöglichkeit besteht vermutlich innerhalb sehr weiter Konzentrationsbreiten. Nach oben hin findet sie ihre natürliche Begrenzung in dem abnehmenden Wassergehalt der Nährböden, der in hypertonischen Lösungen zu plasmolytischen Veränderungen führen muß. Im Bereiche hypotonischer Lösungen andererseits bedingt selbst destilliertes Wasser mit Spuren von Verunreinigungen für manche anspruchslose Spezies kein absolutes Hindernis zu einer bescheidenen Wachstumszunahme (s. S. 163). Diese allgemeinen Grenzen der Wachstumsmöglichkeit finden in den einzelnen Spezialfällen eine sehr verschiedene Begrenzung. Ich lasse eine weitere Verfolgung dieser allgemeinen Wachstumsfragen in nachfolgendem außer Betracht und beschränke mich auf jene Grenzen der Nahrungskonzentration, bei welchen zum mindesten irgendwelche hypertonische Wirkungen auf die Zellen ganz ausgeschlossen sind.

Ich schicke zur Illustration der bei den Mikroben gegebenen Verhältnisse einige Beobachtungen über Bakterienwachstum und Konzentration der Nährlösung, die ich vor einigen Jahren publiziert habe, voraus.[1]

In Nährlösungen von genau abgestufter Konzentration wurde eine minimale gleichmäßige Impfung aller Kulturgefäße ausgeführt und dann nach verschiedenen Zeiten die Ernten quantitativ festgestellt. Die Aussaaten hatten in allen Fällen mit Bezug auf die Ernten fast den Wert = 0.

Das Gesamtergebnis war folgendes: Die Ernten entsprachen allemal einer etwas geringeren Größe als der Nahrungsabnahme durch Verdünnung entsprach; in einer Lösung mit der Konzentration $^1/_2$ war die Ernte etwas kleiner als $^1/_2$, bei Verdünnung $^1/_4$ kleiner als $^1/_4$ usw. Für jemand, der sich nur an die allgemeine Übereinstimmung der Zahlen halten wollte, konnte in den Ergebnissen der Beweis der Proportionalität der Wirkung liegen. Tatsächlich aber war eine allmähliche Verminderung der Ernten von Proteus vulgaris nicht in Abrede zu stellen, die in der Besonderheit seiner Ernährung eine Erklärung findet.

Legen wir aber auf die weitgehende Proportionalität, die doch einmal besteht, das Hauptgewicht, so hätten wir uns im einzelnen folgendes Bild der Vorgänge der Erntebildung zu machen: In einer jeden Nährlösung, welche reich an Nährstoffen ist, werden die ausgesäten Zellen jene Generationsdauer, die durch die besonderen Eigentümlichkeiten einer Spezies bedingt ist, anschlagen. In allen Fällen muß nach einiger Zeit eine Periode relativen Mangels kommen, in der das Wachstum sein Zellteilungstempo mindert, dann endlich der Stillstand.

In den Beziehungen der Zellen zu den Nahrungsstoffen sind für das Wachstum zwei Fälle möglich.

a) Die Zelle kann des Nahrungsmateriales um so schwieriger habhaft werden, je verdünnter es ist. Die Zelle würde dann gewissermaßen in ihren Wachstumsäußerungen rein passiv den Konzentrationen sich anpassen müssen.

Einer solchen Annahme steht nichts im Wege, denn im Wachstum haben wir, wie ich schon betont habe, eine Zellfunktion, welche im Gegensatz zur Dissimilation wirklich eine variable anpassungsfähige Größe ist und deren zeitweilige Latenz keinen Schaden bringt.

[1] *Archiv für Hygiene.* 1906. Bd. LVII. S. 161.

b) Eine andere Annahme wäre die, daß aus dem Umstand des völligen Aufzehrens aller Wachstumsnährstoffe auf eine unter allen Umständen souveräne Affinität für erstere geschlossen wird, die jeden Grad der Verdünnung als nebensächlich betrachten läßt.

Im Falle a) ist, wie man sieht, die Generationsdauer variabel, im Falle b) konstant; im ersten Falle sind Nahrungsmangel und Häufung der Stoffwechselprodukte, bei b) nur die letzteren „sekundäre Faktoren" der Wachstumskurve.

Nach dem Typ b) würde man bei allen Verdünnungen ein gleichmäßiges Ansteigen der Ernten sehen müssen, zuerst aber würde dann die Kurve der größten Verdünnung und dann, allmählich folgend, die übrigen einen Maximalpunkt erreichen.

Der tatsächliche Verlauf des Wachstumsvorgangs in meinen Versuchen mit Proteus entsprach den unter a) gemachten Annahmen, in allen Verdünnungen ist von Anfang an die Ernte ungleich, also muß eine Abhängigkeit des Wachstums von der Konzentration in dem Sinne angenommen werden, daß in jedem einzelnen Falle mit der Verdünnung die Generationsdauer verlängert wurde.

Wir können den Ergebnissen des Versuchs auch eine andere Darstellung geben. Denken wir uns die Stammlösung mit 8 Keimen geimpft, so können wir uns die doppelte Verdünnung durch zwei Gefäße versinnbildlicht denken, in denen je 4, für die vierfache Verdünnung 4 Gefäße mit je 2 Keimen, für die achtfache 8 Gefäße gleichen Inhalts mit je einem Keim vorstellen. Jede Verdünnung zusammengenommen leistet mit der verschiedenen Zahl von Gärgefäßen in Summa ganz genau dasselbe wie die andere Gruppe der Verdünnung. Sie sind untereinander nur insofern ungleich gestellt, als die Stoffwechselprodukte um so weniger in Betracht kommen, je größer die Verdünnung ist. Eine solche Begünstigung war in meinen Versuchen nicht nachzuweisen, offenbar deshalb, weil überhaupt die Verdünnung der Stammlösung bereits eine genügende war, um eine Wachstumsschädigung durch Stoffwechselprodukte zu verhindern.

Die Besonderheit des Falles lag darin, daß die Ernten etwas rascher fielen wie die Nahrungswerte; ich habe mich dahin ausgesprochen, daß vermutlich mit der Verdünnung die Dissimilationsprozesse sich günstiger gestaltet haben (l. c. S. 180). Da aber Proteus auch N-haltige Nahrung für seinen Energiebedarf nötig hat, so schöpft er seine Nahrung aus derselben Quelle, aus der auch das Wachstum bestritten werden muß. Gesteigerte Dissimilation mindert also die Menge der Wachstumsnahrung.

Dieser Gedanke führt nun zur Besprechung der Bedeutung der Dissimilation überhaupt.

M. **Delbrück** hat zuerst die Preßhefeindustrie darauf hingewiesen, daß es bei ungenügendem Ertrage an Hefe nicht immer nur an N-Material fehle, sondern auch an Zucker. Durch Beigabe des letzteren ließen sich zunehmende Mengen der Preßhefe, allerdings von allmählich sinkendem N-Gehalt erzielen.[1]

Denken wir uns eine Zelle, welche mit zwei Nahrungsstoffen ihren Lebensunterhalt beschreibt, deren einer zum Wachstum, der andere aber für die Dissimilation bestimmt ist — ein Beispiel kann die Hefe sein —, so ist es klar, daß die maximale Ernte an Nährlösungen von der Relation der Nahrungsbestandteile abhängen muß, oder wenigstens eine bestimmte Relation als unterste Grenze für ausreichendes Wachstum gegeben sein muß. Der für die Dissimilation notwendige Nahrungsstoff muß so reichlich sein, daß alle neu entstehenden Zellen voll energetisch ernährt werden können, bis die letzte Spur des Wachstumsmaterials verbraucht worden ist. Daraus folgt die Wichtigkeit der Fürsorge für die Zwecke des Dissimilationsprozesses während des Wachstums.

Die Hefe entspricht diesem eben geschilderten ditrophen Ernährungstyp; ich habe daher bei Ausführung nachstehender Experimente für ausreichendes Gärmaterial neben den wachstumfördernden Stoffen gesorgt.

Wir wollen nunmehr die Ergebnisse der Versuche betrachten, welche über den Konzentrationseinfluß N-haltiger Nahrung auf das Wachstum der Hefe angestellt worden sind.

Als Aussaat wurden benutzt 2 g Hefe = 0·04 g N in 2 ccm Wasser aufgeschwemmt und davon 2 ccm = 0·2 g frischer Hefe mit 0·004 mg N. Dies geschah deshalb, um die erste Periode des Wachstums, die ja sehr langsam erfolgt, abzukürzen und auf diese Weise alsbald deutliche Gärung zu erhalten. So war es dann möglich, unter denselben Bedingungen auch Gärversuche anzustellen, über deren Resultat ich im Anschluß an die Wachstumsversuche berichten werde.

Die Würze wurde teils unverdünnt, teils in doppelter, vierfacher und achtfacher Verdünnung angewandt. Die Würze wurde nicht durch Hitze sterilisiert, sondern mit Rücksicht auf genaue Erntebestimmungen und die Erhaltung aller günstigen N-haltigen Nähr-

[1] **Hayduk**, *Über die Bedeutung des Eiweißes im Hefeleben.* 1906. S. 32.

stoffe durch Chamberland-Filter filtriert. Nach bestimmten Versuchszeiten wurde die Hefe abzentrifugiert und der N nach Kjeldahl festgestellt.

In einer solchen Serie von Versuchen wurde erhalten an Reinernte bei den Konzentrationen

	100	50	25	12·5
	0·069 g N	0·035	0·017	0·009
Relative Werte	100	51	25	13

Die Ernte in der Stammwürze ist nicht sehr groß; unter günstigeren Verhältnissen der Nährwerte erhält man bisweilen doppelt so viel Hefe, als hier gewonnen wurde.

Bei einer Aussaat von 0·004 g Hefe wurde in einem Tage eine 17fache Ernte gewonnen. Die Erntemaxima waren sämtlich schon vor Ablauf des Versuchstages entstanden, sie betrugen in g Hefe

3·4; 1·8; 0·90; 0·53.

Sie sind den Konzentrationen des N-Gehalts der Nährböden direkt proportional bei einer Ausnützung des N-Gehalts der Nährböden mit 26—27 Prozent.

In einer zweiten Serie waren die Ernten ganz ähnlich:

Konzentrationen	100	50	25	12·5
Ernten an N	0·060	0·027	0·019	0·008
relative Werte	100	45	31	12

Sie weichen auch nicht nennenswert von den Konzentrationen ab. Hier war das Maximum der Wärmebildung der Hefe zwischen der 10. und 12. Stunde im Kalorimeter gemessen worden, dieser Zeitpunkt muß auch dem erreichten Wachstumsmaximum entsprechen. Gewogen wurde die Hefe in der ersten Reihe nach 30, in der zweiten Reihe nach 48 Stunden. Man kann auf Grund beider Reihen sagen, die Hefeernten waren proportional der Nahrungsmenge, ein Resultat, das zwar von den Ergebnissen an Bact. proteus etwas abweicht, aber keinen prinzipiellen Unterschied bedingt, sondern in dem früher Gesagten seine Erklärung findet. Es war genügend Gärmaterial vorhanden, daher konnte der Prozeß des Wachstums ungestört vor sich gehen, und die Gesetze der Stickstoffverwertung für diesen Zweck treten besonders klar in die Erscheinung.

Das Hefewachstum stimmt also in allen wesentlichen Punkten mit dem des Proteus vulg. überein, zeigt dieselben Gesetzmäßigkeiten zur Konzentration und demnach das gleiche Verhalten zwischen Zellwachstum und absolutem Nährgehalt einer Lösung. Ich nehme an, daß hiermit im großen und ganzen die hauptsächlichsten Grundzüge zwischen Nahrungsvorrat und Maximalernte als erledigt angesehen werden können.

Vom ernährungsphysiologischen Standpunkt will ich aber noch mich kurz mit den stofflichen Verhältnissen dieser eben geschilderten Hefewachstumsversuche beschäftigen. Denken wir uns zunächst einen Organismus wie den des Säuglings gewissermaßen als Zelle, so würde diese die Eigentümlichkeit haben, daß sie von einem Nährstrom gleichmäßig umflossen wird. Dieser letztere wäre so geeigenschaftet, daß etwa 4 Prozent an Eiweißkalorien vorhanden sind, welche zur „Erhaltung des Eiweißbestandes“ an sich (Abnützungsquote) nötig sind und ein weiteres Prozent diente dem Wachstum im engeren Sinne. Bei anderen, schneller als der Säugling wachsenden Tieren ist ein größerer N-Gehalt des Nahrungsmaterials erforderlich.

Es liegt nun nahe, unter diesem Gesichtspunkte auch den Wachstumsvorgang der Hefe zu betrachten.

Suchen wir uns nun ein Bild von den Nahrungsverhältnissen der wachsenden Hefezellen zu machen, die sich dadurch besonders auszeichnen, daß eine ungeheuer rasche Vermehrung der Zellen eintritt.

Der N-Gehalt der Bierwürze betrug 0·106 Prozent, von dieser Menge sind aber nur 26 Prozent wirkliche Nährstoffe, denn mehr als diese Menge ist im vorliegendem Versuch bei keiner Verdünnung tatsächlich verwertet worden, = 0·028 Prozent. An Kohlehydraten waren 6·5 Prozent Maltose vorhanden. Letztere ist nicht mit ihrem vollen Verbrennungswert (1 g = 3949 g-Kal.) in Rechnung zu stellen, denn sie unterhält ja nur die Alkoholgärung, wobei rund 150 g-Kal. aus 1 g Zucker frei werden. Um vergleichbare Berechnungen zum Falle der Säuglingsernährung zu ermöglichen, nehme ich als energetischen Wert für 1 g N = 26 kg-Kal. an (bei voller Verbrennung 34), so wären die energetischen Größen für Eiweiß und Zucker 0·728 + 0·975 g-Kal. = 1·703 pro 100 ccm, dies entspricht einer Relation von 42·8 Prozent Eiweißkalorien und 57·2 Prozent Kalorien aus Gärung, ein Verhältnis, das durch die Verdünnung in den einzelnen Experimenten nicht geändert wurde. Dies Eiweißverhältnis war sogar noch recht ungünstig; ich habe früher eine Bierwürze aufgeführt, die pro 250 ccm 0·1174 g N als Ernte lieferte, also 47 Prozent nutzbaren N enthielt, so daß die entsprechenden Werte = 1·222 (für N) + 0·975 (Maltose) = 2·197 in Summa sind, woraus

für Eiweiß	55·5 Prozent
für Zucker	44·5 „

in Kalorien entfallen.

Das ist das für Eiweiß günstigste Verhältnis, welches ich beobachtet habe.

Die Hefezelle vollzieht hier, auf ihrem besten Nährboden, das Wachstum bei einem relativ ungeheuren Überschuß an Eiweißmaterial. Dabei bleibt sogar noch unentschieden, weil methodisch nicht feststellbar, ob die Hefe nicht doch noch außer dem zum Wachstum benützten Eiweiß anderes aufgenommen und dafür N-haltige Spaltprodukte in die Nährflüssigkeit abgegeben hat, was sogar als in hohem Maße wahrscheinlich erscheinen muß, und später weiter erörtert werden soll. Neben einer gewaltigen Wachstumskraft, zu deren Betätigung eine enorme Anziehung für das Eiweiß gehört, besteht also als weitere günstige Bedingung der Zellvermehrung ein relativ äußerst großer Nahrungsvorrat an N.

Dem erreichten maximalen Wachstum wird unter natürlichen Verhältnissen vermutlich bald eine Erschöpfung des N-freien Nahrungsmaterials und das Absinken der Gärung folgen.

Eben weil die Kohlehydrate einen so geringen Nährwert bei der alkoholischen Gärung besitzen, steht das Eiweiß trotz seines dem absoluten Gewicht nach nicht sehr hervortretenden Gehalts im Vordergrund des Interesses.

Man könnte nun meinen, daß recht wohl weniger Zucker oder vielleicht noch weit mehr hätte vorhanden sein dürfen, ohne die Erntegröße zu verändern; dann würde sich auch die eben berechnete Relation zwischen Eiweiß und Zucker in der Nährlösung der Hefezelle verschieben müssen. Die Zuckermenge konnte nicht wohl kleiner sein, als den eben berechneten Verhältnissen entsprach, wohl aber war ein weiterer geringer Zuwachs an Ernte zu erzielen, wenn das Kohlehydratverhältnis etwas günstiger wurde. Ich glaube also mit obigen Zahlen das optimale Verhältnis zwischen Zucker und Eiweiß festgestellt zu haben oder diesem sehr nahe gekommen zu sein.

Das aërobe Wachstum ändert für dieselbe Nährlösung sofort die nutzbaren Relationen; es ist zwar bekannt, daß auch bei Lüftung niemals der gesamte Zucker oxydiert werden kann, ja daß sogar die Hauptmasse trotz Sauerstoffgegenwart der alkoholischen Gärung anheimfällt, aber bei dem enormen Nährwertunterschied zwischen Gärung und Verbrennung des Zuckers ist ohne weitere Berechnung verständlich, daß in aëroben Kulturen sowohl durch die bessere Ausbeutbarkeit der Vorräte nutzbarer Energie, als auch durch relative Minderung des Alkoholgehaltes, infolge der Verbrennung des letzteren, die Wachstumsbedingungen günstigere werden können, was bisher gar nicht in Betracht gezogen worden ist. Die Lüftung der Hefe beim Wachstum erscheint uns also unter einem ganz neuen Gesichtspunkt.

Erntebestimmungen in Nährlösungen von Hefe sind natürlich zahlreich angestellt worden, gründet sich ja doch ein großer Industriezweig, die Preßhefedarstellung, auf die günstigsten Wachstumsbedingungen der Hefe. Es liegt mir natürlich sehr ferne, auf das große, sehr ausgedehnte Material der Gärindustrie hier näher einzugehen, doch möchte ich nicht verfehlen, darauf hinzuweisen, daß man nach dem Vorgange von Pasteur und gewiß auch aus praktischen Gründen die erzeugte Hefemenge auf den verbrauchten Zucker oder den erzeugten Alkohol bezieht.[1] Bei solchen Zusammenstellungen hat sich nicht gerade viel Übereinstimmendes ergeben; vielfach stehen namentlich die Laboratoriumsversuche in ihren Ergebnissen in direktem Gegensatz zu den Industrieerfahrungen. Ich glaube, daß dies auch gar nicht anders erwartet werden kann, wenn man die Art der technischen Darstellung der Hefe betrachtet.

Das Erträgnis einer Nährlösung an Hefe auf den verbrauchten Zucker zu berechnen und als eine Funktion des letzteren zu berechnen, wie es von der Gärindustrie vielfach geschehen ist, ist nur dann berechtigt, wenn der Gärakt bzw. Wachstumsakt bei einem, biologisch betrachtet, gleichwertigen Zeitpunkt abgebrochen wird, und wenn es sich außerdem in den zu vergleichenden Versuchen um dasselbe Nährstoffverhältnis zwischen Eiweiß und Kohlehydrat handelt. Ist der Eiweißgehalt gering, so dauert es länger, bis das Wachstum vollendet ist, der nutzbringende Wachstumsansatz ist dann im Verhältnis zur Dissimilation geringer, und letztere relativ größer als bei reichlicher Eiweißnahrung, wo das Umgekehrte eintritt.

Die oft wahrgenommenen Verschiedenheiten zwischen Zuckerverbrauch und Ernte dürften vielleicht außer in den schon berührten wesentlichen Punkten durch die Lüftung der Kulturen oder wenigstens durch teilweisen Zutritt von Luft mit verursacht sein. Eine Verbrennung des Zuckers ändert natürlich, wie schon berührt, die kalorimetrischen Verhältnisse völlig und muß, wenn man auf den verbrauchten Zucker rechnet, zu einem ungewöhnlich großen Ernteverhältnis führen.

Das rasche Wachstum der Hefe in eiweißreichem Nährmedium bietet die Gelegenheit, den Kraftwechsel jugendfrischer Zellen kennen zu lernen, über den wir im kommenden Abschnitt uns unterrichten wollen.

---

[1] A. Mayer, l. c. S. 123.

Fünftes Kapitel.

Die Gärwirkungen der in verschiedener Konzentration derselben Bierwürze wachsenden Hefe.

Nachdem die Erntegewinne und der Gang des Wachstums überhaupt besprochen worden sind, erübrigt noch die Untersuchung der Gärwirkung beim Wachstum der Hefe. Die Beantwortung dieser Frage ist recht bedeutungsvoll, weil es sich hier um jugendliche, oft erst noch des weiteren Ausbaues bedürftige Zellen handelt. Wir brauchen bei dem außerordentlich raschen Wachstum der Hefe oder richtiger gesagt bei der großen Menge von Nährstoffen, welche im Wachstum absorbiert werden, nicht zu fürchten, daß die Ernte aus ganz ungleichwertigen Zellen besteht. Es wird von Interesse sein, zu erfahren, wie dieses neue und frische Protoplasma in seinen Leistungen sich bei der Gärung jenen Zellen gegenüber verhält, welche am Wachstum verhindert sind. Hierüber Aufklärung zu schaffen, erscheint wichtig, weil man in mißverständlicher Auffassung über das Energiebedürfnis beim Zellaufbau, wie schon erwähnt, der wachsenden Zelle, man möchte vom ernährungsphysiologischen Standpunkt aus sagen, geradezu mystische Leistungen zugeschrieben und thermochemische Anschauungen über den Aufbau der Eiweißstoffe und Leibesstoffe vertreten hat, welche eine revolutionäre Umwälzung der energetischen Vorstellungen zur Folge haben müßten. Das Irrige dieser Anschauungen habe ich für die höheren Lebewesen widerlegt, aber man muß bei so eingewurzelten Vorurteilen, immer wieder befürchten, daß sie an neuer Stelle auftauchen, nirgends aber wäre ja mehr die Befürchtung gerechtfertigt, als bei Bewertung der Lebensvorgänge der Mikroben und der Hefe, bei der man über das Wesen der Gärung und anderer wichtiger Vorgänge bis jetzt ganz im dunklen war.

Wenn die einen Autoren für das Wachstum von der Zelle eine besondere Steigerung der Lebensintensität verlangen, so könnte man mit eben demselben Rechte, wenn man konsequent sein will, nach der Auffassung derjenigen, welche in thermochemischer Hinsicht für den Aufbau der Leibessubstanz die Bindung von Kräften voraussetzen, eine Verminderung der Wärmebildung im ganzen vermuten. Ja, auch der mehr physiologische Gesichtspunkt, daß durch die gesteigerte Wachstumsfunktion gleichzeitig die Gärleistungen der Zelle geringer werden müssen, da doch beide, Wachstum und Gärung, nur Lebensäußerungen der einheitlichen Lebenssubstanz selbst sind, wäre gewiß ebensosehr der Erwägung wert, wie die anderen gegenteiligen Behauptungen.

Das übermächtige Wachstum bei Hefe wird gerade ein geeignetes Material bieten, um diese Beziehungen zwischen Gärung und Wachstum, Dissimilation und Assimilation noch einmal gründlich zu erörtern.

Meine Aufgabe wird die sein, die wachsende Hefe nach allen jenen Gesichtspunkten hin zu untersuchen, nach denen die nicht wachsende geprüft worden ist. Die Untersuchung der absoluten Größe der Gärkraft verschiebe ich bis zur Besprechung der Gärkraft der nicht wachsenden Hefe, deren absolute Größe wir ja auch erst abzuleiten haben. Ich beginne mit der Besprechung der Frage, ob die wachsende Hefe mit Bezug auf die Zuckerkonzentration sich anders verhält wie die nicht wachsende. Dazu sind eine Reihe von Versuchen bei wechselnder Verdünnung einer Stammlösung von Bierwürze (bis auf das 8fache) ausgeführt worden. Die Stammwürze hatte 6·5 Prozent Maltose, die verdünnteste Lösung rund 0·8 Prozent Zucker. Diese letztere Konzentration fällt also schon erheblich außerhalb jener Grenzen, in denen die nicht wachsende Hefe bei den früheren Versuchen S. 97ff. als von der Konzentration unabhängig sich erwies. Man muß aber ins Auge fassen, daß ein solcher Vergleich zwischen den Versuchen mit wachsender und nicht wachsender Hefe gar nicht angängig ist, weil die Grenze für die Verwertung des Zuckers keine absolute ist, sondern von den Beziehungen zwischen Hefemasse und Zucker abhängig ist, beim Wachstum aber nur so viel Hefe entsteht, als sich in dem vorhandenen Zucker wirklich ernähren kann.

Das Resultat der Gärversuche findet sich einige Seiten später in einer Kurve dargestellt; ich möchte der Diskussion der Experimente einige allgemeine Bemerkungen vorausschicken.

Die Wärmemessung gestaltet sich besonders bei der kleinsten Zuckerkonzentration recht schwierig, da die Menge der gewachsenen Hefe und dementsprechend die Gärwirkungen klein waren, war doch die Ernte im günstigsten Falle nur 3 g der üblichen Hefe entsprechend, und in den Fällen mit Verdünnung des Nährbodens sinkend bis etwa auf 0·5 g. Die Versuche lassen aber erkennen, daß in keiner der 4 Serien eine eigentliche längere Latenz vorhanden war, sondern daß die Wärmebildung bald nach der Einimpfung der Hefe begann. Die Temperaturen stiegen in den einzelnen Kalorimetern, die mit den verschiedenen Konzentrationen der Bierwürze gefüllt waren, nicht in der Zeiteinheit um gleich viel Wärme, sondern verschieden rasch nach Maßgabe der Konzentration, am schnellsten bei großer Konzentration.

Da die Wärmebildung eine Folge der neuentstandenen Zellenzahl ist, so können wir in dem Wärmegang zum mindesten einen dem Wachstum analogen Verlauf annehmen, vorausgesetzt, daß die Eigenschaften der neu entstandenen Zellen unter sich keine Unterschiede des Stoffumsatzes zeigen, was nicht anzunehmen ist.

Im Zusammenhalt mit der Tatsache, daß die Endernten sich wie die Konzentrationen verhielten, beweist also dies für jede Konzentration verschieden rasche Ansteigen der Gärung, daß von Anfang an das Wachstum in den 4 Fällen verschieden rasch war, also sich so verhielt, wie in den oben mitgeteilten Versuchen von Proteus vulgaris.

Art des Anstiegs, Maxima der Wärmebildung verhalten sich genau so, wie wir es nach den früheren Auseinandersetzungen erwarten müßten unter der Annahme, daß die Zellenmasse in jeder Zeiteinheit maßgebend für die Gärung ist.

Im Grunde genommen sind die hier angestellten Gärversuche ein Analogon zu den Verdünnungsversuchen S. 91ff. mit nicht wachsender Hefe. Wie wir dort in einem durch Verdünnung immer größer werdenden Volumen das gleiche Verhältnis von Zucker und Hefe innegehalten hatten, so hat hier der natürliche Wachstumsprozeß dieselbe Relation zwischen Zucker und Hefe herbeigeführt. Denn wenn in der halben Konzentration die Hälfte der Hefe gewachsen ist usw., so bleibt die Relation Zucker zu Hefe dieselbe wie in der Stammwürze.

Die unmittelbaren Zahlenergebnisse lassen hier ebensowenig wie in früheren Fällen die eigentlichen Gesetzmäßigkeiten erkennen, dazu bedarf es einer eingehenden kritischen Analyse der Erscheinungen, der Berechnung der fermentativen Prozesse, des Einflusses des Alkohols auf die Gärwirkung usw.

Die Resultate der Experimente sind in nachstehender Tabelle zahlenmäßig und in Fig. 22 in graphischer Darstellung wiedergegeben.

Dieselbe Bierwürze verschiedener Konzentration.
Wärme in g-Kal. bei 28° pro 2 Stunden.

Zeit Stunden	Konzentration 100	Konzentration 50	Konzentration 25	Konzentration 12·5
2	103	65	54	34
4	139	82	76	46
6	168	126	88	38
8	188	126	88	40
10	192	115	76	29
12	167	88	50	15

Zeit Stunden	Konzentration 100	Konzentration 50	Konzentration 25	Konzentration 12·5
14	158	81	44	20
16	115	58	40	23
18	80	39	30	23
20	72	36	30	23
22	58	27	28	22
24	35	35	6	16

Schon in den ersten zwei Stunden ist überall eine recht gut meßbare Wärmeentwicklung vorhanden, die dann erst allmählich ansteigt. Die Maxima werden in der Stammwürze in der 6. bis 10. Stunde, bei halber Konzentration in der 6. bis 10. Stunde, desgleichen bei $^1/_4$ Konzentration, in der 8. Stunde bei $^1/_8$ Konzen-

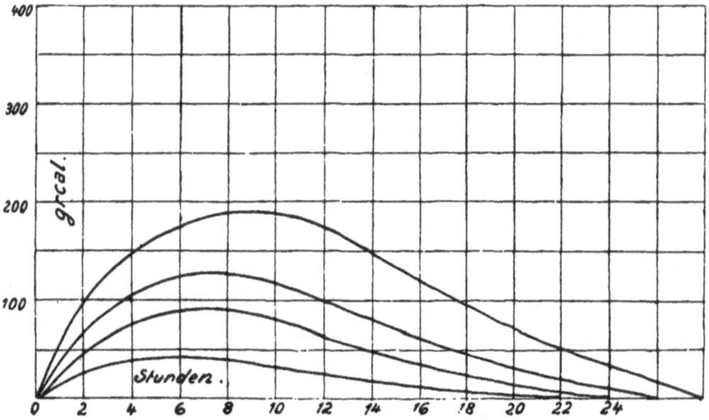

Fig. 22.

tration erreicht. Der Anstieg ist in jeder Probe langsam im Gegensatz zur Aussaat größerer Hefemengen in einer Zuckerlösung. Dies alles spricht für ein gleichartiges Wachstum in den verschiedenen Verdünnungen.

Die Aussaat, hergestellt durch eine Aufschwemmung von Hefe = 0·04 mg N, verhält sich in der Stammlösung zur Ernte von 66 mg wie 1:15; in den anderen Verdünnungen bedurfte es einer viel geringeren Vermehrung, um die Endernte zu erreichen; so war diese letzte bei der doppelten Verdünnung das (0·04:33) 8fache der Aussaat, in der 4fachen Verdünnung (0·04:20) das 5fache, bei der 8fachen Verdünnung (0·04:11) nur das 2·7fache. Die Erntebildung konnte im allgemeinen also mit abnehmender Konzentration schneller zu Maximalwerten kommen, als bei den höheren Konzentrationen.

Wenn wir von den Rohwerten der Gärungswärme absehen und

versuchen wollen, die vitale Gärwärme sowohl mit Rücksicht auf die Variation des Verdünnungsgrades der Nährlösung, als auch mit Bezug auf die Leistungen der neugewachsenen Hefezelle festzustellen, so werden wir sehen, daß hier eine Kette von Schwierigkeiten sich uns entgegenstellt. Auf die Rohwerte der Gärungswärme wirken eine ganze Anzahl von Faktoren ein, wie ich für die nicht wachsende Hefe schon gezeigt habe, nicht minder hier, wo die Erscheinungen noch durch das Moment des Wachstums der Zellen und deren Rückwirkungen auf das Nährsubstrat komplizierter sind.

Zunächst haben wir in allen Fällen bei einer Aussaat von 0·18 g Hefe an eine von dieser Aussaat selbst ausgehende Gärwirkung zu denken, dies um so mehr, als bei den Verdünnungen der Nährlösung wenigstens die eigentliche Wachstumsgröße nur sehr bescheiden war. Weiter wird natürlich auch die wachsende Hefe Fermentäußerungen zeigen. Diese lassen sich leider nicht direkt untersuchen, denn möglicherweise ist zu verschiedenen Zeitintervallen eine zunehmende Fermentmenge vorhanden; diese eben durch Unterbrechung des Versuches, Toluolisieren und Eintragen der toluolisierten Hefe in Zuckerlösungen, die dem Versuche angepaßt sind, feststellen zu wollen, wäre eine Methodik so umständlich und zeitraubend, daß kaum befriedigende Resultate zu erzielen wären.

Man wird daher einen besonderen Weg zur Lösung der Schwierigkeiten einschlagen müssen; der, wenn auch nicht zu absolut genauen, so doch zu relativ richtigen Werten führt.

Zu diesem Zwecke wird es am besten sein, die Gärungsresultate einer längeren Versuchszeit zusammenzufassen, dabei ist aber folgendes zu bemerken:

Die Gärung war in den vier verschiedenen Verdünnungen keineswegs völlig abgelaufen; von den 2437 g-Kal., welche in einer 6·25proz. Maltoselösung (= 16·25 g in 250 ccm) entstehen können, waren in 24 Stunden in der Stammlösung erst 1480 g-Kal. erzeugt, statt 1218 in der halben Konzentration nur 860, nur die 4fache und 8fache Verdünnung waren vollkommen in der Gärung zu Ende gekommen.

Es lassen sich also nicht wohl die Endresultate von 24 Stunden vergleichen, da wir ja dann bei der 4- und 8fachen Verdünnung bereits in der letzten Stunde des Tages sicher einen Zuckermangel voraussetzen müssen, der zur vollen Ernährung nicht ausreichte.

Dieser Übelstand läßt sich aber eliminieren, wenn man die graphische Darstellung der Summen der Wärmewerte für die einzelnen Konzentrationen zu Hilfe nimmt (Fig. 23).

In nachstehender Darstellung sind einfach die Summen der erzeugten Wärme eingetragen. Die Stammlösung steigt in ihrer Wärmebildung bis 1400 g-Kal. gleichmäßig. Aus der Kurve läßt sich dann für die doppelte Verdünnung der Zeitpunkt finden, wo eben in 250 ccm Nährflüssigkeit 700 g-Kal. gebildet worden sind, oder bei 4facher Verdünnung 350 g-Kal. und bei 8facher 175 g-Kal.

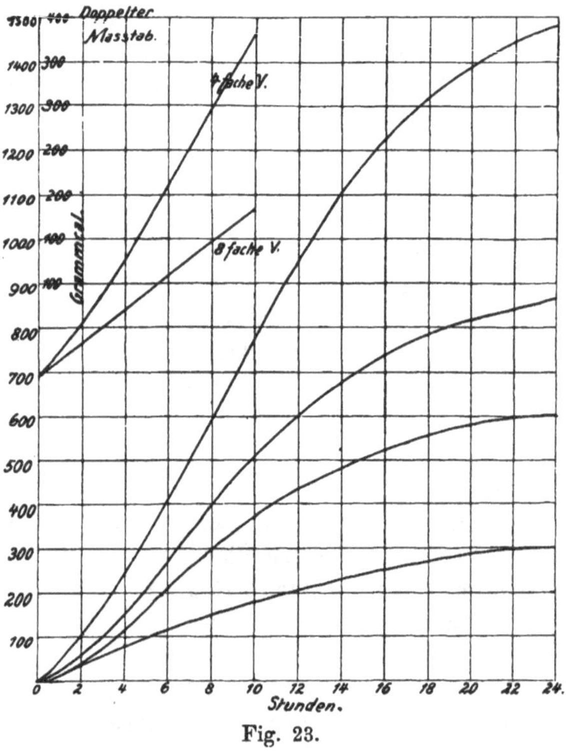

Fig. 23.

Wir wissen also dann, zu welchem Zeitpunkt in allen Gärgefäßen der gleiche Vergärungsgrad vorhanden gewesen ist, und wenn wir die Werte der doppelten Verdünnung mit 2, der 4fachen mit 4 usw. multiplizieren und in gleicher Weise mit den Ernten verfahren, so lösen sich die 4 Verdünnungsversuche in 4 Experimente auf, in denen annähernd dieselben Ernten denselben Zuckermengen gegenüberstehen, was für die weitere Berechnung eine bequeme Darstellung gibt.

Wenn wir in allen Fällen 1400 g-Kal. Wärmebildung als Ausgangspunkt nehmen, ist die Menge des zerstörten Zuckers in allen Fällen dieselbe, also auch die Menge des erzeugten Alkohols, aber die Konzentration des letzteren war proportional der Verdünnung der Stammlösung geringer. Nehme ich ein gleichmäßiges Fortschreiten der Alkoholmenge an und rechne ich von einem mittleren Alkoholprozentgehalt die Wirkung des letzteren auf den Gärverlauf, so muß man die direkt gemessene Menge von Grammkalorien nur mit folgenden Faktoren multiplizieren, um die Leistung in alkoholfreier Lösung zu erhalten.

1·086; 1·038; 1·019; 1·010.

Eine spezifische Einwirkung des Alkohols auf das Wachstum kann in keinem Versuche vorgelegen haben; bis 2 Gewichtsprozent, das ergeben die Experimente S. 168, berührt die Alkoholanhäufung das Wachstum nicht nachteilig. 2 Prozent Alkohol = 3·92 Prozent Zuckerumsatz würde für 250 ccm Nährlösung 9·8 g Zuckerumsatz erfordern = 1470 g-Kal. an Wärmeproduktion gleichkommen. Diese Summe wird genau erst nach der 24. Stunde in der Stammwürze erreicht. Somit kann der Alkohol nur indirekt durch die Herabsetzung der Gärkraft der Zelle deren Wachstum beeinflußt haben. Ich kann für die vorliegenden Fälle nicht angeben, wann das Wachstum zu Ende gekommen ist, es war aber sicher im Laufe des Tages vollendet, denn die weitere Beobachtung hat ergeben, daß am nachfolgenden Tage kein Hefezuwachs mehr erhalten wurde, wahrscheinlich hat das Wachstum noch angehalten, als durch die Rückwirkung des Alkohols auf die Zellen die Gärkraft dieser bereits sich schwächte.

Außerdem haben wir zu berücksichtigen, daß wir in der Stammlösung von Anfang an 0·18 g Hefe als Aussaatgewicht haben; die halbe Konzentration enthielt aber auch 0·18 g Hefeaussaat, woraus folgt, daß für eine Berechnung auf die absolute Nahrungsmenge, also in zwei Gefäßen mit der halben Konzentration 2 × 0·18 g Hefe sich am Umsatz beteiligen, in der 4fachen Verdünnung 4 × 0·18 g und in der 8fachen 8 × 0·18 g Hefe. 1 g Hefe liefert in einer Stunde 33 g-Kal. vitaler Wärmebildung, die Wirkung selbst ist proportional der Zellmasse, wie ich S. 76 gezeigt habe; ein Korrektionsfaktor läßt sich danach leicht ableiten.

Endlich wird bei einem solchen Vergleich der absoluten Volumina die Wärmebildung durch Absorption der Kohlensäure mehrfach in Rechnung gestellt und ist daher von den Endresultaten abzuziehen. Dieser Einfluß spielt sonst bei längeren Versuchen mit beschränktem Volum (250 ccm) keine Rolle, hier aber sind ja die Volumina 500, 750, 1000 ccm oder werden wenigstens mit diesen Werten in die Rechnung eingeführt.

In allen 4 Reihen war 8·1 g Zucker zerlegt worden, welche 3·96 g CO_2

liefern können, die nach meinen Versuchen zur Absorption kommenden Kohlensäuremengen sind auf obige Volumina berechnet:

0·46; 0·92; 1·84; 3·68;

daraus ergibt sich, daß wohl bei doppelt und 4facher Verdünnung so viel Kohlensäure überhaupt gebildet wird, daß die mittlere Sättigung der Gärflüssigkeit eintreten kann, aber unmöglich bei der 8fachen Verdünnung, weil zur Sättigung der Flüssigkeit ja auch der etwa 100 ccm fassende Luftraum über der Kalorimeterflüssigkeit mit CO_2 gefüllt werden muß. Da nur knapp so viel Kohlensäure überhaupt (3·96 g) entsteht, als gerade für die Sättigung der Flüssigkeit hinreichend, aber nicht genügend um den Luftraum über der Gärflüssigkeit zu sättigen, so ist sicherlich die Absorption der CO_2 in der Flüssigkeit viel kleiner gewesen und dürfte jene der vorherigen Verdünnung kaum wesentlich überschritten haben. Bei der doppelten Verdünnung werden nach diesen Beobachtungen 1 × 58 g-Kal., bei der 4fachen 3 × 58 g-Kal. gegenüber der Stammlösung zu viel Wärme veranschlagt und kommen also in Abzug.

Die als Grenze angenommenen 1400 g-Kal. werden nicht in allen Verdünnungen zur selben Zeit erreicht, weil der Alkohol in verschiedenem Grade hemmend eingewirkt hat, die nötigen Zeiten lassen sich aus der graphischen Darstellung Fig. 23 entnehmen, die kleinen Kurven links oben sind die Vergrößerungen der 4- bzw. 8fachen Verdünnung, beigefügt, um die Zeitpunkte exakter zu finden.

Nun erübrigt noch die Frage der Fermentbildung.

Die Fermentwirkung läßt sich ihrer absoluten Größe nach genügend genau auf Grund meiner zahlreichen Versuche, über die ich zum Teil schon in früheren Abschnitten berichtet habe, berechnen; sie ist innerhalb sehr weiter Grenzen von der absoluten Menge der angewandten Hefe nahezu unabhängig. Meine Versuche erstrecken sich über Erfahrungen mit Mengen von 1—50 g Hefe, die Wirkung sinkt natürlich von 1 g Hefe mit weiterer Abnahme der Menge derselben auf Null, dies geschieht dann erst rasch, wenn erheblich weniger als 0·5 g Hefe vorhanden ist; sogar die Aussaat der 0·18 g Hefe äußert gewisse Fermentwirkungen. Da aber in allen Fällen rasch Hefevermehrung eintritt, so haben bei den „Gärkurven“ auch von Anfang an und rasch steigend fermentative Wirkungen der jungen Hefe sich geltend gemacht.

Ganz klar liegt der Einfluß der Konzentration der Zuckerlösung zur Fermentwirkung, die letztere fällt bei Sinken der Konzentration auf die Hälfte, auf das 0·64fache (s. oben S. 108 u. 109), wie ich durch zahlreiche Beispiele gezeigt habe.

Die Fermentwirkung läßt sich in folgender Weise aus früheren Experimenten berechnen; sie ist für verschiedene Hefemengen durch Interpolation an einer graphischen Darstellung abgeleitet, für die abweichenden Zuckerkonzentrationen nach dem schon angegebenen Gesetz der Verminderung auf das 0·64fache bei der Verdopplung der Verdünnung:

g Hefe	Fermentwirkung in 10proz. Lösung	Wirkliche Konzentration des Zuckers	Berechnete Fermentwirkung auf vorstehende Konzentration
3	300	6·5 Proz.	225
1·5	280	3·25 ,,	132
0·91	250	1·62 ,,	78
0·50	225	0·81 ,,	44

danach für den Gehalt der Konzentration bei den Verdünnungen der Bierwürze berechnet:

bei 100 Prozent			225
,, 50	,,	2 × 132	264
,, 25	,,	4 × 78	312
,, 12·5	,,	8 × 44	352

Eine Angabe, wie sich die Fermentwirkung in einzelnen Stunden gestaltet habe, ist schwierig. Ich habe mehrfach beobachtet, daß etwa schon bei der Aussaat von 1 g toluolisierter Hefe die Fermentwirkung nicht wie sonst rapid und vornehmlich in den ersten 4 bis 6 Stunden abläuft, sondern sich länger, über 16 bis 18 Stunden, hinzieht. Da dabei aber wieder im allgemeinen die Verschiebung zwischen dem Verhältnis von Ferment zu Zucker bestimmend ist und diese Relation zwischen Ernte und Zucker gerade in den hier berichteten Versuchen sich kaum verschoben hat, werden im Prinzip die zeitlichen Wirkungen des Fermentes kaum verschiedene gewesen sein. Macht man aber die Voraussetzung, das Wachstum sei gewissermaßen ruckweise erfolgt, dann würde jede neu entstehende Fermentmenge gewissermaßen für sich in dem Sinne zur Geltung kommen können, daß die neue Quote in einer bestimmten zeitlichen Verteilung wirkt wie die vorhergehende, so daß wir gewissermaßen eine Summierung von Einzelwirkungen hätten, die dann annähernd wie die Massenbildung der Zellen verliefen und mit erreichter Maximalernte schnell zum Abschluß kämen, weil die Menge dieser Ernte nicht allzu klein anzunehmen ist, was möglicherweise nur für die 8fache Verdünnung der Stammlösung in Frage käme.

Eine Frage muß ich allerdings ganz offen lassen, nämlich die, ob junge Zellen und ältere in ihrem absoluten Fermentgehalt übereinstimmen. Es spielt dies aber keine wesentliche Rolle, da es sich in den folgenden Berechnungen nicht um absolute, sondern um relative Werte zwischen der Gärung in verschiedenen Konzentrationen der Würze handelt.

Wir werden also nicht genötigt sein, auf diese zeitliche Verteilung näher einzugehen, da auch ohne ihre Heranziehung die für meine Betrachtung nötigen Daten sich erheben lassen.

Gehen wir nun zu einer zahlenmäßigen Betrachtung der Versuche über:

Nach meinen Analysen entsprechen 0·11 g N = 5 g der üblichen Hefe, 1 mg = 0·045 Hefe; die Aussaat war = 0·004 mg N = den eben erwähnten 0·18 g frischer Hefe.

Die Reinernten waren

bei der Konzentration	100	1 ×	62
„ „ „	50	= 29 g, d. h. auf 2 Volume	58
„ „ „	25	= 16 mg „ „ 4 „	64
„ „ „	12·5	= 7 „ „ „ 8 „	56

Ernte und Aussaat = 66, 33, 20, 11 mg N, was 3·0, 1·5, 0·91, 0·495 g Hefe entspricht.

Die Aussaat betrug bei der größten Verdünnung bis 36 Prozent der Gesamternte.

Ich komme daher zu folgender Zusammenstellung:

Produzierte Wärme	Stammlösung	2fache Verdünnung	4fache Verdünnung	8fache Verdünnung
	1400	1400	1400	1400
ab für Fermentwirkung .	225	264	312	352
	1175	1136	1088	1048
Alkoholfrei berechnet .	1270	1179	1108	1058
Abzug für die Aussaat .	120	177	192	440
	1144	1002	816	617
ab für CO_2		58	174	(174)
bleibt	1144	944	642	543

Diese Wärme ist erzeugt in

Stunden	20	14·75	9·4	9·2
in einer Stunde	57·2	64·0	68·3	59·1
von einer Reinernte mg	62	58	64	56
pro 1 mg N u. Stunde .	0·923	1·103	1·067	1·054
pro 1 mg und Tag . . .	21·15	26·47	25·60	25·3

Die Zahlen beanspruchen keine absolute Richtigkeit, aber eine relative, weil ja die Berechnung der Fermentmenge vielleicht im ganzen zu gering veranschlagt wurde, wie wir später noch sehen werden.

Im übrigen stimmen sie genügend für die verschiedenen Verdünnungen des Nährbodens überein, um zu behaupten, daß auch die wachsende Hefe in Nährlösungen von verschiedener Konzentration mit gleicher Lebhaftigkeit gärt, wie ich dies von der nichtwachsenden Hefe durch größere Versuchsreihen oben S. 91 u. 104 in absolut sicherer Weise darzutun in der Lage war.

Sechstes Kapitel.

Die Bedeutung des Nährstoffverhältnisses für Wachstum und Gärung.

Im vorherigen Abschnitt haben wir ein relativ frühzeitiges Abschneiden des ansteigenden Teiles der Gärkurve und ein allmähliches Absinken beobachtet. Schon in 24 Stunden wenigstens war der Zucker in den größeren Verdünnungen aufgezehrt. Dies Verhalten legt den Gedanken nahe, daß möglicherweise ein relativer Mangel an Zucker das Wachstum vorzeitig zum Stillstand gebracht habe. Die hohe Bedeutung der Eiweiß-Zuckerrelation für die Größe der Ernte habe ich schon erörtert; es kann daher von Interesse sein, durch eine direkte Untersuchung des Wachstums auf einem Nährboden mit weiterem Eiweiß-Kohlehydratverhältnis diese Frage experimentell zu untersuchen.

Die Variation des Nährstoffverhältnisses habe ich in der Weise hergestellt, daß gewöhnliche Bierwürze genommen wurde, in der nach der chemischen Analyse in 250 ccm 1·5 g Eiweiß und 16·2 g Zucker enthalten waren, die Bierwürze wurde auf das Doppelte, 4fache, 8fache verdünnt und dann allen Lösungen, auch der Stammlösung so viel Rohrzucker beigefügt, daß in der Stammlösung neben 1·5 g Eiweiß 56 g Maltose und Rohrzucker enthalten waren, in den Verdünnungen dieselbe Zuckermenge, aber fallende Eiweißmengen. Drei Serien dieser Art wurden zum Experiment benutzt und die Mittelzahlen in nachstehende Tabelle S. 193 eingetragen.

Die erhaltenen N-Ernten waren		I	0·074 g (inkl. Aussaat)
bei Verdünnung der Stammwürze auf	$^1/_2$	II	0·038 ,,
,, ,, ,, ,, ,,	$^1/_4$	III	0·021 ,,
,, ,, ,, ,, ,,	$^1/_8$	IV	0·010 ,,

Sie entsprachen also wieder den Konzentrationen der Nährlösung an N-Material, von kleinen Abweichungen abgesehen. Die Nährlösung hatte 0·221 g N, woraus sich ergibt, daß ausgenützt wurden bei

I:	35·2 Prozent des vorhandenen N	
II:	34·5 ,,	= 36·1 Prozent im Mittel
III:	38·2 ,,	
IV:	36·4 ,,	

Nach dem wirklichen Nährwert (1 N = 26 kg-Kal.) und der sonstigen Bezeichnungsweise der Stoffwechsellehre, ausgedrückt nach dem Kalorienverhältnis, wäre der Gehalt an Eiweiß und Kohlehydratkalorien (1 g = 150 g-Kal.) folgender gewesen:

I:	0·08 g N u. 56 g Zucker	=	19·2 % Eiweißkal. u.	80·82 % Kohleh.-Kal.
II:	0·04 ,, ,, 56 ,,	=	10·6 ,,	,, 89·4
III:	0·02 ,, ,, 56 ,,	=	5·6 ,,	,, 94·4
IV:	0·01 ,, ,, 56 ,,	=	2·9 ,,	,, 97·1

Wir haben also die verschiedenartigsten Nährstoffrelationen, welche alle viel N-ärmer sind, als jene des vorhergehenden Abschnittes, wo wir 42·8 Prozent Eiweißkalorien und 57·2 Prozent Kohlehydrate verwendet hatten.

Nach den Versuchsergebnissen war es in allen Fällen zu einem normalen Wachstum gekommen, auch im Fall IV, wo es sich um einen sehr kleinen N-Anteil im Nährgemisch handelte.

Die Menge der gewachsenen Hefe betrug in Gramm:

bei I:	3·7	bei III:	1·0
,, II:	1·9	,, IV:	0·5.

Diese Versuchsreihe bildet — vom Wachstum abgesehen — ein Analogon zu den früheren Versuchen mit verschiedenen Mengen Hefe bei gleichbleibender Zuckerkonzentration.

Bei dem an sich sehr hohen Prozentgehalt an Zucker kann erst bei langdauernder Gärung allmählich eine starke Verminderung des ersteren eintreten, am ehesten in der Lösung mit hohem Eiweißgehalt, weil dort am meisten Hefe gewachsen war.

Der Alkoholgehalt erreicht nur in Versuch I nach der 16. Stunde annähernd 3 Prozent und damit die Grenze, von der ab eine allmähliche Schädigung des Wachstums eintreten mußte, wenn dieses nicht, wie aus anderen Gründen zu vermuten, schon vorher abgeschlossen gewesen war.

Die angewandte Bierwürze war in einem Fall dieselbe wie in der früheren Reihe ohne Zucker, in zwei anderen eine neue Probe. Die etwas abweichenden Ergebnisse waren nicht von der Ungleichheit der Stammwürze abhängig, sondern von der Nahrungsmischung und man darf sagen, es sei hier wirklich relativ mehr zum Ansatz gelangt. Der größere Zuckerreichtum scheint also einen begünstigenden Einfluß auf das Wachstum geübt zu haben. Dies wird in der Weise zustande gekommen sein, daß die Hefe erst später unter dem Zuckermangel zu leiden hatte und deshalb mehr Eiweißstoffe zum Ansatz bringen konnte.

Daraus folgt auch die Wichtigkeit der richtigen Abstufung zwischen den Wachstumsnährstoffen und der Kraftwechselzufuhr. Wachstum kann ausbleiben, weil zu wenig spezifische Nährstoffe vorhanden sind, oder auch deshalb, weil wegen ungenügenden Unterhaltes des vitalen Energieverbrauchs eine größere Anzahl von Zellen in eine Unterernährung gerät.

Die Mittelzahlen der drei Serien sind bezüglich der Gärwirkung in nachstehender Tabelle eingetragen und auf Grund der letzteren ist die graphische Darstellung (Fig. 24) ausgeführt.

Bierwürze in verschiedener Konzentration.
Alle Proben durch Rohrzucker auf gleiche Zuckerprozente (21 Prozent). Temp. 28·9°. g-Kal. pro 2 Stunden.

Zeit	Konzentration 100	Konzentration 50	Konzentration 25	Konzentration 12·1
2	126	96	76	64
4	178	128	113	65
6	258	200	131	87
8	264	201	133	81
10	348	209	134	83
12	336	222	142	90
14	352	220	140	80
16	327	201	130	77
18	318	195	133	76
20	308	186	133	76
22	264	189	132	76
24	247	179	132	76

In den eiweißreichen Lösungen ist, wie zu erwarten, überall der Anstieg der Gärung mit der schon erwähnten größeren Ernte bedeutender geworden, alle Kurven erheben sich gleichzeitig vom Beginn des Versuchs an, zeigen also den Einfluß ungleicher Generationsdauer in Abhängigkeit von der Konzentration des nährenden Stickstoffs. Der Einfluß des höheren Kohlehydratgehaltes gibt den Kurven ein typisches Aussehen. Man vergleiche das Ergebnis mit dem vorigen Abschnitt, der charakteristische Unterschied besteht in den höheren Wärmewerten, weiter in dem langdauernden Hochstand der Wärmebildung überhaupt. Nachdem unter dem Einfluß des Wachstums der Zellen die Kurven eine gewisse Höhe erreicht haben, halten sie sich längere Zeit auf derselben, bis dann die Alkoholeinwirkung die Stärke der Gärung vermindert, zunächst bei Serie I, wo am meisten Alkohol entstand, in schwächerer Wirkung bei Serie II, ziemlich unbeeinflußt bleibt Serie III und IV, wenigstens bis zur 24. Stunde, in einer nahezu

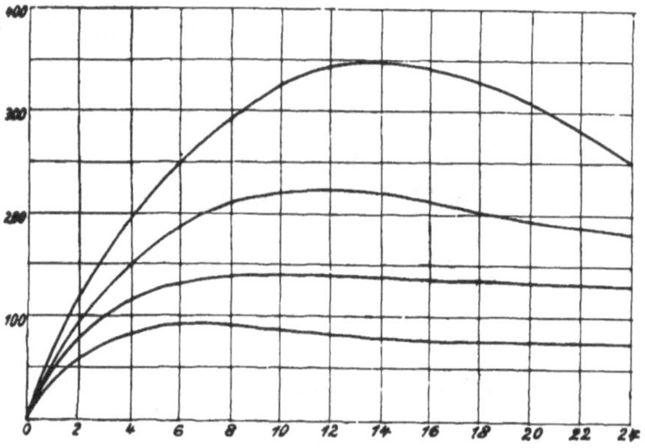

Fig. 24.

völlig gleichbleibenden Gärtätigkeit, während in den früheren Versuchen aus Mangel an Zucker in allen Fällen schon frühzeitig ein Abfall der Wärmeproduktion entstanden war.

Wir wollen nun versuchen, aus den „Rohzahlen" die eigentliche Wirkung der wachsenden Zellen abzuleiten. Zur Aussaat kamen 0·1 g Hefe = 0·002 g N, welche vom Endresultat zur Feststellung der Reinernte in Abzug gebracht werden müssen.

Die nächste Korrektur ist jene für die Fermentwirkung, über welche im vorherigen Abschnitt alles Wesentliche schon gesagt wurde. Aus Versuchen, wobei 20 Prozent Rohrzucker angewandt worden waren, kann ich auf dem Wege der Interpolation aus einer Kurve meiner Experimente die Wirkungen des Fermentes, welches den Hefeernten entspricht, entnehmen und finde dabei: 530, 475, 440 und 370 g-Kal. als Gesamtwirkung geordnet nach der Größe der Ernte.

Die Nährlösung hatte 22·4 Prozent Zucker, also war die Wirkung des Fermentes größer als in den eben angeführten Fällen, sie würde bei einer Änderung von 20 Prozent auf 22·4 Prozent Zucker um das 1·125fache zunehmen und in absoluter Zahl also betragen:

I: 695; II: 534; III: 495; IV: 416 g-Kal.

Über die stündliche Verteilung des Fermentes können wir nichts Bestimmtes angeben, diese Frage erledigt sich aber von selbst, wenn wir einen längeren Zeitraum der Gärung ins Auge fassen, in welchem die Fermentwirkung sicher abgelaufen sein wird; diese Bedingung läßt sich realisieren.

Von der Aussaat = 0·1 g Hefe wollen wir annehmen, sie habe innerhalb des Zeitraums in gleichmäßiger Gärwirkung weiter bestanden, was bei der Kleinheit der Korrektion eine Beanstandung nicht finden dürfte. 1 g Hefe liefert als vitale Wärmebildung pro Stunde 33 g-Kal., also 0·1 g = 3·3 g-Kal.

Ich will für die weitere Berechnung die Wärmemengen zugrunde legen, die bis zur 20. Stunde entstanden sind; für diese Zeit wird daher auch die Korrektion für die Rückwirkung des Alkohols auf die Gärung berechnet werden müssen.

Ich erhalte für diesen Zeitpunkt:

Menge des verbr. Zuckers in Gramm . .	18·1	12·3	8·4	5·1
daraus Alkohol in Gramm	9·25	6·2	4·2	2·5
Alkohol in Prozenten	3·7	2·4	1·7	1·0

Dies ist der Gehalt zu Ende der ganzen für die Berechnung ins Auge gefaßten 20stündigen Reihe.

Die Ableitung des mittleren Gehaltes, dessen wir bedürfen, kann nicht durch einfache Halbierung dieses Endwertes einwandsfrei bestimmt werden, da schon in den ersten 2 Stunden die Alkoholbildung rasch anstieg und auch weiterhin der Zuckerumsatz nicht allmählich, sondern, wie die Kurven zeigen, erst rasch, dann langsam zunahm. Daher ist es das sicherste, für jede zweistündige Periode an sich den mittleren Alkoholgehalt zu berechnen und aus allen diesen Einzelwerten das Mittel zu bilden.

Diese wahren Mittelwerte betragen, auf den Endgehalt an Alkohol bezogen: das 0·465-, 0·466-, 0·475-, 0·488fache, also ist der mittlere Gehalt 1·72 Prozent, 1·12 Prozent, 0·81 Prozent, 0·488 Prozent Alkohol.

Die Faktoren zur Berechnung der alkoholfreien Leistung sind:

Wärmemenge × . . . . 1·174, 1·10, 1·06, 1·02.

Die beobachtete Wärmesumme für 20 Stunden war:

	I	II	III	IV
	2713	1858	1265	763
ab für Ferment	695	534	495	416
	2018	1324	770	347
berechnet alkoholfrei	2369	1462	816	354
Abzug für die Aussaat	70	70	70	70
	2299	1392	746	284
die Reinernte war in mg N . .	74	38	21	9
pro 1 mg Ernte u. 20 St. in g-Kal.	31·1	36·6	35·5	31·5
pro 1 mg und Stunde in g-Kal.	1·55	1·83	1·77	1·58
pro 1 mg u. 24 Stdn. in g-Kal.	39·2	43·92	42·4	37·9

Es liegen also für die Werte pro 1 mg Endernte berechnet wohl einige Differenzen vor, sie sind aber gegenüber den Schwierigkeiten dieser Messungen gewiß sehr klein und wir wissen ja auch nicht, welchen Zufälligkeiten sie zuzuschreiben sind. Die Ergebnisse können aber zum Beweise dienen, daß in allen Fällen das Wachstum und die Gärung parallel gegangen sind, obschon die Nährstoffverhältnisse außerordentlich verschiedene gewesen sind.

Der vitale Energieverbrauch der wachsenden Zelle erweist sich, wie bei der nichtwachsenden Hefe, direkt proportional der Zellmasse.

In allen Fällen muß auch ausreichend Zucker vorhanden gewesen sein; tatsächlich war nach einer Berechnung am Schluß der 20. Stunde bei Serie I noch 13·6 Prozent, bei Serie IV noch 20 Prozent des ursprünglichen Zuckers vorhanden. Wir haben also hier sicher einen Fall von völlig ausreichender Zuckerernährung gegeben.

Im Mittel war die Gärleistung von 1 mg Reinernte 33·6 g-Kal. pro 20 Stunden = 40·32 g-Kal. pro 24 Stunden.

Ein Vergleich mit den Ergebnissen der vorigen Versuche zeigt, daß die dort ausgesprochene Vermutung, die Zuckerkonzentration habe zur vollen Ernährung nicht mehr ausgereicht, zu Recht besteht. Die dort gegebenen Zahlen sind sämtlich wesentlich niedriger als die hier gefundenen, ein Beweis, daß bereits vor der 20. Stunde ein Mangel an Zucker eingetreten war. Ein Nährstoffverhältnis von 44·8 Prozent Eiweißkalorien und 57·2 Prozent Kohlehydrate vermag also eine ausreichende Gärung nur ganz kurz zu unterhalten, es ist jedenfalls kein solches, das für lange Zeit eine maximale Gärwirkung garantiert.

Die mit wachsender Hefe ausgeführten Versuche lassen mit Sicherheit aussprechen, daß eine volle Proportionalität der Gärwirkung zum Wachstum selbst besteht und andererseits ein Einfluß der Zuckerkonzentration auf den Zuckerverbrauch auch bei der jugendlichen Zelle nicht nachzuweisen ist. Diese meine Ergebnisse stehen ganz im Gegensatz zu einer im Jahre 1903 publizierten Untersuchung Iwanowskis, nach welcher — er hat wachsende Hefe untersucht — die Konzentration einen sehr erheblichen Einfluß auf die Größe der Gärung haben sollte[1]. Nachdem ich in vielen Fällen dargetan habe, in welcher Weise das Ernährungsproblem der Hefe angegriffen werden muß, um die zahlreichen modifizierenden Faktoren des Stoffwechsels auseinanderzuhalten, wird es mir nicht schwer fallen, bei den Experimenten Iwanowskis die Fehlerquellen aufzudecken.

Iwanowski hat Zucker, Pepton und Mineralsalze gemischt und diese Nährlösung geimpft. Da seine Zahlen sich auf ungleiche Volumina Nährlösung beziehen, habe ich die Originalwerte zunächst auf gleiche Volumina umgerechnet. Ich ordne folgende Reihen:

Bei 18—20°, Dauer 3 Tage.

	Serie I			Serie II		
Zuckergehalt in Prozenten	0·5	2·0	5·0	5·0	10·0	20·0
Peptongehalt	0·5	0·5	0·5	0·5	0·5	0·5
Ernten in mg trocken . .	78	160	126	196	170	120
Zuckerverbr. in Gramm .	0·5	1·5	1·5	2·6	2·8	2·6
Grad der Zuckerumsätze in Prozenten	100	75	30	52	28	13

Indem Iwanowski berechnet, wieviel Zucker pro 1 g Hefe und 1 Tag verbraucht wurden, findet er als Einzelwerte:

6·4, 9·2, 12·0, 13·2, 16·6, 18·3,

und schließt daraus, daß eben die Zuckerkonzentration bedingend für den Zuckerverbrauch der Hefezelle sei.

Ohne die tatsächlichen Feststellungen im geringsten bezweifeln zu wollen, ist es offensichtlich, daß die Ergebnisse Iwanowskis eine ganz andere Deutung erfahren müssen.

Zunächst läßt die einfache Bestimmung der Hefetrockensubstanz gar keinen sicheren Schluß auf die Größe des Wachstums zu, weil ja

[1] *Zentralblatt für Bakteriologie.* 1903. Bd. X. S. 150. II. Abt.

die Zusammensetzung der Hefetrockensubstanz schon wegen des wechselnden Glykogengehaltes trotz gleichen Wachstums verschiedene Gewichte liefern kann. Die Hefen wurden bei ganz ungleichem Zuckergehalt der Lösungen geerntet. In Serie I war überhaupt der Zucker völlig vergoren, und es ist daher sogar möglich, daß nachträglich schon wieder eine Autolyse der Hefe eingesetzt und dadurch das Ernteerträgnis (bei 0·5 Prozent Zuckergehalt der Lösung) sich vermindert hat, in der nächsten Reihe war der Zuckergehalt am Schluß noch 0·5 Prozent usw., bei der II. Serie am Ende des 3. Versuches sogar 17·4 Prozent. Mit steigendem Zuckergehalt war also in Iwanowskis Versuchen immer steigende Zuckerkonzentration am Ende des Versuches zu finden.

Wenn die Versuche, wie bei Iwanowski, zu verschiedenen Zeiten abgebrochen werden, und zwar mit fortschreitendem Zuckergehalt in einem immer früheren und unvollkommeneren Vergärungsgrade, aber doch erst so spät, daß wenigstens die Ausbildung der Hefe hat eintreten können, so muß selbstredend auf 1 g Ernte eine steigende Menge von Zuckerumsatz kommen, weil alle im frühen Vergärungszustande abgebrochenen Versuche normale Zuckerernährung gehabt haben, die bei höherem Vergärungsgrade aber abgebrochenen an Zuckermangel gelitten haben. Tatsächlich finden sich (s. meine Zusammenstellung) Vergärungsgrade von 100 Prozent bis auf 13 Prozent herunter. Die beiden Serien I und II Iwanowskis lassen sich nicht als gegenseitige Ergänzung betrachten, die höhere Zuckerkonzentration der Serie II und die niedrigere der Serie I müßte sich in den Ergebnissen wesentlich unterscheiden, da sie bei merklich verschiedenem Alkoholgehalt ausgeführt sind, Serie II fast bei einem doppelt so hohen Gehalt als der 2. und 3. Versuch der Serie I und einem 6mal so hohen als Versuch 1 bei Serie I.

Meine Untersuchungen haben uns gelehrt, daß man ohne Kenntnis der Fermentwirkung überhaupt derartige Berechnungen nicht anstellen kann. Bei Iwanowski werden, wie das nicht anders sein kann, nur die Rohwerte der Gärung miteinander verglichen. Vitale und Fermentwirkungen hängen aber in ganz verschiedenem Maße von der Konzentration des Zuckers ab, erstere innerhalb weiter Grenzen gar nicht, die Fermentwirkungen aber stets, und zwar nehmen die letzteren mit der Konzentration erheblich zu und sind besonders in der ersten Zeit der Gärung ausgeprägt, alles Umstände, die bei der Versuchsanordnung Iwanowskis, bei den Versuchen mit steigendem Zuckergehalt eine erhebliche Zunahme des Zuckerumsatzes herbeiführen mußten, die aber mit der Zelltätigkeit selbst gar nichts zu tun haben.

Auch die Versuche, die Iwanowski weiterhin anführt und von A. Brown (a. a. O. S. 180) herrühren, sind für einen Beweis einer Mehrung des Zuckerumsatzes bei wachsender Hefe mit steigender Zuckermenge ganz belanglos.

Ich stelle die Zahlen übersichtlich zusammen wie folgt:

Zuckergehalt .	2·5 Proz.	5 Proz.	16 Proz.	20 Proz.	30 Proz.
Hefeernte . . .	124 mg	155 mg	177 mg	140 mg	138 mg
Zucker zersetzt	2·5	5·0	10·0	20·0	25·2
Dauer	5 Tage	5 Tage	7 Tage	12 Tage	20 Tage
1 g Hefe in 24 Stdn. verbr. Zucker .	7·6	12·4	16·0	12·6	18·0

Eine Reihe von Einwänden, wie sie für die Versuche von Iwanowski schon ausgesprochen worden sind, gelten auch für diese Experimente A. Browns, die Unzulässigkeit der Trockenbestimmungsrückstände der Hefe, ungleiche Wirkung der Fermente. Im Intervall von 5 Prozent bis 20 Prozent läßt sich tatsächlich kein Unterschied im Gärvermögen finden, während nach Iwanowski auch innerhalb dieser Grenzen eine Abhängigkeit vom Zuckergehalt vorliegen soll. Wahrscheinlich war bei 2·5 Prozent Zucker die vorhandene Zuckermenge zu klein gewesen, um eine normale Ernährung aller Hefezellen auszuführen.

Bei der 20tägigen Reihe wird zweifellos ein Teil der erzeugten Hefe schon wieder zugrunde gegangen sein, was bei so langen Gärzeiten ganz unvermeidlich ist, dann begreift man, daß die Zunahme des Gärvermögens relativ zu hoch gefunden werden muß. Wäre die Ernte z. B. so hoch gewesen wie in 10 prozent. Zuckerlösung, so würde dieser Unterschied allein schon genügen, die angebliche Zunahme des Zuckerverbrauches in 30 prozent. Lösung zu beseitigen. Eine solche Abnahme der Ernte von 177 g Hefe auf 138 g kann bei der langen Gärdauer, wie wir aus meinen weiteren Versuchen sehen werden, durchaus als wahrscheinlich gelten.

Weder die Versuche von Iwanowski noch jene von Brown können irgendwie die Annahme rechtfertigen, als sei bei wachsender Hefe eine proportionale Abhängigkeit zwischen Gärung und Zuckergehalt vorhanden.

Siebentes Kapitel.

Einfluß der Temperatur auf das Wachstum und die Intensität der Gärung.

Den Einfluß verschiedener Wärmegrade auf den Ablauf der fermentativen und vitalen Vorgänge bei nicht wachsender Hefe habe ich S. 81 näher verfolgt und dabei gezeigt, wie die beiden Hauptarbeitsgebiete des vegetativen Lebens: Wachstum und Dissimilation nicht in einheitlicher Weise von der Variation der Nahrungskonzentration getroffen werden. Das erstere ist mit schwankender Konzentration variabel, die letztere darf innerhalb weiter Grenzen (ja, wenn man sich in Gedanken von den Versuchsbedingungen frei macht, die durch die Anwendung größerer Hefemengen unserer Methode wegen geboten war), von der schwankenden Konzentration fast unabhängig genannt werden.

Wachsende und nicht wachsende Hefe verhalten sich in der Dissimilation jedenfalls insofern gleich, als sie Lebenseinheiten mit bestimmtem Nahrungsbedarf darstellen.

Die dissimilatorische Seite wachsender Zellen stellt sich also ganz auf eine Stufe mit jener der nicht wachsenden.

Worin kann also die Wirkung erhöhter Temperatur auf die Gärung bei wachsendem Zellmaterial bestehen? Vor allem in der Massenvermehrung, wodurch die Anzahl der arbeitenden Zellen mit Bezug auf die Gärung vermehrt wird.

In zweiter Linie macht sich durch die steigende Wärme auch eine größere Lebhaftigkeit des Dissimilationsprozesses geltend.

Diese beiden Faktoren muß man bei Erwägung der Ergebnisse des experimentellen Materials genau im Auge behalten.

Der Einfluß der Temperatur auf die Wachstumsvorgänge als Massenvermehrung hat schon sehr oft eine Bearbeitung gefunden. Man nimmt vielfach an, die durch Wärme bedingte Beschleunigung des Wachstums hätte manche Ähnlichkeit mit der Beeinflussung von Fermentvorgängen durch Wärme[1]. Dies mag in großen Zügen seine Berechtigung haben, wenn man darunter eine mit der Temperatur fortschreitende Beschleunigung versteht. Man kann den Vergleich auch insofern gelten lassen, als das Wachstum in einfachen Beziehungen zur Menge seiner spezifischen Nahrungsstoffe steht, indem die Konzentrationsänderungen an sich Änderungen der Anwuchsgröße herbeiführen können.

---

[1] Herzog, *Zeitschrift für physiologische Chemie.* Bd. XXXVII. S. 396.

Wenn man aber von einer „Wachstumsreaktion“ als einem chemischen Vorgang wie von einer bewiesenen Tatsache spricht, so geht dies weit über die wirklich sicher stehenden Erfahrungen hinaus. In der Beschleunigung dieser „Reaktion“, die man auf einer den chemischen Prozessen gleichartigen Zahlengrenze (pro 10^0) festlegen will, zeigen sich bei verschiedenen Organismen nach den Angaben der Literatur so große, unaufgeklärte Differenzen, daß man gut daran tut, vorläufig weiteres exaktes Material abzuwarten, ehe allgemeine Behauptungen und Regeln aufstellbar sind.

Die Beziehungen zwischen Temperatur und Wachstum sind bei Mikroben mehrfach mit Hilfe der mikroskopischen oder Kulturmethode untersucht worden, also mit einer Methodik, die ich oben S. 161 schon eingehend kritisiert habe. All das Gesagte gilt im wesentlichen auch für die Darlegung der Temperaturwirkungen.

Für deren Studium hat man gemeint, sich auf die Messung der Generationsdauer verlassen zu können; da die letztere noch für manche spätere Aufgabe als Grundlage nicht wird entbehrt werden können, so habe ich noch einiges hier anzufügen. Insoweit es sich um die Feststellung der Steigerung der Zellenzahl unter der Temperaturwirkung handelt, scheint außer den schon erwähnten Fehlerquellen noch der Umstand eine Berücksichtigung zu fordern, bei welcher Temperaturlage solche Erhebungen gemacht werden.

Eine sehr sorgfältige Untersuchung über das Wachstum unter dem Einfluß schwankender Temperatur bei Bakterien findet sich bei Max Müller.[1] Diese Untersuchung ist außerordentlich gründlich ausgeführt und die Generationsdauer für einzelne Stadien des Wachstums angegeben, eine Umsicht, die man vielen anderen Autoren nicht nachrühmen kann.

Da Max Müller seine Versuche zur methodischen Untersuchung über andere Fragen ausgeführt hat, habe ich seine Werte für den vorliegenden Zweck des Studiums der Temperaturwirkung umgerechnet und gebe hier zunächst die Zeiten der Generationsdauer seiner untersuchten Bakterienspezies:

für	0^0	zu	1370′
,,	4^0	,,	429′
,,	11^0	,,	167′
,,	25^0	,,	82′
,,	30^0	,,	70′

[1] A. a. O. S. 154. *Archiv für Hygiene.*

Hieraus folgt: zwischen

0—4° eine Beschleunigung auf das 3·19fache; für 10° um das 7·97fache,
4—11° „ „ „ 2·56 „ „ 10° „ „ 3·66
11—20° „ „ „ „ 2·04 „ „ 10° „ „ 1·45
20—30° „ „ „ „ 1·17 „ „ 10° „ „ 2·34 „

Mittel von 11 bis 30° = 1·89.

Zwischen 4—30° zeigen sich etwa ähnliche Beschleunigungen, unter 4° dagegen Werte, die mit den übrigen in gar keine Parallele gesetzt werden können. Der Temperaturkoeffizient hängt hier deutlich von der absoluten Höhe der Wärme ab und verhält sich bei niedrigen Temperaturen anders wie bei mittleren und hohen. Die hohe Zahl zwischen 4 bis 11° wird wahrscheinlich auf den Umstand zurückzuführen sein, daß der hohe Temperaturkoeffizient 7·97 noch etwas in die Temperaturgrenze von 4° hinüberreicht. Die Wahl der Temperaturhöhe ist ja in den angeführten Versuchen eine rein zufällige gewesen. Der Mittelwert für 11 bis 30° ergibt eine Steigerung der Wachstumsgeschwindigkeit um das 1·89fache, wenn t um 10° zunimmt.

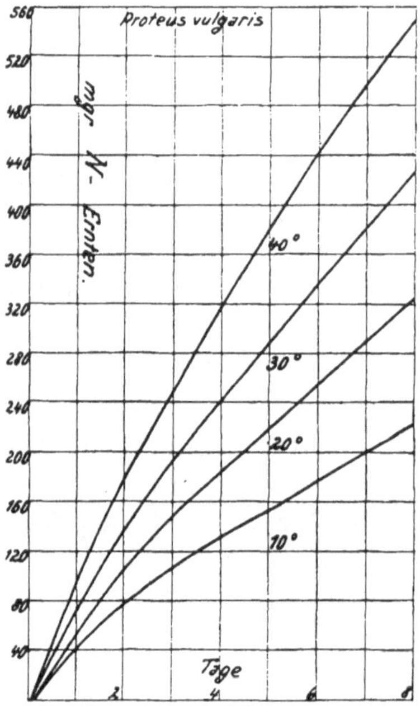

Fig. 25.
Wachstumskurve von Proteus vulgaris (in Fleischextrakt) bei verschiedener Temperatur.

Strikte Voraussetzung der Anwendung dieser Methodik ist ein echtes Wachstum, d. h. die Bildung von neuen Zellen, welche mit den Mutterzellen wirklich übereinstimmen oder in dem gleichen Grade unvollkommener Ausbildung sich befinden.

Eine ausführliche Reihe über die Temperaturwirkung auf das Bakterienwachstum habe ich an Proteus vulgaris in der früher[1] beschriebenen Weise der direkten Erntebestimmung des Elementes N (auch des S), deren Resultate im Zusammenhang mit den nachstehenden Fragen von Interesse sein mögen, ausgeführt.

---

[1] *Archiv für Hygiene.* Bd. LVII 1906. S. 161.

Die Versuche sind die einzigen, welche nach einwandsfreier quantitativer Gewichtsbestimmung bisher an Bakterien ausgeführt worden sind. Die Erntezeit erstreckt sich über längere Zeit, wie dies bei Bakterien die Regel ist, da man analysierbare Ernten in einigen Stunden nicht erhalten kann. Die mittlere Generationsdauer erhöht sich für solche Versuche gewaltig und läßt sich mit kurz dauernden Experimenten nicht vergleichen.

Ich gebe die Zahlen in Kurvenform (Fig. 25), als Abszisse die Zeit, als Ordinate die geernteten N-Mengen. Die angewandten Temperaturen waren: 10, 20, 30, 40⁰.

Die Kurve erlaubt, für mehrere Erntesummen die Zeiten festzustellen und so die Differenzen des Wachstums aufzufinden.

Z. B. bei der Ernte 250 mg N sind die Zeiten:

bei 10⁰	8 Tage	—	—	↑ 1·50
20⁰	5 „	—	↑ 1·43	1
30⁰	3·5 „	↑ 1·34	1	—
40⁰	2·6 „	1	—	—

	bei Ernte 322 mg			bei Ernte 470 mg	
bei 10	—			—	
20	8 Tage	—	↑ 1·39	—	
30	5·8 „	↑ 1·41	1	8 Tage	↑ 1·39
40	4·1 „	1	—	5·8 „	1

Im Intervall 30—40⁰ ist das Verhältnis der Zeiten 1·38:1
„ „ 20—30⁰ „ „ „ „ „ 1·41:1
„ „ 10—20⁰ „ „ „ „ „ 1·50:1

Die Intensitäten des Wachstums verhalten sich umgekehrt wie die Zeiten, also steigt das Wachstum

zwischen 30—40⁰ auf das 1·38 fache; pro 1⁰ um 3·8 Prozent
„ 20—30⁰ „ „ 1·41 „ „ 1⁰ „ 4·1 „
„ 10—20⁰ „ „ 1·50 „ „ 1⁰ „ 5·0 „

Im vorliegenden Falle nahm also die Wachstumsintensität mit steigender Temperatur etwas ab.

Für den Zeitraum von 7 Tagen habe ich bei der gleichen Kultur auch den Ansatz an S festgestellt, dessen Ernteergebnisse nachstehend gleichfalls in Kurvenform ein übersichtliches Bild geben (Fig. 26).

Das Material über Beobachtungen an Hefe ist nicht eben reich; genaue Erntebestimmungen mit Analysen der letzteren sind mir nicht bekannt. Dagegen hat die mikroskopische Bestimmung der Generationsdauer mehrfache Anwendung gefunden.

Für untergärige Hefe liegt eine direkte Beobachtung von Petersen[1] vor; er berechnet als Teilungszeiten

bei	4^0	20 Stunden
,,	$13 \cdot 5^0$	10·5 ,,
,,	$23 \cdot 0^0$	6·5 ,,
,,	28^0	5·8 ,,

Bei 38^0 erlosch die Fähigkeit des Wachstums.

Ähnlich wie Petersen verfuhr Hansen, indem er für die Sporenbildung — also eine unter gewissen Voraussetzungen eintretende Fruchtbildung die — Zeiten bei verschiedenen Temperaturen gemessen hat. Es ist aber fraglich, ob die hierbei gewonnenen Resultate auch für die Messung eines Temperaturfaktors und als Vergleich für das Wachstum der Zellen überhaupt zu verwerten sind, da die Sporenbildung bei Hefe nicht ein allgemeiner Teilvorgang des Lebens und des Wachstums ist, sondern oft erst bei bestimmten, weit über dem Minimum von Wachstum und Dissimilation gelegenen Temperaturen auftritt und unter dem Maximum der Lebensvorgänge schon erlischt. Die Beziehungen zwischen Wachstum und Fruchtbildung müßten daher erst selbst näher untersucht werden.

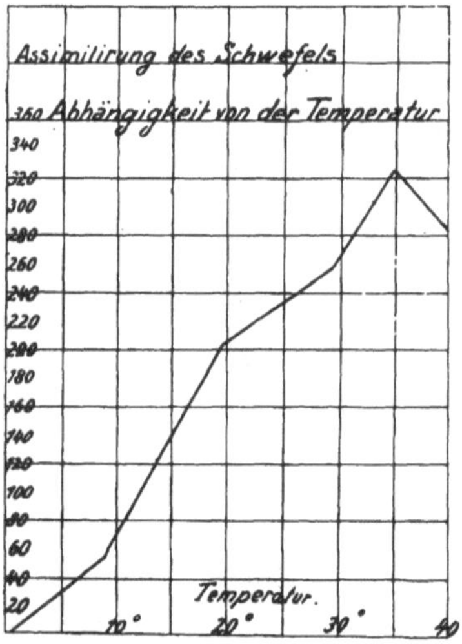

Fig. 26.

Im Anschluß hieran will ich noch eine Serie von Versuchen über die Wachstumsvorgänge bei der Oberhefe selbst mitteilen. Die Ergebnisse sind in der Form von Kurven zusammengestellt und betreffen den Vergleich der Temperaturstufe 30—31^0 und 20—21^0. Die Versuche beziehen sich auf die Bestimmung des N in der gewachsenen Hefe.

Von der ersten Reihe habe ich schon früher S. 166 gesprochen.

Während die Kurve von 30^0 relativ rasch ansteigt, hat jene von 22^0 einen nach unten ausbiegenden Verlauf.[2] Der steile Anstieg fehlt hier

---

[1] *Meddelser fra Carlsberg Laboratoriet.* 1878.

[2] Die ausgezogene gerade Linie soll veranschaulichen, wie sehr das wirkliche Wachstum hinter der Annahme eines gleichartigen der Zeit proportionalem Verlaufes zurückbleibt.

oder ist auf eine kurze Strecke bei der 56.—60. Stunde zusammengedrängt. Die Ernte erreicht schließlich dieselben Endpunkte bei 20° wie bei 30°, es ist aber schwer genau zu sagen, in welchem Zeitmomente die maximalste Ernte erreicht wird.

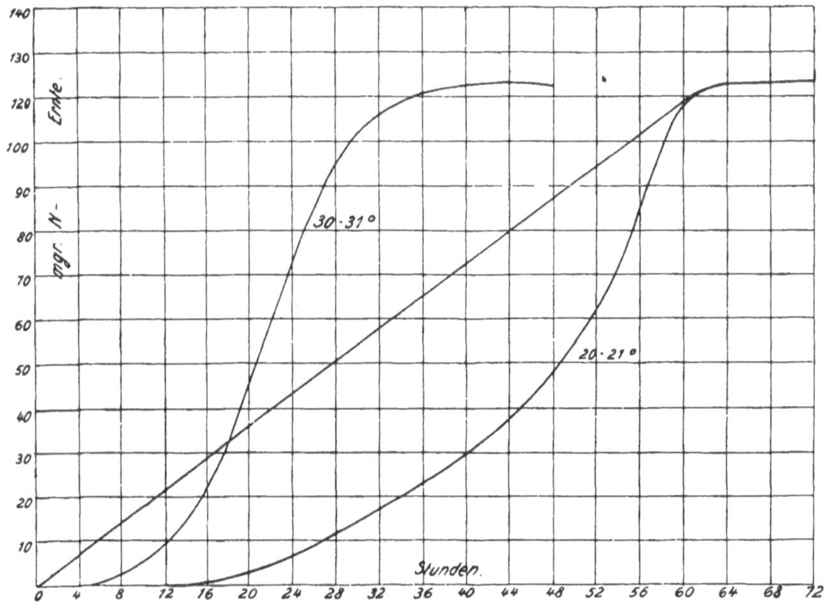

Fig. 27.

Ich will daher zum Vergleiche die Zellteilungsgeschwindigkeit berechnen.

Die Kurve will ich zur Untersuchung der Teilungsgeschwindigkeit in 2 Teile scheiden, um festzustellen, ob eine Verschiedenheit der Zellteilung sich geltend gemacht habe.

1.	Zwischen	0—40. Stunde	Aussaat	1·6	Ernte	30 g
2.	„	40.—60. „	„	30·0	„	110 „

Der Zellteilungswert (n) ist $= \log 2 \frac{a}{e}$, also $n = \log 2 \frac{30}{1 \cdot 6}$; $n_1 = \log 2 \frac{110}{30}$, woraus $n = 5 \cdot 64$ und $n_1 = 1 \cdot 10$.

Der Zellteilungswert ist

für die erste Periode 7·09 Stunden

„ „ zweite „ 18·18 „

Die günstigste Zahl ist für die erste Periode erhalten worden, bei

20—21° ist also die Geschwindigkeit der Teilung 1·57 mal langsamer als bei 30—31°.

Für das Intervall von 10° wird also hier bei der Hefe derselbe Beschleunigungswert des Wachstums erhalten, wie vorher bei Proteus vulgaris.

Nachdem die Wachstumsverhältnisse, was den Massenaufbau anlangt, nunmehr in großen Zügen behandelt worden sind, wende ich mich zur Betrachtung der Gärung wachsender Hefe bei verschiedener Temperatur.

Bei der Hefe habe ich mehrere Parallelversuche über die Gärung der wachsenden Zellen bei verschiedenen Temperaturen ausgeführt. Nährlösung war Bierwürze, die mit Rohrzucker auf einen Gesamtzuckergehalt von 22 Prozent gebracht worden war. Die Gärung wurde am 1., 2., 3. Tag unterbrochen und die Ernte bestimmt. Das Ergebnis war etwas unerwartet; die Ernten betrugen in mg N:

	bei 22°	bei 30°	bei 38°
am 1. Tag	67·6	63·6	60·3
,, 2. ,,	60·8	62·5	45·0
,, 3. ,,	60·5	53·5	43·4

Daraus folgt, daß die Ernte von der Temperatur abhängig war, am günstigsten war die niedrige, am ungünstigsten die hohe Temperatur. Die Maximalernte war überall nach 24 Stunden schon erreicht, nach dieser Zeit nahm in allen Fällen die Ernte wieder ab, offenbar hat dann, zumal da auch die Nährlösung immer ärmer an Zucker geworden war, eine autolytische Auflösung der Hefe, die am stärksten bei 30° und 38° war, stattgefunden.

Zu welcher Zeit am ersten Tage die größte Hefemenge entstanden war, läßt sich nicht mit Bestimmtheit sagen. Die geringere Menge von Hefe bei hoher Temperatur überhaupt erklärt sich einwandslos durch den höheren Alkoholgehalt der Gärflüssigkeit bei 38° und 30° gegenüber den Versuchen von 22°. Daraus folgt, daß man aus einfachen Gewichtsbestimmungen von Hefe, die bei verschiedenen Temperaturen gefunden werden, einwandfreie Schlüsse auf die Intensität des Wachstums überhaupt nicht oder nur unter gewissen Umständen, die bisher nie beachtet worden sind, ziehen kann.

Was nun die Beschleunigung des Kraftwechsels wachsender Hefe durch verschieden hohe Temperaturen anlangt, so gibt die folgende Tabelle die Mittelwerte mehrerer Serien.

Bierwürze und Zucker.
g-Kal.

Zeit	Temp. 22·4°	Temp. 31·8°	Temp. 38·4°
2	53	85	211
4	75	139	222
6	85	195	298
8	111	268	332
10	131	297	402
12	157	318	434
14	188	308	486
16	200	302	417
18	199	303	383
20	208	289	372
22	207	260	385
24	202	245	190
26	157	228	176
28	166	208	153

Die Wirkung der Temperatur ist bei den einzelnen Fällen klar zum Ausdruck gekommen. · Bei 22° wird von der 16. Stunde ab bereits ein gleichbleibendes Maximum erreicht. Bis zu diesem Momente waren nur 5·3 g Zucker zerstört worden; bei 30° liegt das Maximum früher nach der 10. Stunde, bei 38° nach der 8. Stunde, im ersten Falle mit 5·6 g, im letzten nach 7·1 g Zuckerzersetzung.

Die Maxima dieser Umsätze liegt wahrscheinlich dort, wo die Maxima des Anwuchses vielleicht schon erreicht sind. Jedenfalls beweist die längere Gleichheitlichkeit der Wärmebildung, daß ein Vergleich über die Temperaturwirkung möglich ist. Da ein solcher auch für ein kurzes Zeitintervall auszuführen ist, in welchem von einem ungleichen Wachstum keinerlei Einfluß zu befürchten steht, so bietet die Tabelle ausreichend Material hierzu, indem wir die Maxima der Gährung untereinander vergleichen, erhalten wir unmittelbar Vergleiche über die Gärwirkung der Zellen an sich mit Eliminierung des Einflusses der Massenzunahme.

Die Wärmemaxima sind: 202 g-Kal., 307 g-Kal., 460 g-Kal., woraus sich ergäbe 22·4°:30°, Steigerung der Wärmebildung 1:1·52, und für 30°:38°, Steigerung der Wärmebildung 1:1·50.

Die Wärmewirkung läßt sich auch unter Eliminierung der durch das Wachstum und die Mehrung der Zellen bedingten Steigerung so prüfen, daß man für gleiche Wärmesummen die Zeiten der Wärmebildung feststellt. Dazu können wir uns der graphischen Methode bedienen.

Es werden, wie dies bereits öfter geschehen ist, für die gleiche Kaloriensumme die entsprechenden Zeiten abgeleitet und diese untereinander verglichen, woraus sich die Temperaturwirkung leicht ableiten läßt.

Will man die Werte noch genauer erhalten, so ist der Unterschied des Wachstums zu beachten. Die Ernten verhielten sich wie: 67·6:63:60·3 = 100:93·2:89·2. Die Ernten müßten für gleiche Verhältnisse die Maße bei 30⁰ um 7·34, bei 38⁰ um 12·1 Prozent gesteigert sein, um

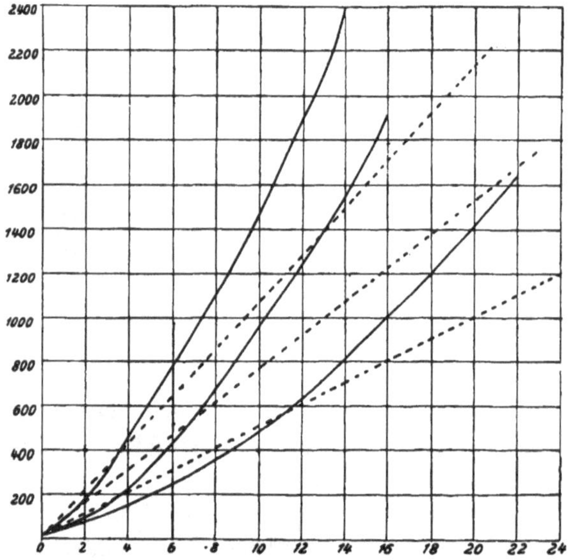

Fig. 28.

die bestehenden Ungleichheiten auszuschließen. Korrigiert man in der graphischen Darstellung diese Werte durch entsprechende Hilfslinien, d. h. erhöht man die Wärmewerte der geringeren Ernten auf gleiche Höhe, so lassen sich entsprechende Zeiten der Gärwirkung genau finden. Die gleiche Wärmemenge wird produziert (für gleiche Ernten)

bei 22⁰ in 22 Std.

„ 30⁰ „ 14·2 „ unkorrigiert, korrigiert für gleiches Wachstum 13·9 Std.

„ 38⁰ „ 10·6 „ „ „ „ „ „ 10·0 „

Fermentwirkung und Alkoholwirkung können als für alle Fälle gleichartig außer Rechnung bleiben.

Bei 30⁰ war demnach — nach Ausschluß des Einflusses ungleicher Zellenzunahme — die Intensität auf das 1·58fache gesteigert, bei 38⁰ auf das 1·39fache wie bei 30⁰.

Die Werte stimmen also auch mit den aus der Maximalgärung abgeleiteten gut überein (s. S. 207).

Eine die Fermentwirkung berücksichtigende Berechnung läßt sich nicht durchführen, weil erstere bei 22^0 außerordentlich verlangsamt ist und von dem maximalen Wachstum der Hefe abhängig, sich über 24 Stunden hinausgezogen haben kann.

Die Erntebestimmungen bei Bakterien haben, wie schon angeführt, folgendes Bild für den Temperaturfaktor gegeben:

für $10-20^0$ steigt die Ernte auf das 1·50 fache
„ $20-30^0$ „ „ „ „ „ 1·41 „
„ $30-40^0$ „ „ „ „ „ 1·38 „

Für die Steigerung der Gärintensität findet sich bei

	wachsender Hefe			nicht wachsender
	pro Intervall von 10^0 berechnet:			
	a)	b)		
$20-30^0$	1·65	1·725	1·593	1·608
$30-40^0$	1·63	1·462		1·625

Die Steigerung der Wachstumsintensität bei Oberhefe beträgt zwischen $21-31^0$ das 1·57 fache, steht also mit dem Ergebnis der Gärversuche in vollem Einklang.

Diese Gleichartigkeit des Temperaturkoeffizienten für Wachstum und Gärung schließt nicht aus, daß bei hoher Temperaturstufe das Wachstum rascher seine Grenze erreichen kann, wie die Gärung, wodurch dann eine Verschiebung von Wachstum und Gärung zugunsten der letzteren eintreten kann. Die obere Wachstumsgrenze und höchste Gärungsgrenze aber festzustellen, hatte ich keinen Anlaß.

In der Beschleunigung der Gärung ist zwischen wachsender Hefe (unter Ausschluß des Einflusses der Massenvermehrung) und nicht wachsender Hefe kein Unterschied, die Werte a) bedeuten jene aus den größten Gärungswerten, b) die aus der mittleren Wärmebildung berechneten. Ein thermischer Einfluß wirkt auf die im Zustande des Wachstums gärende Hefe nicht anders, als auf eine ohne Wachstum gehaltene sogenannte träge Hefe.

Ich habe außerdem bewiesen, daß der Beschleunigungsfaktor für das Wachstum mit Bezug auf die Temperatur derselbe ist, wie jener für die Gärung, woraus sich ergibt, daß beide Prozesse innerhalb der geprüften Temperaturintervalle mit größter Annäherung zueinander parallel verlaufen.

Parallelgehen heißt aber unter den Bedingungen der Versuche, daß zwischen Wachstum und Gärwirkung der engste Zusammenhang bestehen muß, vorausgesetzt, daß eben die Bedingungen für das Wachstum ausreichende sind.

IV. Teil.

Die absolute Gärleistung wachsender und nichtwachsender Hefe und die energetischen Beziehungen zwischen Wachstum und Gärung.

Erstes Kapitel.

Die absolute Größe des Energieumsatzes der Hefezellen im nichtwachsenden Zustand.

Meine Untersuchungen haben bewiesen, daß nur ein Teil der von der Hefe bei der Gärung erzeugten Wärme fermentativen Ursprungs ist, und daß die Wärmebildung zum größeren Teil, ja sogar auch ganz auf vitale Prozesse zu beziehen ist.

Es ist zum erstenmal für ein einzelliges Wesen die lückenlose Lösung der ernährungsphysiologischen Grundfragen möglich gewesen. Der einzellige Organismus erscheint uns jetzt viel selbständiger in seinem Leben trotz wechselnder Außenbedingungen. Der vitale Energieverbrauch steht mit der Existenz der Hefezelle in innigstem Zusammenhang; man kann nicht mehr bezweifeln, daß sie unter bestimmten biologischen Verhältnissen ein ebenso begrenztes Maß der Energiezufuhr wie die übrigen Lebewesen notwendig hat.

Eine Bewertung der Leistungen der Hefezellen ist von älteren Autoren mehrfach versucht worden, aber stets unter ganz unzutreffenden Voraussetzungen, nämlich als Gesamtleistung bis zur kompletten Vergärung irgend einer Zuckerlösung, wobei man diese Leistung ausdrückte nach dem Gewicht der Hefe zur zerstörten Zuckermenge und glaubte, daß diese Zersetzungsgröße der Hefe von der Zeit unabhängig sei (s. S. 10). In einem Fall würde danach z. B. bei hoher Temperatur die absolute Zersetzungswirkung rasch, bei niederer Temperatur dann erst in vielen Tagen oder Wochen erzielt werden. Eine derartige Auffassung verträgt sich nicht mit dem Begriff Lebensintensität, wie ich ihn zuerst auf

Grund energetischer Betrachtung der Lebensvorgänge aufgefaßt habe. In der älteren Auffassung der Gärkraft liegt ja nicht der Gedanke einer Lebenswirkung der Hefe an sich begründet, die Hefe leistet nur einen bestimmten Zuckerumsatz, sagt man. Damit legt man tatsächlich das Schwergewicht auf einen toxischen Vorgang, auf die Menge des Alkohols, der schließlich eine Hemmung der Gärungsarbeit herbeiführt. Diese Betrachtungsweise kann also überhaupt nicht zur Feststellung des Begriffs: physiologische Leistung führen.

Wenn man aber auch da und dort einmal angegeben findet, wieviel Zucker durch Hefe in einer bestimmten Zeit zerlegt worden ist, so hat man meistens die verschiedenen Bedingungen, unter denen der Konsum erfolgt, gar nicht gekannt, oder auch dieser Feststellung keine weitere Bedeutung in ernährungsphysiologischer Hinsicht beigelegt, weil man ja für die Gärfunktion überhaupt keine innere regulatorische Beziehung zum Lebensprozeß angenommen hat, für denjenigen aber, der die Gärung nur als Ausfluß des Ferments ansieht, hat eine Quantitätsbestimmung der Gärgröße gar keine Bedeutung mit Bezug auf den inneren Lebensvorgang.

Ganz anders liegen die Verhältnisse heute, wo ich gezeigt habe, daß der Verbrauch an Zucker zum größten Teil für energetische Zwecke erfolgt, daß dieser nicht einen beliebigen schrankenlosen Umfang annimmt, jeder Zelle ihr bestimmtes reguliertes Zersetzungsmaß zukommt und diese unter verschiedenen Verhältnissen des Nahrungsangebots eine weitgehende Unabhängigkeit bewahrt. Nunmehr gewinnt auch die Frage, wie groß dieses Energiebedürfnis der Hefe sei, Sinn und Inhalt.

Das Leben in Nährlösungen, die Versorgung mit gelöster Nahrung ohne Erneuerung dieser ist ein Tiefstand biologischer Organisation, da Nahrungsmenge und Rückwirkung der Stoffwechselprodukte, im anäroben Leben vor allem, einander parallel gehen. Die feste suspendierte Nahrung verträgt sich weit besser mit der Möglichkeit einer gleichmäßigen Lebensintensität bei ungehinderter Ausscheidung und ausreichender Verdünnung der Stoffwechselprodukte. Sie bedarf keiner Nährstoffspannung außerhalb der Zelle, wie die gelösten und bietet trotzdem für die Nahrungsaufnahme Stoffe in konzentrierter Form. Besitzt ein Organismus außerdem die Gunst, daß ihm die suspendierte Nahrung eines großen Bezirkes erreichbar ist, so kann die Gleichartigkeit des Lebens, die Regelmäßigkeit des Energieverbrauchs ebenso gut gesichert sein, wie bei den höheren Organismen auf dem Lande, wo eine Rückwirkung der Ausscheidungsprodukte völlig ausgeschlossen ist.

Der Energiebedarf der Einzelligen in Nährstofflösungen ist uns heute keine bloße Hypothese, seitdem ich zuerst für eine Reihe von Bakterien solche Messungen ausgeführt habe.[1] Die dort gegebenen Zahlen, welche sich auf pathogene Keime wie Saprophyten erstrecken, beziehen sich im allgemeinen auf wachsende Organismen. Von einer Trennung in fermentative und rein vitale Vorgänge konnte damals, als ich diese Versuche ausführte, noch keine Rede sein, und ebensowenig war es möglich, die Rückwirkung von Stoffwechselprodukten auf den Verlauf der Dissimilationsvorgänge ganz auszuschließen. Inzwischen habe ich mich überzeugt, daß fast bei jeder Spezies mit Nebenwirkungen von Fermenten zu rechnen sein dürfte.

Die Hefe wird also der erste Organismus unter den Einzelligen sein, bei dem man alle sekundären Momente für die energetischen Leistungen kennt, messen und ändern kann.

Als Leistungen der Hefe will ich nur die vitalen Vorgänge ansehen, wie sie sich nach Eliminierung der Fermentwirkung darstellen, ferner nur Leistungen frischer, durch die Arbeit nicht erschöpfter Zellen in reichlichem Nährvorrat, unter Ausschluß jeder hemmenden Wirkung des Alkohols, bei optimaler Temperatur. Aus meinen Versuchen ergeben sich eine Reihe von Fällen, die diesen Bedingungen entsprechen; ich werde dieselben nunmehr nacheinander anführen.

I.

Zur Berechnung der absoluten energetischen Leistung der Hefezelle will ich zunächst die Versuchsreihen benutzen, welche früher S. 75 mit einer 20prozentigen Rohrzuckerlösung und 1, 2, 4, 8 g Hefe (frisch) ausgeführt worden sind. Man findet dort in einer Tabelle die Werte mehrerer Versuche zusammengestellt. Ich gebe die gekürzte, auf 12 Stunden sich ausdehnende Tabelle wieder.

20 Prozent Rohrzucker.
Wärme in g-Kal.

Stunde	8 g Hefe	4 g Hefe	2 g Hefe	1 g Hefe
2	1004	649	339	161
4	498	371	296	184
6	405	246	207	143
8	355	238	167	138
10	335	219	158	117
12	319	205	147	93

[1] *Archiv für Hygiene.* Bd. LVII. 1906. S. 193.

Von diesen Rohwerten sind die Fermentwirkungen unter gleichen Verhältnissen beobachtet, abzuziehen. Für 5 und 10 g Hefe verfüge ich über direkte Beobachtungen, aus denen dann einwandfrei die Werte für 4 und 8 g abgeleitet werden können.

Ich habe bisher die abzüglich der Fermentwirkung gewonnenen Werte als vitale bezeichnet, dies ist, wenn man ganz genau verfahren will, mit einem kleinen Fehler behaftet, der für die meisten Fälle ganz irrelevant ist, den ich aber hier, wo es sich um eine Bestimmung absoluter Werte handelt, vermeiden möchte und fast ausschließen kann. Ich habe schon einmal erwähnt, daß das Alkoholferment selbst auch von dem Einfluß der Alkoholbildung getroffen wird, die auf den zerlegten Zucker zu beziehen ist, also nicht wirksam wird, wenn man im Kontrollversuch das Ferment für sich auf den Zucker wirken läßt. Dieser Einwand ist richtig, allein praktisch spielt der Vorgang eine sehr geringe Rolle, da die Alkoholanhäufung ja erst in die späteren Stunden trifft, wo an und für sich die Fermentwirkung abgelaufen ist oder nur mehr wenige Wärmeeinheiten ausmacht. Die beobachtete Fermentwirkung besteht in den Versuchen mit Rohrzucker aus Invertin- und Zymasewirkung. Berechne ich also die Wirkung des Alkohols, der sich in einer Hefeaussaat ansammelt, ausschließlich so, als läge nur Zymase vor, so wird die Wirkung der letzteren etwas zu klein ausfallen, wie ohne die Korrektion zu groß. Es handelt sich übrigens im ganzen um so kleine Werte, daß die Art der Korrektur wohl nicht zu beanstanden ist.

Ich finde, auf der eben entwickelten Basis berechnet, folgende Werte für die Fermentwirkung:

Stunden	10 g Hefe g-Kal.	5 g Hefe g-Kal.	2 g Hefe g-Kal.	2 g Hefe g-Kal.
2	479	417	271	103
4	53	82	179	93
6	16	23	69	69
8	7	9	44	57
10	—	1	13	46
12	—	—	—	32
14	—	—	—	17
16	—	—	—	12
18	—	—	—	4

Ich verwende nur die Wärmewirkung der nichtwachsenden Hefe der ersten 12 Stunden, um keine Schwächung der Hefe durch N-Verlust befürchten zu müssen. Nach Abzug der korrigierten Fermentwerte erhalte ich:

Stunden	8 g Hefe g-Kal.	4 g Hefe g-Kal.	2 g Hefe g-Kal.	1 g Hefe g-Kal.
2	525	232	68	58
4	445	289	117	91
6	389	223	138	74
8	348	229	123	81
10	335	218	145	71
12	319	205	147	62

Diese Ergebnisse sind sämtlich noch durch den Alkoholgehalt der Lösung beeinflußt; als Wirkungswerte des Alkohols ist das zweistündige Mittel aus der Anfangszeit und der Endzeit dieser Periode genommen. Die Korrektionswerte für den Alkoholeinfluß jedes Zeitintervalls sind:

8 g Hefe	4 g Hefe	2 g Hefe	1 g Hefe
1·142	1·092	1·048	1·023
1·219	1·144	1·090	1·050
1·267	1·180	1·120	1·069
1·321	1·213	1·143	1·089
1·373	1·245	1·166	1·105
1·414	1·266	1·186	1·119

Die korrigierten Zahlen[1] lauten in g-Kal. pro 2 Stunden:

Stunden	8 g Hefe g-Kal.	4 g Hefe g-Kal.	2 g Hefe g-Kal.	1 g Hefe g-Kal.
2	562·7	243·6	70·0 (?)	58·6
4	525·1	323·6	124·4	94·5
6	483·1	259·1	152·4	78·6
8	452·4	273·8	138·9	87·4
10	451·2	267·8	163·8	77·9
12	446·0	257·2	169·6	68·8
Mittel:	486·8	270·8	137·5	76·5
Korrektur[2] f. Ferment +	3·2	8·5	—	—
Summa:	490·0	279·3	136·5	76·5
pro 1 g Hefe:	61·3	69·8	68·2	76·5

[1] Korrigiert für Ferment- und Alkoholwirkung.

[2] Korrigiert, wenn man aus den Zahlen für 10 g Fermentwirkung bzw. 5 g auf 8 g und 4 g nach graphischer Darstellung interpoliert. Die Werte für Ferment sind in den Mittelwerten zu hoch, die Vitalwerte zu klein; zum Abgleich dient die angegebene Korrektur.

Betrachtet man zunächst die absoluten Werte für 4, 2, 1 g Hefe in der 2. und 4. Stunde, so fällt auf, daß der erste Wert kleiner ist, als wie jener der 4. und späteren Stunden. Dies kann seinen Grund in einer Art von Latenz der Arbeit der lebenden Zellen, also einer Art Angewöhnung an die neuen Lebensbedingungen haben, worauf auch das langsame Ansteigen der Wärmekurven hinweist.

Bei 8 g ist der erste Wert höher als der zweite, es ist möglich, daß die sehr reichliche Aussaat und die sehr stürmische Fermentwirkung vielleicht die Tätigkeit der Hefe überhaupt begünstigt.

Berechnet man die eigentliche Zelleistung pro 1 g Hefe, so sollten wir gleich große Werte erhalten, dies ist nur genähert der Fall, am stärksten weicht der Wert dort ab, wo die meiste Hefe angewandt wurde. Eine Erklärung hierfür fällt aber nicht schwer.

Die Ursache liegt vermutlich darin, daß bei 8 g Hefe namentlich in den späteren Stunden der Zuckergehalt so sinkt, daß die Gefahr einer partiellen Inanition nahegerückt ist; in den ersten 12 Stunden war bei 8 g Hefe schon 17·2 g Zucker zerlegt und die Konzentration von 20 Prozent auf 13·3 Prozent herabgegangen; schon in der 8. Stunde nimmt bei 8 g Hefe die Lebhaftigkeit der Gärung ab, es ist dann der Zuckervorrat so weit gesunken, als bei 4 g Hefe in 12 Stunden. Ich halte es also für richtiger, nur die Werte der ersten 6 Stunden in Rechnung zu ziehen. Dieser Mittelwert wird dann: $523 \cdot 6 + 3 \cdot 2 = 526 \cdot 8$ g-Kal. pro 2 Stdn. = 65·1 g-Kal. pro 1 g Hefe bei 30° in 20 prozent. Lösung.

Bei dem Werte für 1 g beeinflußt die Zahlen sehr die Verteilung der Fermentwirkung auf die einzelnen Stunden; es dürfte daher empfehlenswerter sein, die ganze 24stündige Periode in Vergleich zu stellen. Der Mittelwert ist für die vitale Leistung 67 g-Kal. pro 2 Stunden; dabei wird in den ersten beiden Stunden ein mittlerer Alkoholwert von 0·2 Prozent und am Ende der Versuche ein solcher von 1·7 Prozent erreicht = 0·95 Prozent für die ganze Reihe, was einer Korrektion von 8·44 Prozent Mehrung der vitalen Produktion entspricht = 72·3 g-Kal. pro 2 Stunden und 1 g Hefe = 867·6 g pro 24 Stunden und 1 g Hefe.

II.

Die zweite Serie zur Berechnung entnahm ich den S. 97 gegebenen Versuchen bei verschiedener Verdünnung der Hefe und gleichen Relationen zwischen Hefe und Zucker. Die dort gegebenen Zahlen zeigten, daß die Werte für 20 Prozent bis 5 Prozent Zucker nahe übereinstimmen; ich kann die dort mitgeteilten Zahlen unmittelbar verwenden.

50 g Hefe hatten geliefert in

20 Prozent Zucker	3134·2 g-Kal.	pro·2	Stunden
10 „ „	3019·1	„ 2	
5 „ „	3241	„ 2	„

In der 2·5prozentigen Lösung reichte der Zucker nicht mehr ganz zur Befriedigung des Nahrungsbedürfnisses.

Es ergibt sich also

Für 1 g Hefe und 2 Std.	**Für 1 g Hefe und 24 Std.**
62·68 g-Kal.	752·2 g-Kal.
60·38 „	729·6 „
64·68 „	776·0 „

III.

Zu einer weiteren Berechnung können die Versuche dienen, die S. 72 zusammengestellt sind. Sie wurden mit 10 Prozent Rohrzucker und wechselnden Hefemengen ausgeführt und sind Mittelwerte von mindestens je sechs Einzelmessungen. In nachstehender Tabelle sind die Zahlen nebst den dazugehörigen Werten der Fermentwirkung und der mit Hilfe dieser errechneten vitalen Leistungen angeführt.

10 Prozent Rohrzucker.

	5 g Hefe.			10 g Hefe.		
Zeit	**g-Kal. Hefe**	**Ferment**	**Vitale Leistung**	**g-Kal. Hefe**	**Ferment**	**Vitale Leistung**
2	583	320	263	791	295	496
4	294	23	271	605	36	569
6	258	6	252	465	20	445
8	240	7	233	447	11	436
10	231	—	231	388	—	388
12	215		215	252		usw.
14	201		201	209		210
16	187		usw.	158		158
18	170			114		114
20	161			70		70
22	149			50		50
24	144			38		38

Bei 10 g Hefe sind die vitalen Werte bis zu Beginn der 9. Stunde sehr ähnlich und übereinstimmend, bei 5 g reicht diese Übereinstimmung noch bis zur 11. Stunde, bis sich eben in beiden Serien allmählich die Alkoholwirkung stärker fühlbar macht.

Korrigiere ich weiter die vitalen Werte hinsichtlich der letzteren in üblicher Weise, so werden die Zahlen folgende:

10 Prozent Zucker.

Zeit	10 g Hefe	5 g Hefe
2	536·1	274·0
4	662·9	298·4
6	546·9	287·5
8	575·0	274·2
10	533·5	279·7
12	493·1	267·0
14	—	—
16	—	—
18	—	—

Bei 10 g Hefe stimmen nun die Zahlen fast bis zur 12. Stunde, verraten aber schon nach der 8. Stunde den beginnenden Zuckermangel. Zur Mittelbildung benutze ich daher die Werte bis inkl. der 8. Stunde; es ergibt sich:

pro 10 g Hefe u. 2 Std. 580·5 g-Kal. = 58·05 pro 1 g u. 2 Std.
analog „ 5 „ „ 2 „ 280·5 „ = 56·01 „ 1 „ 2 „

somit pro 1 g Hefe und 24 Stunden (10 Prozent Zucker) 699·6 g-Kal.
„ 1 „ „ 24 „ (20 „ „) 673·2 „

Außer Betracht habe ich gelassen zwei Serien mit je 1 g Hefe in 10- und 20prozent. Zuckerlösung angestellt; ich will sie nunmehr für sich betrachten (s. o. S. 72). Die Originalzahlen sind nachfolgend aufgeführt:

1 g Hefe.

Zeit	10 Proz. Zucker g-Kal.	20 Proz. Zucker g-Kal.
2	238	251
4	155	196
6	110	155
8	92	121
10	86	100
12	75	89

Zeit	10 Proz. Zucker g-Kal.	20 Proz. Zucker g-Kal.
14	67	82
16	71	79
18	62	71
20	56	58
22	54	54
24	52	52

Sie zeichnen sich durch eine außerordentlich große Wärmebildung während der ersten Stunde aus, die allmählich abklingt und dann schließlich in beiden Konzentrationen kaum mehr Unterschiede aufweist. Die Summe der Wärmebildung beträgt bei 10 Prozent Zucker 1118 g-Kal. in 24 Stunden, bei 20 Prozent Zucker 1308 g-Kal.; wir wissen durch meine Untersuchungen, worauf dieser Unterschied zurückzuführen ist; er liegt in der ungleichen Wirkung des Fermentes, das in 20 prozent. Lösung stärkere Wärmebildung gibt wie in 10 prozent. Lösung. Aus dem Unterschiede beider Wärmesummen läßt sich die Summe der Fermentwirkung ohne weiteres durch Rechnung finden, denn diese Differenz beider Wärmesummen gibt an, um wieviel das Ferment in der stärkeren Lösung mehr Wärme produziert hat; zwischen zwei Lösungen, die in der Konzentration um das Doppelte verschieden sind, fällt mit der Verdünnung die Fermentwirkung auf das 0·64 fache der Wirkung in den höheren Konzentrationen. Die 190 g-Kal. Unterschied der Hefewirkung in 10- und 20 prozent. Lösung entsprechen nur (100—64) 36 Prozent der tatsächlichen Wirkung in 20 prozent. Lösung; die gesamte Fermentwirkung entspricht also 520 g-Kal. in 20 prozent. Lösung, ein Wert, wie ich ihn bisweilen in fermentreichen Hefen auch sonst gefunden habe. Daraus folgt für die mit dem gleichen Material ausgeführten Versuche in 10 prozent. Lösung 332 g-Kal. für das Ferment.

Zieht man diese Größen von der gesamten Wärmesumme ab, so erhalte ich:

in 10 Prozent Zucker	in 20 Prozent Zucker
1118	1308
— 332	— 520
786 g-Kal. pro 24 Stunden	788 g-Kal.

Man sieht, die vitalen Werte (ohne Alkoholkorrektion) sind dieselben, ob Hefe in der einen oder anderen Konzentration lebt; wie sich die Fermentwirkung auf die einzelnen Stunden verteilt, kann ich nicht genau angeben, da mir hierfür, d.h. für eine sehr fermentreiche Hefe kein Versuch, mit 1 g Substanz angestellt, zur Verfügung steht und gerade zwischen 1 und 2 g Hefe die zeitliche Verteilung des Fermentes rapid sich ändert. Bildlich dargestellt erhält man für diese zeitliche Verlängerung der Fermentwirkung folgende Kurve: Die Zeiten sind von oben nach unten zu lesen und lassen erkennen, auf wieviele Stunden die Fermentwirkung sich ausdehnt; wenn die Hefemenge (= Abszisse) abnimmt.

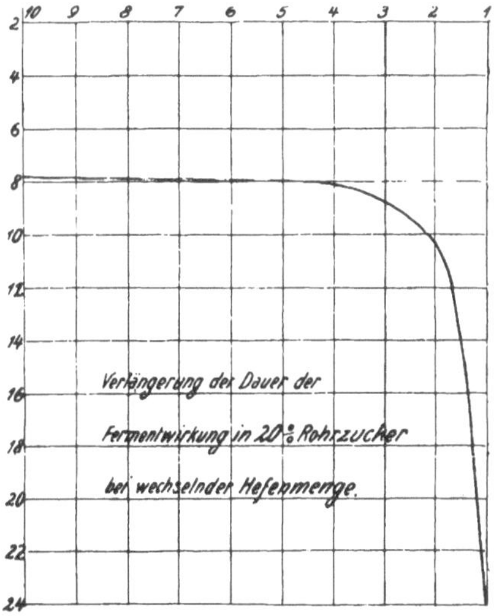

Fig. 29.

Wenn bei 2 g Hefe noch in 10 Stunden die Fermentwirkung abläuft, so kann sie bei 1 g volle 24 Stunden dauern. Es wird daher der Gehalt von Ferment in 1 g Hefe, der natürlich nicht gleich ist, sondern schwankt, sehr bestimmend für den zeitlichen Gang der fermentativen Wärmebildung; sicher ist für die vorliegenden Versuche, daß letztere sich nicht über 24 Stunden hingezogen hat, sondern, wie der rapide Anstieg der ersten 2 Stunden erkennen läßt, näher den bei 2 g Hefe gegebenen Verhältnissen lag.

Zur Berechnung der Alkoholwirkung gehe ich von den Wärmesummen bis zur 20. Stunde aus, sie betragen:

bei 10	Prozent	Zucker	680 g-Kal.
„ 20	„	„	682 „

Sie sind noch beeinflußt durch die Alkoholwirkung, die sich in üblicher Weise berechnen läßt.

Am Ende der 20. Stunde waren vorhanden

bei 10 proz. Lösung 3·44 g Alkohol, in je 250 g Lösung = 1·38 Proz.,
bei 20 proz. Lösung 4·08 g Alkohol, in je 250 g Lösung = 1·63 Proz.

Die Zerlegung des Zuckers war anfänglich rascher wie später, ich glaube aber, man geht wenig fehl, wenn man den Mittelwert der ersten zwei Stunden (bei 10 Prozent = 0·32 Prozent, bei 20 Prozent = 0·34 Prozent Alkohol) und die Endwerte zusammenlegt und ein Mittel bildet.

Dann ergibt sich für

10 Prozent Zucker 0·32 + 1·38 = 0·80 Prozent im Mittel
20 „ „ 0·34 + 1·63 = 0·98 „ „ „

Die Korrektion für alkoholfreie Gärung beträgt somit

bei 10 Prozent Zucker + 7·3 Prozent
„ 20 „ „ + 8·9 „

also pro Stunde

72·96 g-Kal. bei 10 Prozent Zucker
74·27 „ „ 20 „ „

pro 2 Stunden und 1 g Hefe = 72·96 g-Kal. bzw. 74·27 g-Kal.

Die Werte sind etwas höher wie die vorher mitgeteilten, es wäre aber möglich, daß hier ein Faktor mitspielt, der sonst sicher keine Rolle spielt, nämlich die oxydative Spaltung von Zucker, welche, wenn sie eintritt, natürlich keinen Alkohol erzeugt und also obige Korrektion für den Alkohol zu groß machen würde. Bei 1 g Hefe dauert es natürlich länger als bei 2 g, 5 und 10 g Hefe, ehe die Luft im Kalorimeter durch CO_2 verdrängt ist. Während dieser Zeit könnte wenigstens an der Oberfläche eine Oxydation des Zuckers vorkommen. Sie kann aber, wie man sieht, nur ein paar Prozent Fehler bedingen.

Die vorliegenden Ergebnisse stelle ich nunmehr alle in nachstehender Generaltabelle zusammen.

Generaltabelle (für 30°).

	Zucker-prozente	g Hefe angewandt	pro 1 g Hefe u. 24 Std. g-Kal.	
1	20	50	752·2	
2	10	25	729·6	
3	5	12·5	776·0	
4	10	10	696·6	
5	20	8	781·2	
6	10	5	673·2	
7	20	4	837·6	
8	20	2	818·4	
9	10	1	875·2	878·0
10	20	1	867·6	
11	20	1	891·2	

Gesamt-Mittel, wenn 9—11 zusammengenommen als ein Wert gerechnet wird: 771·8 g-Kal.

Die Tabelle gibt uns ein vergleichendes Bild des Kraftwechsels von 1 g frischer Hefe, die Zahlen zeigen eine weitgehende Übereinstimmung, obschon die angewandten Hefemengen um das 50fache variiert worden sind und der Zuckergehalt zwischen 5—20 Prozent schwankt. Natürlich sind die Verschiedenheiten zum Teil durch die ungleiche Beschaffenheit der Hefe bedingt, ihr Stickstoffgehalt schwankte zwischen 0·02—0·024 g N pro 1 g frischer Substanz, in diesen Grenzen bewegen sich im ganzen auch die Unterschiede.

Auch waren gewiß bei gleicher Zellmasse nicht alle Zellen in einem ganz gärkräftigen oder gleichgärkräftigen Zustande.[1] Die Werte lassen aber, glaube ich, eine Tatsache mit Bestimmtheit erkennen, daß im allgemeinen kleine Aussaaten höhere Energiewerte liefern als große. Das kann, wie ich schon erwähnt habe, möglicherweise auf einer teilweise eintretenden Oxydation des Zuckers beruhen und dann nur ein rechnerisches Ergebnis sein, weil ja bei der Korrektur für die Alkoholwirkung angenommen wurde, daß aller Zucker nur der Gärung unterworfen war.

Die Zahlen geben uns zum ersten Male den Energieverbrauch eines einzelligen Wesens, wie er bis jetzt unter so mannigfach variierten Lebensbedingungen noch für keinen anderen Mikroben festgestellt worden ist. Die Zusammenlegung aller Werte (jene für 1 g Hefe wurden zuerst zu einem Mittel vereinigt, um nicht den 3 Versuchen ein unberechtigtes Übergewicht zu geben) beträgt somit 791 g-Kal. pro 24 Stunden.

Was den N-Gehalt der Preßhefe anlangt, so ist dieser, wie erwähnt, ein schwankender; aus 15 Proben, die im Laufe einer längeren Zeit analysiert worden waren, ergab sich als Mittel pro 5 g 0·102 g N = **0·0204 pro 1 g.** Darunter war nur eine einzige Probe mit 0·08 g N pro 5 g Hefe, sonst war das Minimum 0·092 und das Maximum 0·115 g N. Nehme ich also als Mittel des N-Gehaltes von 1 g Hefe 0·0204 g N an, so ergibt sich pro 1 g N und 24 Stunden

38·77 kg-Kal. pro 30° als Energiewert.

Das ist allerdings noch nicht das Maximum der Leistung, da die von mir verwendete Hefe sehr gut noch Temperaturen von 38° ertrug.

---

[1] Siehe noch später VIII. Teil. Sechstes Kapitel.

Zweites Kapitel.

Die absolute Größe des Energieumsatzes der Hefezellen im wachsenden Zustande.

Schon oben S. 209 gelegentlich der Besprechung der Temperaturwirkung auf nichtwachsende und wachsende Hefe habe ich bezüglich des Wachstumsgewinnes und hinsichtlich der Gärtätigkeit erwiesen, daß beide Funktionen des Stoffwechsels — Eiweißverbrauch zum Anwuchs und Kohlehydratverbrauch zur Gärung — den gleichen Temperaturkoeffizienten haben, woraus ein gleichmäßiges Verhalten des Energieverbrauchs im wachsenden und nichtwachsenden Zustande abzuleiten als berechtigt erscheint. Ich möchte aber versuchen, etwas genauere und präzisere Angaben zu machen und dazu könnten die Versuche dienen, die ich S. 183 u. 193 aufgeführt habe und deren Zahlen ich nachstehend reproduziere.

	Bierwürze				Bierwürze und Rohrzucker gleicher Zuckergehalt			
Zeit	1	1/2	1/4	1/8	1	1/2	1/4	1/8
2	**103**	**65**	**54**	34	126	96	76	64
4	139	**82**	**76**	46	178	128	113	65
6	168	126	88	38	258	200	131	81
8	188	126	88	40	264	201	133	70
10	192	115	76	—	348	203	134	83
12	167	88	50	**15**	336	222	142	80
14	158	usw.	usw.	usw.	352	220	140	80
16	**115**	—	—	—	327	201	130	80
18	80	—	—	—	318	195	133	77
20	—	—	—	—	208	186	133	76
22	—	—	—	—	264	189	133	76
24	—	—	—	—	247	179	132	76

Zunächst sagen die beiden Reihen nur aus, daß die Hefe in beiden Fällen eine sehr kräftige, wenn auch ungleiche Gärwirkung entfaltet hat.

Einen Generalüberblick über die Leistung wachsender und nichtwachsender Zellen könnte man sich kurzerhand verschaffen, wenn ich etwa die 24stündigen Leistungen beider in Vergleich setze. Unter meinen früher mitgeteilten Versuchen befindet sich einer bei Anwendung von 4 g Hefe in 20 prozent. Zuckerlösung ausgeführt, von den Versuchen mit wachsender Hefe ein solcher mit 3·7 g Hefe in 22 prozent. Zuckerlösung, die ungleiche Zuckermenge würde für das Ferment eine Steigerung um 8 Prozent bedingen, diese Korrektur kann aber ganz beiseite bleiben.

g-Kal. pro 2 Stunden.

Zeit	Ohne Wachstum 4 g Hefe, 20 Proz. Zucker	Wachsend 3·7 g Hefe, 22 Proz. Zucker
2	649	126
4	371	178
6	246	258
8	238	264
10	219	348
12	205	336
14	199	352
16	186	327
18	172	318
20	154	308
22	146	264
24	106	247
	2891	3321

Ich habe erhalten:

für 4 g Hefe ohne Wachstum . . . 2891 g-Kal. pro Tag
„ 3·7 g „ bei Wachstum . . 3326 „ „ „

Den Umstand berücksichtigt, daß im letzten Falle nur 3·7 g Hefe wirksam war, und daß diese überhaupt erst allmählich heranwachsen mußte, also von Anfang an nur weniger wirksam sein konnte, zeigt dies Zahlenverhältnis zweifellos mehr Energieumsatz für die wachsende Zelle.

Die Gärung ohne Wachstum setzt mit einer enormen stürmischen Wärmebildung in den ersten beiden Stunden ein, die letztere erreicht bei Wachstum niemals auch nur annähernd so hohe Werte, aber schon von der 6. Stunde ab zeigte die wachsende Hefe eine größere Wärmebildung als die nichtwachsende, und dies Verhältnis bleibt bis zur letzten Stunde des Tages dasselbe.

Wenn ich oben die größere Wärmebildung auf Seite der wachsenden Hefe gefunden habe, so sagt das nichts aus für die vitale Leistung, denn wir müssen damit rechnen, daß auch die Fermentbildung in beiden

Fällen, bei Wachstum wie bei Massengleichgewicht, verschieden gewesen sein könnte. Dies scheint von vornherein nicht unwahrscheinlich, weil junge Hefe sich häufig nicht nur an sich reicher an gut wachsenden Zellen erweist, sondern auch bessere Fermentwirkung nachweisen läßt.

Legen wir das Maximum des Anwuchses frühestens in die 10. bis 12. Stunde, so war in dieser frühen Periode nur 0·417[1] × 3·7 g Hefe = 1·55 g wirksam, von da ab 3·7 g, also im Mittel etwa 2·6 g, woraus ohne weiteres ein noch stärkeres Übergewicht der wachsenden Hefe ersichtlich ist.

Es ist fast unmöglich, zu entscheiden, wie der Prozeß der Wärmebildung sich aus den beiden Komponenten vitaler und fermentativer Leistung zusammensetzt, die übliche Methodik, letztere von ersterer zu trennen, versagt völlig. Auch die versuchte Unterbrechung des Wachstumsprozesses durch Toluol und Messung der Fermentwirkung führt auf keinen brauchbaren Weg, denn die Fermentwirkung kann nicht aus den Leistungen der toluolisierten Hefe auf neue Zuckerlösung ersehen werden, da sie von der Veränderung der Zuckerlösung, die vorausgegangen ist, abhängig ist. Ich mußte daher versuchen, einen ganz anderen Weg einzuschlagen und wurde darauf durch folgende Überlegung geführt.

Von den beiden Reihen S. 222 wurde die eine mit einfacher, die andere mit gezuckerter Bierwürze ausgeführt, beide hatten denselben N-Gehalt und lieferten durchschnittlich dieselben Ernten, nur bei den Stammlösungen beider Serien war die Ernte der verdünnten Lösung = 3 g Hefe, in der zuckerhaltigen 3·7 g.

Die beiden Reihen zeigen, obschon die Wachstumsverhältnisse sehr ähnlich, wenn auch nicht übereinstimmend waren, die allergrößten Unterschiede der Wärmebildung, auch zu einer Zeit, wo in den verdünnten Lösungen von einem Nahrungsmangel nicht die Rede sein konnte. Die Maxima der Wärmebildung heben sich in allen Versuchen scharf ab und entsprechen nach meiner Annahme etwa dem Zeitpunkt der größten Ernte.

Aber wie man aus dem einfachen Vergleich der Reihen ohne und jener mit Zuckerzusatz sieht, unterscheiden sich die Leistungen im Maximalfall wie 192 g-Kal. zu 352, erstere für 3 g, letztere für 3·7 g

---

[1] 0·417 ist der Faktor, welcher multipliziert mit den Endwerten die mittleren Ernte ergibt.

Ernte. Was ist der Grund dieser auffälligen Erscheinung? Nach meinen Untersuchungen kann gar kein Zweifel sein, wir haben es mit ungleichen Fermentwirkungen zu tun, denn wäre dieses nicht der Fall, dann müßte 1 g Hefe in dem einen Versuch 64 g-Kal. pro 2 Stunden, in dem anderen aber 96 g-Kal. geliefert haben, was ohne allen ersichtlichen biologischen Grund wäre.

Die Mitwirkung fermentativer Wärmebildung wird uns aber näher gelegt, wenn wir folgende Vergleiche anstellen:

Wärmebildung in 22 Prozent Zucker	341;	221;	141;	80	g-Kal.
6·5 ,, ,,	192;	115;	70;	33	,,
Differenz:	149;	106;	71;	47	g-Kal.

Diese Differenzen, welche sich zwischen den Maximalwerten beider Reihen ergeben, will ich zwar nicht als absolute Fermentwerte, wohl aber als die Überschüsse der einen Reihe über die andere betreffs der Fermentwirkung betrachten.

Man wird sich erinnern, daß bei Konzentrationsänderungen die Fermentwirkungen so abfallen, daß die letzteren bei doppelter Verdünnung auf das 0·64fache sich mindern. In ähnlicher Weise fallen auch die eben berechneten Differenzen zwischen den beiden Versuchsserien ab, die ja unter sich im Zuckergehalt verschieden sind, nämlich:

Beobachtet:	Berechnet:
149	149
106	95
71	61
41	38

Bedient man sich dieser Werte als Näherungsgrößen für die Schätzung des wirksamen Ferments, so würde das Resultat folgendes sein:

g-Kal. Wärme der Reihe II:	345	221	141	81
Fermentwirkung	149	106	71	41
Differenz	196	116	70	40
Wirkende Hefe =	3·4 g	1·9 g	1·0 g	0·5 g
woraus für 1 g Hefe und 2 Std.	58 g-Kal.	61	70	80

Die errechneten Werte weichen nicht sehr von den Zahlen ab, die man mit nichtwachsender Hefe erhält.

Da ich früher bewiesen habe, daß nichtwachsende Hefe im Durchschnitt 66 g-Kal. pro 2 Stunden liefert, so wären die vorliegenden Werte zwar unter sich nicht unerheblich verschieden, würden aber im Mittel wohl zufälligerweise genau die obige Zahl geben, also beweisen, daß die wachsende Hefe keinen höheren Energieverbrauch hat wie nichtwachsende.

Man kann aber einen anderen Weg der Berechnung einschlagen, der noch einwandfreier ist. Freilich muß ich vorausschicken, daß der letztere viel bequemer wäre, wenn in beiden Serien gleichviel Hefe gewachsen wäre. Dies trifft zwar für die Verdünnungen zu, aber nicht für die Stammlösungen, wo, wie schon erwähnt, 3 bzw. 3·7 g die Maximalwerte waren.

Sehen wir aber einmal davon ab, so läßt sich aus der Differenz, welche das Mehr an Ferment der einen Versuchsreihe über die andere ergibt, doch auch die absolute Menge des Fermentes für die beiden Reihen berechnen.

Denken wir uns dieselbe Hefemenge in zwei Gefäße mit verschiedener Zuckerkonzentration gebracht und die Fermentwirkung sei in absoluter Zahl bei a = 100 (g-Kal.), bei b aber 300 g-Kal., so würde der Überschuß der Fermentwirkung = 200 sein. Nehmen wir an, die Fermentmenge selbst sei uns unbekannt, wohl aber diese Differenz gemessen. Ich wüßte dann aus dem Verhältnis der Konzentration der Zuckerlösung in beiden Versuchen genau, wie relativ die beiden Fermentwirkungen sich verhalten müßten; bei einem Konzentrationsunterschied von z. B. 1:2 würden sie sich verhalten wie 0·64:1, d. h. wie 1:1·56 usw. Wir haben in unserem Beispiele angenommen, sie seien wie 1:3 (100:300).

Der Überschuß 200 entspricht der zweifachen (3—1) Fermentmenge des fermentarmen Versuches, der Wert für letzteren würde also = 100, für den anderen Versuch = 300 geben.

Unter diesem Gesichtspunkte ist also aus der Wärmedifferenz beider Versuchsreihen das Mittel der absoluten Größen des wirksamen Fermentes (in g-Kal.) zu erfahren.

Nunmehr hätten wir zunächst die Zuckerkonzentrationen festzustellen, welche zur Zeit der für die Berechnung gewählten Zeiten der Maximalwerte Geltung haben, weil daraus der Wirksamkeitsfaktor der beiderseitigen Fermente entnommen werden kann.

Ferner ist in Betracht zu ziehen der Alkoholgehalt der Flüssigkeit um die gewählte Zeit, um die Wirkung in alkoholfreier Lösung zu erfahren.

Die nötigen Zahlen folgen nebenstehend:

Bei der Reihe mit Bierwürze allein:

Anfang: Proz. Zucker	15·6	7·9	4·2	2·1
Verbrauch bis Ende der 10. Std.: g Zucker	—5·1	—3·4	—2·5	—1·2
Rest: g Zucker .	10·5	4·4	1·7	0·9
= Proz. Zucker . .	4·20	2·0	0·68	0·36
Zuckerverbrauch: g	5·1	4·4	2·5	1·2
geben Alkohol: g .	2·7	1·7	1·27	0·26
= Prozent	1·08	0·68	0·51	0·10
Korrektionsfaktor für alkoholfrei	1·10	1·06	1·05	1·01

Für die Reihe mit 22 Prozent Zucker:

Anfang: g Zucker	55·6	55·6	55·6	55·6
Verbrauch bis Ende der 12. Std.: g Zucker	10·6	7·0	4·8	3·0
Rest: g Zucker . .	45·0	48·6	51·8	52·6
= Proz. Zucker .	18·0	19·44	20·72	21·04
Zuckerabnahme: g .	10·6	7·0	4·8	3·0
geben Alkohol: g	5·4	3·6	2·4	1·5
= Prozent	2·2	1·4	0·96	0·6
Korrektionsfaktor für alkoholfrei .	1·23	1·14	1·09	1·05

Korrektionsfaktor für das Ferment zwischen beiden Reihen:

2·47; 4·30; 9·45; 18·45.

Der Korrektionsfaktor will sagen, daß nach Maßgabe des Zuckergehaltes das Verhältnis des Fermentes bei geringer zu jenem bei hoher Konzentration sich um die entsprechenden Werte geändert habe, also z. B. in der ersten Reihe war der Zuckergehalt bei der Reihe mit Bierwürze 4·6, in dem anderen Falle 18·0 Prozent, was eine Differenz in der Wirkung des Fermentes um das 2·47fache ausmacht usw.

Ich gehe nun zunächst dazu über, die Gärung in alkoholfreier Lösung zu berechnen, die Grundzahlen der Wärmebildung siehe oben S. 225[1], der Faktor zur Bildung der alkoholfreien Werte siehe vorstehend.

Nur eines sei noch vorausgeschickt: die Hefemengen waren nicht in allen Experimenten gleich, daher muß diese Ungleichheit eliminiert werden.

Der alkoholfreie Wert wäre für die konzentrierteste Lösung der Bierwürze Serie I 192 g-Kal. bei 2·97 g Hefe = 3 g, für die zuckerreiche Serie II haben wir 3·4 g Ernte. Diese Differenz läßt sich wie folgt abgleichen. Wie wir aus dem Endresultat ersehen werden, ist die Hälfte der Wärme Fermentwirkung. Von $\frac{192}{2} = 96$ g-Kal. pro 3 g = 32 pro 1 g

[1] 345, 221, 141, 81 Ser. I. 192, 115, 70, 33 Ser. II.

und pro 0·4, dem Plus an Ernte, also 13 g-Kal. Die vitale Leistung von 0·4 g Hefe ist nach meinen Versuchen (66 g-Kal. pro 1 g und 2 Stunden), also = 26, 26 + 13 = 39, also die Summe 192 + 39 = 231 g-Kal., analog korrigiert 112 g-Kal. (2. Verdünnung) auf 138·73 g-Kal. (3. Verdünnung) auf 79.

Es ergibt die Rechnung nunmehr folgendes:

(alkoholfrei bei)	Serie II	419	252	154	84
	,, I	254	138	79	33
Differenz für Ferment		165	114	75	51

Daraus würde elementar berechnet und mit der Sicherheit, etwas zu hohe Werte zu erhalten, für die vitale Wärme gefunden:

	419	252	154	84
Fermentüberschuß	165	114	75	51
	254	138	79	33
pro 1 g Hefe:	74	73	79	66

Den Fermentüberschuß allein, wie eben geschehen, in Abzug zu bringen, ist unzureichend, wie schon besprochen wurde, aber diese Werte sind bereits eine bessere Annäherung an die wahren Werte, wie die oben S. 225 aufgeführten Rohwerte, ohne Korrektion für die Alkoholwirkung und die ungleichen Hefemengen.

Berechnet man das Ferment in absoluter Zahl und für beide Serien, so hat man:

Starke Zuckerlösung:	419	252	154	84	
	276	148	88	51	
	143	104	66	33	
pro 1 g Hefe:	(42)	54	66	66	
Schwache Zuckerlösung:	254	138	79	33	
	112	35	9	0	
	142	103	70	30	
pro 1 g:	(42)	54	70	60	g-Kal.

Der erste Wert weicht jetzt stark ab, was darauf hinweist, daß der Wert 192, absolut betrachtet, klein ist, oder daß hier aus einem unbekannten Grunde die Fermentwirkung zeitlich sich etwas verschoben haben muß, wobei ein nur kleiner Wert genügt hätte, obige Abweichung herbeizuführen.

Die 6 Versuche ergeben demnach pro 1 g Hefe als vitale Leistung:

Starke	Zuckerlösung:	54	66	66	bei 28·9°
Schwache	,,	54	70	60	bei 28°.

Mittel für starke Zuckerlösung: 66 g-Kal., für 30° = 66·3
,, schwache ,, 61 ,, ,, 30° = 68·9

(Temperaturkorrektion siehe S. 84.)

Gesamtmittel **67·6** statt 66 für nichtwachsende Hefe.

Die S. 225 angeführten Werte sind nur relative Größen und zu hoch, weil dort mit der Fermentmenge der nichtwachsenden Hefe gerechnet worden war, was zu kleine Werte der Korrektur, also zu hohe Endzahlen liefert.

Pro 1 g N würde somit der Energieverbrauch sein pro 24 Stunden (0·0204 N:811·2 g Kal. pro 24 Stunden) und 30° = **39·76** g-Kal.

Somit steht fest, daß während des Wachstums der Energieverbrauch sicher nicht größer war, wie im Massengleichgewichtszustand.

Die lebhaften Stoffwechselerscheinungen während der Wachstumszeit sind also die Wirkungen der Massenzunahme und dieser allein, also keine spezifischen. Die lebende Substanz vermag zwar unter günstigen Bedingungen eine außerordentliche Variation der Wachstumsintensität zu bekunden, im Dissimilationsprozeß jedoch herrscht, abgesehen von den durch Alkohol bedingten Hemmungen, eine Tendenz zu gleichmäßiger Leistung. Auch bei Zunahme der Nahrung von kleinsten Mengen zu größeren strebt sie einer gewissen Größe des Energieverbrauchs zu, die wir als die normale, d. h. die Zelle voll ernährende ansehen müssen, ohne daß eine Überschreitung dieser Grenze eine nennenswerte Mehrung des Energieverbrauchs bedingte. Ein regulierendes Prinzip im Protoplasma selbst gelegen, wahrt eine Einheitlichkeit der Umsetzung. Der Regulationsmechanismus kommt nur bei dem vitalen Energieverbrauch in Erscheinung, aber nicht bei der fermentativen Wärmebildung, wie ich auch schon oben auseinandergesetzt habe.

Eigenartig für die wachsende Zelle ist ihre starke Fermentwirkung, welche jene der Organismen im Massengleichgewicht wesentlich übertroffen hat. Wenn diese Erscheinung, wie ich glaube, allgemeiner Natur ist, so wäre für dieselbe ein biologischer Grund wohl ersichtlich, da Fermentmehrung in Konkurrenz mit anderen Keimen der betreffenden fermentproduzierenden Spezies nur förderlich sein kann.

Drittes Kapitel.

Wachstum und Gärung in ihrem gegenseitigen Verhältnis des Energieverbrauchs.

Das Wachstum und die Gärung verlaufen einander parallel, insofern die Massenzunahme eine Steigerung des Zuckerumsatzes zur Folge hat, sie sind auch insofern voneinander abhängig, als die ungenügende Gärnahrung auch die Wachstumsgröße zu vermindern in der Lage ist. Gärung und Wachstum sind aber insoweit unabhängig voneinander, als erstere auch ohne das letztere vorkommt und der Wachstumsvorgang an eine vorher nur gärende Zelle sich als neue Lebensäußerung mit einer Leistung von sehr verschiedenem Umfang angliedern kann. Die Wachstumsmöglichkeit ist in der Hefe anscheinend stets vorhanden, von bestimmten, zeitweise latenten Zelleigenschaften abhängig, der Wachstumsvorgang kann durch die Anwesenheit einer geeigneten Menge von N-haltigen Nähreinheiten ausgelöst und gesteigert werden, muß aber natürlich, wie jeder biologische Vorgang, eine bestimmte obere Grenze besitzen.

So wirken Wachstums- und Dissimilationsprozeß nebeneinander als die zwei Pole ein und derselben lebenden Grundsubstanz, die nur unter ganz bestimmten Bedingungen in ihrer vollen Höhe und Intensität in die Erscheinung treten. Die Dissimilation erhält durch ihren Kraftwechsel die lebende Substanz in steter Wachstumsbereitschaft, keinen Moment versäumend, der zur Bildung neuen Lebens Veranlassung geben könnte.

Die beiden Grundleistungen der lebenden Substanz in ihrer absoluten und relativen Größe zu kennen, besitzt zunächst allgemeines physiologisches Interesse. Ich habe zuerst diese wichtigen Beziehungen bei den Warmblütern klargelegt und die Fragen zum ersten Male präzis formuliert[1]. Die absoluten Leistungen des Wachstums lassen sich am bequemsten ausdrücken durch die Geschwindigkeit der Vermehrung, gemessen nach der Verdoppelungszeit, und für das gegenseitige Verhältnis der Nahrungsverwertung zwischen Wachstum und Dissimilation habe ich den Begriff des energetischen Nutzungsquotienten aufgestellt. Der Nutzungsquotient drückt aus, wieviel Prozent von den Gesamtkalorien der Einnahme auf Dissimilation und Wachstum, beide in energetischen Größen ausgedrückt, treffen.

Beide Größen, die Verdoppelungszeit wie der energetische Nutzungsquotient, zeigen im Tierreich mit seinem länger sich hinziehenden Wachstum in den einzelnen Lebensperioden sehr verschiedene Verhältnisse, die durch den Umstand, daß das Massenwachstum selbst die

---

[1] Rubner, *Das Problem der Lebensdauer.* 1908. S. 163.

Dissimilation ändert, noch komplizierter werden. Indem die Masse der Körper zunimmt, steigt der Umsatz nur im Verhältnis der Oberflächen, was eine sukzessive Einschränkung der Dissimilation bedeutet. Grundzüge wie Teilerscheinungen des Wachstums und der Dissimilation haben durch meine Untersuchung eine volle Klärung gefunden. In der langgestreckten Wachstumsperiode der höheren Tiere sehen wir natürlich mehr Details als bei den Einzelligen, bei denen der ganze Prozeß schnell abläuft und unersichtlich ist, ob innerhalb dieses Zeitraumes Rückwirkungen der Massenbildung auf den Ablauf entweder überhaupt fehlen oder ganz irrelevant sind. Der Wochen, Monate, Jahre währende und allmählich abnehmende Wachstumsprozeß bei den höheren Organismen wird bei den Einzelligen durch ein ewig gleiches Tempo des Wachstums vertreten, an Stelle der aus inneren Gründen bei den größeren Mehrzelligen erfolgende Wachstumsabnahme tritt ein äußeres variables Moment, ein äußerer Zwang, indem der wechselnde Nahrungsvorrat der in der Natur der Mikroben liegenden stetigen Wachstumsfähigkeit Zügel auferlegt.

Es ist anzunehmen, daß eine vergleichende physiologische Prüfung der Wachstumsgeschwindigkeit und energetischen Nutzungsquotienten bei verschiedenen Spezies für die Erkenntnis der Lebenserscheinungen überhaupt von größter Bedeutung werden wird.

Der uns hier beschäftigenden Frage werden wir in der Weise näher zu kommen versuchen, daß wir die Wachstums- und Dissimilationsprozesse unter den günstigsten Ernährungsbedingungen, welche eine freie Entfaltung der natürlichen Kräfte erlauben, näher zu kommen suchen. Die bisherigen mitgeteilten Versuche geben einen genügenden Anhaltspunkt für solche Berechnungen, wie wir gleich sehen werden.

Die Beziehungen zwischen Wachstumsgröße und Energiebedarf, von deren theoretischer Bedeutung ich eben gesprochen habe, gewinnen, wenn ich sie konkret erfasse, eine praktische Bedeutung.

Versteht man unter Wachstum, wie es in der Literatur vielfach geschieht, die Menge der aus einer Aussaat erwachsenen neuen Zellen, so ist dieser Erntevorgang, welcher das ganze Geschehen einer Wachstumsperiode zusammenfaßt, zwar nicht ein maximales Wachstum zu nennen, er würde viel richtiger einfach Gesamternte genannt. Es ist die Äußerung verschiedener physiologischer Bedingungen auf die Zelle, aber nicht eine physiologische Grundkonstante, sie hängt von Nahrungsmenge, Nahrungsmischung und Verdünnung der Nährlösung ab. Wenn die Ackerflächen verschieden sind und die Düngung veränderlich ist, so ist es begreiflich, daß die Ernten verschieden werden.

Der Begriff Gesamternte bestimmt aber wieder den Charakter eines auch wissenschaftlich bedeutungsvollen Vorganges, wenn man ihr den gleichzeitigen Aufwand an Material für die Dissimilationsprozesse gegenüberstellt.

Der Hefegewinn bei der Gärung ist das Ziel gewisser technischer Betriebe und hat von diesem Gesichtspunkt aus eine praktische Bedeutung. Hefemenge und Aufwand an Nährmaterial spielen dabei eine Rolle, das sind aber nichts anderes als die beiden Faktoren meines Begriffes energetischer Nutzungsquotient.

Auch bei der wissenschaftlichen Forschung müssen wir vielfach von den Beziehungen der Gesamternte zu anderen Vorgängen ausgehen, etwa zur Gewinnung des energetischen Nutzungsquotienten; bei Mikroben z. B., weil wir keine anderen Mittel zur einwandfreien Forschung besitzen, und weil diese Betrachtungsweise, vorläufig wenigstens, weit genauere Resultate gibt als ein Versuch, die Maximalwerte zwischen Wachstum und Gärung aufzufinden.

Das physiologische Optimum des energetischen Nutzungsquotienten ist experimentell schwierig zu fassen; es will feststellen, welches die größten mittleren Wachstumsleistungen der Zelle neben dem Dissimilationsprozeß sind.

Man beachte aber die wesentlichen Unterschiede zwischen der Wachstumsforschung bei höheren Tieren und bei den Mikroben. Bei ersteren beziehen sich die Ergebnisse der Forschung immer auf gewisse Zeitabschnitte des Wachstums, nicht aber auf die ganze Wachstumszeit, sind mehr oder minder optimale Werte dieser Perioden. Wir müssen uns aber darüber klar sein, daß eine Übertragung der Ergebnisse einer Gesamterntebestimmung bei Hefen usw. auf die Wachstumsprozesse, wie wir sie bei Tieren verfolgen können, nicht möglich ist, oder doch mit dem Bewußtsein geschehen muß, daß „Gesamternte“ bei Mikroben ein Ergebnis des Wachstums vieler Zellgenerationen bedeutet, das durch äußere Umstände und die Wandlungen der Kulturflüssigkeit zu Ende gekommen war und möglicherweise eine Herabsetzung der maximalen Leistungsfähigkeit in sich begreift.

Ich will zuerst für die Gesamternte bis zur Vollendung des Wachstums der Hefe die Beziehungen zwischen dem Energieverbrauch für den nutritiven und den Dissimilationsaufwand ermitteln. Eine solche Berechnung kann ich auf folgende Tatsachen stützen. Nach einem S. 168 genauer aufgeführten Versuch über das Ernteerträgnis in Bierwürze ist die mittlere Wachstumsgeschwindigkeit der ganzen Reihe bei 31° 11·79 Stunden, was auf 30° reduziert eine Verlängerung der Zeitdauer um 5·7 Prozent in sich schließt, also 12·46 Stunden ausmacht, gemessen bis zu dem Momente, in welchem eben das Wachstum zu Ende gekommen ist. Im Anfang ist die Geschwindigkeit größer, gegen Ende des Versuchs bedeutend langsamer. Wenn also 1 g N in geeignetem Nahrungsvorrat auf Bierwürze ausgesät würde, wäre in 12·46 Stunden die Verdoppelung zu erwarten, die Leibesmasse der Zelle von 1 g N hätte sich also verdoppelt, wozu die Nahrungsaufnahme von 1 g N notwendig war.

1 g N entspricht bei der Hefe 46·5—58·0 kg-Kal. Verbrennungswärme[1], auch der niederste Wert entspricht aber noch glykogenhaltiger Hefe; das was als lebende Substanz angesetzt wird, ist richtiger nach dem N-Kalorienverhältnis der Eiweißstoffe zu schätzen. Ich wähle nach meinen Untersuchungen die Zusammensetzung des Fleisches, in welchem auf 1 g N 34·3 kg-Kal. (brutto) trifft.

Der vitale Energieverbrauch im Dissimilationsprozeß hat zu Anfang unseres Versuches pro 1 g N 39·76 kg-Kal. betragen, zu Ende den doppelten Wert oder im Mittel so viel als 1·5 g N in 12·47 Stunden produzieren. Da 1·5 g N in 24 Stunden 59·64 kg-Kal. liefern, erhalte ich pro 12·47 Stunden 30·96 kg-Kal. als Dissimilation. Daher wäre das Verhältnis von Wachstums-Energieverbrauch zur Dissimilation folgendes:

Zunahme an Wachstum .	34·3
Verbrauch für Dissimilation .	30·96
Summa	65·26

An dem Energieaufwand im ganzen beteiligt ist also das Wachstum als Gesamternte betrachtet,

mit **52·56** Prozent und die Dissimilation
mit **47·44** „

Da bei der Berechnung dieses Verhältnisses bei Tieren meist nicht die Gesamtverbrennungswärme des Eiweißmaterials, sondern nur das „Verbrennliche“ berücksichtigt zu werden pflegt, so käme also nur zum Zwecke des Vergleichs mit Warmblütern noch folgende Bilanz in Betracht:

Zunahme im Wachstum . . .	26·0	
Verbrauch in der Dissimilation. . .	30·96	
Summe:	56·96	
woraus für das Wachstum	45·65	Prozent
für die Dissimilation	54·35	„

[1] Rubner, *Archiv für Hygiene.* Bd. XLVIII. S. 268.

In diesen Fällen wird, wie in den folgenden, auf die Fermentwirkung kein Bezug genommen. Dieser Aufwand wäre bei der Dissimilation noch hinzuzuzählen. In diesem gewählten Beispiel waren die Bedingungen des Wachstums sehr günstig. Durch Verdünnung der N-Nahrung wird, wie ich auseinandergesetzt habe, die Geschwindigkeit des Wachstums verzögert, dann muß auch natürlich der Nutzungsquotient kleiner werden.

Die Spiritus- und Hefeindustrie macht bestimmte Angaben über das Erträgnis an Hefe unter optimalen Verhältnissen der Technik. Ich entnehme aus der Gärungschemie von A. Mayer (S. 123), daß von diesem besonders zwei Angaben erwähnt werden: Märcker und Schulze berechnen auf den Alkohol 28·6 Prozent desselben als Gewinn an trockener Hefe, und man meint, das Hefeerträgnis sei im allgemeinen weniger von dem zersetzten Zucker als von den N-haltigen Nährstoffen abhängig.

Nach Balling erhält man 11 Prozent trockener Hefe von 100 Teilen umgesetzten Zuckers. Das sind offenbar maximale Werte der Industrie. Diese Angaben lassen aber von meinem Standpunkt aus betrachtet, wie ich meine, eine andere Deutung zu, als die eines bloß technischen Hilfsmittels zur Schätzung des zu erwartenden Hefeerträgnisses. Leider mangelt in den zitierten Angaben Näheres über die Beschaffenheit der Hefe, ihren N-Gehalt usw.

Die Hefe scheint in den verschiedenen Stadien der Gärung eine verschiedene Zusammensetzung in biologischer Hinsicht zu haben. M. Delbrück[1] spricht sich dahin aus, daß in der Zeit der üppigsten Vermehrung jede Zelle nur das absolut notwendige Eiweiß besitze, daß aber dann später eine Mästung der Zelle eintreten könne. Wenn aber die oben von Märcker angegebene Hefetrockensubstanz, wie anzunehmen, sich auf glykogenhaltiges Material bezieht, dürfte der N-Gehalt kaum nennenswert höher als 7 Prozent gewesen sein.

Die Auszählung der Zellen für die Beurteilung des Hefewachstums ist schon sehr frühzeitig zur Anwendung gekommen.[2] Mit Hilfe dieser Methode hat Hayduk festgestellt, daß die Vermehrung von Hefe in gärender Flüssigkeit (Spiritusmaische) schon im wesentlichen beendet ist, wenn die Hauptgärung beginnt. Setzt man um diese Zeit frische Hefe zu, so wächst diese nicht mehr, ein Zeichen, daß die Bedingungen des Wachstums zu Ende sind. Die Hefe wird also

---

[1] M. Delbrück, *Wochenschrift für Brauerei.* 1884. S. 381.

[2] Hayduk, *Zeitschrift für Spiritusindustrie.* 1880. S. 176.

die Erscheinungen der Mast nicht zeigen, wenn der Gärungsprozeß auf dem Höhepunkt des Wachstums unterbrochen wird.

Für die Märcker-Schulzesche Angabe käme ich zu folgender Schätzung des energetischen Nutzeffektes:

28·6 g trockene Hefe bei 7 Prozent N = 2 g N.

Für 1 g N haben wir oben 34·3 kg-Kal. als (Brutto-) Wert angenommen. Für 100 g Alkohol sind beim Gärvorgang 29·3 kg-Kal. an Wärme entstanden,

daher Wachstumseffekt 2 × 34·3	=	68·6 kg-Kal.
Wärme aus Gärung	=	29·3 „
Summe:		97·9 kg-Kal.

also auf das Wachstum entfällt	69·5 Prozent Energie	
auf die (vitale) Gärung	30·5 „	„

Für die Angaben von Balling finde ich:

11 g trockene Hefe (à 7 Prozent N) = 0·77 g N × 34·3 kg-Kal. = 26·4 kg-Kal.

für das Wachstum also	26·4
für die (vitale) Gärung . .	15·0
Summe:	41·4

Auf das Wachstum entfällt nach Balling also
63·7 Prozent der Energie
auf die Gärung 36·3 „ „ „

Ich finde also, daß diese Angaben, die man vielfach für ganz übertrieben gehalten hat, doch einigermaßen die Verhältnisse richtig wiedergeben, allerdings muß aber daran erinnert werden, daß meine Angaben sich nur auf den vitalen Energieverbrauch, jene der Technik natürlich auch die Fermentwirkung mit eingeschlossen beziehen. Es ist mir unbekannt, ob unter den technischen Verhältnissen sich ein Teil des Zuckers hat oxydieren können, wäre dies der Fall, so würden sich die technischen Zahlen noch mehr den meinen nähern.

Das gewaltige Wachstum der Hefe entspricht, wie ich schon früher auseinandergesetzt habe, dem enormen Eiweißübergewicht der Nährlösungen, das namentlich noch durch das anaërobe Leben „relativ“ gesteigert wird. In den bisher aufgeführten Fällen war die Gesamternte nach mehr oder minder langem Wachstum in Betracht gezogen.

Noch ein höheres Interesse bietet die Feststellung der maximalen Leistung des Wachstums, wie sie sich etwa zu Anfang eines Experimentes darbietet, hinsichtlich des energetischen Nutzungsquotienten. Für diese Berechnung müssen wir uns an die frühesten Teile der Wachstumskurve halten, an jene Zeiten, wo ein enormer N-Nahrungsüberschuß den Wachstumstrieb voll sich entfalten läßt.

In der Literatur finden sich da unter einigen Angaben über die Teilungsgeschwindigkeit der Hefezellen solche, die ich wenigstens hier zu erwähnen habe.

R. Petersen hat die Generationsdauer bei Hefe direkt beobachtet und im Optimum bei 28° 5·8 Stunden für die Entwicklungszeit angegeben. Hoyer beobachtete auf Würzegelatine unter dem Mikroskop die Vermehrung und berechnete daraus die Generationsdauer. Die allenfalls in Betracht kommenden Zahlen für die Temperatur 25° waren etwas über 5 und über 6 Stunden[1].

Die allgemeinen Bedenken hinsichtlich der Fehler der mikroskopischen Methodik habe ich schon oben auseinandergesetzt und die Bedeutung des Kulturverfahrens und des Zählverfahrens besprochen.

Die Generationsdauer nach morphologischer Feststellung begegnet aber noch weiteren Bedenken.

Die „Generationsdauer" hat nur dann eine Bedeutung im Sinne des echten Wachstums, wenn man das als bestimmt voraussetzen kann, was leider ohne Beweis von vornherein immer angenommen wird, nämlich die Übereinstimmung der neuen Zellen mit der Mutterzelle in allen ihren wesentlichen Teilen, zum mindesten hinsichtlich der Masse lebender Substanz. Diese Voraussetzung trifft, wie man von tierischen Vorgängen weiß, sehr häufig nicht zu; hier können die neuen Zellen oft nur Teilstücke der Mutterzellen sein, bestimmt, sich langsam zu vollen Werten zu entwickeln. Eine Generationsdauerbestimmung im Sinne der Wachstumsproduktion würde also hier geradezu sinnlose Werte liefern müssen. Bei den Protozoen gibt es ähnliche Beispiele in großer Zahl, für jene Fälle, in denen aus einem Parasiten durch Schizogonie eine größere, mitunter horrende Zahl neuer junger, aber kleiner Zellen gebildet werden.

Auch für viele Mikroben und die Hefen ist es nicht nur möglich, sondern sogar wahrscheinlich, daß der Akt der Zellbildung oder das Wachstum in morphologischem Sinne (die Zellabschnürung) keineswegs mit dem früher definierten physiologischen Akte identisch ist.

Das Wachstum kann aber auch innerlich schon vorbereitet werden, indem die Zelle anfängt, Nahrungsstoffe aufzustapeln, was ohne äußerlich sichtbare Veränderungen geschehen kann. Der Akt der Teilung kann sich dann eventuell rasch abwickeln.

[1] Siehe Lafar, *Handbuch der technischen Mykologie.* Bd. IV. S. 117.

Ob die neuen Zellen an Dichtigkeit der Masse (wasserfreie Trockensubstanz) der Mutterzelle gleich, oder ob sie aus verdünntem Material bestehen und weiterer Assimilation bedürfen, um reif zu sein, das sind Dinge, die bis jetzt überhaupt nicht zur Diskussion standen. Diese Einwände gelten vor allem für jene Fälle, in denen die Vermehrungszeiten direkt beobachtet worden sind, aber auch für jene Methode, die aus der in bestimmten Zeiten eintretenden Mehrung der Zellenzahl die Teilungszeiten durch Rechnung ableitet.

Diese Anschauung scheint durch Beobachtungen von Henneberg bestätigt zu werden, der sah, daß Hefe ohne äußere N-Nahrung offenbar mit Hilfe von Reservestoffen sich vermehren kann und auf diese Weise im Durchschnitt sich 2·5 mal teilt.[1]

Ich bin also der Meinung, Zellteilung und Verdoppelung der Zellmasse in allen ihren Teilen seien verschiedene Dinge.

So wird man, um eine sichere, einwandfreie Unterlage zu haben, auf die gewichtsanalytische Bestimmung des Erntezuwachses zurückzugreifen haben. Aus meinen Versuchen S. 168 lassen sich geeignete Unterlagen finden. Die kürzeste Vermehrungszeit, welche ich bei direkt bestimmbaren N-Ernten der Hefe gefunden habe, betrug 5 Stunden bei 33°, woraus sich für 30° als Teilungszeit 5·85 Stunden berechnen.

Der energetische Nutzeffekt unter diesen maximalen Wachstumsbedingungen ist folgender:

für das Wachstum verwendet 1 g N (Anwuchs) . .	34·3 kg-Kal.
für Gärung von 1·5 g N während 5·85 Stunden. .	14·5 ,,
Summe:	48·8 kg-Kal.
also für das Wachstum verwendet	70·3 Prozent
für die Gärung (ohne fermentative Wirkung) . . .	29·7 ,,

Das wäre also der größtmögliche Wert für den Wachstumsquotienten.

In der Literatur sind mehrfach Angaben über die Teilungsgeschwindigkeit von Bakterien vorhanden, welche ungeheuer weit von den bei der Hefe eben berichteten abweichen.

Angaben über Generationsdauer, welche nach einwandfreien Methoden bestimmt worden sind, finden sich bei Hehewerth[1], Max Müller[2], W. Pies[3,4] (s. auch S. 162).

---

[1] *Wochenschrift für Brauerei.* Bd. XXVII. S. 337, 350.

[2] *Archiv für Hygiene.* 1901. Bd. XXXIX. S. 366.

[3] *Ebenda.* 1900. Bd. XLVII. S. 149.

[4] W. Pies, *Ebenda.* 1908. Bd. LXII. S. 120 ff.

Für Bact. typhi wird bei 37° an 30—50 Min. als Generationsdauer angegeben, und Werte dieser Art finden sich auch für Saprophyten. Für Bact. fluor. liquef. 64—74 Min. bei 30°. All diesen kurzen Teilungszeiten geht eine längere schwache Vermehrung der Keimzahl voraus, so daß sicher die allmähliche Ausbildung besonders teilungsfähiger Masse angenommen werden kann. Es ist aber nicht möglich, solche rapide Überflutungen des Nährbodens mit neuen Bakterien auf regelrechte Wachstumsvorgänge im Sinne der Neuerzeugung von Lebewesen aufzufassen. Wahrscheinlich erscheint, daß hier ein außergewöhnlicher Teilungsakt vorliegt, der jedem Teilstück nur ein minimales Teil des mütterlichen Protoplasmas übermittelt.

Für Organismen, welche wirklich in 20 Min. bereits sich vermehren und verdoppeln, müßte man, falls das echtes Wachstum wäre, entweder Dissimilationsgrößen von verschwindender Kleinheit annehmen, wenn es sich um die üblichen Dissimilationswerte handeln sollte, soweit wir sie bisher von Bakterien kennen, oder ganz enorme, wenn derselbe energetische Nutzeffekt vorausgesetzt werden müßte, wie etwa hier bei der Hefe oder bei höheren Organismen.

Nimmt man Auszählungen vor oder benutzt die chemische Untersuchung des Zuwachses, so sind die Abweichungen des Wachstums einer Gesamternte von Bakterien und Hefe bis zur Beendigung des Wachstums gemessen, nicht allzusehr verschieden, selbst bei solchen Bakterien nicht, welche sehr kurze Teilungsfristen haben sollen. Wenn naturgemäß auch die optimalen Teilungszeiten und die mittleren Teilungszeiten der Gesamternte einer Reihe verschieden sein müssen, so ist doch jede sehr erhebliche Abweichung beider Größen ziemlich unwahrscheinlich.

V. Teil.

Fermentationswärmen und andere Wärmetönungen in der Hefe.

Die Toluolisierung der Hefe bietet ein bequemes Mittel, die vitalen Vorgänge zum Stillstand zu bringen, während die fermentativen Prozesse vielleicht ganz ungestört oder doch im wesentlichen unverändert geblieben sind. Mit Hilfe dieses methodischen Eingriffes ist es möglich gewesen, die Wirkung der Fermente in Abhängigkeit von der Zuckerkonzentration, von der Zellenmasse, der Temperatur, dem Alter der Zellen näher darzulegen, wie wir bei den einschlägigen Kapiteln schon gesehen haben.

Die Fermente sind nicht absolut unzerstörbar, erweisen sich aber (siehe S. 142) doch sehr enge mit dem Zelleninhalt verbunden, insoweit sie zu Verlust gehen, werden sie sich wieder ergänzen. Erfolgt dieser Ersatz bei der wachsenden und nichtwachsenden Hefe etwa in gleicher Weise?

Man könnte vielleicht der Meinung sein, daß zu verschiedenen Zeiten eines Gäraktes in der Hefe eine sehr wechselnde Menge von Zymase vorhanden sei; etwa zu Beginn eines Gärungsexperimentes wenig, sodann aber steigende Mengen und etwa am Schlusse wieder weniger.

Diese Annahme wird schon durch die in dieser Arbeit gemachten Erfahrungen widerlegt, da sich ja unter der Voraussetzung, daß in der wachsenden Hefe wenigstens die Fermente so wirken, wie wir sie im Beginn des Versuches vor uns haben, das ganze Bild der vitalen Tätigkeit mit Klarheit und in vollem Parallelismus zu anderen Lebewesen hat darstellen lassen.

Ich habe aber noch die folgenden umfangreichen Versuche zu dieser Frage ausgeführt.

Hefe aus der Sch-Brauerei wurde gut ausgewaschen und durch Pressen auf einen mittleren Wassergehalt gebracht.

Je 5 g kamen in je eines von vier gleichzeitig zu beobachtenden Kalorimetern, eine Probe wurde von Anfang an mit Toluol versetzt, von den drei übrigen eine nach 3, eine zweite nach 6, eine dritte nach 9 Stunden mit Toluol versetzt und jede Probe sofort wieder auf die Temperatur des Brutraumes gebracht (30°).

War also während des Versuchs mehr Ferment entstanden und nicht das Ferment schon im „Abklingen", so mußte sich dies an einer der Toluolisierung noch nachfolgenden Wärmebildung zeigen. In allen Fällen war 20 Prozent Traubenzuckerlösung angewandt worden um die Invertinwirkung auszuschließen.

Analog wurde in einem zweiten Experiment verfahren, aber erst nach der 12., 18., 24. Stunde Toluol zugegeben, Wiederholung der Experimente gab ein gleiches Resultat, wie bemerkt sein mag. Von jeder Hefesorte wurde auch noch mittels Azeton Zymin in größeren Mengen hergestellt und dieses mit der einfach toluolisierten Hefe verglichen, wobei sich keine andere quantitative Wirkung ergab. Toluolisierte Hefe und das aus letzterer hergestellte Zymin gaben in 20 Prozent Traubenzuckerlösung die gleiche Wirkung. Im übrigen waren die Wirkungen der Toluolisierung in den dreistündigen Perioden folgende:

Die angewandten Hefen zeigten im allgemeinen schon zu Anfang des Versuchs geringe Zymasewirkungen. Nach der 3. Stunde war nach Toluolzusatz negative Wärmetönung vorhanden, die nach einigen Stunden in eine minimale + Wärmetönung überging; in der 6. Stunde war beide Male nur —Wärmetönung, und zwar eine für diesen Vorgang erhebliche nachzuweisen (— 0·24°), die im Laufe des Tages allmählich abnahm und in den Proben abnahm, in der 9. Stunde bei vorher kräftiger Gärung, eine positive Wärmetönung (Maximum + 0·6°) bald abfallend bis zur 30. Stunde,

in der 12. Stunde nur mehr schwache — Wärmetönung
„ „ 18. „ — Wärmetönung (Maximum 0·1°)
„ „ 24. „ — „ (Maximum 0·02°).

Somit war nur in der 9. Stunde eine + Wärmetönung, die aber schon in der 12. Stunde wieder negativ wurde.

Man könnte für diesen Fall vermuten, daß in der stark gärenden Flüssigkeit die Abtötung der Hefe durch Toluol nicht so rapide erfolgt wie später, so daß noch ein Teil der Zellen einige Zeit hindurch wirksam war, worauf die Abkühlung prompt erfolgte. Vielleicht spielen aber noch sekundäre Prozesse mit, auf die ich gleich zu sprechen komme. In der nicht wachsenden Hefe findet also eine Neubildung der Zymase während der Gärung nicht statt. Die Zelle zehrt von einem bestimmten Vorrat, den sie vielleicht aus der Wachstumsperiode mit herübergenommen hat.

Die Zymase gilt als ein Ferment, das alsbald der Zerstörung durch Endotryptase anheimfällt, in dieser generellen Anwendung ist der Satz kaum aufrecht zu erhalten.

Ich habe gesehen, daß, wenn man Hefe zunächst 24 Stunden in Wasser beläßt (bei 30°) und dann durch Toluol tötet und mit 20 Prozent Traubenzucker zusammenbringt, eine recht beachtenswerte Wirkung erzielt werden kann.

Die Zymase war hier sicher nicht zugrunde gegangen, daher müßte sie sich auch sonst, wo wenige Minuten vorher noch starke Gärung vorhanden war, nachweisen lassen, wenn sie vorhanden wäre. Wenn sie nach 24 Stunden bei 30⁰ noch nachweisbar bleibt, so muß sie sich auch 5—10 Minuten nach Abtötung bei Hefe, die vorher in voller Gärung war, finden lassen.

Es wird in einem späteren Abschnitt noch eingehender die Beziehung zwischen Hefe und N-haltigen Nährstoffen behandelt werden; Pepton gehört zu jenen Stoffen, welche die Hefe zum Ansatz bringt. Ich habe bei Einbringen von Hefe in 1 Prozent Peptonlösung eine minimale Wärmeentwicklung gesehen, obschon die genannte Konzentration genügt, um den N-Gehalt der Hefe zu mehren. Eine Zymasemehrung war nicht darzutun.

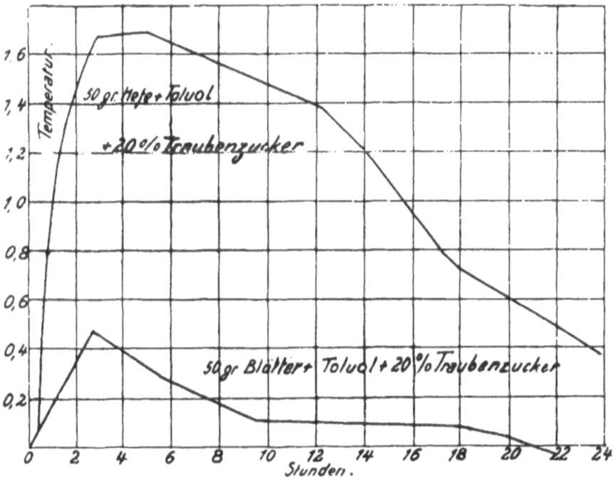

Fig. 30.

Es wird mehrfach angegeben, daß Pflanzen die alkoholische Gärung zu vollziehen vermögen; in der Tat vermochte ich eine Wärmebildung aufzufinden, als 50 g frische, klein gehackte Spinatblätter mit Toluol in 20 Prozent Traubenzucker bei 30⁰ beobachtet wurden. Blätter mit Toluol allein gaben weder positive noch negative Wärmebildung. Wenn es sich bei der Reaktion zwischen Blättern und Zucker um Zymaseumsetzung gehandelt hat, so ist die Größe dieser Umsetzung nicht sehr bedeutend, wie die Kurven Fig. 30 zeigen. Die hohe Kurve ist die von 50 g Hefe + Toluol + 20 Prozent Traubenzucker, die kleinere jene der Spinatblätter unter gleichen Bedingungen.

An dieser Stelle mag bemerkt sein, daß ich auch einige Versuche über die Wirksamkeit einer Antizymase gemacht habe. Prof. Ficker hatte versucht, ob es durch Behandlung von Tieren mit Hefe gelänge, ein Serum zu gewinnen, das auf die Alkoholgärung einen Einfluß hätte. Dies ist aber nicht gelungen. Ich habe weder hinsichtlich der Gesamtsumme der Wärmebildung, noch hinsichtlich der Art der Wärmebildung in den einzelnen Stunden einen abweichenden Verlauf der Gärung wahrnehmen können.

Bisher habe ich über diese Äußerung der Wirkung toluisierter Hefe nur als wie von etwas Einheitlichem gesprochen oder doch wenigstens die Frage des Invertin und der Zymase nur kurz gestreift, um zu zeigen, daß hier in thermischer Hinsicht zwei verschiedene Komponenten vorliegen, die sich aber auch zusammengenommen in einer merkwürdig einheitlichen Weise zu äußern pflegen.

Bei Rohrzuckeranwendung haben wir zum mindesten zwei Fermente, das Invertin und die Zymase, in Wirksamkeit. Das erstere hat verhältnismäßig schwache Wirkungen im Verhältnis zur Wirkung der Zymase. Während nach meinen Untersuchungen 1 g Rohrzucker bei der Zymasewirkung 150 g-Kal. an Wärme liefert, ist die Invertierung ein Prozeß mit geringer Wärmewirkung. Die Inversionswärme des Rohrzuckers habe ich mittels meiner Kalorimeter direkt zu 9·63 g-Kal. pro 1 g Substanz bestimmt.[1]

Sowohl die Menge der Zymase wechselt in einzelnen Fällen, wie auch jene des Invertin, ich erinnere hier an den schon berührten erheblichen Fermentgehalt jugendlicher Zellen (siehe S. 229).

Auch Euler[2] fand, daß das Invertin der Hefe sehr wechselt. In Rohrzucker gezüchtete Hefe soll mehr davon enthalten, wird Hefe bei 0^0 unter Toluolzusatz gehalten, so liefert sie 5 mal weniger Invertin, als wenn sie in 0·5 Prozent Rohrzuckerlösung gärt.

Die Fermentwirkung läuft im allgemeinen rasch ab, aber wenn sie zum Stillstand gekommen ist, beruht dies nur auf einer durch Spaltprodukte bedingten Hemmung. Die Fermentwirkung geht also nicht so leicht durch die Endotryptase verloren. Sie erscheint sofort wieder, wenn wir neue Zuckerlösung mit der toluolisierten Hefe zusammenbringen. Es sei in dieser Hinsicht an die Experimente erinnert, die schon S. 141ff. erwähnt worden sind. Ich führe das Mittel mehrerer Reihen an, in denen jeden Tag die toluolisierte Hefe abzentrifugiert und neu mit frischer Zuckerlösung übergossen wurde.

---

[1] *Archiv für Hygiene.* 1904. Bd. XLIX. S. 398.
[2] *Zentralblatt für Chemie.* 1910. Bd. II. S. 1550.

10 Prozent Zucker, 5 g Hefe, 5 g Toluol nach je 24 Stunden abgeschleudert und frische Zuckerlösung aufgegossen.
Wärme in g-Kal. bei 38°.

Stunde	1. Tag	2. Tag	3. Tag	4. Tag
2	233	186	108	108
4	22	22	67	23
6	10	11	21	15
8	—	4	18	26
10	—	—	—	—
Summe:	265	223	214	172

Ich habe zu 10 Prozent Rohrzuckerlösung 5 g Hefe + Toluol zugegeben, die entwickelte Wärmezunahme gemessen und nach 24 Stunden abzentrifugiert, dann sofort mit frischer 10prozentiger Rohrzuckerlösung wieder das Experiment weitergeführt bis zum 4. Tage.

Die Resultate sind sehr bemerkenswert: schon nach 6 Stunden stellte das Ferment am ersten Tage seine Umsetzungen ein. Wenn der Zucker ganz zerlegt worden wäre, hätten 3750 g-Kal. entstehen können, frische Hefe hätte solche Tagesarbeit leicht vollbracht, die Fermentwirkung brachte überhaupt nur 7 Prozent dieses Wertes. Am zweiten Tage zeigte sich sofort wieder die Wärmebildung, sie beginnt aber etwas schwächer zu werden und zieht sich zwei Stunden länger hin. Ähnlich ist es wieder am dritten Tage. Am stärksten geht die Wirkung in den ersten zwei Stunden zurück, hält dafür aber bis zur 8. Stunde an und liefert im ganzen nur wenig geringere Wärmegrößen als der 2. Tag. Der 4. Tag ist ähnlich dem dritten. In 24 Stunden geht die Fermentwirkung durchschnittlich auf $^9/_{10}$ der vortägigen zurück.

Das Ferment hat sich zweifellos als sehr resistent erwiesen, obschon selbstverständlich die Hefe allmählich einem inneren Auflösungsprozeß anheimfiel.

In anderer Anordnung wurde nachstehende Versuchsreihe ausgeführt. Zucker und Hefe (getötet) werden in gleichen Gewichtsteilen gemengt und dann in verschiedenen Mengen in Gefäße von je 250 ccm Wasser verteilt. Die Konzentration des Zuckers wird dadurch geringer, aber auch die der Hefe in gleichem Grade.

Nach der 6. Stunde erhalten b, c, d soviel Zucker in Substanz, daß 20, 10, 5 Prozent Gehalt resultieren, wenn der Anfangszuckergehalt mit berechnet wird.

Mit Toluol.
Wärme in g-Kal.

Stunde	20 Proz. Zucker 50 Hefe	10 Proz. Zucker 25 Hefe	5 Proz. Zucker 12·5 Hefe	2·5 Proz. Zucker 6·21 Hefe
2	415	264	205	105
4	110	21	60	20
6	14	4	46	4
8	14	289[1]	263[2]	284[3]
10	23	67	40	45
12	19	—	—	—

Die erste Reihe, 20 Zucker und 50 Hefe, wird ganz bis zur 12. Stunde durchgeführt, bei den vier anderen Proben wird je soviel Zucker in Substanz nach der 6. Stunde zugegeben, daß der Konzentrationsgrad der vorhergehenden Reihe erreicht wurde. In diesem Falle verblieb also das Spaltprodukt der vorhergehenden Fermentwirkung in der Lösung und es wurde nur das chemische Gleichgewicht gestört, worauf sofort eine weitere Wirkung des Ferments einsetzt. Auch hier wurde jedesmal die fermentative Wirkung nicht dadurch behindert, daß das Ferment zerstört und verdaut wurde, sondern offenbar deshalb, weil ein für Zucker und Ferment bestimmter Gleichgewichtszustand zustande kam, der eine Weiterzerlegung ausschloß.

Die Wirkung des Invertin und der Zymase läßt sich leicht in einem Parallelversuch mit Rohrzucker und Traubenzucker zur Anschauung bringen. Die Wärmebildung toluolisierter Hefe ist in Rohrzucker stärker als in Traubenzucker; ein Beispiel dieser Art habe ich schon früher S. 64 angegeben. Eine Verschiebung zwischen Zymase- und Invertinwirkung habe ich zugunsten der letzteren einmal in sehr erheblichem Grade auftreten sehen.

Ich habe Hefe 24 Stunden bei 30° mit 0·5 Prozent Pepton belassen, dann abzentrifugiert, ausgewaschen und nunmehr 10 Prozent Zucker zugegeben. Die Wirkung dieser Hefe war eine ganz andere.

Sie hat ein enormes Invertierungsvermögen, während sie ihr Vermögen, den Zucker intensiv zu vergären, erheblich verloren hat. Die Hefe hatte also einen Teil des zerlegenden Protoplasmas während der Aufbewahrung mit Pepton im Brutschrank durch Absterben eingebüßt.

Die einzelnen Zuckerarten verhalten sich zur toluolisierten Hefe sehr verschieden; am klarsten bringt das Verhältnis die nachfolgende graphische Darstellung zum Ausdruck.

[1] 20 Prozent Zucker. [2] 10 Prozent Zucker. [3] 5 Prozent Zucker.

Bei Rohrzucker und Traubenzucker sind die Fermentwirkungen noch nicht ganz in 10 Stunden abgelaufen, bei Milchzucker und Maltose aber schon nach 6 Stunden. Angewandt wurden je 20 Prozent des

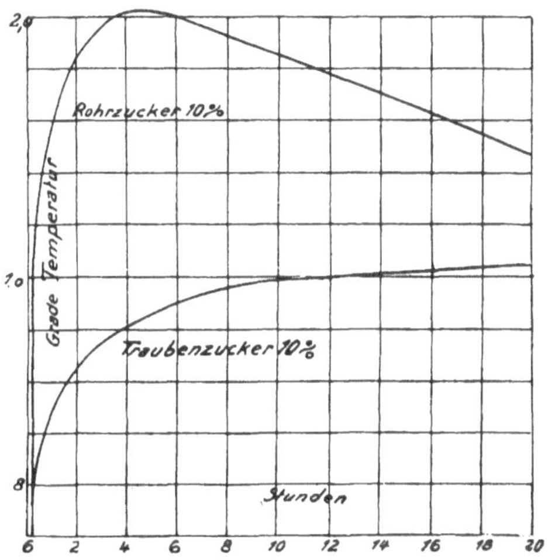

Fig. 31.

Zuckers und 5 g Hefe + Toluol bei 30°. Die Versuche sind nebeneinander in 4 Kalorimetern gleichzeitig ausgeführt worden; ich kann sie auch noch durch andere Experimente, die ebenso ausgefallen waren,

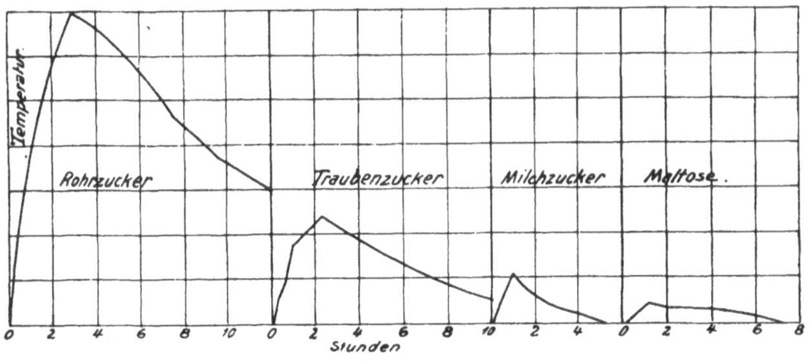

Fig. 32.

stützen. Die Differenz zwischen Rohrzucker und Traubenzucker ist verständlich, letzterer zeigt nur Zymase, ersterer auch Invertinwirkung. Wenn die letztere auch sehr unbedeutend ist im Verhältnis zur Zymasewirkung, so kommt dies insofern nicht ganz zum Ausdruck, als offenbar die Zymasemenge sehr klein, die Invertinmenge in den Zellen aber sehr beträchtlich genannt werden muß.

Sehr auffallend ist die Wärmebildung mit Milchzucker[1], die ich aber bestimmt in anderen Experimenten wieder gesehen habe. Ich komme später darauf zurück.

Vor einem weiteren unerwarteten Ergebnis steht man bei der Maltose; hätte man doch annehmen sollen, daß bei ihr die zymatische Wirkung zum mindesten so ausgeprägt wäre, wie bei Traubenzucker. Auch eine allenfallsige Spaltung der Maltose in zwei Moleküle Dextrose müßte sich ähnlich wie die Invertierung bemerkbar machen.[2] Wir müssen also eine verschiedene Wirkung der Zymase auf Traubenzucker und Maltose annehmen.[3]

Soviel über das Verhalten der Hefe verschiedenem Zucker gegenüber. Es ist von Bedeutung, nun auch noch die Größe der einzelnen Fermentwirkungen nach absoluten Zahlen festzustellen.

Wenn man soche Parallelversuche mit Rohrzucker und Traubenzucker in der Weise anstellt, daß man bis zum völligen Temperaturabfall wartet, so kann man auch in absoluten Werten diese fermentative Arbeit angeben. Um die Temperaturausschläge größer zu machen, nahm ich je 50 g Hefe + Toluol und zum Vergleich auch noch je 10 g Hefe + Toluol.

So fand ich folgendes bei 30°:

50 g Hefe (mit Toluol) bzw. **10** g Hefe in 20 Prozent Zuckerlösung gaben

bei Rohrzucker	952 g-Kal.	300 g-Kal.
bei Traubenzucker	625 ,,	147 ,,
Invertierung:	327 g-Kal.	153 g-Kal.

Die Wärmemenge ist also bedeutend gewesen und erzielte bei

Rohrzucker	952 g-Kal.
Davon kamen	
auf Invertin	327 ,,
auf Zymase	625 ,,

Von dem vorhandenen Rohrzucker waren demnach invertiert, da der Zucker 50 g und 9·3 g-Kal. Invertierungswärme = 1 g Zucker 35 g = 70 Prozent, und durch Zymase war gespalten:

$$\text{von 50 Prozent } \left(=\frac{625}{150}\right) 4 \cdot 2 = 8 \cdot 4 \text{ Prozent.}$$

[1] Ähnliches zeigt auch der Mannit.

[2] **Green**, *Die Enzyme*. **1901.** S. 56.

[3] Die bei der alkoholischen Gärung aus Traubenzucker und aus Maltose entwickelte Wärme ist nicht verschieden.

Die Invertierung war also viel weiter gegangen, als die Gärung durch Zymase.

Bei 10 g Hefe findet sich analog als Invertinspaltung von 50 g Zucker 16·5 = 33 Prozent, und von der Zymase wird kaum 1 g Zucker gespalten = 2 Prozent.

Die Wirkung war bei der Zymase fast annähernd der Hefemenge, also dem Ferment proportional, beim Invertin liegen aber andere Zahlenverhältnisse zugrunde, was seine Erklärung in den verschiedenen absoluten Fermentmengen findet, von Invertin ist unvergleichlich mehr als von Zymase vorhanden.

An diesem Beispiel sieht man auch, wie bequem die thermische Methode für die Lösung solcher Fragen benutzt werden kann. Beide Fermente setzen mit Beginn des Experimentes sofort mit ihrer Tätigkeit ein. Die Zymasewirkung zieht sich aber etwas länger hin.

Einen anderen quantitativen Versuch machte ich mit Rohrzucker, Traubenzucker und Maltose, in dem je 10 g Hefe + Toluol in 20 Prozent Zuckerlösung gebracht wurden.

Die Menge der erhaltenen Wärme war:

bei Rohrzucker	514·1	g-Kal.
bei Traubenzucker	213·0	„
bei Maltose . .	87·2	„

Daraus folgt:

Rohrzucker	514·1	„
− Traubenzucker	213·0	„
Invertierung:	301·1	g-Kal.

Von 50 g Zucker also $\left(\frac{301 \cdot 3}{9 \cdot 3}\right)$ 31·3 g invertiert = 62·6 Prozent, was recht gut mit vorigem Versuch stimmt, wenn man bedenkt, daß verschiedene Hefen angewandt wurden.

Auf Zymase käme von 50 g Zucker = 14·2 zersetzt = 2·8 Prozent, demnach wieder sehr wenig. Die Wirkung der Zymase auf Maltose beträgt hier nur 41 Prozent von jener auf Traubenzucker.

Man muß wohl annehmen, daß die Maltase durch Toluolzusatz geschädigt wird bzw. nur in beträchtlich geringerem Maße als Zymase anwesend ist. Von Chloroformwasser ist die Benachteiligung für Maltase angenommen.[1] Vielleicht erklärt die geringe Menge von Maltase auch die geringere maximale Wärmebildung in Maltoselösungen. Daraus folgt, daß die sekundären oder vorbereitenden Fermente in gewissem

[1] Lafar, *Technische Mykologie.* Bd. IV. S. 415.

Sinne die Nahrhaftigkeit einer Nährlösung bestimmen können, also für die Masse der in der Zeiteinheit gewonnenen Ernte mit bestimmend sind, vorausgesetzt, daß die N-haltigen Stoffe sonst als gleichwertig zu betrachten sind.

Über die stark wechselnden Mengen der Zymase habe ich schon gesprochen. Ältere Hefe wird meist schwache Reaktionen geben; bei solchen habe ich eine beachtenswerte Beobachtung gemacht, die, weil sie zunächst hätte auf Täuschung beruhen können, immer wieder kontrolliert wurde. Sie ist nur bei höchst genauen Arbeiten zu sehen, die Erscheinung besteht — bei toluolisierter Hefe oder bei Zymin aus solcher Hefe — in einem oft stundenlangen, langsamen Sinken der Temperatur. Ein Dutzend und mehr Versuche fielen ganz übereinstimmend aus. Die Temperaturerniedrigungen sind natürlich im Verhältnis zu den Temperaturhöhen in gärender Hefe minimal, aber sie sind eben doch nachzuweisen.

In manchen Fällen habe ich aber ganz vergeblich danach gesucht, und keine Temperaturerniedrigung gefunden, so daß das Ausgangsmaterial an Hefe mitbestimmend sein muß. Da mir diese eigenartige Erscheinung einer Temperaturerniedrigung so sehr unwahrscheinlich war, habe ich alle möglichen Versuche gemacht, auf Versuchsfehler zu fahnden und die Experimente wiederholt variiert, auch blinde Versuche mit vorheriger Abkühlung der Kalorimeterflüssigkeit ausgeführt. Die Tatsache blieb bestehen, daß unter Umständen wirklich in toluolisierter Hefe eine Wärmeabnahme vorkommt. In solchen Fällen habe ich mich auch — da sie 10mal so empfindlich sind als andere — der versilberten Kalorimeter bedient (siehe oben S. 29).

Ich gebe zunächst vier der Typen in graphischer Darstellung hinsichtlich des Temperaturverlaufs.

Kurve I ist bei einer Hefe gewonnen (5 g in 20 Prozent Traubenzucker), welche den Tag vorher in 2 Prozent Pepton bei 30° gehalten worden war. Der negative Wert erreichte hier sogar —0·38°, der tiefste von mir beobachtete Stand. In der 9. Stunde war der Ausgleich vollendet. Bei Fall 2) hielt sich die negative Wärmetönung nicht so tief, das Kalorimeter hat sich aber nach 24 Stunden noch nicht eingestellt. Bei Typus 3) wird der negative Wert bald überkompensiert und hält sich lange mäßig hoch. In Typus 4) folgt dem Sinken der Temperatur bald ein Steigen und schnell ein Ausgleich.

Ich habe einige vergleichende Versuche gemacht, um zu erfahren, unter welchen Umständen diese Erscheinung sich am besten zeigt; wie zu erwarten, sind alle milden Eingriffe, die die Zymase unwirksam machen, geeignet hierfür. Ich glaube auch mit Bestimmtheit angeben zu können, daß diese negative Wärmetönung neben einer schwachen positiven zymatischen vorhanden ist, also den Effekt der letzteren verkleinert. Indes knüpfe man hieran keine falschen quantitativen Vorstellungen etwa derart, daß eine wirkliche kräftige Zymase irgendwie scheinbar verdeckt werden könne. Es genügt ein Blick auf die Figur, um diese Unmöglichkeit zu verstehen, denn alle angeführten Typen sind ausgewählt schwachen Zymasen entsprechend.

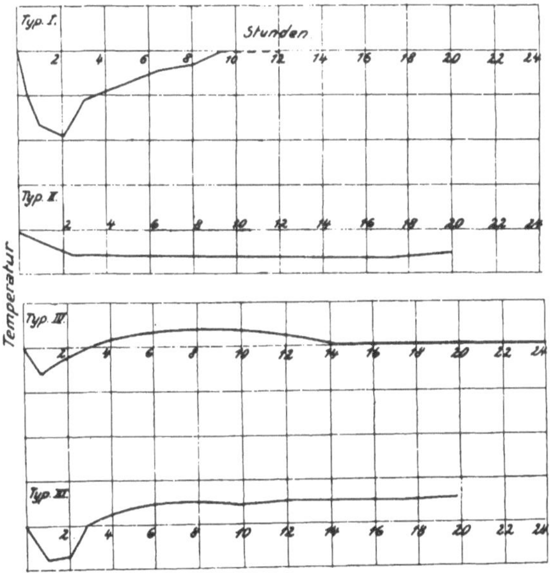

Fig. 33.

Die Wärmebindung nimmt unter verschiedenen Umständen verschiedene Größen an; es lag natürlich auf der Hand, diese Wirkung noch ausgeprägter vor Augen zu führen durch Verwendung größerer toluolisierter Hefemengen. Jetzt wurden die Erscheinungen aber komplizierter, und was ich mir hatte vorführen wollen, versagte ganz, viel Hefe gibt + Wärme. Die Erscheinung ist also von den Hefemengen abhängig, wie ich zeigen konnte, indem ich eine systematisch ausgeführte Versuchsreihe mit variierten Hefemengen durchführte. Bei 5 g Hefe dauerte die negative Wärmetönung nur 4 Stunden und machte dann einem minimalen Temperaturanstieg Platz. Diese Kurve vergrößert sich in ganz ähnlicher Weise bei Anwendung von 10 g Hefe. Dagegen lassen 25 g Hefe nur einen rudimentären Anlauf zum Temperaturabfall erkennen, um dann sofort erheblich zu steigen, 50 g Hefe zeigen nur noch positive Wärme.

Daraus folgt, wir haben zwei verschiedene chemische Prozesse mit verschiedenem thermischen Verhalten nebeneinander. Der Prozeß mit Wärmeerzeugung kann nicht die Autolyse sein, denn ich habe schon auseinandergesetzt, daß bei der Umwandlung des Hefeeiweißes im Sinne der tryptischen Verdauung, wie sie die Autolyse darstellt, weder + noch — Wärme nachzuweisen ist.

Sie kann erzeugt werden durch einen geringen Gehalt an Zymase, der nur nachweisbar wird, wenn große Hefemengen zur Aussaat gelangen. Es gibt aber noch eine zweite Möglichkeit, diese besteht in der Adsorption von Zucker durch die Hefezelle. Ich habe eine große Zahl von solchen Versuchen ausgeführt, indem ich Zuckerlösungen bestimmten Gehalts (20 Prozent) mit Hefe zerrieben und dann nach spätestens 5 Minuten die Hefe wieder abgeschieden und den Zucker bestimmt habe. Außerdem wurde Hefe längere Zeit $^1/_2$ Stunde bis 4 Stunden und 24 Stunden ohne Toluolzusatz und mit Toluolzusatz bei $+1^0$ und $+10^0$ und 20^0 mit Zucker zusammengebracht und dann die Zuckeraufnahme durch die Hefe quantitativ gemessen. Das Gesamtergebnis war folgendes (für 20 Prozent Traubenzuckerlösung):

Hefe mit und ohne Toluol, 2 Stunden bei $1^0 = 1·8$ Prozent Zucker der frischen Hefe aufgenommen;

bei Zimmertemperatur, mit Hefe zerrieben (5 Minuten), 0·8, —2·88 Prozent Zucker aufgenommen;

bei 12^0 ohne Toluol in 2 Stunden 4·58 Prozent in Hefe aufgenommen;

bei 22^0 gärend, in 2 Stunden 14·34 Prozent;

bei 30^0 mit Toluol in 2 Stunden 8·24 Prozent Zucker von Hefe aufgenommen.

Nach der 4. Stunde war bei $2—12^0$ keine Änderung auch nach vielen Stunden (20 Stunden) eingetreten.

100 Teile frischer Hefe nehmen also sehr verschiedene Mengen von Zucker auf. Vermutlich sind die oben genannten auffälligen Befunde an Wärmebildung bei toluolisierter Hefe in Maltose und Milchzuckerlösung auf derartige Adsorptionen zurückzuführen.

Die Versuche sind von allgemeinem biologischen Interesse insofern, als sie zeigen, daß die Hefe nicht in einfachen osmotischen Austausch mit der Umgebung tritt, sondern daß sie selbst im toluolisierten Zustande noch eine beträchtliche Zuckermenge aufnimmt.

Ist diese Zuckermenge aber wirklich in die Hefe gelangt? oder wird sie an der Oberfläche zurückgehalten?

Die Geschwindigkeit, mit der die Festhaltung entsteht, spricht mehr dafür, daß die Fixierung zunächst ganz oder teilweise an der Zelloberfläche geschieht.

Die gärende Zelle nimmt den Zucker schnell in weit größeren Mengen ins Innere auf und zerlegt ihn; aber sicher ist, daß auch hier zu Anfang wenigstens, weit mehr Zucker an der Zelle fixiert als von ihr verbraucht wird, und wenn dies Gleichgewicht gestört wird, so könnte sehr wohl wieder Zucker adsorbiert werden. Ich habe auch noch folgende Experimente angestellt:

Läßt man Hefe nur 10 Minuten in Traubenzucker von verschiedener Konzentration (2, 5, 10 Prozent) zentrifugiert ab, läßt auf Tonteller noch absaugen, nimmt in Wasser auf und läßt gären, so zeigt sich, daß die Hefe in 2 prozent. Lösung schon nahezu die maximale Zuckermenge aufgenommen hat und daß bei größeren Konzentrationen kaum nennenswert mehr Zucker adsorbiert wird.

Die Adsorption ist zunächst vermutlich, da der Zucker selbst festgehalten wird, mit einer Änderung des Aggregatzustandes verbunden.

1 Mol. Glykose gelöst	liefert	679·4	kg-Kal.	nach Berthelot
1 ,, ,, fest	,,	677·2	,,	
Lösungswärme = Differenz		2·2	kg-Kal.	pro 1 Mol. = 180 g.

also 1 g Zucker liefert 12·2 g-Kal. Lösungswärme.

Bei Anwendung von 25 g Hefe in 20 Prozent Zuckerlösung könnte demnach bei 12° 1·25 g Zucker adsorbiert werden, was + 15 g-Kal. an Wärme ausmachen könnte, was innerhalb die Grenzen der thermischen Meßbarkeit fällt. Bei 30° stiege diese Menge aber schon auf 8·24 Prozent der Hefe, also auf 3·3 g pro 25 g Hefe = 40·2 g-Kal., in Versuchen mit 50 g Hefe, wie oben, auf 80·4 g-Kal. Es ist daher wohl denkbar, daß jener Prozeß der + Wärmetönung, der, wie oben gezeigt, mit steigenden Hefemengen überwiegt, auf eine solche Adsorption zurückgeführt werden könnte. Ein Adsorptionsvorgang könnte auch der Hefe bis zu einem gewissen Grade in verdünnter Lösung die Nahrungsaufnahme erleichtern.

Auf 100° erhitzte Hefe zeigt keine Zuckeraufnahme.

Die Rohrzuckerauflösung in Wasser verläuft, wie angegeben wird, thermisch indifferent; sie könnte adsorbiert also auch keine Wärmeentwicklung geben, wie der Traubenzucker, allein es ist zu bedenken, daß sie bald in Invertzucker umgewandelt wird und für diesen kommt wieder eine positive Wärmebildung in Frage.

Was geschieht mit diesem aufgenommenen Zucker? Es ist bekannt, daß die Hefe imstande ist, größere Mengen von Glykogen anzuspeichern; ich möchte kurz auf folgendes hinweisen.

F. W. Pavy und H. W. Bywaters geben an, daß die Handelshefe bis 25 Prozent der Trockensubstanz (= 5 Prozent der frischen Substanz) Glykogen enthält. In Zuckerlösung verdoppelt und verdreifacht sich der Glykogengehalt in 2—3 Stunden je nach der Konzentration der Lösung bis zu einem Gehalt von 16 Prozent Glykogen in der frischen Substanz.[1]

Ich habe selbst eine Reihe solcher Bestimmungen ausgeführt, die von Pflüger angegebene Methode ist in der Ausführung bei Hefe nicht zum Ziele führend, namentlich ist es ungemein schwierig, nach dem Kochen in Kalilauge und der Fällung mit Alkohol die durch Auflösen in Wasser erhaltene Lösung klar zu filtrieren, auch wenn man den Säurezusatz nach Pflüger möglichst sorgfältig ausführt. Die Ausscheidung des Niederschlags gelang nur durch Zusatz von wenig Brückescher Lösung (0·2 ccm) und nachfolgendem Zentrifugieren. Dann wurde mit Alkohol wieder gefällt, ausgewaschen, getrocknet und nochmals in Wasser gelöst und polarisiert.

So erhielt ich 2—4 Prozent Glykogen in 100 Teilen frischer Hefe, die überhaupt noch nicht in Zucker gelegen hatte.

Die Hefe baut aber auch in toluolisiertem Zustande Glykogen auf, wovon ich mich durch quantitative Untersuchung überzeugt habe, die Menge war (bei 0°) nicht sehr bedeutend und machte nur einen Teil des unter denselben Bedingungen adsorbierten Zuckers aus. Der Glykogengehalt war gestiegen von 1·50 Prozent in frischer Hefe auf 2·37 Prozent.

Diesen Aufbau von Glykogen an toluolisierter Hefe habe ich schon vor vielen Jahren auf einem anderen Wege nachgewiesen. Ich habe zuerst gezeigt, indem ich das Verhältnis von N und Verbrennungswärme in normaler und autolysierter Hefe, die in Zuckerwasser war, prüfte, daß eine erhebliche Zunahme der Verbrennungswärme im Verhältnis zum N-Gehalt eintreten kann[2].

Die Glykogenbildung ist also auch eine Fermentwirkung, welche den Tod der Zelle überlebt.

Diese Ergebnisse werden auch durch anderweitige Beobachtungen bestätigt.

Ed. Buchner hat für die Zymase nachgewiesen, daß bei der Mischung der letzteren mit Zucker und Wasser unlösliche Kohlehydrate

[1] *Journal of Physiol.* 1907. Vol. XXXVI. p. 149.

[2] *Archiv für Hygiene.* 1904. S. 421.

entstehen. Cremer fand mit Preßsaft und Zucker deutliche Mehrung der Glykogenreaktion.

Bei Betrachtung der von mir nachgewiesenen Glykogenbildung (in 24 Stunden) muß man aber erwägen, daß ich absichtlich, um lebende Zellen ohne Gärung mit in den Kreis der Beobachtungen zu ziehen, 1° Temperatur angewandt hatte. Die Beschleunigung einer Fermentreaktion von 1° bis 20 und 30° ist aber eine ganz gewaltige, so daß die mäßigen Werte, wie ich sie gewonnen habe, recht wohl mit dem großen Glykogenansatz bei Pavy und Bywaters übereinstimmen können.

Bei der Glykogenbildung findet eine Abspaltung von Wasser statt. Wir wissen, daß Hydratationsvorgänge unter Entwicklung kleiner Wärmemengen verlaufen, die bisweilen nicht meßbar sind, wenn durch Bildung wasserlöslicher Produkte, die unter Wärmebildung sich lösen, Wärme benötigt wird.

Eine thermochemische Betrachtung der hier interessierenden Vorgänge ergibt nur folgendes: Von Stohmann wird für die Hydratation der Stärke zu Traubenzucker angegeben: 1 Molekül Stärke (162) liefert bei der Bildung von Glykose (180) für 1 Molekül Wassereintritt + 3·8 kg-Kal., also 1 g Stärke $\frac{3800}{162} = 23 \cdot 4$ g-Kal. und umgekehrt die Umwandlung der Glykose (fest) in Stärke für 1 g Zucker $\frac{3800}{180} = 21 \cdot 1$ g-Kal. Wärmebindung. Eine direkte Messung dieser Umwandlungswärme liegt bisher nicht vor.

Die für Stärke erhaltenen Zahlen können unbedenklich auch auf das Glykogen übertragen werden. Wenn also pro 25 g Hefe z. B. 2—3 g Glykogen gebildet wurden, so könnten dabei 42—64 g-Kal. an Wärme gebunden werden. Da bei der Adsorption von Zucker also pro 1 g 12·2 g-Kal. frei werden und bei der Glykogenbildung 21·1 g-Kal. gebunden werden, so überwiegt die Wärmebindung bei Bildung von Glykogen.

Bei Rohrzucker wird durch Adsorption keine Wärmeentwicklung eintreten, da seine Lösungswärme nach Berthelot = 0.

Im übrigen wird bei der Umwandlung von Rohrzucker in Glykogen etwas weniger Wärme gebunden, weil dieser Zucker ja schon bei seiner Bildung aus Dextrose und Lävulose bereits die Invertierungswärme aufgenommen und eine Vereinigung zweier Moleküle schon vollzogen hat.

Bei Berthelot findet sich für ein Molekül Glykogen (162) als Verbrennungswärme 678·9 g-Kal. angegeben, der mittlere Wert für Rohrzucker, aus den Beobachtungen verschiedener Autoren abgeleitet, ist 3945 g-Kal. = 1349·2 g-Kal. pro Molekül (342).

Wenn 2 Mol. Glykogen $2 \times C_6H_{10}O_5 + H_2O = 1$ Mol. Rohrzucker $C_{12}H_{22}O_{11}$, so hat man

$$2 \times 678 \cdot 9 = 1357 \cdot 8$$

$$- 1 \text{ Mol. Rohrzucker } \underline{1349 \cdot 1}$$

also Wärmeaufspeicherung bei der

Bildung von Glykogen 8·6 kg-Kal. pro 2 Mol. Glykogen

$$\text{pro 1 g Glykogen } \frac{8600}{324} = 26 \cdot 5 \text{ g-Kal.}$$

was annähernd mit obiger, für Dextrose berechneter Zahl stimmt. Ganz genau dürften übrigens beide Berechnungen nicht sein, da die Verbrennungswärmen zur Feststellung solcher Hydratationsvorgänge einen sehr hohen Grad von Genauigkeit besitzen müßten.

Ich habe jetzt also gezeigt, welches quantitative Verhältnis für die Bildung von Glykogen besteht. Wenn die Hefe nach Pavy in 3 Stunden bis zu 16 Prozent Glykogen enthält, wovon $^2/_3$ neu aufgespeichert sind, so würden 100 g Hefe 10·6 Prozent Glykogen bilden können, die bei Traubenzucker folgende Resultate geben: für Bildung von 1 g Glykogen sind nötig 1·111 g Traubenzucker, für 10·6 also 1·111 = 12·7 g Traubenzucker. Dabei wird gebunden $12 \cdot 7 \times 21 \cdot 1 = 267 \cdot 9$ g-Kal. Die Adsorption von Zucker geht voraus und verdeckt etwas diese Größe. Die Wärme würde sich auf 3 Stunden verteilen, also pro 1 Stunde — 89 g-Kal. pro 100 g Hefe ausmachen, für 50 g Hefe 44 und für 25 g Hefe 22 g-Kal. Dies alles sind sehr kleine Größen, welche im Verhältnis zur Wärmebildung bei der Gärung weniger als 2 Prozent ausmachen. Aber bei Wegfall der Gärung in toluolisierter Hefe wäre diese fermentative Glykogenbildung an sich für meine Kalorimeter eine gut meßbare Größe, da man 1 g-Kal. recht wohl noch bestimmen kann. Die größte gemessene Temperaturabnahme bei toluolisierter Hefe im Traubenzucker war 0·38°, was etwa 21 g-Kal. pro 1 Stunde entspricht, also zufälligerweise eine Größe, wie sie oben als mögliche Wärmebindung angenommen wurde.

Beruht also die Wärmesteigerung in den Toluolversuchen bei Hefe mit geringem Zymasegehalt in der Wirkung der Zuckeradsorption und der Zymasewirkung und die Wärmebindung auf Glykogenbildung, so lassen sich alle Versuchsergebnisse, die anfänglich mir paradox erschienen, glatt aufklären.

Ich füge noch folgende Tatsachen an. Die Frage, ob tatsächlich Glykogenbildung hier mit im Spiele ist, kann man in einfacher Weise untersuchen, wenn man die toluolisierte Hefe in Parallelversuchen in Wasser oder in Zuckerlösung beobachtet. Tritt die — Wärmebindung in Wasser auch ein, so müssen andere Prozesse als die Glykogenbildung herangezogen werden.

Ich habe selbst bei Anwendung großer Hefemengen in Wasser bisher eine über die Fehlergrenze hinausgehende negative Wärmetönung nicht beobachtet. Ferner habe ich beobachtet, daß Hefe, welche bei 30⁰ durch 24 Stunden in Wasser autolysiert wurde, nach dem Toluolisieren und Eintragen in Peptonlösung keine negative Wärmetönung gibt, wohl aber einen minimalen Zuwachs an Wärme. Das Glykogen bleibt in der Hefe oft lange Zeit liegen und wird wohl zumeist nur bei Mangel an Zucker in der Nährflüssigkeit zur Zeit der Nachgärung verbraucht, falls die sonstigen Bedingungen der Gärung günstig sind. Wie die Glykogenbildung mit negativer Wärmetönung einhergeht, so muß die Lösung des Glykogens mit der äquivalenten Menge positiver Wärmetönung verlaufen. Ein Teil der bei der Selbstgärung auftretenden Wärme ist auf diesen Umwandlungsprozeß des Glykogens zu beziehen.

Ich glaube also den Beweis erbracht zu haben, daß die Glykogenbildung unter meßbarer negativer Wärmetönung erfolgt, und daß dieser Prozeß im Anfang der Berührung der Hefe mit Zuckerlösung alsbald einsetzt. Die Glykogenbildung ist der erste Fall, in welchem ein synthetisierendes Ferment in seiner Wirksamkeit dargelegt, d. h. gemessen worden ist.

Neben dem eigentlichen Gärungsprozeß verlaufen, wie ich gezeigt habe, noch verschiedene andere Vorgänge in der Zelle, diese Nebenreaktionen sind aber thermisch von untergeordneter Bedeutung in der Gesamtbilanz.

VI. Teil.

Das Verhältnis des Kraft- und Stoffwechsels der Hefe zu anderen Organismen.

Die Hefe ist bis jetzt der einzige einzellige Organismus, dessen Stoff- und Kraftwechsel eine so eingehende Untersuchung erfahren hat, daß er eine vergleichende Betrachtung zu anderen, namentlich höher stehenden Organismen, erlaubt.

Mit Bezug auf den Kraftwechsel, also den Kohlehydratstoffwechsel, habe ich gefunden, daß ausschließlich der Fermentwirkung der Hefe auf **1** g N pro **24** Stunden **38·77** kg-Kal. bei 30^0 entwickelt werden, doch kann die Hefe auch noch bei 38^0 die Gärung leisten. Zwischen $30-38^0$ nimmt pro 1^0 Temperatur der Energieumsatz um 6·25 Prozent zu, für 8^0 Wärme mehr also gerade um 50 Prozent, so daß als maximalstes Gärungsgröße der Hefe **58·11** kg-Kal. berechnet werden können.

Erstere Angabe für 30° entspricht einem Zuckerverbrauch von **258·4** g pro Tag und letztere einem solchen von **387·3** g pro Tag und **1** g N.

Was die zum Wachstum nötige Zufuhr von Eiweißstoffen anlangt, so haben wir folgende Unterlagen: Für das Wachstum war bei 30° die günstigste Generationsdauer 5 Stunden, und außerdem nimmt das Wachstum bei Steigerung der Temperatur um 10° um das 1·57fache zu. Berechnet man auch die Generationsdauer auf Grund dieser Annahme für 38°, so würde sie für 8° mehr gegenüber 30° auf das 1·46fache steigen, also die Zeit der Generationsdauer um das 1·46fache geringer werden, woraus folgt, daß letztere $= \frac{5}{1\cdot 46}$ Stunden = 3·42 Stunden beträgt.

Die Generationsdauer von 5 Stunden will sagen, daß in dieser Zeit für 1 g N der Hefe je 1 g weiterer Zuwachs zustande kam, 1 g N Zuwachs mag mit 34 kg-Kal. veranschlagt werden = 6·25 g trockenes Eiweiß nach üblicher Rechnung.

Auf 24 Stunden berechnet macht eine solche Leistung 163·2 kg-Kal. oder 30·0 g Eiweiß aus: für 38° berechnet: 238·5 kg-Kal. = 43·84 g Eiweiß. Was die absoluten Größenverhältnisse der Hefe anlangt, so ist darüber zu bemerken, daß dieselbe keineswegs zu den kleinsten Organismen gehört, sondern an Kleinheit von den Spaltpilzen erheblich übertroffen wird.

Nägeli hat einmal das Gewicht einer Hefezelle zu 0·0000000005 g und ihre Oberfläche zu 0·0003 mm² angegeben[1], also

0·5 g Hefe	=	300000 qmm
1·0 „	=	600000 „
	=	6000 qcm.

Da Nägeli nur 17 Prozent Trockensubstanz zugrunde legte, ist ein Vergleich mit den von mir benutzten Hefen mit bis 26 Prozent Trockensubstanz nicht unmittelbar auf meine Angaben zu übertragen. Es kann aber als Annährung angenommen werden, daß 1 g Hefe von Nägelis Wassergehalt rund 0·013 N statt 0·020, wie die von mir benutzte Hefe enthalten habe. Es träfen also nach Nägeli auf 13 mg N (Hefensubstanz) 6000 qcm Oberfläche — pro 1 mg also 462 qcm oder auf 1 g N 46·2 qm.[2]

---

[1] *Theorie der Gärung.* 1879. S. 37.

[2]

Im Mittel menschliche Zelle auf . . .	1 μ³	(Mikron 0·353 μ² Oberfläche)
Spaltpilz 1 μ Durchmesser . . .	1 „	= 6·0 „ „
Stäbchen 5 μ „	1 „	= 8·4 „ „
Milzbrandstäbchen 10 μ lang, 1 μ breit .	1 „	= 4·2 „ „
Tuberkelbazillen 2·5 μ lang, 0·2 μ breit	1 „	= 20·8 „ „

Berechne ich die Leistung der Hefezelle auf ihre Oberfläche[1], so finde ich ausgehend von den Werten

für 30⁰ 0·839 kg-Kal.
„ 38⁰ 1·257 „

rund 0·8—1·2 kg-Kal. pro 1 qm, während bei den Säugern aus den angeführten Werten 1074 kg-Kal. für die gleichen Einheiten geliefert werden.

Die zahlenmäßigen Grundlagen, welche später noch weiter benützt werden sollen, lauten also:

Auf 1 g Hefe N trifft pro 24 Stunden:

	kg-Kal.	Zucker	Eiweißaufnahme	
bei 30⁰	38·77	258·4	30·0	pro 46·2 qm
„ 38⁰	58·11	387·2	43·8	

Pro 1 qm und 24 Stunden:

bei 30⁰	0·839	5·59	0·649
„ 38⁰	1·257	9·38	0·948

Es wird von Interesse sein, die Nahrungs- und Energieverhältnisse der Hefezelle mit anderen Organismen in Beziehung zu setzen; die übliche Einheit für den Energieverbrauch ist bei den Tieren entweder 1 kg Lebendgewicht oder, wie ich auch vorgeschlagen habe, 1 g N der Leibessubstanz. Letzteres Verfahren ist einwandsfreier; das erstere das gebräuchlichere. Will man die Ergebnisse an der Hefe nach den Kilowerten in Vergleich stellen, so müßte man annehmen, daß 1 kg Lebendgewicht rund 30 g N entspricht; tatsächlich kommt dieser N-Gehalt bei Hefe nicht vor, sie ist viel eiweißärmer, die Zahl ist also nur zum Vergleich für die Leistungen tierischen Proplasmas gewählt. Aus den schon mitgeteilten Grundzahlen berechnet sich für 1 kg Hefe[2] pro Tag und 30 g N bei 30⁰ 1163·1 kg-Kal., bei 38⁰ 1743·3 kg-Kal. als Energieverbrauch und beim Wachstum bei 30⁰ 900·0 g Eiweißansatz; bei 38⁰ 1315·4 g Eiweißansatz.

Die gewaltigen Unterschiede im Energiebedürfnis zwischen einzelnen Warmblütern sind bekannt, auch weiterhin erwiesen, daß der Energieumsatz einer Spezies und verschiedener Spezien zueinander fast genau wie die Oberflächen der Tiere bei ungleicher Größe sich verhält, wie ich zuerst bewiesen habe und wie zahlreiche Autoren bestätigt haben. Den größten Kraftwechsel besitzen die kleinsten Säuger, indem sie

[1] 600 qm Oberfläche = 1163·1 kg-Kal. bei 30⁰, 1743·3 kg-Kal. bei 38⁰.

[2] Also nicht zu verwechseln mit der Handels- oder Kulturhefe.

relativ zur Masse die größte Oberfläche besitzen. Voraussetzung für solche Vergleiche bei Säugern ist die sorgfältige Innehaltung gleicher physiologischer Bedingungen, gleichen mittleren Ernährungszustandes, Stoffwechsel bei Inanition, bei gleicher Wärme der Umgebung und bei Ruhe, Ähnlichkeit der Hautbedeckung (des Felles). Ich beginne mit dem Vergleich des relativen Energieumsatzes und stelle einige Zahlen für Säugetiere in nachstehender Tabelle zusammen. Es ist mir noch gelungen, die Größe des Energieumsatzes bei der neugeborenen Maus (die noch keine Haare besitzt) mit einem Lebendgewicht von 0·9—1·5 g zu bestimmen. Diese ist der kleinste Säuger, der bis jetzt untersucht ist.

	Gewicht kg	Umsatz pro Kilo bei 15° in kg-Kal.
Pferd	450	11·1
Mensch	70	30·0
Hund	20	45·9
Hund	10	65·2
Säugling	4	80·6
Hund	3	88·1
Maus	0·020	210·0
Maus (neugeborene)	0·001	654·0

Die Hefe übertrifft also, auf gleiche Dichte des Protoplasmas gerechnet, bei 38° und bei 30° alle hier aufgeführten Organismen im Energieumsatz um ein Mehrfaches, obschon bei den Warmblütern der Kraftwechsel noch besonders durch die Wärmeregulation gesteigert ist. Der Energieverbrauch der Hefe ist 157 mal so groß, wie jener des Pferdes, und 58 mal so groß, wie jener des Menschen, und fast noch 3 mal so groß, wie jener des kleinsten Säugers, der neugeborenen Maus.

Tierischer Kraftwechsel und Hefekraftwechsel haben eine wesentliche Verschiedenheit durch die Möglichkeit der Arbeitsleistung bei ersteren und das Fehlen eines den Stoffwechsel steigernden Momentes bei den letzteren. Durch Arbeit kann zeitweilig der Kraftwechsel bei den Tieren um ein Mehrfaches gesteigert werden. Berücksichtigt man diesen Umstand, so würde allerdings die Zersetzungskraft des kleinsten Säugers etwa auf dieselbe Stufe gelangen können, wie jene der Hefe.

Daher kann man sagen, daß zwischen dem Energieverbrauch des stärkst arbeitenden tierischen Protoplasmas und des pflanzlichen der Hefe nennenswerte Unterschiede nicht mehr nachzuweisen sind.

Der Umsatz der Hefe wiederum stimmt mit den höchsten Energiewerten überein, die ich früher schon für Bakterien festgestellt habe.

Die energetischen Werte betragen für fermentative und vitale Prozesse zusammengenommen: pro 1 g N und 24 Stunden:

bei Bact. pyocyaneum, Proteus vulgaris	17·7
Cholera asiatica und Typhus	42·7
Diphtherie	60·6
Hefe bei 30° [1]	38·8
Hefe (wachsend)	39·8
Hefe bei 38°	58·11
Hefe (wachsend)	59·7

Das Protoplasma der Einzelligen erweist sich, wie ich zuerst gezeigt habe, von enormer Zersetzungskraft. Bei den kleinsten Säugern können wir den Grund leicht angeben. Da sie alle homolog gebaut sind und die Entwärmungsverhältnisse ihrer Haut auch gleichartige sind, so erlauben die thermischen Verhältnisse nur ein Wärmegleichgewicht, wenn die Zellen entsprechend der relativen Oberfläche mit verschiedener Energie arbeiten. Wie schon erwähnt worden ist, wird tatsächlich pro 1 qm Oberfläche dieselbe Zahl von Wärmeeinheiten produziert.[2]

Wärmeproduktion für 1 qm Oberfläche in kg-Kal. pro 24 Std. und 15° C.[3]

Mensch	1042
Schwein	1078
Hund	1039
Kaninchen	917
Meerschwein	1246
Maus (neugeboren)	1122

[1] Die in meinem Buche: *Kraft und Stoff*, S. 86, gegebenen Zahlen weichen um weniges von obigen Werten ab. Die dort berechneten Unterschiede zwischen Wachstum und Gleichgewichtszustand haben sich bei weiterer Untersuchung noch verkleinert.

[2] Rubner, *Gesetze des Energieverbrauches.* S. 287.

[3] In einem Buch: *Vergleichende Physiologie* von A. Pütter, 1911, S. 166, findet sich eine Darstellung über den Einfluß der Körperoberfläche auf den Energieverbrauch beim Säuger, welche an dieser Stelle berührt werden mag. Herr Pütter verrät uns, daß bei den Säugetieren die Bedingungen der Wärmeabgabe für große Tiere andere sind als für kleine. „Der Wärmeschutz großer Tiere ist im allgemeinen absolut besser, als derjenige der kleinen, so daß vielmehr zu erwarten wäre, daß der Umsatz auch pro Flächeneinheit mit zunehmender Größe abnehmen würde. Eine Vergleichung größeren Materials, das verschiedene Säugetiere umfaßt, ergibt

Die gleichartige Oberflächenkonstante erklärt sich aus dem gleichartigen Bau der Haut, dem homologen Bau des Körpers überhaupt, gleichartiger Anordnung des Blutgefäßsystems, sie gilt aber nur für „Luft“ als umgebendes Medium.

---

nun, daß weder eine Konstanz des Umsatzes pro Körperflächeneinheit besteht, noch eine Abnahme mit zunehmender Größe, sondern eher eine Zunahme.“

Als Beweis wird von P. eine Zusammenstellung gebracht, deren Quellen nicht ersichtlich sind, die aber alle bisherigen exakten und umfassenden Versuche, die ich und andere Autoren angestellt haben, unterdrückt und Werte anführt, welche die allergröbsten Irrtümer enthalten.

Die Tabelle Pütters, die durch unklare Überschriften die Prüfung erschwert, enthält, wie man wenigstens nach einiger Umrechnung findet, in einem Stab, der die Aufschrift trägt: „Bruttokalorien pro kg Stunde, Kal.“, offenbar die Werte pro 1 qm Oberfläche in kg-Kal. pro 1 Stunde. Diese Größen × 24 geben die Tageswerte pro 1 qm in kg-Kal. nach üblicher Darstellungsweise. Ein Vergleich mit wohlfundierten Stoffwechselergebnissen zeigt folgende Verschiedenheiten der Pütterschen Angaben:

In kg-Kal. pro 1 qm.

	Richtige Werte	Lebendgewicht kg	Nach Pütter:	Lebendgewicht kg	Fehler bei Pütter
Schwein	1078	128	1560	135	+ 47 Proz.
Mensch (erwachsen)	1042		1512	60	+ 45 „
Hund	1039	24·3	2256	6·5	+ 118·0 „
Kaninchen	917	2·4	984	4·14	+ 7·3 „
Meerschweinchen	1246	0·400	852	0·445	− 31·7 „
Maus	1188	0·020	1560	0·019	+ 31·3 „
Ferner wird noch angefügt:					
Nashorn		?	2904	275	
Seelöwe		?	3408	110	
Walroß		?	3504	450	
Elefant		?	5040	3500	
Kamel		?	5664	400	

Da also, wo man die Pütterschen Zahlen kontrollieren kann, weichen sie um nicht weniger als um − 31·7 Prozent und + 118 Prozent von der Wirklichkeit ab. Ihre Ungeheuerlichkeit erkennt man am besten bei den Werten für den Hund, über den wir gerade die eingehendsten ernährungs-physiologischen Erfahrungen besitzen. Es lohnt nicht weiter, ins einzelne zu gehen. Bei diesen enormen Unstimmigkeiten darf man wohl auch für die mit ? versehenen Tiere, für die es einwandfreie Versuche meines Wissens überhaupt nicht gibt, annehmen, daß deren Kalorienwerte etwa ebenso genau sind, wie die sonstigen Pütters, über die ich oben berichtet habe. Der Grund zur Unstimmigkeit liegt zum Teil auch darin, daß Herr Pütter gar nicht weiß, daß die auf 1 qm Oberfläche berechneten Werte eine Konstante für das in Luftumgebung lebende Tier sind, daß also Seelöwe und Walroß in diese Gruppe von Tieren überhaupt nicht hineingehören.

Über das Verhalten bei kaltblütigen Wirbeltieren und bei Wirbellosen liegen bis jetzt nur sehr sporadische Beobachtungen vor, aber immerhin einige, aus denen man einen der Fläche proportionalen Verlauf des Energieumsatzes nachweisen kann. Zurzeit läßt sich aber dieses große Gebiet nur sehr unvollkommen übersehen, wir bedürften viel eingehenderer experimenteller Untersuchungen.

Die Vergleichsmöglichkeiten anderer Tiergruppen mit Säugern (und Vögeln, die ich nicht weiter angeführt habe) sind fast nirgendwo klar und eindeutig. Zunächst hat man zu beachten die prinzipiellen Unterschiede in den rein physiologischen Verhältnissen des umgebenden Mediums, zwischen den in Wasser und in Luft lebenden Tieren. Berechnungen der pro qm Oberfläche entwickelten Wärme könnten bei Land- und Wassertieren nur Konstanten von verschiedener Größe sein. Denn aus rein physikalischen Gründen ist die Wärmeabgabe von einer Fläche bei Wasserberührung größer wie bei Luftberührung und kann, wie ich einmal für Wasser gezeigt habe, bei der Haut des Menschen z. B. 11 mal so groß wie bei Luftberührung werden. Wie notwendig diese Bemerkung ist, ergibt sich daraus, daß, wie gesagt, Pütter vom Seelöwen und Walroß verlangt, daß deren Oberflächenkonstanten mit den „Lufttieren" zusammenfallen! Aber auch für die Landtiere liegen unter den Kaltblütern die Verhältnisse völlig anders, weil die Haut der meisten mit jener der höheren Tiere in physiologischer Hinsicht gar nicht in Vergleich gestellt werden kann.

Die Hautbildung eines Krokodils und Alligators wird man in thermischer Hinsicht ebensowenig mit der behaarten Haut der Säuger und dem Federkleid der Vögel als gleichbedeutend ansehen. Die Hautmasse ist bei Kaltblütern den größten Schwankungen unterworfen. Wie Versuche meines Laboratoriums[1] gezeigt haben, schwankt die Hautmasse bei Lacerta muralis und Lacerta viridis zwischen 18·4 und 9·5 Prozent des Lebendgewichts, die Oberflächenkonstanten zeigen die größten Unterschiede. Als Beispiel sei erwähnt jene des Frosches mit 4·62 und jene der Ringelnatter mit 18·56. Wie etwa bei den Insekten die Oberflächengröße zu bewerten ist, wissen wir in keinem einzigen Fall auch nur mit einiger Annäherung, ebensowenig ist uns etwas über die Art der Wärmeabgabe von Chitinflächen bekannt.

Die Verschiedenartigkeit des Blutgefäßsystems wirkt sicher auf die Wärmebilanz ein. Wesentlich anders müssen die Verhältnisse dort sein, wo ein Tracheensystem vorliegt. Bei derart mangelhaftem Material

[1] Inaba, *Archiv für Physiologie.* 1911. S. 1.

kann unsere heutige Aufgabe nur die eines vorläufigen Sammlers sein; aber ein Vergleich des inhomogenen Materials untereinander hat vorläufig gar keinen Sinn und Wert.

Am ehesten dürfen wir noch hoffen, über jene Poikilothermen ins klare zu kommen, welche wenigstens als Wirbeltiere den Warmblütern einigermaßen nahe stehen.[1] Am einwandfreiesten bleibt immer noch ein Vergleich von Tieren derselben Spezies von verschiedener Größe. Bei derartigen Untersuchungen hat sich nun in der Tat eine gewisse Beziehung des relativen Stoffwechsels zur Größe der Tiere herausgestellt, die mit der relativen Oberflächenentwicklung in einigem Zusammenhang steht.

Für manche dieser Fälle darf dann recht wohl auch genommen werden, daß für diese ungleiche Oxydation thermische Verhältnisse maßgebend sein können. Mit steigender Temperatur des Mediums werden Kaltblüter schließlich in einen Zustand gebracht, in welchem sie den Warmblütern mit ausgeschalteter Wärmeregulation sehr ähnlich sind. Wenn die letzteren durch hohe Umgebungstemperatur auf dem Minimum des Stoffverbrauchs angelangt sind, so entscheiden über die weitere Existenzfähigkeit die Mittel der physikalischen Wärmeregulation.

Dies ist am verständlichsten für Temperaturen, die über der Blutwärme der Warmblüter liegen, weil dabei die Oberfläche des Körpers die Einstromfläche für die Wärme ist und die Überwärmung genau der relativen Oberfläche proportional wird. Sind die physikalischen Mittel zur Entwässerung (Wasserverdunstung) nicht bei den kleinen Tieren relativ größer, so werden sie durch Überwärmung zugrunde gehen. Die Entwärmung kann zumeist nur durch die beschleunigte Atmung erfolgen, was voraussetzt, daß bei relativen Unterschieden der Körperoberfläche auch die Atemmittel verschieden sind, dies wird bei den Warmblütern durch den ungleichen Ausbau des Atmungsapparates bei Groß und Klein mit Rücksicht auf die auch sonst gegebenen Oxydationsunterschiede der Fall sein.

Auch unter den Kaltblütern können diese Verhältnisse in vielen Fällen als Argumente für ungleichen Kraftwechsel Anwendung finden.

Es gibt aber bei Kaltblütern noch ein besonderes Prinzip, welches für die Lebenserscheinungen von höchster Bedeutung ist, die Leibestemperatur, welche mit Variation des umgebenden Mediums schwankt. Mit der Temperatur der Zelle variieren deren Lebenserscheinungen, die Äußerungen der Muskelleistung, die Sekretionen, die Sinneswahrneh-

[1] Rubner, *Kraft und Stoff.* 1909. S. 74.

mungen — kurzum das ganze Leben des Kaltblüters hängt von dem Temperaturgrad ab.

Mit der Temperatur nimmt die Wärmebildung zu. Die Wärme fließt aber in der Regel ungehemmt nach außen. Wir wissen jedoch, daß dies nicht überall genau zutrifft, besonders bei höheren Umgebungstemperaturen steigt die Leibeswärme bei Kaltblütern rasch und kann um sehr erhebliche Grade die Umgebungstemperatur überschreiten. Kann man doch selbst bei Fischen bisweilen eine Steigerung um 6—7° über das umgebende Medium beobachten.

Denkt man sich irgend einen Organismus, dessen einzelne Wachstumsgrößen die Maße 1, 5, 10, 20 wären, sämtlich mit gleichem Energieumsatz pro Kilo bedacht, also mit einer vom kleinen zum großen Maße steigenden Wärmebildung pro 1 qm relativer Oberfläche, so werden mit allmählich steigender Temperatur unter geeigneten Umständen Wärmestauungen sich ausbilden, im gewählten Beispiel zuerst bei den großen Formen. Die Körpertemperatur erhebt sich über das umgebende Medium, die Oxydation steigt, die Lebhaftigkeit dieser Tiere nimmt zu, während die kleineren Formen ihre Wärme ohne Stauung los werden, also auch in den Lebensäußerungen träger sind. Das würde im natürlichen Kampfe ums Dasein eine sehr üble Verschiebung der relativen Eigenschaft von Jung und Alt bei derselben Spezies bedeuten. Und weiter würden schließlich die alten großen Tiere durch Überwärmung zuerst zugrunde gehen müssen.

Das Prinzip gleicher Lebensleistungen in der Außenwelt, gleicher optimaler Zustände und gleicher Gefahrengrenzen ist nur möglich, wenn die Intensitätsverhältnisse des Energieumsatzes auf die relative Oberfläche abgestimmt sind, dann bleiben bei Steigen oder Sinken der Temperatur die relativen Kräfte der Tiere zueinander dieselben.

Bei mit Atmungsapparaten versehenen Landtieren liegt es nahe, anzunehmen, daß erstere (manchmal wohl auch die Haut) sich als Schutzeinrichtungen gegen die Überwärmung der Tiere ebenso wirksam erweisen werden, wie dies bei Säugern und Vögeln bei hohen Temperaturen der Fall ist. Nur wenn diese Einrichtungen bei ungleich großen Tieren in analoger Weise abgestimmt sind, d. h. bei relativ größerer Oberfläche mehr leisten, als bei relativ geringerer, sind große und kleine Tiere derselben Spezies im gleichen Maße gegen die Überwärmung durch das Eindringen der Wärme von außen geschützt.

Für die Wassertiere liegen die Verhältnisse völlig anders. Mittel, bei steigender Temperatur des Wassers, die Erwärmung des Körpers zu verhüten, wenn die Wärmegrade über die optimale Temperatur des

Tieres steigen, gibt es nicht, weil die Verdunstungsmöglichkeit fehlt. Eine Möglichkeit, die Grenze der Überwärmung zu vermeiden, ist allerdings vorhanden, solange wenigstens das umgebende Wasser Temperaturen besitzt, um Wärme vom Tiere aufzunehmen. Inwieweit dabei der Kiemenapparat und die Hautzirkulation für eine Wärmeregulierung in Anspruch genommen wird, wissen wir nicht.

Es ist aus vielen Tatsachen wahrscheinlich, daß der Kiemenapparat eine solche Funktion übernehmen kann, von der Haut aber versteht es sich dort, wo sie von Blut durchkreist wird, von selbst.

Die hier entwickelten Vorgänge thermischer Art werden selbstverständlich in der Richtung der Kleinheit der Tiere irgendwo eine Begrenzung finden müssen, jedoch sehen wir, daß sogar noch Warmblüter von 1 g existieren, daher wird die Grenze für einen durch die Oberflächenbeschaffenheit bedingten Einfluß auf die Größe des Energieverbrauchs auf noch kleinere Tiere Anwendung finden müssen.

In manchen Fällen ergibt sich beim Vergleich verschiedener Spezies pro Kilo Lebendgewicht, daß sicherlich keine Proportionalität des Stoffwechsels nach Maßgabe der relativen Oberfläche vorhanden ist.

Übrigens sind schon bei den Kaltblütern vergleichende Betrachtungen, verschiedener Spezies zumal, mit großer Vorsicht aufzunehmen, was mit noch größerer Berechtigung für die Wirbellosen im engeren Sinne gelten dürfte. Es ist bereits für Fische erwiesen, daß deren Kraftwechsel mit den Jahreszeiten erhebliche Änderungen erfährt[1] und Zeiten besonderer Stoffwechselträgheit dabei vorkommen. Das kritiklose Zusammenstellen verschiedener Stoffwechseldaten ohne genaue Kenntnis der Lebensbedingungen, wie es mitunter geschieht, kann zu erheblichen Mißdeutungen führen.

Zur Erklärung einiger Inkongruenzen im Energieverbrauch glaubt Pütter die ungleiche Sauerstoffversorgung verschiedener Spezien als Ursache ansehen zu sollen (l. c. S. 164ff.), was jeder Berechtigung entbehrt. Diese Drosselung der Sauerstoffzufuhr, etwa durch ungenügende Entwicklung des respiratorischen Apparates, kann niemals die primäre Ursache sein, weil der Sauerstoff überhaupt nicht die Ursache der Zerlegung ist. Die Sauerstoffversorgung ist das sekundäre, durch die ungleichen energetischen Bedürfnisse Bedingte. Es wäre aber denkbar, daß gelegentliche Rückbildungen eintreten, wenn ein Tier unter natürlichen Verhältnissen nie in die Lage kommt, die maximalen Leistungen seines Protoplasmas in Anspruch zu nehmen, wodurch in

[1] Schütz, *Dissertation.* Berlin 1912.

diesem oder jenem Fall die relativ niedrigen Temperaturen zu erklären wären, bei denen das Optimum der Leistung erreicht wird. Bei den Bakterien liegt allerdings in letzter Hinsicht die Sache anders, insofern diese aus einem sehr verschieden zusammengesetzten Protoplasma aufgebaut sind, so daß, wie ich zuerst erwiesen habe, Thermophile bei ihrer Optimaltemperatur, die so sehr hoch über dem Optimum anderer Spezies liegt, doch keinen so großen Energieverbrauch haben, wie andere Spezies bei derselben Temperatur.

Um ein Beispiel anzuführen, bei dem man ersehen kann, daß bei Wirbellosen bei zunehmender Kleinheit der Organismen der Energieverbrauch steigt, will ich auf die Versuche O. Kellners an Seidenraupen, die ich schon früher erwähnt habe[1], kurz eingehen.

O. Kellner hat den Nahrungskonsum der Seidenraupenembryonen und der Larven bei 4 Entwicklungsgrößen gemessen. Ich habe die Ergebnisse in kalorimetrische Größen übertragen, aus denen sich der Konsum auch pro 1 kg Lebendsubstanz (nach obigen Definitionen) umrechnen läßt. Die Oberfläche läßt sich annähernd berechnen, wenn ich die für die Gestalt eines Wurmes (für Blindschleichen direkt bestimmte)[2] Oberflächenkonstante verwende.

Es ergibt sich dann pro 24°:

Absolute Größe pro 1 kg Tier	Oberfläche in qm	kg-Kal. pro 24 Std.	kg-Kal. pro 1 qm
0·4 mg (Embryo)	18	258	14
5 „ (Larve)	7·7	648	83
114 „	2·7	574	213
514 „	1·6	345	210
2220 „	1·0	123	123

Die Zahlen, welche gewiß — absolut betrachtet — nur Nährungswerte sein dürften, geben zweifellos relativ brauchbare Zahlen, welche alle beweisen, daß, wenn man auch eine „Oberflächenwirkung“ zwischen den Größen 114 mg und 2220 mg zugeben will, eine solche unterhalb dieser Grenzen nicht mehr besteht. Hier würde also mit einer bestimmten Kleinheit der Kraftwechsel, unabhängig von der Oberfläche, werden.

Ganz zweifellos stehen Hefepilze und Spaltpilze außer jedem Zu-

[1] *Kraft und Stoff.* S. 89.
[2] Inaba, l. c.

sammenhang mit irgend einem Einfluß, der aus ihrer relativen Oberfläche abgeleitet werden könnte.[1]

Der Vollständigkeit halber stelle ich nachfolgend einige Angaben und Berechnungen über relative Größe der Oberflächen zusammen.

	Gewicht	pro 1 kg Oberfläche
Mensch . . .	65 kg	0·030 qm (= 300 qcm)
Hund. . . .	20 „	0·041 (= 413 „)
Hund.	10 „	0·052 (= 520 „)
Wurm	2 g	1·00
Maus . . .	1 g	0·55
Würmchen	1 mg	13
Tierische Zellen . .	— „	353 „
Hefe[2].	—	600 „
Milzbrand[3]	—	4200
Kokken[3]	—	6000 „
Tuberkelbazillen[3] . .	— „	8400 „

Eine Zunahme der Intensität der energetischen Lebensprozesse findet also bei einer gewissen Abnahme der Zellaggregate nicht mehr, also auch nicht bei dem Übergang von mehrzelligen zu einzelligen Organismen statt. Wo die genaue Grenze zu suchen ist und ob sie eine scharfe Begrenzung überhaupt finden wird, läßt sich kaum sagen. Der Vergleich von Bakterien und Hefe zeigt auch irgendwelche mit der Oberflächengröße zusammenhängende Verschiedenheiten des Energieumsatzes absolut nicht.

---

[1] Rubner, *Kraft und Stoff.* 1909. S. 92.

[2] Nach Nägeli, *Wasserreiche Hefe.*

[3] Nach Francke, *Die menschliche Zelle.* Leipzig 1891.

VII. Teil.

Die Rolle der Zellmembran als Resorptionsfläche der Nahrungsstoffe.

Da bei der Hefe ihre Oberfläche und der Nahrungskonsum genau bekannt sind, hat es ein großes Interesse, die Leistungen der Zellwand bei der Aufnahme der Nahrungsmittel und Abgabe der Stoffwechselprodukte ins Auge zu fassen. Nach Nägeli soll der Durchmesser der Zellmembran etwa $^1/_{200}$ mm betragen.

Für die Berechnung gehen wir von den für 1 g N berechneten Stoffwechselzahlen aus. Es fand sich pro 24 Stunden:

	bei 30°	bei 38°
Eiweißaufnahme .	30·0 g	43·8 g
Zuckerumsatz . .	258·4 g	387·3 g
Wärmeproduktion . .	38·77 kg-Kal.	58·11 kg-Kal.

Die Oberfläche ist = 46·2 qm.

Es treffen also auf 1 qm pro 24 Stunden:

	bei 30°	bei 38°
Eiweißaufnahme .	0·65 g	0·948 g
Zuckerumsatz . .	5·59 g	8·388 g
Wärmeproduktion .	0·839 kg-Kal.	1·258 g
Alkoholbildung	2·85 g	4·27 g

Was die Zuckermenge anlangt, so ist die von mir nachgewiesene Zahl wesentlich kleiner, als eine ältere Berechnung von Nägeli[1], welcher sie auf 11·28 g pro Tag geschätzt hat (bei 30°).

Um eine Vorstellung der räumlichen Verhältnisse zu gewinnen, will ich zunächst die Flüssigkeitsvolume berechnen, welche den durch die Zellwand tretenden Zuckermengen entsprechen müßten, falls eine einfache Flüssigkeitswanderung anzunehmen wäre.

Die Volume der Zuckerlösungen sind in ccm:

	bei 30°	bei 38°
in 1 prozentiger Lösung	559	836
,, 5 ,, ,,	115	167
,, 10 ,,	56	83
,, 20 ,, ,,	28	42

[1] *Die Gärung.* S. 37.

Wenn man erwägt, daß die Flüssigkeitsmenge, welche auf 1 qm 1 mm hoch steht (10000 × 0·1), 1 kg wiegt, so würden obige Flüssigkeitsmengen folgenden Flüssigkeitshöhen in Millimetern entsprechen:

	bei 30°	bei 38°
bei 1 Prozent	0·0559	0·0836
„ 5 „	0·115	0·0167
„ 10 „	0·0056	0·0083
„ 20 „	0·0028	0·0042

Wenn also selbst die ganze Nährflüssigkeit für 24 Stunden sich auf einer Fläche von 1 qm ausgebreitet befände, würde die höchste Zahl = 0·084 mm, die kleinste 0·004 mm betragen.

In einem früheren Abschnitt wurde gezeigt, daß für die Resorption nicht diese Lösungen an sich in Betracht kommen, sondern die Adsorption von Zucker. Aus einer 20prozentigen Zuckerlösung adsorbierte Hefe bei 30° so viel Zucker, daß sie 8·24 Prozent davon enthielt.

100 g Hefe entsprechen 2·0 g N, ihre Oberfläche = 2 × 46·2 qm = 92·4 qm.

Auf 92·4 qm Oberfläche (= 100 g Hefe) schlagen sich also 8·24 g Zucker nieder = 0·089 g pro 1 qm pro 30°. Da bei 30° auf 1 qm 5·59 g Zucker aufgenommen werden, so rechnet sich für eine Stunde 0·233 g, demgegenüber können die in kurzer Zeit adsorbierten 0·089 also für etwa 24 Minuten für die Zusetzung ausreichen, werden sich aber in analoger Weise, wie der Verbrauch fortschreitet, durch Adsorption wieder ergänzen.

Schon Nägeli hat darauf hingewiesen, daß einfache osmotische Vorgänge für die Wanderung von Zucker und Alkohol kaum maßgebend sein dürften und zu diesem Beweise einige allerdings rohe Versuche über die Diffusion durch eine Pergamentmembran, die vielleicht 200 mal dicker wie die Hefemembran war und, wie er meint, viel erheblichere Schwierigkeiten für den osmotischen Austausch wie die natürliche Hefemembran bieten mußte, ausgeführt (l. c. S. 39).

Aus seinen Zahlen berechne ich pro Stunde einen Durchgang:

pro 1 qcm:
0·0091 g Zucker, 0·025 g Alkohol;
pro 1 qm und Stunde:
91 g Zucker, 250 g Alkohol;
pro 1 qm und Tag:
2184 g Zucker, 6000 g Alkohol.

In die Hefezelle treten aber nicht im entferntesten solche Zuckermengen, noch werden ähnlich große Alkoholmengen gebildet, denn ich habe für die Hefe bei 38° gefunden:

8·3 g Zuckerkonsum und 4·27 g Alkoholproduktion.

Die Adsorptionsversuche und der Nachweis der Unabhängigkeit des Zuckerverbrauchs der lebenden Hefe von der Konzentration haben schon erwiesen, daß die Zellwand sich offenbar an der Regulation des Zuckereintritts aktiv beteiligt. Die ungeheuere relative Größe der Zellwand ist also in dieser Hinsicht bei Einzelligen für den weiteren Verlauf der Nahrungsresorption wie des Kraftwechsels ohne Belang. Die Werte für den Zuckerdurchtritt gelten nur für das anaërobe Leben, tritt Zuckeroxydation ein, so werden die notwendigen Zuckermengen für die Zelle außerordentlich klein, etwa $^1/_{26}$, der eben angeführten Werte. Die Hefezellwand vermag sich also schnell an ein Zuckerbedürfnis zu akkommodieren, das um das 26fache verschieden sein kann.

Auch für den thermischen Austausch bestehen nicht die allergeringsten Hindernisse. Das Wärmeleitungsvermögen des Muskels habe ich direkt für Längs- und Querleitung im Mittel zu 0·000623 bestimmt (k). Das Leitungsvermögen k bedeutet den Wärmedurchtritt durch 1 qcm Fläche, 1 qcm Dicke, 1° Temperaturunterschied der Begrenzungsflächen pro 1″ in g-Kal.

Die Hefe ist wasserreicher als der Muskel, Wasser hat eine Konstante $k = 0{\cdot}0001$, aus den Größen k für den Muskel und das Wasser sowie aus dem N-Gehalt der Hefe kann man die Konstante zu

$$k = 0{\cdot}000871 \text{ g-Kal.}$$

annehmen.

Durch 1 qm würde als $0{\cdot}000871 \times 10000 = 8{\cdot}71$ g-Kal. hindurch gehen, pro 1″ und pro Tag $8640 \times 8{\cdot}71$ g-Kal. = 75·25 kg-Kal. bei 1 cm Dicke und 1° Temperaturdifferenz, durch 1 mm Dicke also 752·5 kg-Kal.

Die wahren Durchtrittsmöglichkeiten für Wärme sind aber bei den kleinen Dimensionen der Hefezelle noch weit größere. Da bei der Hefezelle nur 1·2 kg-Kal. pro 1 qm und 38° durch die Zellwand hindurch wandern, so genügt ein winziges Temperaturintervall, um den Wärmeausgleich gleich mit der Nährlösung, welche die Zelle umgibt, herzustellen.

Das Gesamtbild des Austausches der Nahrung, der Zerfallsprodukte und der Wärme bei der Hefe ist das einer fast schrankenlosen, durch die

Zellwand ungehemmten Beziehung zur Außenwelt, soweit rein physikalische Vorgänge in Frage kommen. In Wirklichkeit sind aber die Resorptions-, Ernährungs- und Zersetzungsvorgänge ganz auf vitale Prozesse des Protoplasmas, die ihrerseits keine von physikalischen und chemischen Grundgesetzen abweichenden, sondern nur durch die Eigenart der lebenden Teile modifizierten Reaktionen der lebenden Substanz darstellen, gegründet.

Für den Warmblüter treten in der Beziehung zur Außenwelt nur die Körperoberflächen als maßgebend in Funktion. Die Leistungen der Zellenzellwand im Innern des Körpers sind aber verschieden, je nach der absoluten Größe der Individuen. Die Größen der Zellen der Warmblüterorganismen sind verschieden, je nach den Organen, auch kommen bei großen und kleinen Tieren einige Unterschiede vor (siehe Minot[1]). Da man aber, um einigermaßen die Verhältnisse der tierischen Zellen in ein Gesamtbild zusammenzufassen, doch einen mittleren Wert der Warmblüterzellen glaubt angeben zu dürfen (s. Franke l. c.), so will ich noch kurz eine Parallele zwischen Hefezellen und tierischen Zellen bezüglich der Resorptionsleistungen usw. hier anfügen. Wenn es richtig ist, pro 1 kg tierischer Zellen 353 qm Fläche zugrunde zu legen (s. S. 256 Anmerkung), so trifft auf 1 g N 5·9 qm Oberfläche, also weit weniger, etwa $^1/_8$ der Oberfläche der Hefezelle. Vorausgesetzt, daß diese Zellflächen alle für den Nahrungsaustausch verfügbar sind, ergibt sich für zwei extreme Fälle für das Pferd und die neugeborene Maus folgendes:

Durch 1 qm Zelloberfläche wandern im Tag:

	kg-Kal.	Rohrzucker in g	Eiweiß in g bei Eiweißfütterung	Eiweißaufnahme in g bei maximalem Wachstum[5]
Pferd	0·031[2]	0·007	0·0075	0·0021
Neugeb. Maus	3·69[3]	0·892	0·9225	0·0298
Hefezelle . . .	1·25	0·315 aërob 8·38 anaërob	—[4]	0·9480

[1] The problem of age, growth and death. *Popular science monthly.* 1907. Vol. LXXI.

[2] Hiervon können höchstens 96 Prozent durch Rohrzucker vertreten werden = 0·030 kg-Kal. = 0·007 g Zucker.

[3] Wie vorstehend 3·54 kg-Kal. als Zucker = 0·892 g.

[4] Die Hefe hat kein Eiweißäquivalent für die Gärung.

[5] Nur das für Wachstum selbst verbrauchte Eiweiß. Das Pferd, neugeboren, verdoppelt in 60 Tagen das Gewicht, die Maus in 4 Tagen. 1 g N nimmt also beim Pferd $^1/_{60}$ g N im Tag zum Wachstum auf, die Maus $^1/_4$ g. Obige Zahlen sind die Werte pro 1 qm Oberfläche.

Hierbei wäre allerdings für die Tiere noch zu bemerken, daß manche Organe, wie die Muskeln, zeitweilig bei Arbeit mehr als das 10fache des mittleren Verbrauches konsumieren, so daß also auch die Resorptionsleistungen dementsprechend steigen. Allein es ist wahrscheinlich, daß bei forcierter Arbeit mehr oder weniger der Mehraufwand durch Reservestoffe, die schon in den Zellen eingelagert waren, gedeckt wird.

Obige Tabelle lehrt, daß bei den kleinsten Säugetieren der Wärmedurchtritt durch die Zellwand bedeutend größer sein kann, als bei der Hefe, da aber für die thermischen Verhältnisse der Zellwand überhaupt kein Hindernis bestände, wenn auch hunderte Mal mehr Wärme abgegeben werden müßte, besagen die berechneten Unterschiede überhaupt nichts.

Die Zuckerwanderung ist beim Säuger in maximo $^1/_{10}$ so groß, als bei der Hefe bei anaërober Zuckerzerlegung.

Am größten sind die Unterschiede in der Resorption für Wachstumsmaterial. Die Leistung der Hefe erscheint enorm hoch. Nimmt man aber an, was ja vorkommt, daß bei wachstumslosem Zustand aller Stoffwechsel der Säuger durch Eiweißfütterung gedeckt werden kann, so ist die Membran der tierischen Zelle genau so eiweißdurchlässig, wie jene der Hefe bei maximalem Wachstum.

Es sind also zwischen den maximalen Leistungen der Resorption in der Hefezelle einerseits und der tierischen Zelle andererseits überhaupt keine durchgreifenden Unterschiede vorhanden, weder hinsichtlich des Eiweißes noch hinsichtlich des Zuckers.

Die Aufteilung der lebenden Substanz des Säugers in Zellen ist also vortrefflich, so daß, wenn wir uns eine ungehinderte Umspülung der tierischen Zelle mit Nährmaterial denken, die Resorptionsleistungen ebenso günstig sein könnten, wie bei den frei in Nährlösung schwimmenden Hefezellen.

VIII. Teil.

Der Stickstoffwechsel der nicht wachsenden Hefe.

Erstes Kapitel.

Die Anschauungen über den Stickstoffwechsel der Hefe und über die bei der Umwandlung des stickstoffhaltigen Nährmaterials wirksamen Kräfte.

Ich habe bis jetzt die Verhältnisse der N-haltigen Bestandteile der Zelle und der Nahrung, hauptsächlich mit Rücksicht auf die allgemeinen Beziehungen zum Wachstum, behandelt, da diese zweifellos die wichtigsten sind. Nur flüchtig hat uns die Veränderung beschäftigt, welche die Zellen erfahren, wenn sie ohne N-Nährstoffe in zuckerhaltigen Lösungen kultiviert werden (II. Teil).

Mögen nun auch die letzteren Fragen im allgemeinen für die praktischen Ziele unserer Betrachtung vielleicht von untergeordneter Bedeutung sein, so sind sie es sicher nicht mit Bezug auf die wissenschaftliche Durchforschung des Wesens der Gärung.

Es wird also notwendig sein, die zellularen Veränderungen und Umformungen der N-Substanz der Hefe einer eingehenden Diskussion und Prüfung zu unterwerfen. Ich verweise dabei auch auf das am Ende des II. Teiles Gesagte.

Die meisten Autoren haben beobachtet, daß die Hefe in N-freien Medien auch während der Gärung N-Verbindungen abgibt, es hat daher nicht an Stimmen gefehlt, welche diesen Vorgang mit dem Eiweißstoffwechsel höherer Organismen in Parallele gestellt haben. Der N-Verlust tierischer Organismen hat im Laufe der letzten Jahrzehnte allmählich eine Aufklärung gefunden, welche hat erkennen lassen, daß dieser Verlust zumeist nicht einheitlicher Natur ist.[1] Er kann auf ein Minimum durch Ernährung mit Kohlehydraten eingeschränkt werden, so daß der Eiweißverlust im ganzen etwa 4 Prozent des ganzen energetischen Ruheumsatzes ausmacht, er steigt und fällt mit der Größe des Stoffumsatzes bei verschieden großen Individuen, behält aber den gleichen Prozentsatz zum Gesamtstoffumsatz bei. Wir nennen diesen Eiweißverlust die Abnutzungsquote, weil er sich in der Tat aus dem Verluste allerlei für den Organismus entbehrlich gewordener oder anderweitig in Verlust geratender Teile zusammensetzt.

---

[1] Rubner, *Probleme der Lebensdauer.* 1908. S. 1ff., und *Archiv für Physiologie.* 1911. S. 40ff.

Es kann verzichtet werden, hierauf weiter einzugehen, zumal ich das Nähere ausführlich (l. c.) an anderer Stelle auseinandergesetzt habe.

Meist wird der N-Verlust bei Warmblütern größer sein als die Abnützungsquote, dies rührt davon her, daß nicht immer durch die Fütterung jeder andere Verlust von Eiweiß zu beseitigen ist. Gerade bei Hunger zerfallen Bestandteile der Zellen, um das „Nahrungsmaterial" überhaupt zu vermehren, aus Gründen energetischen Bedürfnisses. Wir nennen dies dann den dynamischen Anteil der Eiweißzersetzung, weil er nur des Kräftebedarfs wegen eingeschmolzen wird. Der Anteil der Abnützungsquote, welcher innerhalb des Körpers sich abstößt, also nicht wie verlorene Epidermis usw. in natura verloren geht, wird ähnlich wie anderes Eiweiß, gespalten und zerlegt.

Bei weit vorgeschrittener Hungerszeit und Mangel an Körperfett kommt es vor, daß so viel Eiweiß eingeschmolzen wird, als ein ausschließlicher Eiweißumsatz beansprucht. Alle verfügbare Energie wird dann aus letzterem entnommen. Bei Nahrungszufuhr N-haltiger Natur werden die Eiweißverluste des Körpers kleiner und schließlich tritt N-Gleichgewicht ein, das aber eine zweifache Ursache haben kann.

Im Gebiete der Abnützungsquote ist nur ein rechnerisches Gleichgewicht vorhanden, die Abnützung geht gleichmäßig ihren Weg, der N der Nahrungszufuhr baut den Verlust wieder auf.

Im Gebiete des dynamischen Eiweißverbrauches wird der Verlust von Körpereiweiß überhaupt aufgehoben, und das Nahrungseiweiß tritt durch seine Verbrennung an Stelle des Körpereiweißes.

Das sind in kurzem die Tatsachen der Ernährungsphysiologie, welche bei einer Betrachtung des N-Stoffwechsels im Auge behalten werden müssen.

Die N-Ausscheidung gärender Hefe ist schon von Pasteur als notwendige Folge der Gärung angesehen und angenommen worden, daß auch in eiweißhaltigen Lösungen solche Ausscheidungen stattfinden könnten[1]. Nägeli[2] hält N-Verluste bei der Gärung für etwas selbstverständliches.

Von Nägeli rührt die Angabe her, daß die Hefe bei der Gärung Eiweiß ausscheide[3]. Seine Vorstellung über die Eiweißausscheidung gärender Hefe knüpft gewissermaßen an den Gedankengang Liebigs an, der ja die Gärung als einen Ausfluß der Zersetzung des Hefeeiweißes betrachtet hatte. Nägeli findet die Eiweißausscheidung begründet in der Bewegung der Eiweißteilchen, welche letztere um so

[1] *Annal. de Chimie et de Phys.* 1860. Bd. IV. 58. p. 397.

[2] *Die Gärung.* S. 93—109.

[3] *Die Gärung.* S. 93—109.

stärker werde, je energischer die Zuckerspaltung verläuft. Bei Nägeli und später bei Hayduk findet sich erwähnt, daß bei der Gärung Stoffe aufträten, die durch Phosphorwolframsäure gefällt werden können. Ich habe früher schon auf die Anschauung Ad. Mayers hingewiesen, daß man die N-Ausscheidung bei Hefe in reinen Zuckerlösungen als eine dem Hungerstoffwechsel der Säuger analoge ansehen solle. In einer anderen Formulierung taucht auch diese Anschauung in neuester Zeit wieder auf, indem Pringsheim[1] die in Wasser eintretende autolytische Veränderung als eine Lebensverlängerung auf Kosten einer mit dem „Stickstoffzerfall ihres Eiweißes verbundenen Atmung" ansieht. Dies zugegeben, müßte natürlich auch der bei der Gärung auftretende, wenn auch geringere Zerfall wenigstens teilweise die Hefeatmung mit bestreiten. Im Zeitalter der Herrschaft der ökologischen Vergärungstheorie wäre also im Eiweißumsatz das „Leben" der Zelle zu suchen.

Einen völlig anderen Standpunkt nimmt Iwanowski ein. Auf Grund von Versuchen, in denen Hefe in Mischungen von Pepton und Zucker ernährt wurde, schloß er (siehe Zentralblatt für Bakteriol. II. Abt. 1903. S. 151), daß in einer gezuckerten Mineralsalzlösung die Alkoholgärung um so beschränkter ausfallen sollte, je größer die benutzte Peptonmenge war. Hier ist also von einer Art gegenseitiger Vertretung von Zucker und Pepton die Rede.

Wieder anders stellt sich die Frage des N-Stoffwechsels bei L. Iwanoff[2] dar. L. Iwanoff bestreitet überhaupt, daß eine in Zuckerlösungen gehaltene Hefe normalerweise einen N-Verlust habe, dann fällt natürlich auch die Frage eines N-Ersatzes weg und der „N-Stoffwechsel" ist für uns nur im Falle des Wachstums zu berücksichtigen.

Endlich wäre noch eine Theorie zu berücksichtigen, welche an manche ältere Gedanken der Tierphysiologie erinnert, in dem ein stetiger Zerfall und Wiederaufbau des Hefeeiweißes angenommen wird, der nach außen hin aber gar nicht sichtbar zu sein braucht, weil das Hefeeiweiß bis zu Ammoniak abgebaut wird und sich sofort wieder mit Zucker zu Eiweiß regeneriert. Daher braucht kein nach außen hin sich verratender N-Verlust der Hefe vorhanden zu sein und die Größe des N-Umsatzes könnte sehr groß sein, ohne daß wir eine Ahnung davon besitzen. Ein Vertreter für diese Anschauung ist Fr. Ehrlich.[3]

---

[1] *Biochemische Zeitschrift.* 1907. Bd. III. S. 145.

[2] *Zeitschrift für physiologische Chemie.* 1904. Bd. XLII. S. 46.

[3] *Jahrb. der Versuchs- und Lehrbr.* Berlin. X. S. 515.

Pringsheim, dessen Anschauung ich schon oben gestreift habe, meint beweisen zu können, daß die Fütterung von Ammoniaksalzen den N-Umsatz der Hefezelle etwa nach Maßgabe der vermehrten Ammoniakzufuhr steigert, glaubt also auch, daß ein N-Gleichgewicht der Nahrungszufuhr über die wirkliche Größe des N-Umsatzes gar nichts aussage, da mit zunehmender N-Nahrungszufuhr der Lösung ja auch die N-Ausscheidung von Zersetzungsprodukten steige, worüber die einfache Analyse des N-Gehalts der Lösungen nichts aussagen könne.

Der Vollständigkeit halber muß ich noch anfügen, daß diejenigen Autoren, welche einen nach außen merkbaren N-Zerfall der Hefe annehmen, zum Teil diesen Zerfall einen autolytischen nennen, teils voraussetzen, daß die Zerfallsprodukte anders beschaffen seien wie die autolytischen.

Aus diesem kurzen Abriß, der vielleicht nicht einmal alle geäußerten Meinungen umfaßt, erkennt man, wie unsicher und schwankend die Anschauungen über den N-Stoffwechsel sind.

Ich will nun versuchen, dieses Chaos etwas zu sichten. Man sieht, daß leider kein Versuch gemacht worden ist, die verschiedenen Hypothesen quantitativ zu prüfen, die Anschauungen mit den Richtlinien des tierischen Stoffwechsels einigermaßen in Beziehung zu setzen, oder die Hypothesen untereinander zu vereinen und ihre Wahrscheinlichkeit abzuwägen.

Ich beginne zunächst mit der Vertretungshypothese Iwanowskis. Schon in einem früheren Abschnitte (siehe S. 197) habe ich diese Versuche erwähnt und für den Einfluß der Zuckerkonzentrationen gezeigt, daß eine sorgsame Prüfung auf Grund der von mir gewonnenen genauen Erkenntnis des Hefestoffwechsels zu ganz anderen Resultaten führt, wie sie I. gezogen hat. Ganz das Gleiche gilt für den Einfluß, den das Pepton ausüben soll. Von einer kompensatorischen Vertretung der Zuckergärung durch Eiweißumsatz kann gar keine Rede sein!

Iwanowskis Resultate sind dadurch zustande gekommen, daß, wenn mehr Pepton vorhanden war, auch mehr Hefe gewachsen war, die angewandten Zuckerlösungen wurden um so schneller erschöpft, je mehr Hefeernte entstand. Die Zellen waren gar nicht in der Lage, ihre Tätigkeit längere Zeit fortzusetzen. Der mit der Zellenzahl regere Umsatz steigerte den Alkoholgehalt rasch und hemmte die Tätigkeit. Mit zunehmender Peptonmenge kam eine Verschiebung der Hefemenge zu ungunsten des Zuckers zustande, was bei der Umrechnung auf gleiche Ernten, wie leicht ersichtlich, eine geringere Gärung vortäuschen muß.

Etwas derartiges, wie eine isodyname Vertretung zwischen Eiweißumsatz und Kohlehydratgärung, gibt es nicht. Wenn man die Kohlehydratmenge geringer macht, ist die Gärung früher zu Ende und die Autolyse setzt früher ein, das ist aber kein Vertretungsvorgang. Ich habe auch schon erwähnt, daß, wenn ich Hefe ausschließlich mit N-haltigem Nährmaterial (Pepton usw.) ohne Zucker nährte, sich überhaupt keine Wärmebildung nachweisen läßt, während diese doch natürlich bei einer gegenseitigen Vertretung im Sinne einer Isodynamie auftreten müßte.

Bei Bierwürze mit viel und wenig Zucker ist ein Einfluß der N-haltigen Nährsubstanz nur in der Menge der Ernte zu erkennen, und letztere der ersteren proportional, während eine Inkongruenz gegeben sein müßte, wenn die N-Substanz auch für einfache Stoffwechselvorgänge neben dem Wachstum benutzt würde.

Endlich kann man direkt beweisen, daß der autolytische Eiweißzerfall nur minimale Wärmetönungen gibt. Ich habe als erster diese Frage direkt kalorimetrisch untersucht und schon vor vielen Jahren[1], als ich die Selbstgärung der Hefe studierte, dargetan, daß Eiweiß bei dieser Art der Zerlegung keine Energiequelle bieten könne. Weitere Argumente finden sich noch im III. Abschnitt angeführt. Man wird es vielleicht überflüssig finden, wenn ich hier nochmals eine Versuchsreihe anfüge, bei der die Wärmebildung während der Autolyse toluolisierter Hefe genauestens bestimmt wurde. Doch hat dieser Versuch aus anderen Gründen Interesse. Die Hefe war zymasearm; es ist daher nicht anzunehmen, daß die Möglichkeit gegeben war, etwa aus Glykogen entstehenden Zucker anzugreifen. Bei dieser Hefe wurde auch untersucht, wie weit das Eiweiß abgebaut worden war, indem der in Lösung gegangene N quantitativ bestimmt wurde. Dieser gibt sehr genau die Eiweißspaltung an, da Verlust der Gärwirkung und Eiweißzerfall, wie ich bewiesen habe, parallel gehen. (Abschnitt II, S. 144.)

50 g Hefe lieferten im Mittel mehrerer Versuche in 70 Stunden bei der Autolyse 494 g-Kal. (= 169·4 pro 24 Stunden im Vergleich zu einer Gärung also verschwindende Wärmemengen). Die Wärmebildung stieg ziemlich rasch an und hielt sich dann konstant. In 2 Tagen war die Hälfte des Hefeeiweißes autolysiert, und da 50 g Hefe = 1·2 g N entsprachen, so waren 0·6 g N in Lösung gegangen und 494 g-Kal. waren entstanden = 0·847 kg-Kal. pro 1 g autolysierten Stickstoff. Da 1 g N in Fleisch 34·7 kg-Kal. geben, so wäre die Spaltwärme etwa 2·44 Prozent der Verbrennungswärme von Eiweiß gewesen. Dabei muß man immer noch mit der Möglichkeit rechnen, daß der gefundene Wert

---

[1] *Archiv für Hygiene.* 1904. Bd. XLIX. S. 417.

etwas zu hoch sein kann. Zum Vergleich erwähne ich die Gärwärme des Rohrzuckers = 3·54 Prozent und die Inversionswärme des Rohrzuckers = 0·24 Prozent der Verbrennungswärme. Der Wert für die Autolyse ist aber bedeutungsvoll, weil er mit aller Bestimmtheit die äußerste Grenze der Wärmebildung gibt, die wir bei der Autolyse erwarten können.

Wenn man Hefe in N-freien Zuckerlösungen kultiviert, verliert sie in 24 Stunden etwa 9 Prozent ihres N-Gehaltes. Ich greife ein beliebiges Beispiel heraus; 5 g Hefe = 0·10 N können in 24 Stunden bei 30° 2833 g-Kal. bei der Gärung liefern; der N-Verlust ist dabei 0·009 g, also trifft 9 mg × 0·847 g-Kal. auf Wärme aus Autolyse = 7·623 g-Kal. Die Wärme, welche also höchstenfalls aus Autolyse entstehen kann, beträgt:

0·268 Prozent der gesamten Gärleistung.

Damit ist für jeden Einsichtigen der Beweis erbracht, daß die autolytische Eiweißspaltung niemals vom dynamischen Standpunkt aus zur Erklärung des Hefestoffwechsels herangezogen werden kann; daß sie auch niemals eine Rolle in der „Atmung" der Hefezelle spielen kann.

Die autolytische Zerlegung des Hefeeiweißes besagt aber nicht, daß etwa andere Organismen bei anaërober Zerlegung des Eiweißes nicht mehr an Energie entwickeln können.

Nur wenn man nachweisen kann, daß das Eiweiß so gespalten wird, daß auch NH_3-Gruppen frei auftreten, kann man erwarten, daß diese Art von Spaltung mit reichlicherer Wärmebildung verbunden ist.[1] Auch der Abbau von Aminosäuren kann dabei zu einer Energiequelle werden; wie Nawiasky für das Asparagin genauer in meinem Laboratorium dargetan hat, können dabei bis 9 Prozent der Gesamtverbrennungswärme frei werden. Solche NH_3-abspaltende Prozesse finden sich in großer Ausdehnung bei den Bakterien, bei ihnen lassen sich auch entsprechende Fermente dieser Art vorgebildet nachweisen.[2]

Bei manchen dieser Organismen findet man, daß die Zuckerzugabe die Eiweißspaltung vermindert, was zweifellos als eine Vertretung einer Eiweißzersetzung durch Kohlehydratspaltung aufgefaßt werden muß[3].

Wir haben die überzeugendsten Beweise, daß man von einem Eiweißumsatz der Hefe im Sinne Iwanowskis, also im Sinne eines

[1] Nawiasky, *Zeitschrift für Hygiene.* 1908. Bd. LXVI. S. 209.

[2] Berghaus, *Archiv für Hygiene.* Bd. XLIV. S. 1. Böhncke. 1911. Bd. LXIV. S. 81ff.

[3] Böhncke, l. c.

dynamischen Vorganges, der für den Lebensprozeß von Bedeutung wäre, nicht reden darf (siehe auch Teil VIII, Kap. VI).

Diese Theorie ist auch für den Fall zurückzuweisen, daß man die völlig unbewiesene Behauptung aufstellen wollte, es könnten „Kohlehydratgruppen" der Eiweißkörper zur Vergärung kommen. Die Hefe besitzt eine solche Fähigkeit, die Zuckergruppe vom Eiweiß abzuspalten, überhaupt nicht, sonst würde sie wahrscheinlich auch aus Eiweiß Glykogen bilden, was niemals beobachtet worden ist, ebensowenig, wie Alkoholbildung bei ausschließlicher Peptonernährung. Auf die Fuselölbildung komme ich später zurück.

Die Hefegärung kann auch bei O-Gegenwart neben der Oxydation von Zucker vorkommen; es ist aber nicht anzunehmen, daß die Eiweißspaltung wesentlich anders verläuft, als im anaëroben Zustand, denn bis jetzt hat man bei den verschiedensten Versuchen über Autolyse, die keineswegs immer rein anaërobe Verhältnisse gewahrt haben, keinerlei voneinander abweichende Produkte gefunden. Bei der Hefe hat man niemals einen Abbau bis zu Ammoniak gesehen. Bei der Autolyse, die, wie gesagt, auch als echter Stoffwechselvorgang bezeichnet worden ist, fand man stets kompliziertere Produkte, Leucin, Tyrosin, Butylalanin, Carnin, Xanthin, Sarkin, Guanin, was schon Schützenberger gezeigt hatte. Vervollständigt wurde diese Liste durch Kutscher und Lohmann nach Selbstspaltung toluolisierten Hefematerials, wobei außer den schon bekannten Produkten noch Adenin, Arginin, Histidin, Lysin, Asparagin, Glutaminsäure und etwas NH_3 nachgewiesen wurde, also im wesentlichen höher aufgebaute Körper.

Daß beim natürlichen Stoffwechsel der Hefe kein Ammoniak zu finden ist, weiß man längst, dies ist auch erklärlich, da Ammoniakverbindungen als N-Nährmaterial der Hefezelle dienen können.

Es bleibt also nur der eine Gedanke noch zu diskutieren, daß Eiweißzerfall zwar nicht im Sinne einer dynamischen Leistung aufzufassen sei, aber einen mit dem Leben untrennbar verknüpften Prozeß darstelle, der in irgend einer Richtung den Abnützungsvorgängen in tierischen Zellen entspräche. Während man früher das Leben überhaupt mit einem stetigen Zerfall aller belebten Teile sich verbunden dachte, wissen wir heute vom tierischen Stoffwechsel nur noch von einem Zerfall eines verhältnismäßig kleinen Teils der lebenden Substanz zu berichten.[1] Ich sehe keinen Grund ein, warum man bei der Hefe an eine solche „innere" Abnützung der lebenden Substanz nicht

[1] Rubner, Verluste und Wiedererneuerung im Lebensprozeß. *Archiv für Physiologie.* 1911. S. 39.

denken sollte. Auch die Bildung von Fermenten, innere wie äußere, werden doch wahrscheinlich auch als Quellen des N-Konsums angesehen werden können, möglicherweise findet auch die lebende Substanz, wenn auch selten, durch mangelnde Verteilung der Nahrung nicht ausnahmslos, was sie zum Leben nötig hat und tritt dann in Zerfall.

Nun klingt ein N-Verlust, der nur 4 Prozent des Gesamtenergieumsatzes ausmacht, sehr bescheiden, man darf aber dabei nicht vergessen, daß die N-Umsätze für die Abnützungsquote im Verhältnis zum N-Bestand eines Lebewesens um so größer werden, je kleiner ein solches ist, weil mit der Kleinheit der relative Verbrauch an Nahrungsstoffen, d. h. der Verbrauch pro Kilo Lebendgewicht größer wird.

Bei dem großen Energieumsatz der Hefezelle würde dieser Verlust nicht so ganz unbedeutend sein, und würde sich nach meiner Schätzung auf etwa 9 Prozent des N-Gehaltes der Hefe pro Tag erstrecken können, wenn die Verhältnisse der tierischen Zellen auf die der Hefe übertragen werden dürften.

Ehe wir aber weiter über diese Frage uns aussprechen können, muß ich einen gewichtigen Einwand berichten. Der Verlust von N bei Hefe, die in reinem Zucker gärt, wurde schon erwähnt, auch daß Pasteur, Nägeli und andere diesen N-Verlust als etwas Feststehendes ansahen. Ich darf auch, was meine Anschauung betrifft, auf das Kapitel Träge Hefe im II. Teil verweisen, dort wurde nachgewiesen, daß der N-Verlust der Hefe in einer gesetzmäßigen Weise von Tag zu Tag, bei wiederholter Aussaat in Zucker, abnimmt, und in gleicher Weise die Gärwirkungen geringer werden. Ich darf weiter daran erinnern, daß der N-Verlust mit der Lebhaftigkeit des Stoffwechsels wächst; wenn man die S. 130 aufgeführten Werte in Abhängigkeit zur Temperatur betrachtet, so nimmt pro 1^0 Temperatursteigung der N-Verlust um 8 Prozent zu, ein Wert, der mit den sonstigen funktionellen Veränderungen durch Wärme, mit der Wachstumssteigerung und der Steigerung der Gärwirkung gut übereinstimmt. Alles in allem genommen, trägt dieser N-Verlust den Stempel eines echten biologischen Prozesses.

L. Iwanoff glaubt nun nachgewiesen zu haben, daß gärende Hefe überhaupt keinen N abgibt; die Angabe von Nägeli, die vergorene Flüssigkeit enthalte Albumosen und Pepton, ist leicht als irrig darzutun, alle Beobachter geben an, daß nach der Gärung in reinem Zucker keine Eiweiß- oder Biuretreaktion erhalten wird[1]. Vielleicht lag eine

[1] Hahn und Geret, *Zymasegärung*, S. 307, haben auch bei Autolyse nur Spuren von Albumin und kein Pepton gefunden.

Täuschung durch Glyzerin vor; L. Iwanoff geht aber einen Schritt weiter und zeigt analytisch — daß überhaupt kein N austrete.

L. Iwanoff[1] hat Hefe in Wasser aufgeschwemmt,, mit Kupferoxydhydrat gefällt und in Zucker gegorene Hefe ebenso behandelt und den N im Kupferniederschlag untersucht. Der letztere fällt Eiweißstoffe und galt lange Zeit als ein Mittel der Trennung der ersteren von anderen Abbauprodukten des Eiweißes. Iwanoff behauptet also, daß die Eiweißstoffe in gärender Hefe sich überhaupt nicht verändern, also keine Spaltprodukte ausgeschieden werden. Die gegenteiligen älteren und neuen Angaben will Iwanoff dadurch erklären, daß er annimmt, bei nicht sterilem Arbeiten würden Bakterien zum Teil die Hefezellen auflösen. Das „Erschöpfen" der Hefe (l. c. S. 479) habe gar nichts mit dem N-Verlust zu tun.

Zu diesem weittragenden Schluß können die Versuchsergebnisse I.s nicht verwertet werden, es ist und war zu der Zeit, als I. seine Experimente ausführte, schon bekannt, daß die Fällung mit Kupferoxydhydrat nur eine annähernde Eiweißbestimmungsmethodik ist. H. Schjerning[2] hat nachgewiesen, daß durch die genannte Methode die Peptone nicht vollständig, Amino- und Amidverbindungen aber mit gefällt werden. Das Kupferoxydhydrat hat also zweifellos auch Umwandlungsprodukte des Eiweißes mit zur Fällung gebracht.[3] Dies geht auch aus folgender Tatsache hervor. Wenn man Hefe in Wasser erhitzt, wie es zur Ausfällung nach Stutzers Methode empfohlen wird, so können dabei, wie ich gesehen habe, bis 29·8 Prozent des Hefe-N ins Zentrifugat übergehen.[4] Nach der Fällung mit Kupferoxydhydrat findet Iwanoff aber nur wenig N, der nicht fällbar ist (vgl. l. c. S. 471), von 83·3 g N nur 3, von 25·4 g ein andermal 2·2, also wenige Prozente. Ich habe bei Fällung gewaschener Hefe mittels essigsauren Eisens in der Wärme 8·9 Prozent N als Verlust erhalten (l. c. S. 306). Wenn man also durch einfaches Erhitzen in Wasser bis 29·8 Prozent der Hefe N löslich machen kann, während man durch Kupferoxydhydratfällung nur 8·7—3·6 Prozent Verluste findet, so zeigt dies, daß viele aus der Hefe ausgeschiedene Stoffe durch Kupferoxyd-

---

[1] *Zeitschrift für physiologische Chemie.* 1904. Bd. XLII. S. 464.

[2] *Zeitschrift für analytische Chemie.* 1900. Bd. XXXIX. S. 545 u. 633.

[3] Brossa hat in meinem Laboratorum die Kupferoxydmethode nachgeprüft und gefunden, daß ein ganz erheblicher Teil des N, der nicht aus Eiweißstoffen stammt, gefällt wird.

[4] *Archiv für Hygiene.* 1904. Bd. XLVIII. S. 307.

hydrat mitgefällt werden. Welcher Natur diese gewesen sind, bleibt fraglich, sicher aber handelt es sich nicht nur um Eiweiß, sondern um Spaltprodukte des letzteren. Ganz analoge Verhältnisse wie bei Hefe habe ich auch bei Bakterien hinsichtlich der Fällbarkeit durch Eisenoxydhydrat gefunden (l. c. S. 306), auch dabei bleibt ein erheblicher Teil von N ungefällt, was zeigt, daß die Eisenfällung weniger über die Eiweißstoffe hinaus greift als das Kupferoxydhydrat. Ich kann also durch die Versuche Iwanoffs nicht als bewiesen ansehen, daß die gärende Hefe keinerlei N-haltige Produkte ausscheidet; ein solches absolutes Fehlen jeglicher Beteiligung des Eiweißes an den Ernährungsvorgängen ist auch vom physiologischen Standpunkte aus betrachtet in höchstem Maße unwahrscheinlich, wie auch die Annahme, daß jeglicher N-Verlust nur durch Bakterien, d. h. durch die Auflösung toter Zellen, erzeugt werde. Mit der Anwesenheit einiger abgestorbenen Zellen muß allerdings stets gerechnet werden. Diese brauchen aber keine Bakterien, um aufgelöst zu werden, sie lösen sich in völlig sterilen Lösungen rasch durch Endotryptase, und wenn Iwanoff behauptet, die autolytischen Produkte seien etwa nur zu $^6/_{10}$ wieder assimilationsfähig, so begreift man (wenn man eben von der unzureichenden Methodik absieht) nicht, warum er nicht stets doch einen, wenn auch kleinen N-Verlust hat finden können.

Für mich ist diese Frage damit erledigt, daß ich auch bei Abwesenheit fremder Organismen doch einen N-Verlust gefunden habe. Ich werde auch gleich noch Versuche berühren, bei denen der Einfluß der Bakterien abgeschätzt werden kann und sich als höchst unbedeutend erweist.

Die Auflösung des Eiweißes der Hefe erfolgt bei der Autolyse durch die von E. Buchner und Hahn nachgewiesene Endotryptase, ein Ferment, das auch in toluolisierten Lösungen seine Funktion nicht einbüßt. Die beiden Autoren haben über das Vorkommen und die Wirksamkeit des Fermentes eine Reihe wichtiger Angaben gemacht.

Durch das Hefepreßverfahren wird von den Eiweißstoffen der Hefezelle der vierte Teil ausgeschieden und von der Zelle getrennt.[1] Diese Zahlen sind nach N-Zahlen berechnet, betreffen also nicht ausschließlich Eiweiß, sondern auch weitere N-haltige Produkte des Zellsaftes. Der Hefepreßsaft thymolisiert, löst Gelatine, Karminfibrin, Eieralbumin.

---

[1] Hahn und Geret, *Zymosegärung.* Von E. Buchner, H. Buchner und M. Hahn. S. 292.

Der an Eiweißstoffen so reiche Preßsaft läßt bei Zimmertemperatur schon in 10—14 Tagen keine Koagulation mehr in der Siedehitze wahrnehmen und wird klar. Bei 37° treten die Lösungserscheinungen des Eiweißes unter etwas veränderten Erscheinungen viel früher auf. Leucin und Tyrosin ist leicht nachzuweisen, auch nach Kutscher Asparaginsäure. Letzterer hat außerdem Guanin, Adenin, Histidin, Arginin, Lysin isoliert.[1] Der Spaltung unterliegen namentlich auch die phosphorhaltigen Substanzen. Im Preßsaft ist nach Hahn (l. c. S. 305) der Phosphor, bis zu 5 Prozent organisch gebunden, nach wenigen Stunden schon als Phosphorsäure abgespalten. Albumosen treten nur vorübergehend auf und in geringer Menge, Pepton niemals. . . . .

Antiseptica wirken in den üblichen als Zusatz benützten Mengen auf die Wirkung der Endotryptase nicht ein (l. c. S. 314), Alkohol in Mengen von 5 Prozent hemmt die Proteolyse schwach, ein solcher von 10—20 Prozent erheblich, 30 Prozent Alkohol hebt sie auf (S. 317). Das proteolytische Enzym ist in der Hefezelle selbst, es soll außerhalb der Zelle keinerlei eiweißlösende Wirkung vorhanden sein. Das Ferment ist in der Form von Zymogen vorhanden (l. c. S. 339).

Die in den Hefezellen enthaltene Endotryptase hat aber keine souveräne, sondern eine in ganz bestimmten Grenzen gehaltene Wirkung.

Die Endotryptase wird sofort unwirksam, wenn die Gärung durch Zuckerzugabe bei der Hefe eingeleitet wird; die Autolyse wird sofort unterbrochen; es bleibt aber doch noch der schon erwähnte N-Verlust bei der Gärung. Wenn nun die letztere einen so mächtigen Einfluß auf die Behinderung der Endotryptasewirkung hat, so wäre nicht einzusehen, warum dieser durch die Gärung nicht quantitativ aufgehoben wird. Der Vorgang wird aber sofort verständlich, wenn wir annehmen, das gärende, lebende Protoplasma sei von anderer Konstitution als das nichtgärende, wodurch die Endotryptasewirkung unmöglich wird. Wenn aber ein kleiner Teil des Hefeeiweißes aus inneren Gründen abstirbt, in Analogie zum Verhalten der tierischen Zelle, dann kann dieses tote Eiweiß der Endotryptasewirkung keinen Widerstand leisten, löst sich auf und die Spaltungsprodukte treten nach außen. Diese Theorie entspricht, wie ich meine, den Tatsachen.

Auf diese Bedeutung der Kohlehydratgärung für die Erhaltung des Zelleiweißes der Hefe habe ich zuerst schon 1904 hingewiesen.[2] In fortwährend gärender Hefe waren nach 6 Tagen von 0·093 g N-Aus-

[1] *Zeitschrift für physikalische Chemie.* Bd. XXXIV. S. 522.

[2] *Archiv für Hygiene.* Bd. XLIX. S. 406 und 409.

saat 0·039 Hefe N übrig geblieben. Bei Autolyse derselben Hefe unter Toluolzusatz waren in 4 Tagen nur mehr 0·009 g N in den restierenden Zellen vorhanden. Zu gleicher Zeit hat auch Iwanoff sehr bemerkenswerte Versuche ausgeführt, welche die Verschiedenheiten gärenden und nicht gärenden Protoplasmas illustrieren. Iwanoff hat gefunden, daß eine vorhergegangene Gärung auch noch nachwirkt und die autolytische Spaltungsfähigkeit der Hefe herabsetzt. Hefe, welche vorher ohne Gärung gelagert hat, kann in 64 Stunden 80 Prozent des Eiweißes durch Spaltung verlieren, vorher gärende nur 61·4 Prozent und nach 15 Stunden erstere 65 Prozent und letztere nur 33 Prozent Eiweißspaltung zeigen.[1]

Das Protoplasma behält also noch einige Zeit nach der Gärung seine schwierigere Zerlegbarkeit durch Endotryptase bei, wie nach meinen und Iwanoffs Versuchen feststeht. Überläßt man die Hefe längere Zeit sich selbst, so zerfällt sie, gleichgültig, ob sie vorher gegoren hatte oder nicht, der Spaltung durch Autolyse.

Die letztere kann, wie ich zuerst an gärender Hefe gezeigt habe (l. c. 1904, S. 407), unterbrochen und die Eiweißsynthese in wenigen Stunden vollendet werden; die Gärkraft ist dann fast genau dieselbe, wie vor der Autolyse, obschon die in den Zellen gefundene N-Menge um einiges kleiner war, wie bei der vorher nicht autolysierten Hefe. Ich habe diese Versuche, weil sie für die Frage, ob beim Aufbau von Eiweiß Energie in Anspruch genommen wird, schon früher erwähnt (Teil III).

Ich habe diesen Versuch aber wegen seiner Wichtigkeit noch mehrfach wiederholt mit quantitativer Untersuchung der Gärung selbst. Die Anordnung war die, daß frische gute Hefe in mehreren Proben sofort in Gläschen mit 100 Wasser (à 5 g Hefe) verteilt und bei 30° in den Brutschrank gebracht wurde. Die Ausgangshefe war auf ihre gute Gärungswirkung bei 10 Prozent Traubenzuckergehalt geprüft worden.

Nach 24 Stunden erhielt die eine Probe autolytischer Hefe einen Zusatz von Zucker, der die Lösung auf 10 Prozent brachte und wurde dann nach 24 Stunden Gärung abzentrifugiert, die Hefe nach Kjeldahl verbrannt.

Nach 48 Stunden Autolyse wurde eine andere Probe Hefe mit Zucker versetzt, einen Tag gären gelassen, zentrifugiert und analysiert usw.

[1] *Zeitschrift für physiologische Chemie.* 1904. Bd. XLII. S. 481.

Schon nach 24 Stunden nimmt die autolytische Hefeflüssigkeit einen üblen Geruch an, der sich weiterhin noch steigert, wobei aber offenbar die quantitativen Umwandlungen durch einwandernde bzw. von Anfang an vorhandene Bakterien nicht sehr erheblich sein mögen.

Das Austreten gelöster Zellprodukte nimmt allmählich einen großen Umfang an; die längste Dauer dieser Autolyse betrug 4 Tage; es ist wohl zu beachten, daß Fäulniskeime nicht ausgeschlossen waren, in der *Absicht*, den Einfluß dieser auf den Verlauf des Versuches zu beobachten. Man konnte daran denken, daß vielleicht die bakterielle Zerlegung der autolytischen Produkte diese zur Synthese des Eiweißes der Hefe weniger tauglich macht. . . . .

Wie die nachstehenden Zahlen beweisen, wurde der N der autolytischen mit Bakterien durchsetzten Flüssigkeit fast quantitativ synthetisiert.

Die Ausgangshefe hatte 0·1134 g N, wovon etwa beim Wässern rund 5 Prozent zu Verlust gehen, dies ist zu berücksichtigen, weil ja am Schluß der Versuche die Gärflüssigkeit (300 ccm) abzentrifugiert worden war. Somit erhielt ich folgende Zahlen:

Aussaat:	0·108
Ernte nach Versuch I:	0·103
,, ,, ,, II:	0·101
,, ,, ,, III:	0·096
,, ,, ,, IV:	0·095

Es ist also allerdings nicht der ganze N der Aussaat wieder erhalten worden, aber die Verluste sind nicht bedeutend. Von der Aussaat von 0·108 g N gehen etwa 5 Prozent ab, die den Verlust darstellen, den man erhält, wenn Hefe einfach in Wasser suspendiert wird, somit sollte 0·1026 N wiedergefunden werden, wenn aller N wieder zu Hefeeiweiß wurde, nachgewiesen wurde nach 4 Tagen 0·096, was einem Verlust von 6 Prozent entspricht. Es ist möglich, daß man dieses Defizit als die Wirkung der Bakterien auf die autolytischen Produkte ansehen darf, es wäre aber auch möglich, daß bei 4tägigem Lagern der Hefe in Wasser mehr als 5 Prozent des N ausgelaugt werden und beim Aufbau der Zellen nicht mehr in deren Verband übertreten.

Eine der Proben habe ich nach 4tägiger Mazeration zentrifugiert und Hefe und Flüssigkeit getrennt mit Zucker versetzt, es gärte nur die Hefe, nicht die Flüssigkeit. Die Hefe gärte kräftig, sie bedurfte also des in die Flüssigkeit abgeschiedenen autolytischen Produktes nicht, um zu gären. In der Hefe waren 0·0839 g N. In das Wasser waren gegangen 0·1134—0·0839 = 0·0295 g. In 4 Tagen hat die Hefe 22·3 Prozent ihres N nach außen abgegeben.

Die Wärmebildung bei nachträglichem Gären hatte in den ersten vier Versuchen (Anfangshefe 1., 2., 3. Tag der Mazerierung) so gut wie gar nicht abgenommen. Nur die Probe nach 4tägiger Mazerierung, der die Spaltstücke des Eiweißes entzogen worden waren, zeigte verminderte Wärmebildung. In zwei parallelen Reihen verhielt sich die Wärmebildung der genannten Hefe zur sonst beobachteten, d. h. im Verhältnis zu jener, die synthetisch sich wieder restituiert hatte, wie

$$\left.\begin{array}{l} \text{a) } 77·3 \\ \text{b) } 78·4 \end{array}\right\} 77·7:100$$

das ist ganz genau die Verhältniszahl, welche auch der Verminderung des N-Gehalts der mazerierten Hefe entspricht.

Die Hefe hatte soviel weniger lebende Substanz bilden können, als ihr mit dem Mazerationswasser N entgangen war, wodurch auch bewiesen wird, daß es nicht etwa nur „Extrakt N" ist, der aus der Hefe bei der Mazeration austritt, sondern Spaltstücke des Eiweißes, die wieder zu Zellsubstanz aufgebaut werden können.

Die mazerierte Hefe war in Fäulnis; sie roch höchst unangenehm, ihre Reaktion war neutral, dann alkalisch, und trotzdem findet man nach dem Gärversuch in allen Fällen stark saure Reaktion, herrührend von fixen Säuren (in erster Linie Bernsteinsäure).

Die Versuche verlaufen, was den Aufbau betrifft, nicht alle völlig gleich; wenn viele tote Hefezellen von Anfang an vorhanden sind, so ist auch die Wiederherstellung der ursprünglichen Zellenzahl natürlich ausgeschlossen, da ein Wachstum bei meinen Versuchsbedingungen nicht möglich war.

Die Versuche über Regeneration von Hefe, die 3 Tage der Selbstgärung überlassen war, wurden zu gleicher Zeit (1904) publiziert, als Iwanoff Versuche über die N-Spaltung in solcher selbstgärenden Hefe ausgeführt hat[1]. Er fällte den N mittels Kupferoxydhydrat und fand von 9·75 mg seiner Aussaat eine Abnahme in 3 Tagen bei 25° auf 5·85, und als er die Glykose zusetzte, fand er nach einer Woche 8·4 mg N, durch Kupferoxydhydrat fällbar, also vermutlich wieder aufgebaut = 60 Prozent regeneriert. Iwanoff meint, daß ein völliger Aufbau aus den Eiweißtrümmern unmöglich sei. Meine Versuche beweisen, daß die

[1] *Zeitschrift für physiologische Chemie.* 1904. Bd. XLII. S. 4761.

Synthese des Eiweißes eine weit vollkommenere ist, auch selbst da, wo absichtlich der Bakterieninvasion freiester Lauf gelassen worden war.

Ich meine, daß viele Lebensvorgänge uns verständlicher werden, wenn man der lebenden Substanz nicht nur die Fähigkeit zuschreibt, Fermente zu sezernieren, sondern auch die Möglichkeit anerkennt, Fermente zu absorbieren, d. h. sie wieder zurücknehmen, falls die Zwecke der Lebensleistungen dies erfordern. Es ist möglich, daß gleichzeitig mit der eintretenden Gärung auch der wesentlichste Teil der Endotryptase zurückgebildet wird.

Welcher Art ist nun diese Eiweißsynthese, bei der wir hier in so blitzartiger Geschwindigkeit aus dem Trümmerfeld von Spaltprodukten das frühere wirksame Protoplasmas aufbauen sehen? Zweifellos kann nur das *lebende Eiweiß* das tote Nährmaterial ins Leben zurückrufen.

Betrachtet man das autolytische Material unter dem Mikroskop, so sind die Zellen verkümmert und runzelig, nach Zuckerzusatz aber schnell wieder von normalem Aussehen. Zunächst wird also vielleicht einiges in den Zellen aufgestapelte Material wieder aufgebaut. Auch sieht man bisweilen neben den glattwandigen Zellen einige, die Ansätze zu Sprossung erkennen lassen, offenbar sind manche Zellen den übrigen in ihren Lebenseigenschaften überlegen und ziehen mehr Material an, als ihre Nachbarn.

Da nun sicher die vorhandenen Zellen wieder ihren alten Ernährungszustand haben und keine Neubildung von Zellen eintritt, so kann es sich nicht um Wachstum, sondern nur um *Rekonstruktion* der Zelle handeln, nie Ansatz lebender Substanz, also eine analoge Erscheinung, wie wir sie bei *Hunger* an den Zellen anderer Organismen sehen, nur daß die Auflösung der Zellen vorher nicht durch den Hungerstoffwechsel erfolgt, sondern durch teilweises Absterben und *einfache Fermentwirkung*. Bei einem *Säugetiere* würde das autolytisch gelöste Eiweiß, wahrscheinlich schon in den ersten Stadien der Umwandlung in den *N-haltigen und N-freien* Teil gespalten und verbraucht worden sein. Diese Eigenschaft geht aber der Hefezelle vollkommen ab.

Der rasche Aufbau der Zelle beweist aber nicht, daß wir ausschließlich und auch in der Synthese der ersten Bausteine des Eiweißes schon die Wirkung der lebenden Substanz vor uns haben. Beim Säugetier scheint ja auch dem Aufbau von Eiweiß in den Zellen mehrfach zuerst eine Synthese von Eiweiß in der Darmwand vorauszugehen. Der Aufbau der Zelle könnte sich also aus zwei Faktoren zusammensetzen, einmal so, daß zuerst in der Hefe aus dem autolysierten Material durch Fermentwirkung wieder Eiweiß entsteht, und dann könnte der eigentliche Belebungsakt die Vereinigung des Nahrungseiweißes mit der lebenden Substanz sich vollziehen, wie umgekehrt bei der Spaltung erst der Akt des Absterbens eintritt und dann erst der Angriff durch die Fermente. Denn letztere sind das Wirksame, da, wie bemerkt, auch in toluolisierten Lösungen die Spaltung eintritt.

Ich gebe nur folgendes Beispiel der Zerlegung von Toluolhefe:

Aussaat (5 g : 200 Wasser) 0·1225 g N = 100
nach 3 Tagen . . . . . 0·0736 g N = 60.

Findet man aber bei toluolisierter Hefe nach dem Abbau bei nachträglicher Zuckerzugabe auch wieder eine Synthese?

Ich habe nun auch mit abgetöteter Hefe solche Versuche ausführen lassen, mit einem merkwürdigen Ergebnis.

5 g Hefe wurden 3 Tage mit Toluol bei 30° mazeriert, zwei Proben gleichzeitig angesetzt, am 3. Tage wurde bestimmt:

a) Der Bodensatz nach dem Abzentrifugieren = Hefe;
b) der gelöste N; die Summe beider stimmte mit der Aussaat;
c) durch schwefelsauren Zink wurden albumoseartige Stoffe ausgeschieden;
d) dann der phosphorwolframsaure Niederschlag und außerdem
e) der Aminostickstoff festgestellt.[1]

Man sieht aus der nachstehenden Tabelle:

	Hefe mit Toluol und Wasser 3 Tage g N	Dieselbe Hefe mit Toluol, Wasser und Zucker am 4. Tage g N
Aussaat .	0·1291	0·1291
Bodensatz . . .	0·1056	0·1232
Flüssigkeit	0·0231	0·0063
Summe als Kontrolle .	0·1287	0·1295
Zinkfällung	0·0034	0·0044
Phosphorwolframs. . . .	0·0186	0
Aminostickstoff	0·0035	0

daß ein Abbau der Hefe am 3. Tage eingetreten war, der rund 18·2 Proz. ausmachte. Er war, wie ich im Vergleich mit anderen Versuchen sehe, nicht sehr groß.

Zu einer Kontrollprobe wurde Zucker zugegeben, so daß eine 10prozentige Lösung entstand, und dann nach 24stündigem Stehen zentrifugiert und analysiert.

[1] Über die Methodik siehe Nawiasky, *Archiv für Hygiene.* 1908. Bd. LXIV. S. 43.

Der Hefe N nahm um

$$\begin{array}{r} 1232 \\ -1056 \\ \hline 0\cdot0176 \end{array}$$ g zu.

Das Abgebaute wurde wieder aneinander gefügt, in Lösung blieb nur eine kleine Menge von Substanz, welche zum allergrößten Teil durch Zinksulfat zu fällen war.

Demnach bleibt nur der Schluß zulässig, daß der Wiederaufbau gewisser, bei der Autolyse auftretender Spaltstücke auch ohne Lebensprozesse möglich ist.

Die Synthese beschränkte sich nur auf einen Teil der vorher in Lösung gegangenen Stoffe. Man muß annehmen, daß nicht die Anwesenheit von Rohrzucker allein die Synthese begünstigt, sondern daß die Zuckergärung durch die Zymase von Einfluß ist, wie etwa die Gärung in der lebenden Zelle überhaupt, etwa in der Art, daß die Wirkungen der Endotryptase paralysiert werden und das gleichzeitig vorhandene synthetische Ferment nun zur Wirkung kommen kann.

Die Versuche verliefen, in analoger Weise wiederholt, nicht ganz gleichartig. Schon der Zerfall der Hefe ist sehr wechselnd.

Bei 37° Hefe mit Toluol und Wasser.
3 Tage.

Aussaat .	0·1158 g N
Bodensatz. .	0·0302
Flüssigkeit	0·0859
Summe als Kontrolle	0·1161
Zinkfällung	0·0112
Phosphorwolframsäurefällung .	0·0547
Aminostickstoff	0·0178

In einer anderen Reihe betrug die Spaltung der Hefe in 3 Tagen 73·9 Prozent. Die Art der Spaltprodukte war aber ganz ähnlich dem vorher erwähnten Versuche, denn von 100 Teilen gelöstem N fanden sich:

	bei I:	bei II:
in der Zinkfällung	13·0	14·8
in Phosphorwolframsäurefällung .	63·6	80·8
als Aminostickstoff	20·7	10·5

Nach der eingeleiteten Gärung war ein sehr erheblicher Teil des gelösten N wieder in Bindung übergegangen.

In einer dritten Reihe schritt trotz Zusatz von Zucker die Spaltung der Hefe weiter. Es wurde gefunden:

Aussaat	0·1225 g N
am 3. Tag in Toluolwasser . .	0·0736 Hefe-N
am 4. Tag bei Zucker	0·0479

Solche Unterschiede hängen offenbar mit anderen Eigentümlichkeiten der angewendeten Hefe zusammen. In diesem Falle war beobachtet worden, daß die frische, nicht toluolisierte Hefe einen starken Zerfall der Hefezellen zeigte. Wahrscheinlich spielt der Zymasegehalt des Ausgangsmaterials selbst eine bedeutende, von Anfang an nicht recht zu übersehende Rolle.

Ich habe bisher bei den Besprechungen des N-Verlustes angenommen, wie es von vielen Seiten geschieht, es handle sich beim Verlust der gärenden Hefe um ein autolytisches oder tryptisch zerlegtes Eiweiß, es ist das aber keineswegs die Meinung aller Autoren. So hat z. B. schon Ad. Mayer[1] in gut durchgeführten Versuchsreihen gezeigt, daß der von Hefe ausgeschiedene N nicht mehr als Nährmaterial dienen kann. Man kann nicht sagen, bei diesem Versuche habe es sich um autolytische Produkte gehandelt, die eben, wie Iwanoff behauptet, einen Teil ihres Nährvermögens eingebüßt haben, nachdem ich gezeigt habe, in welch hohem Maße die Wiederverwertung autolytischer Produkte durch Synthese möglich ist. Autolytische Produkte würden wahrscheinlich bei gärender Hefe das Zellengebiet überhaupt nicht verlassen, sondern sofort wieder aufgebaut werden. Ich bin also auch der Meinung, daß diese bei in Zucker gärender Hefe auftretenden Produkte im wesentlichen anderer Natur seien, als jene, welche die Autolyse liefert, sie gehören, physiologisch betrachtet, in die Gruppe der „Abnützungsquote".

Unter diesen Produkten, das braucht wohl kaum besonders betont zu werden, findet sich kein Ammoniak, auch keine durch Bromlauge leicht spaltbare Substanz, im Gegensatz zur Mazerierung, wo man gelegentlich solche Körper finden kann.

Die Lehre vom N-Stoffwechsel ist in neuester Zeit dadurch noch schwieriger geworden, daß man, wie eingangs erwähnt, angibt, die N-Ausscheidung sei überhaupt kein Beweis über die Größe des N-Umsatzes, denn dieser könne viel bedeutender sein, als man vermute. Es ist hier nötig, daß wir uns zunächst rein theoretisch über die Arten des N-Umsatzes und ihres Nachweises an der Hand eines Vergleiches mit dem tierischen Stoffwechsel ins Klare setzen.

[1] *Die Gärungschemie.* 1902. S. 13.

Denkt man sich einen Organismus im hungernden Zustand in einer Flüssigkeit, etwa ein Wassertier, so wird der im Körper umgesetzte N als Ausscheidungsprodukt im Wasser zu finden sein. Fügen wir dem Wasser Eiweißstoffe als Nahrung zu, so wird nach 24 Stunden der gesamte N-Gehalt des Wassers größer sein können als zu Beginn des Versuches, solange bis eben ein N-Gleichgewicht der Zufuhr und Ausfuhr besteht, am Ende des Versuches wird an Stelle des Nährmaterials gleichviel N als Ausscheidungsprodukt vorhanden sein. Über diese Grenze hinaus würde mit steigender Eiweißmenge — deren Umsatz vorausgesetzt — die Summe des N-Gehalts des Wassers die gleiche sein, aber die Art der vorhandenen Stoffe verschieden, weil der Nährstoff durch die Abfallstoffe ersetzt würde. Der Gang des Stoffwechsels könnte — von Wachstum und Ansatz ganz abzusehen — nur studiert werden, wenn man Mittel besitzt, zwischen dem N der Zufuhr und dem N als Umwandlungsprodukt zu scheiden.

Sobald ein Wachstum eintritt, findet eine Verschiebung des N zwischen Lösung und Tier statt, was leicht zu bestimmen ist, dagegen würde es uns an Mitteln fehlen, um einen während des Wachstums vorkommenden N-Verlust zu erkennen, weil ein Ansatz von Körpermasse den Verlust verdeckt.

Bei einem Tiere wäre die Trennung von Nahrung in der Lösung und von Stoffwechselprodukten leicht auszuführen, so daß man den Stoffwechsel mancher Wassertiere gewiß auch zu lösen imstande ist. Für die Hefe sind uns die Mittel zu einem quantitativen Vorgehen auf dem Gebiete der N-Ernährung sehr erschwert, weil es an scharfen Trennungsmitteln zwischen Nahrungsmaterial und Ausscheidungsprodukten fehlt. Nur ausnahmsweise kann man diese Schwierigkeiten umgehen.

Eine experimentelle Erkenntnis ist auf dem N-Stoffwechselgebiet also schwieriger als auf dem Gebiet des Wachstums zu erzielen.

Die beiden Autoren, welche einen verdeckten N-Stoffwechsel in größerer Ausdehnung annehmen, sind Pringsheim und Fr. Ehrlich.

Es wird von ihnen bezweifelt, daß der nachweisbare N-Verlust der Zellen wirklich dem ganzen N-Stoffwechsel entspricht. Zum Verständnis dieser Auffassung muß ich bei der Frage der Fuselölbildung anknüpfen.

Nach neueren Versuchen, namentlich denen von Fr. Ehrlich, ist das N-haltige Spaltprodukt zum Teil zu einer eigenartigen Umwandlung bestimmt. Die Bierhefe besitzt nach Fr. Ehrlich die Eigenschaft, die razemischen Aminosäuren zu spalten und auf Kosten des Leuzins Amylalkohol, auf Kosten anderer Aminosäuren das ganze Gemenge des Fuselöls zu bilden. Wie das Fuselöl, so entsteht auch die Bernsteinsäure aus Aminosäuren.[1]

J. Effront gibt an, in der Hefe eine „Amidase" gefunden zu haben, welche Aminosäuren in Ammoniak und flüchtige Säuren trennt, allerdings bei einem Optimum dieser Fermente von 40—45°; Asparagin, Leuzin, Glutaminsäure, Asparaginsäure werden gespalten.[2]

Fr. Ehrlich ist der Anschauung, daß, wenn der Hefe jede N-Nahrung fehlt, eine Selbstverdauung ihrer Körpersubstanz eintrete, das Hefeeiweiß beginne sich allmählich aufzulösen und sich abzubauen und außer anderen Aminosäuren träte Leuzin, Isoleuzin und Valin auf, die in Lösung gehen und von noch frischen Hefezellen zu neuem Eiweißaufbau benutzt würden, indem ihr Ammoniakstickstoff dazu verwendet wird, während aus dem Rest der Aminosäuren das Fuselöl als N-freie Verbindung entsteht. Dieser Eiweiß-Ab- und Aufbauprozeß wiederholte sich in einem fortwährenden Kreislauf, der nach außen hin nur durch die Fuselölbildung sich verrät.[3]

Nach meiner Anschauung ist die Umsetzung der N-Substanz bei kurzdauerndem Leben von Hefezellen in reinem Zucker keine Autolyse, denn die Hefe vermag das autolytische Produkt bei Gärung nicht wieder zur Zellsubstanz zu machen. Aber davon abgesehen, kann man ja einmal durch Berechnung versuchen, welche Konsequenzen sich aus der Anschauung von Fr. Ehrlich über den intermediären N-Kreislauf ergeben. Thermochemisch ist nicht viel darüber zu sagen. 1 Molekül Leuzin + H_2O gibt 1 Mol. Isoamylalkohol + CO_2 + NH_3. Die Verbrennungswärmen der in Frage kommenden Verbindungen sind genügend genau bekannt.

1 Molekül Leuzin (fest) bildet . Die Lösungswärme ist unbekannt, wird vielleicht positiv sein und kaum mehr als 2—3 Kal. betragen.			855·9 kg-Kal.
Die neuen Produkte sind:			
Amylalkohol (gelöst)	791·1 kg-Kal.		
Ammoniak	91·3 „		
Kohlensäure (absorbiert)	5·7 „	=	881·1 „
	Effekt:	—	32·2 „

[1] *Jahrbuch der Versuchs- und Lehrbrauerei in Berlin.* Bd. X. S. 515.

[2] *Zentralblatt für Chemie.* 1908. Bd. I. S. 1527.

[3] *Landwirtschaftliche Jahrbücher.* 1909. S. 302.

Die Endprodukte enthalten mehr Energie als die ursprüngliche Verbindung, es müßte daher Wärme bei der Bildung aufgenommen werden, aber nur im Verhältnis von 791·1:32·2, auf Amylalkohol berechnet. Bei den kleinen Mengen, in denen der Amylalkohol entsteht, kommt der Vorgang für die Gesamtbilanz der Hefe kaum in Betracht.

Da die von Fr. Ehrlich gefundenen Tatsachen der Amylalkoholbildung allseitig bestätigt worden sind, haben wir mit diesen Vorgängen ganz gewißin der Hefezelle zu rechnen. Schwierigkeiten bestehen nur hinsichtlich der Theorie des intermediären N-Kreislaufes, die oben auseinandergesetzt wurde.

Fr. Ehrlich gibt den Fuselölgehalt reiner Zuckergärung zu 0·4 bis 0·7 Prozent des Gesamtalkohols an (l. c. S. 302); im Mittel also zu 0·55; für welche besonderen Bedingungen diese Werte gelten, ist nicht angegeben.

Es läßt sich leicht berechnen, zu welchem N-Zerfall diese Annahme führen muß.

Nach meinen Untersuchungen liefert 1 g Hefestickstoff 39 kg-Kal. Wärme in 24 Stunden bei 30° (vitale Wärme):

39 kg-Kal. = 260 g Zuckerumsatz
= 132·8 g Alkohol, davon 0·55 Prozent Fuselöl
= 0·73 g Fuselöl.

1 g Hefe N liefert also in 24 Stunden 0·73 g Fuselöl; diese kommen wie angenommen wird, aus der Umwandlung von Leuzin. Es läßt sich leicht berechnen, wie viel Leuzin N dazu gehört, um dies Fuselöl zu bilden.

Auf 1 Molekül Leuzin = 1 Molekül Amylalkohol (88) trifft 1 N (14), auf 88 g Amylalkohol also 14 g N, auf 1 g Amylalkohol 0·159 N.

0·159 × 0·73 = 0·1161 g N als Leuzin, während überhaupt nur 1 g N im gesamten Zelleiweiß (und Extraktivstoffen) zusammengenommen vorliegt. Letzteres aber enthält von Leuzingruppen nur einen wahrscheinlich kleinen Bruchteil. 100 Teile Eiweißstoffe verschiedener Art liefern nur zwischen 5—20 Teile Leuzin, also wird das Eiweiß der Hefe auch vermutlich im Mittel weit weniger Leuzingruppen einschließen, als der Maximalzahl von 20 Prozent entspricht, woraus folgt, daß zur Amylalkoholbildung also zum allermindesten noch weit mehr als 5 mal 0·1161 = rund 0·6 von dem Gesamt-N in der Form von Eiweiß zersetzt werden muß, wenn präformierte Leuzingruppen in Frage kommen. Daher wäre also ein wiederholter An- und Abbau des Eiweißes nötig, um dem Bedürfnis nach Umwandlung von Leuzin in Amylalkohol zu genügen, d. h. im Verlauf weniger Tage müßte nur zu dem

Zwecke der Amylalkoholbildung (ohne den sonstigen N-Umsatz) sämtliches Eiweiß der Zelle mehrmals abgebaut und wieder aufgebaut werden um genügend Leuzin zu liefern. Solch eine gewaltige Umwälzung aller lebenden Substanz für eine einzige, im ganzen doch untergeordnete Funktion der Bildung eines Nebenproduktes widerspricht allen Erfahrungen, die wir sonst von der Beständigkeit der lebenden Substanz haben.[1] Der Modus der Umwandlung von geeigneten Substanzen in Amylalkohol und ähnliche Verbindungen muß also wohl ein anderer sein, als oben angenommen wurde, d. h. er kann den vorhergehenden Gewebsuntergang und -aufbau nicht zur Voraussetzung haben und beruht, wenn man die einfachste Annahme machen will, auf der Fähigkeit der lebenden Substanz, bestimmte Stoffgruppen zu zerlegen, wie wir dies doch auch bei der Äthylalkoholbildung voraussetzen.

Endlich muß ich noch auf die Anschauungen Pringsheims eingehen.[2] Er geht von der für den Tierphysiologen geläufigen Anschauung aus, daß die mit N-Nahrung versehene Hefe einen N-Umsatz haben könne, wenn auch der N-Gehalt des Nährbodens keine Veränderung erfahre, weil dann N-Aufnahme und N-Ausscheidung ja im Gleichgewicht stehen könnten. Daher könnte ein solcher N-Umsatz vielleicht größer sein als man dachte. Eine experimentelle Prüfung ließe sich nur dann ermöglichen, wenn N-Nahrung und N-Ausscheidungsprodukt verschieden und also analytisch trennbar seien. Dies ist nur für wenige Fälle anzunehmen. Pringsheim wählt daher, ähnlich wie Duclaux, NH_3-Salze als N-Nahrung, deren allmähliche Abnahme im Stoffwechsel methodisch leicht zu studieren ist. Es interessieren an dieser Stelle vor allem Versuche an nicht wachsender Hefe, weil hier die Ergebnisse eindeutiger sind, als bei gleichzeitigem Wachstum. Pringsheim versetzt die Zuckerlösung mit verschiedenen Mengen von schwefelsaurem Ammoniak, bestimmt die Ernte durch Filtration der Flüssigkeit, die etwas Kieselguhr als Zusatz erhalten hat, und im Filtrat den Ammoniak-N. Analytisch bekannt sind also Hefeaussaat, angewandtes NH_3, die Hefeernte und das restierende NH_3. Die N-Vermehrung der Hefe war nicht überall vermieden, also kommt auch N-Ansatz in Betracht.

Pringsheim erklärt, daß jener NH_3-Anteil der Nahrung, den man nach dem Versuch weder als solchen auffinden, noch durch einen N-Zuwachs der Hefe identifizieren kann, dem Stoffwechsel der Hefe entspräche, also derart, daß NH_3 zu Eiweiß geworden und dieses dann weiter zerfallen und umgewandelt worden sei.

[1] Rubner, *Archiv für Physiologie.* 1911. S. 39. Siehe auch später S. 325.
[2] *Biochemische Zeitschrift.* Bd. III. S. 122 bzw. 204.

Der Vorzug dieser Versuchsanordnung liegt auf der Hand. Die N-Nahrung ist leicht zu charakterisieren und zu bestimmen, es sind die NH_3-Salze. Die Natur der Ausscheidungsstoffe wird nun dadurch erkannt, daß sie zwar N-haltig, aber nicht Ammoniak sind.

Da das NH_3 ein bekannter N-Nährstoff der Hefe ist, so ist die Versuchsanordnung in dieser Hinsicht völlig übersichtlich.

Pringsheim glaubt, daß es ihm nicht nur gelungen sei, den N-Verlust der Hefe aufzuheben, sondern daß mit einer Mehrzufuhr über die Grenze des Bedarfs hinaus mehr Eiweiß aufgebaut und dann wieder abgebaut worden sei, wobei es bei letzterem Vorgang in autolytische Produkte zerlegt wird. Ein Analogon zu dem tierischen N-Stoffwechsel ist das nicht, denn bei ersterem bedingt allerdings das Mehr an Eiweiß in der Zufuhr ein Mehr der Zersetzung, aber in dem Sinne eines energetischen bedeutungsvollen Vorganges, bei dem durch die Wärmebildung aus Eiweiß der sonstige Umsatz, z. B. von Körperstoffen, aufgehoben wird. Bei der Hefe wäre der Ablauf aber so, daß zuerst aus NH_3 + Kohlehydraten Eiweiß entsteht, sogar lebende Substanz und Zellmasse (l. c. S. 214). Ein Aufbau von Eiweiß aus NH_3 + Zucker bindet wahrscheinlich Wärme, vielleicht mehr, als bei dem nachträglichen autolytischen Zerfall frei werden kann. Die Gesamtsumme der Umwandlung müßte für den Körper mit einer mit der Nahrungsmenge steten Mehrung nutzloser Vergeudung von Energie verbunden sein.

Das wäre doch ein höchst merkwürdiger Vorgang, der biologisch keinerlei Analogien aufzuweisen hat, also in höchstem Maße unwahrscheinlich ist.

Ich vermag aber aus den Versuchsergebnissen Pringsheims diesen Schluß, wie er, gar nicht zu ziehen; in allen seinen 4 Versuchsreihen finden sich Ergebnisse, in denen eine Parallele zwischen NH_3-Angebot und NH_3-Umwandlung nicht wahrzunehmen ist, z. B.

	NH_3 in der Nährflüssigkeit	nicht aufgefunden
S. 208	40·2 mg N	22 mg N
	100	21 „
	159	14 „

oder

	NH_3 in der Nährflüssigkeit	nicht aufgefunden
S. 209	40 mg N	15·1 g N
	100 „	15·0 „
	159 „	17·2 „
u. S. 212	42 „	18 „
	84 „	23 „
	168 „	27 „
	337 „	31 „
	674 „	30 „

Den nicht aufzufindenden NH_3-N nach dem Versuch nennt Pringsheim den „von der Hefe ausgeschiedenen N". Ich meine, bei unbefangener Überlegung kann man nur erkennen, daß von einem Parallelgehen des „von der Hefe ausgeschiedenen N mit der NH_3-Nahrungsmenge" nicht gesprochen werden kann, solche Unterschiede, wie sie in der letzten Reihe bei 42 mg Nahrungsangebot und 84 mg gefunden werden, können auf Zufälligkeiten beruhen, der Steigerung hier steht bei dem Versuch S. 208 für die Zunahme des Angebotes von 40 mg N auf das 4fache (159) sogar eine Abnahme des umgewandelten NH_3 von 22:14 mg N gegenüber.

Was aus dem nicht auffindbaren NH_3 in diesen Versuchen (der in der Ernte enthaltene Teil ist natürlich schon außer Betracht gelassen) geworden ist, weiß man nicht. Auch Pringsheim äußert schließlich einige Bedenken. Er sagt S. 215: „Es muß die Frage in Erwägung gezogen werden, ob der so umgewandelte Ammoniakstickstoff den Umweg über das Eiweiß genommen hat." Sie kann leider keine definitive Beantwortung finden. Denn es muß mit der Möglichkeit gerechnet werden, daß die erhöhte N-Konzentration nur als Reiz auf die Hefezelle gewirkt hat, daß eine Umwandlung des Ammoniakstickstoffs nach dessen Übertritt in den Zellsaft stattgefunden hat, ohne daß dadurch direkt ein Einfluß auf die Bildung neuen Hefeeiweißes stattgefunden hat. So konnte sich gemeinsam eine Vorbereitung zum Eiweißaufbau eingeleitet haben, die nicht in ihrer ganzen Menge Eiweiß werden konnten."

Dieser Meinung bin ich auch; damit wird aber dann durch die Versuche nur gesagt, daß das Ammoniak zum Teil in andere Verbindungen umgewandelt worden ist, von solchen könnte aber ein Nutzen für den Lebensprozeß nicht ausgegangen sein, eher ein Kräfteverbrauch. Möglicherweise wird das mitunter in zu hohen Konzentrationen in die Zelle dringende schwefelsaure Ammoniak nach Synthese zu anderen Produkten eliminiert. Es wäre aber auch möglich, daß bei reiner Ammoniakfütterung und dem Aufbau des Eiweißes aus diesem Material der N des NH_3 nicht quantitativ benutzt werden kann, daß also biologisch minderwertige Produkte entstehen, wodurch ein größerer Aufwand von N notwendig ist und überschüssige Reste von nicht nutzbaren Verbindungen nach außen abgeschoben werden. Eine Durchrechnung der Versuche von Pringsheim, die ich orientierend vorgenommen habe, würde einer solchen Annahme nicht widersprechen.

Aus dieser Kritik der neuesten Versuche kann man ersehen, daß von einem N-Abbau, der den sonstigen Ernährungsvorstellungen widerspricht, auch bei der Hefe nicht geredet werden kann.

Die Annahme des N-Verlustes in N-freien Medien und eines allmählichen Ersatzes dieser N-Verluste durch Nahrungszufuhr scheint demnach immer wieder, wie ich schon berührt habe, als der bequemste und offenste Weg, um in die wesentlichen Fragen des N-Stoffwechsels einen Einblick zu gewinnen.

Zweites Kapitel.

Das Verhalten nicht wachsender Hefe in N-haltigen Nährböden, das N-Gleichgewicht und die N-Anlagerung.

Ich habe soeben nachgewiesen, daß die Hefe ohne Zufuhr N-haltiger Nährstoffe tatsächlich einen N-Verlust bei der Gärung erfährt, der als ein Stoffwechselvorgang aufgefaßt werden muß, und wie man weiß, schließlich zum Absterben der Hefe führt. Welche biologische Bedeutung diesem Stoffwechselverlust zukommt, soll noch näher entschieden werden. In erster Linie wird man an die Möglichkeit denken, den N-Verlust durch eine geeignete N-Nahrung aufzuheben, wie dies bei tierischen Zellen geschieht, und wenn dies möglich sein sollte, läge ein nicht minder wichtiges Problem vor uns, nämlich die Entscheidung darüber, ob es gelingt, diese nicht wachsende Hefe durch N-Ernährung längere Zeit am Leben zu erhalten und erst allmählich altern zu lassen. Dann könnte also der Begriff „Lebensalter", der durch die fast ununterbrochene Teilung dieser Zellen eigentlich keinen Inhalt hat, für die Hefe nunmehr faßlich werden und allgemeine interessante biologische Ausblicke bieten.

Wenn durch Ernährung der Hefe in wachstumslosem Zustande ein N-Gleichgewicht zustande kommt, besteht es nach den früher gemachten Auseinandersetzungen nicht in einem Gleichgewicht aus isodynamen Gründen, sondern in einem Gleichgewicht, bedingt durch Rekonstruktion zugrunde gegangenen Materials.

Eine ungenügende, wie andererseits eine normale N-Ernährung, könnte vielleicht auch die Gärleistung der Hefe beeinflussen. Daher wird letztere auch nicht unberücksichtigt bleiben können. Ich brauche diese Frage bei den allgemeinen Besprechungen über den N-Ersatz vorläufig nur flüchtig zu berühren, da später den Gärwirkungen bei verschiedener Ernährung noch ein besonderes Kapitel gewidmet wird (Teil VIII, Kap. VI).

Für die Experimente habe ich gewöhnlich 5 g Hefe in 200 ccm Nährvolum ausgesät. Die Nährlösungen waren des Vergleichs wegen entweder Rohrzucker oder Rohrzucker mit N-haltigem Material. Das leichtest zu dosierende ist Pepton, und zwar benutzte ich Pepton Witte, das in meinem Laboratorium für bakteriologische Zwecke benutzt wurde. Als weiterer Nährboden kam noch Peptonlösung für sich in Betracht. Dies Pepton stammte für alle Versuchsreihen von demselben Vorrate, enthielt mäßige Mengen Albumosen, durch Zinksulfat fällbar, und kaum 0·1 Prozent Ammoniak. Die Peptonmengen waren so ausprobiert, daß kein Wachstum eintreten konnte. Das gelingt sehr leicht und wird im nächsten Abschnitt näher biologisch begründet.

Ich beginne mit einer Vorfrage: Was geschieht, wenn Hefezellen in Peptonwasser gehalten werden, und wie verhält sich der Energieverbrauch?

Als 5 g Hefe in 300 ccm einer 3prozentigen Peptonlösung in meinem Kalorimeter beobachtet wurden, zeigte sich in 24 Stunden keinerlei Wärmebildung.

Als am 2. Tag durch eine zufällige Verunreinigung eine Infektion mit Fäulnisbakterien eingetreten war, ergab sich sofort ein Wärmezuwachs, allerdings nur ein solcher von 0·15⁰, was etwa dem zehnten Teil der sonst meist bei Zucker beobachteten Gärungsgröße entsprach.

Ich benutzte diese Gelegenheit der Anwesenheit der Bakterien, um kurzerhand die Rückwirkung der Gärung auf die Fäulnis zu studieren.

In 1 ccm der Flüssigkeit waren 16062000000 züchtbare Keime. Als nunmehr so viel Zucker zugegeben wurde, daß eine 10prozentige Lösung entstand, begann eine lebhafte Gärung, nach deren Abbruch nach 24 Stunden nur mehr pro 1 ccm 1020000000 = $^1/_{16}$ der früheren Menge an Bakterien kultivierbar waren, die übrigen waren entweder getötet oder in der Entwicklung gehemmt.

Analog verliefen auch andere Kontrollversuche dieser Art; die Hefe befindet sich also in Peptonlösungen in einem inaktiven Zustande, soweit thermische Aussagen in Betracht kommen.

Im weiteren habe ich nunmehr untersucht, inwieweit im gärungslosen Zustande sowohl, wie bei der Gärung sich mit zunehmendem Peptongehalt der Nährlösung der N-Gehalt der Hefeaussaat verändert, woraus sich auf eine Verminderung oder Aufhebung des sonst eintretenden N-Verlustes schließen läßt. Jeder Versuch (bestehend aus einer Reihe von Kontrollen) dauerte je 24 Stunden.

Die Hefe blieb also teils nur in Pepton, teils in Pepton + Zucker 24 Stunden, letzteres um festzustellen, ob bei Gärung Änderungen im Verhalten der Zellen vorkommen.

Nach 24 Stunden wurde abzentrifugiert und mehrmals mit Wasser aufgerührt und wieder abzentrifugiert, die Hefe dann in toto nach Kjeldahl verbrannt, was übrigens manche technische Unbequemlichkeiten bietet.

Das angewandte Pepton hatte im Durchschnitt 15·3 g N pro 100 Teile Trockensubstanz. Gewaschene und wieder ausgepreßte Hefe, wie sie meist verwandt wurde, oder auch die Doppelpreßhefe hat einen etwas geringeren Wassergehalt, als er sonst der Hefe zukommt. Ich habe keinen Anhaltspunkt dafür, daß etwa kleinere Unterschiede im Wassergehalt, die unvermeidlich waren, einen Einfluß auf die Aufnahme von Pepton gehabt hätten, so etwa daß sich die etwas entwässerten Zellen durch Aufnahme von Peptonlösung auf die alte Turgeszenz gebracht hätten. Die Aufnahme von N durch die Zellen erfordert längere Zeit und ist von diesem etwa stattfindenden Wasserausgleich nicht abhängig. (Siehe noch später S. 367.) Den durch das Aufschwemmen in den Nährflüssigkeiten und das Auswaschen der Hefe nach der Einwirkung von Nährlösungen eintretenden Verlust habe ich vielfach bestimmt und schon angeführt, daß er höchstens bei 6maligem Auswaschen 5—7 Prozent betrug. Dies ist dann zu beachten, wenn der N-Gehalt der ausgesäten Hefe bei der Berechnung Verwendung findet. Häufig wurde aber die Hefe aufgeschwemmt in Wasser, dann zentrifugiert und in dieser Hefe der N bestimmt. Dabei fällt also eine Korrektion für ein Auslaugen von N fast ganz weg. Ich werde im Einzelfall hierauf Rücksicht nehmen. Die folgende Tabelle gibt den Mittelwert von 3 größeren Versuchsserien mit Angabe des N-Gehalts der Hefe zu Beginn des Versuches und nach 24 Stunden, nachdem die Hefe Stab a) in einfacher Peptonlösung, b) in derselben Peptonlösung + 10 Prozent Rohrzucker bei 30° gelegen hatte.

Je 5 g Hefe liefern g N:

In 200 Flüssigkeit waren N als Pepton	Hefe mit Wasser + Pepton *a*	Hefe mit 10 Proz. Zucker + Pepton *b*	Prozent Pepton in d. Lösung
I. Ser. Angewandt Hefe =	*0·1080*	*0·1080*	—
nach 24 Std. ohne Pepton	0·0939	0·9080	0
Pepton 0·02 N	0·0992	0·0943	0·07
Pepton 0·04 N	0·1005	0·0958	0·14
Pepton 0·06 N	0·1019	0·1008	0·21

	In 200 Flüssigkeit waren N als Pepton	Hefe mit Wasser + Pepton *a*	Hefe mit 10 Proz. Zucker + Pepton *b*	Prozent Pepton in d. Lösung
II. Ser.	Angewandt Hefe =	*0·1091*	*0·1091*	—
	nach 24 Std. ohne Pepton	0·1004	0·0924	0
Pepton	0·06 N	0·1043	0·1015	0·21
	0·12 N	0·1098	0·1089	0·42
	0·24 N	0·1211	0·1316	0·80
III. Ser.	Angewandt Hefe =	*0·1130*	*0·1130*	—
	nach 24 Stunden	0·1010	0·0954	0
Pepton	0·24 N	0·1155	0·1339	0·80
	0·72 N	0·1337	0·1655	2·37
	0·96 N	0·1418	0·1744	3·16

Ergänzt wurden die Versuche durch Experimente mit einer Reinkultur (Rasse H), von der nur weniger Material angewandt wurde.[1]

		Hefe[2] mit 20 Proz. Rohrzucker	Prozent Pepton
	Angewandt / nach 24 Stunden	0·0172	
Pepton	bei 0·15 g N	0·0172	0·50
	„ 0·30 g „	0·0188	1·00
	„ 0·60 g „	0·0206	2·00

In allen Versuchen mit Zuckerzusatz war der Gärverlauf ein völlig normaler, über gewisse (Teil VIII, Kap. VI) Abweichungen bei Peptonfütterung wird im letzten Abschnitt später besonders gesprochen werden.

Die Ergebnisse sind völlig einwandsfrei. Wenn man die Tabellen betrachtet: so zeigt sich:

In Peptonlösung geht bei der Hefe die Autolyse weiter. Im gärenden und nicht gärenden Zustand wird von den Zellen Pepton-N aufgenommen, aber in quantitativ verschiedenen Proportionen, von der im Gärzustand befindlichen Hefe mehr als von der nicht gärenden. Es müssen also die biologischen Zustände für die N-Aufnahme als maßgebend betrachtet werden.

[1] Bei der Ausführung einer Reihe der nachfolgenden Versuche bin ich von Herrn Dr. Grafe, damaligen Assistenten am hygienischen Institut zu Berlin, in dankenswerter Weise unterstützt worden.

[2] Reinkultur, Rasse H.

Bei einer Aussaat (Ser. I, II, III) von 0·110 g N beträgt der N-Gehalt der Hefe nach

24 Stunden Aufenthalt in Wasser	0·098
und nach 24 Stunden Gärung in Zucker . .	0·096

11 Prozent Verlust in dem einen, 13 Prozent in dem anderen Falle.

Die gärende Hefe verliert etwas mehr, wie ich das auch schon früher auf Grund anderer Versuche angegeben habe. Die zu Verlust gehenden Stoffe sind nach meiner Auffassung in beiden Fällen nicht dieselben, in einem Falle autolytische Spaltprodukte, im anderen Produkte des Zellabbaues spezifischer Art.

Zur Kontrolle habe ich noch folgende Reihe angestellt: Hefe wurde in einen besonders guten Ernährungszustand gebracht, indem je 5 g Hefe = 0·1137 g N 3 Tage mit Pepton und Zucker (0·24 Prozent Pepton-N + 10 Prozent Rohrzucker, Volum 200 ccm) gären gelassen wurden, dann wurden alle Proben gründlich gewaschen. Nunmehr blieb die eine Probe mit Wasser einen Tag der Autolyse, die andere mit Zucker (ohne Pepton) der Gärung überlassen. Das Resultat war:

a) Autolyse . .	0·1674 g Hefe-N
b) Gärung	0·1540 g ,,

Ernte. Die gärende Hefe hat also mehr verbraucht, als die in Wasser ruhende:

$$\begin{array}{r} 0{\cdot}1674 \\ 0{\cdot}1540 \\ \hline 0{\cdot}0130 \end{array} \text{ g N,}$$

was mit anderen Beobachtungen zusammengeht.

Diese Tatsachen, daß mit der Steigerung der Lebensfunktionen und des gesamten Energieverbrauchs auch die Größe des Verbrauchs N-haltigen Materials zunimmt — bei lebhafterer Gärung mehr als sonst, bei Gärung überhaupt mehr, als bei ruhender Zelle —, scheint mir bedeutsam und steht nicht im Widerspruch mit den bei langdauernden Experimenten gefundenen Tatsachen. Ich habe freilich darauf aufmerksam gemacht, daß die Gärung die lebende Substanz konserviert, dies sieht man am besten, wenn man mehrtägige Versuche reiner Autolyse mit der Gärung in reinen Zuckerlösungen vergleicht, die erstere beginnt langsam mit der Spaltung des Eiweißes, dann aber wird der Zerfall stürmisch. Die tätige Hefe setzt zwar mehr N am ersten Tage um, aber weniger im Vergleich zur Autolyse in den späteren Tagen.

Dort, wo Pepton zugesetzt wurde, vermindert nach obigen Tabellen sich sowohl bei Autolyse als bei der reinen Zuckergärung der N-Verlust der Hefe mit steigender Konzentration an Pepton. Die Grenze, wo sowohl die nicht gärende wie gärende Hefe ein Gleichgewicht zeigen, ist etwas höher als 0·42 Prozent Pepton, rund 0·5 Prozent.

0·5 Prozent Pepton = 1·0 g Pepton in 200 ccm Flüssigkeit = 0·15 g N erhalten das N-Gleichgewicht von 0·11 N in Hefe.[1] Nach dieser Bilanz haben 0·15 Pepton-N den Verlust von nur 0·005 g N aufzuheben vermocht. Wenn man da von einer Wertigkeit sprechen wollte, müßte man sagen: 150 mg N in Pepton sind für die Erhaltung des N-Gleichgewichts nur so viel wert, wie 5 mg Hefeeiweiß, das zu Verlust geht, was in Prozenten einen Nutzungswert von 3·3 Prozent des Pepton-N ausmacht. Das klingt unwahrscheinlich und ungeheuerlich, ich werde aber später bei einer ganz anderen Gelegenheit den Beweis erbringen, daß diese zunächst unwahrscheinliche Annahme die richtige ist.

Unter diesem Gesichtspunkte betrachtet, besagen die Versuche, daß die Hefe gärend wie nichtgärend eine sehr lebhafte Anziehung für N-haltiges Nährmaterial besitzt. Es liegt darin nur eine Bestätigung für das bereits im Teil III angeführte Ergebnis über das Wachstum in verdünnten Lösungen von Bierwürze, wo wir auch sahen, wie die kleinsten Mengen brauchbarer Nahrung von der Hefe noch ausgewertet werden.

Wenn auch die Untersuchungen dieses Abschnittes sich gerade auf den Ausschluß des Wachstums beziehen, so liegt ein solcher Ausfall des Wachstums hier in dem Hemmnisse der objektiven Verhältnisse, nicht aber in einer Qualitätsänderung der Zellen an sich. Eine Zelle, welche unter bestimmten Umständen nicht wächst, braucht die inneren Anlagen zum Wachstum, die lebhafte Anziehung für Eiweiß nicht eingebüßt zu haben. Interessant ist weiter das Eintreten einer N-Bilanz auch bei der autolysierten Hefe; ich will hier aber noch mit meiner Anschauung zurückhalten, bis wir den weiteren Gang der N-Anreicherung über den Grenzpunkt der Bilanz hinaus besprochen haben. Während unterhalb der Gleichgewichtsstufe die autolytische Hefe etwas rascher als die gärende, mit steigender Konzentration des Peptons diesem Punkte sich nähert, verhält es sich über dieser Grenze gerade umgekehrt, die gärende Hefe nimmt, mit der Konzentration steigend, auch mehr an N auf. Schon bei 0·8 Prozent Pepton überholte die gärende Hefe die autolysierte.

[1] Aussaat zur N-Nahrung 1:1·36. Dies liegt weit unter der Wachstumsmöglichkeit. Siehe später S. 369.

Dies gegenseitige Verhältnis wird noch übersichtlicher, wenn man zwischen den absoluten Zahlen der Ernten mit und ohne Gärung die Differenzen zieht.

Differenz zwischen den absoluten N-Zahlen der Pepton- und Peptonzuckerhefe im Mittel (Reihen kombiniert):

Prozent Pepton	Differenz in mg
0·07	— 0·005
0·14	— 0·004
0·21	— 0·002
0·42	— 0·001
0·80	+ 0·016
2·37	+ 0·033
3·16	+ 0·032

Die N-Zunahme bei der gärenden Probe steigt rasch bis 2·37 Prozent Pepton und bleibt darüber hinaus konstant, soweit dies wenigstens in dieser Versuchsreihe verfolgt werden kann. Dies zeigt uns, daß die Ablagerung von Pepton in den vorhandenen Zellen der Peptonhefe von anderen Kräften als von der aktiven Hefe besorgt wird. Mit der Lebensfunktion (Gärung) nimmt auch die Ablagerungsmöglichkeit für N zu. Die aktive Zelle hat ein anderes Ernährungsoptimum als die ruhende. Bei 2·37 Prozent Pepton war das Verhältnis der Aussaat zum Nahrungs-N wie 1:6·5, die Zunahme an N betrug bei der Peptonzuckerhefe + 60 Prozent, bei Peptonhefe + 34 Prozent. Bei 3·16 Prozent Pepton war die Steigerung nicht mehr erheblich.[1] Da es sich bei dieser N-Zunahme (wie auch die Hefenzahl lehrte) nicht um ein Wachstum handelt, so liegt es klar vor uns, es hat hier eine Aufnahme von Nährmaterial zur Verbesserung des Zellzustandes der gärenden Hefe stattgefunden, ein Vorgang, der uns durch die verschiedenartigsten Beobachtungen aus der Gärungspraxis wohl bekannt und in dem Abschnitt über träge Hefe schon erwähnt worden ist.

Auch die in Peptonwasser ohne Gärung belassene Hefe zeigt eine N-Aufnahme der Zelle, weniger umfangreich als jene der gärenden Zelle, und gibt bei ca. 0·5 Prozent Pepton auch ein N-Gleichgewicht. Wenn man unter letzterem nur die ganze Bilanz versteht, trifft das zu. Wo aber auch dieses Gleichgewicht gegeben ist, kann trotzdem noch eine wesentliche Verschiedenheit der inneren

[1] Aussaat und Nahrung standen im Verhältnis von 1:9·6, was auch noch weit unter der allgemeinen Wachstumsgrenze liegt.

Prozesse vorhanden sein. Gleichgewicht konnte vorhanden sein, indem der N der Nährlösung die Zerstörung von N der lebenden Substanz hindert, indem die N-haltigen Verbindungen der Nahrung selbst zerfallen und so die lebende Substanz schützen. Dieser Fall kann weder bei dem Pepton noch auch bei der Peptonzuckerhefe gegeben sein, weil dies eine dynamische Vertretung wäre, die gar nicht in Frage kommt. Bei der Peptonzuckerlösung, nehme ich an, hat zwar stets ein Verlust von N-Substanz stattgefunden, aber durch das Pepton auch eine Rekonstruktion der lebenden Substanz. In gleicher Weise mußte die Autolyse der Peptonhefe weiterschreiten, es findet aber eine Anspeicherung von N statt; aber diese geschieht in einer anderen Form als bei der Peptonhefe, bei letzterer wird neue lebende Substanz gebildet, soweit die räumlichen Verhältnisse der Zelle es gestatten. Ein Gleiches ist für die Peptonhefe unmöglich, hier ist keine Gärung, kein aktives Leben, also auch keine Bildung lebender Substanz, also nur Ablagerung toten Vorratsmaterials möglich. Daneben kann die Autolyse ebenso lebhaft weiter gegangen sein, als wenn gar kein Pepton vorhanden gewesen wäre.

Man könnte aber allerdings auch annehmen, daß die von der Peptonhefe aufgenommenen N-Substanzen zum mindesten die Endotryptase paralysieren, indem sie mit zerlegt werden und einen Teil der Wirkung der Endotryptase auf sich ableiten.

Der naheliegende Gedanke, es möchte sich bei der Aufnahme der N-Substanzen in Peptonwasser bei der „Peptonhefe" um einfache osmotische Vorgänge gehandelt haben, kann leicht als unhaltbar erwiesen werden. Allerdings gehören die Peptone zu den leicht diosmierenden Substanzen, aber wenn wir bei der Peptonzuckerhefe sahen, daß diese kaum 3 Prozent des Peptongehalts benutzte, um ihr N-Gleichgewicht zu erreichen, so läge doch für die Peptonhefe die Sache anders, für sie brauchte solch ein elektives Verhalten nicht gegeben zu sein. Sie müßte also bei viel kleineren Konzentrationen als 0·5 Prozent bereits erheblich N aufnehmen. Wir müssen daher ein besonderes Verhalten der Zellmembran der Hefe annehmen, das für die Art einer elektiven Auswahl der Stoffe bei der Pepton- und Peptonzuckerhefe in gleicher Art zur Wirkung kommt.

Dieses elektive Verhalten sowohl bei der Pepton- als Peptonzuckerhefe zeigt sich ganz scharf, wenn man berechnet, wieviel von dem Vorrate an Pepton-N bei den einzelnen Konzentrationen an N der Nährlösung von der Hefe aufgenommen worden ist. Die Aufnahme der Hefe läßt sich gleichmäßig berechnen, wenn wir uns vergegenwärtigen, daß diese bei der

Autolyse in Wasser einen bestimmten N-Verlust hatte, durch welchen sie an N-Gehalt bis auf eine oben (siehe S. 300) angegebene Größe Einbuße erlitt. Was die Hefe in den einzelnen Versuchen aber mehr, als diese Autolysenwerte im Wasser ausmachten, an N enthält, ist die wahre N-Aufnahme. Diese Größe können wir dann mit dem N-Vorrat der ganzen Nährflüssigkeit in prozentuale Berechnung stellen. Alle gleichwertigen Konzentrationen der III. Serie sind zu einem Mittelwerte vereinigt. Das Resultat dieser Berechnung ist nachstehend aufgeführt.

Von dem N-Vorrat wird in 24 Stunden durch die Zelle aufgenommen in Prozenten:

Nahrung		Differenz der absoluten	Prozent
Pepton allein	Pepton + Rohrzucker	Zahlen zwischen Pepton u. Peptonzuckerhefe	Pepton in der Lösung
20·0	17·5	— 0·005	0·07
16·3	12·5	— 0·004	0·14
10·0	15·8	— 0·002	0·21
8·2	13·7	— 0·001	0·42
7·3	15·9	+ 0·016	0·80
4·5	9·7	+ 0·033	2·37
4·3	8·2	+ 0·032	3·16

Stab 1 gibt uns an, wieviel Prozent N von dem Vorrat der Lösung die Peptonhefe, Stab 2, wieviel die Peptonzuckerhefe aufgenommen hat, und Stab 3 und 4 sind nur zur Erläuterung aus der Tabelle S. 302 noch angefügt.

Prozentig wird bei den um das 40fache verschiedenen Konzentrationen bei den höchsten weniger aufgenommen, als bei den niedrigen Konzentrationen. Die Werte stellen sich bei der Peptonhefe wesentlich anders, als bei Peptonzuckerhefe; man sieht dies noch deutlicher, als an den Zahlen, in einer graphischen Darstellung (Fig. 34), die nachstehend folgt:

Peptonzuckerhefe entnimmt anfänglich mit zunehmender Konzentration bis 0·8 Prozent Pepton annähernd einen gleichbleibenden Bruchteil vom N-Gehalt der Nährlösung weg, später einen allmählich sinkenden Anteil, während Peptonhefe mit steigender Konzentration von Anfang an eine besonders bei niedriger Konzentration rasch sinkende Kurve gibt.

Die Absorptionsbedingungen für Nährstickstoff bei gärender und nichtgärender Hefe sind also sehr verschieden, zeigen aber einen Verlauf, der mit einer einfachen N-Aufnahme nach Maßgabe osmotischer Bedingungen nichts zu tun hat. Bei den verdünntesten Lösungen wird verhältnismäßig viel Nahrungsstickstoff angenommen, und wenn die zulässigen maximalen Ablagerungen von Nährmaterial mehr und mehr erreicht werden, immer weniger. Bei Peptonhefe sind die Absorptionsgrenzen geringer, weil kein lebendes Eiweiß gebildet werden kann. Die anderen Bedürfnisse der Ablagerung in der gärenden Zelle bestimmen auch andere Größen der Aufnahme. Bei Peptonhefe können, wenn

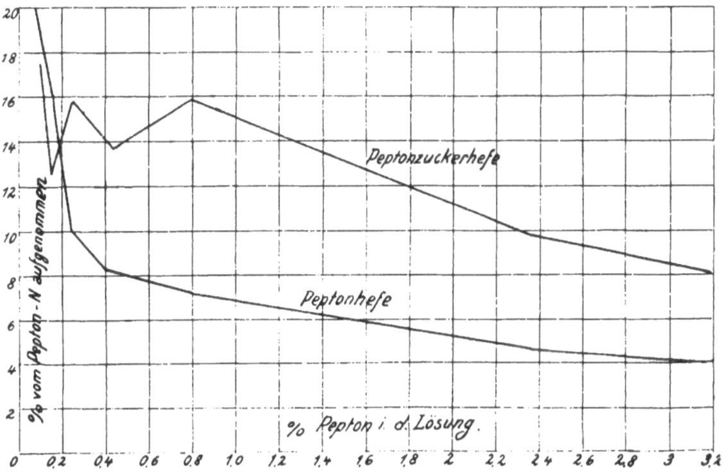

Fig. 34.

es sich um eine Umwandlung resorbierter Peptone handeln sollte, nur fermentative Kräfte, in der Peptonzuckerhefe auch vitale Einflüsse zur Wirkung kommen.

Wie groß die Mengen des angelagerten N der Hefezelle im Verhältnis zu dem vorhandenen Zellstickstoff sind, ergibt sich aus nachstehender Tabelle:

Prozent Pepton	1 g Hefe nimmt auf mg N bei Pepton	bei Pepton + Zucker
0·07	1·1	0·7
0·14	1·3	1·0
0·21	1·2	1·9
0·42	1·9	3·3
0·80	2·5	7·5
2·37	4·5	14·0
3·16	8·2	15·8

Das spezifische Absorptionsvermögen zwischen gärend und nichtgärend tritt erst dann deutlich in die Erscheinung, wenn die Grenzen des N-Gleichgewichts erreicht werden, nach 0·42 Prozent Peptongehalt.

Mehr als dieses allgemeine Bild, wie ich es entwickelt habe, können die eben angeführten Versuchsreihen nicht bieten. Sie haben die Frage der Möglichkeit eines N-Gleichgewichts durch Zufuhr N-haltiger Nahrung bestimmt erwiesen, bei großen Überschüssen aber wahrscheinlich gemacht, daß von der Konzentration der Nährlösung unbeeinflußte Bedürfnisse und Fähigkeiten der Zellen es sind, welche eine bestimmte Massenzunahme der Zelle ohne Wachstum bedingen.

Auf die N-Ablagerung der nichtgärenden Zelle will ich in folgendem nicht weiter eingehen. Es wird später bei der näheren Analyse der Art der Ablagerung in diesen Zellen Gelegenheit sein, zu zeigen, daß auch dabei nicht etwa resorbiertes Pepton einfach abgelagert bleibt. Wichtiger erscheint zunächst die Weiterführung der Versuche an gärender Hefe. Man könnte da nämlich den Einwand machen, daß eine stärkere Ausnützung des N, ein stärkerer Ansatz bei hoher Peptonkonzentration unterblieben sei, weil vielleicht die Gärung nicht länger fortgeführt werden konnte und etwa Stoffwechselprodukte der Gärung sich hindernd in den Weg legten. Diese Annahme ist zwar in höchstem Maße unwahrscheinlich; allein es ist schon mit Rücksicht auf eine genauere Lösung der Frage, ob bestimmte maximale Grenzen des N-Ansatzes bestehen und welche Größe diese repräsentieren, erforderlich, die Experimente weiter auszudehnen. Ich habe daher verschiedene experimentelle Reihen unter Variation der Konzentration der Peptonmengen mit gärender Hefe ausgeführt, welche absolut eindeutige Ergebnisse gehabt haben.

Als Stammlösung verwendete ich 200 ccm Flüssigkeit, welche aus 5 Prozent Pepton, 10 Prozent Rohrzucker hergestellt war und 3·4 g Hefe zugesetzt erhielt. Bei dieser Mischung tritt kein Wachstum auf.

Im selben Verhältnis stellte ich Verdünnungen her, die immer auf 1 Teil Hefe dieselbe Menge Pepton und Zucker wie die Stammlösungen enthielten, aber der absoluten Menge nach auf $^1/_2$, $^1/_4$, $^1/_8$ herabgesetzt wurden, so etwa also, als wenn man die Stammlösung mit der doppelten, vierfachen, achtfachen Menge Wasser versetzt hätte.

Dies hatte den Effekt, daß einmal die Verdünnungen des Peptons immer größere wurden, und daß ferner der bei der Gärung entstehende Alkohol verdünnt werden mußte. Ganz analoge Versuche finden sich in früheren Abschnitten (Teil II und III) unter Bestimmung der Gärwirkungen der Hefe ausgeführt, sie hatten zu dem Ergebnis geführt, daß die Gärungsgröße der Zellen von der Zuckerkonzentration unabhängig ist, und was das Wachstum anlangt, waren die Ernten der Verdünnungen proportional, d. h. das Nährmaterial wurde quantitativ für die Wachstumszwecke verwertet.

Die Experimente geben ein absolut eindeutiges Resultat.

Aussaat				N Ernte	Zuwachs in Proz.	Absoluter Zuwachs g N	Auf 1 g Hefe g N
Hefe g	Pepton Proz.	Rohrz. Proz.	N				
3·4	5	10	0·0996	0·1656	+ 66·2	0·0660	0·0194
1·7	2·5	5	0·0563	0·0948	+ 88·0	0·0445	0·0260
0·85	1·25	2·5	0·0251	0·0472	+ 85·2	0·0221	0·0260
0·42	0·62	1·2	0·0126	0·0215	+ 70·7	0·0089	0·0212

In allen Fällen haben die Hefezellen N aufgenommen; auch die 8fache Verdünnung des Peptons hat daran nichts gehindert. Die Menge des N, welche von den Hefezellen aufgenommen worden war, ist in absoluter Zahl verschieden, aber in demselben Maße, wie die Zellmassen ungleich waren. Auf 1 Teil Hefe N war etwa ganz der gleiche Prozentzuwachs erfolgt, mit anderen Worten, wie uns der letzte Stab der Tabelle erkennen läßt, jedes Gramm Hefe nimmt dieselbe absolute Menge an N auf, völlig unabhängig von der Konzentration. Das Aufspeicherungsvermögen für N ist also eine Funktion der Zelle und nicht eine Funktion der Konzentration. Jede Zelle hat eine bestimmte Menge abgelagert.

Die Anziehung der Hefe für das N-haltige Material muß außerordentlich lebhaft sein, weil es auch bei der großen Verdünnung gelang, den N zur Ablagerung zu bringen. Es mag kurz erwähnt sein, daß nur 4 Prozent des Gesamt-N ausgenützt worden ist, analog der geringen Verwertung von nur 3·3 Prozent im vorigen Versuch.

Die Ergebnisse stehen also in vorzüglicher Übereinstimmung mit unseren Vorstellungen, die wir uns über die Beziehungen von Nahrung zu lebender Substanz bei dem Wachstum gebildet haben. Es kann ja auch kaum anders sein, denn allem Anscheine nach haben wir hier, wo es sich nur um eine Verbesserung des Ernährungszustandes der nicht wachsenden Zelle handelt, mit Erscheinungen zu tun, die vielleicht dem Wachstum vorausgehen können. Man darf als sicher voraussetzen, daß die Geschwindigkeit des Ansatzes in den 4 Reihen nicht dieselbe gewesen sein wird, denn man wird ja hier die Parallele zu den Wachstumsversuchen des Teiles III ziehen dürfen. Wie da die

Geschwindigkeit des Wachstums eine Funktion der Nährkonzentration ist, so wird das auch hier der Fall gewesen sein. Darüber geben die Experimente keine Auskunft, weil ja während der Dauer der Experimente = 48 Stunden hinreichend Zeit war, auch bei geringster Konzentration die Aufspeicherung des Eiweißes zu vollenden.

Zur Ergänzung des Vorstehenden habe ich dann noch eine weitere Serie von Versuchen angestellt, bei denen zwar die Menge von Hefe und Peptonen wie in der vorigen Reihe abgestuft wurden auf $^1/_2$, $^1/_4$, $^1/_8$ der Stammlösung, aber die Zuckerkonzentration dieselbe blieb.

Das Ergebnis bestätigt die Befunde der vorigen Reihe.

Aussaat				N Ernte	Zuwachs in Proz.	Absoluter Zuwachs in g N	Auf 1 g Hefe N
Hefe g	Pepton Proz.	Rohrz. Proz.	N				
3·4	5	10	0·0996	0·1656	+ 66·2	0·0660	0·0194
1·7	2·5	10	0·0503	0·0857	+ 70·1	0·0354	0·0208
0·85	1·2	10	0·0251	0·0388	+ 54·5	0·0137	0·0161
0·42	0·6	10	0·0126	0·0192	+ 52·3	0·066	0·0157

Auch hier war nur Vermehrung der N-Masse der Zelle, kein Wachstum vorhanden. Der N-Ansatz pro 1 g Hefe bewegt sich zwischen 16—21 mg in den einzelnen Peptonverdünnungen, stimmt also soweit überein, daß man von einer Konstanz der N-Aufspeicherung für die Zelleinheiten sprechen darf. Doch wird dem aufmerksamen Beobachter nicht entgangen sein, daß alle Werte der Spalte 6 kleiner sind wie jene der vorigen Reihe (60·8 Prozent im Mittel gegenüber 77·5 Prozent der früheren Werte), und daß namentlich bei den stärkeren Peptonverdünnungen die kleinsten Werte zu finden waren. Dies ist sehr wohl verständlich. Wir haben hier, gegenüber der vorigen Reihe, den Unterschied, daß die Zuckerkonzentration dieselbe, also die Dauer der kräftigen Gärung länger war wie dort. Die stärkere Gärung hat einen großen N-Verlust zur Folge gehabt, also auch mehr N für das N-Gleichgewicht beansprucht, woraus folgt, daß etwas weniger für den Ansatz übrig geblieben ist.

Die bisherigen Versuchsreihen haben uns gelehrt, daß allmählich offenbar trotz steigender Konzentration eine weitere N-Zunahme der Zellen nur langsam vorwärts schreitet, einen völligen Grenzwert hatten wir aber nicht erreicht. Nun muß es, wenn es sich um biologische Verhältnisse handelt, offenbar auch eine Begrenzung in der Aufnahme N-haltiger Substanz für die Zelle geben. Solch ein Grenzwert der N-Ablagerung muß sich schließlich bei weiterer Erhöhung der Konzentration der Peptonlösung finden lassen, seine quantitative Definierung hat zweifelloses biologisches Interesse. Ich habe daher eine größere Anzahl von Experimenten mit diesem Ziele der Grenzwertsbestimmung ausgeführt, die auch zu einem abschließenden Ergebnisse geführt haben.

Angewandt wurde, wie ich übrigens noch besonders bemerken möchte, stets klarfiltrierte Peptonlösung, von 1 Prozent steigend bis 10 Prozent, wieder in gleicher Weise mit Gärung und ohne Gärung der Hefe. Die Zahlen sind in nachstehender Tabelle eingetragen.

Grenzbestimmung.

Hefe g	Gehalt an Pepton Proz.	Gehalt an N Proz.	200 ccm ohne Zucker g N	200 ccm mit 10 Proz. Zucker g N
5	—	—	0·1086 Aussaat	0·1086 Aussaat
5	1	0·15	0·1120 Ernte	0·1821 Ernte
5	2	0·30	—	0·1976 ,,
5	4	0·61	—	0·2316 ,,
5	8	1·22	—	0·2880 ,,
5	10	1·53	0·1488 ,,	0·2488 ,,

Zum Vergleiche müssen die Ergebnisse der früheren Reihe bei geringen Peptonkonzentrationen mit herangezogen werden. Die Peptonhefe hatte in dem früheren Versuche mit 42 Prozent N-Zuwachs ein Maximum erreicht, in dieser mit viel höherer Peptonkonzentration ausgeführten Reihe mit 44 Prozent.[1] Zwischen 3·2 Prozent bis 10 Prozent Peptongehalt vermehrt die nichtwachsende Hefe ihren N-Gehalt überhaupt nicht mehr. Eine Zunahme von 44 Prozent stellt also den Grenzwert der N-Ablagerung für die nichtwachsende in Peptonlösung gebrachte Hefe dar.

Dabei wurde in absoluter Zahl

$$\begin{array}{r} 0{\cdot}1488 \\ -\,0{\cdot}1030 \\ \hline 0{\cdot}0458 \text{ g N.} \end{array}$$

von der Hefe absorbiert, bei einem N-Vorrate der Nährlösung von 3·06 g. Die Ausnützung des N-Vorrates durch die Hefe machte somit nur 1·3 Prozent aus.

Es können also auch für die nichtwachsende Hefe nicht osmotische

[1] Aussaat 0·1086, ab 5 Prozent für Verlust beim Auswaschen = 0·103 g als Ausgangswert.

Vorgänge für die Ablagerung von Stickstoff angenommen werden; es liegt, wie schon früher bemerkt, ein elektives Verhalten der Zelle vor.

Wenn die Hefe in eine Peptonlösung gebracht wird, so wird durch eine öftere nachträgliche Anwendung derselben Peptonlösung keine Änderung erzielt. Die Peptonlösung dient, wenn sie natürlich von Anfang an in genügender Konzentration angewandt wird, zu allen Leistungen, abgesehen von dem Wachstum, welche die Zelle nötig hat, Ausfüllungen von Lücken im N-Bestand. War mehr vorhanden, so tritt der Nährstoff als Reservestoff über. Je mehr N vorhanden, um so reicher wird auch die Zelle. Nimmt man von Anfang an viel von Nahrungsstoff, so werden von Anfang an auch größere Anteile von N-Reservestoff gebildet. Diese Tatsachen stehen fest.

Während wir also bei der nichtgärenden Hefe zufällig den Grenzwert in der frühen Reihe schon gefunden hatten, lagen die Verhältnisse bei der gärenden anders. Bei der Gärung haben wir aber ganz andere Zuwüchse, welche die N-Masse der Aussaat auf das 2·64fache gesteigert haben. Die Grenzwerte nutzbarer Verwertung liegen aber schon bei 8 Prozent Pepton. Vielleicht treten darüber hinaus plasmolytische Einwirkungen auf. Denn es sinkt bei 10 Prozent die Menge des aufgenommenen N wieder. Die Ablagerung von N in Peptonhefe erreicht den Grenzwert bei einem Verhältnis von 1 Teil Hefe-N zu 8 Teilen Nahrungs-N (der Gesamt-Nährlösung), jene in gärender Hefe bei einem Verhältnis von 1 Hefe-N zu 28·1 Nahrungs-N. Von 4 Prozent Pepton ab ist aber die Ablagerung von N in gärender Hefe schon nahe dem Maximum.

Die Gärung erweist sich also als ein Faktor, der die Eigenschaft der lebenden Substanz in wesentlichen Richtungen hin beeinflußt, wir sind diesem Einfluß bei der Betrachtung der Widerstandsfähigkeit gegenüber der Endotryptase begegnet und sehen hier eine Beziehung zur Anziehung und Ablagerung des Eiweißes in der Zelle.

Der Grenzwert für die N-Ablagerung beweist, daß zwischen dieser Ablagerung und dem Wachstumsbeginn eine biologische Scheidung besteht. Man hätte vermuten können, eine Steigerung von Peptonzufuhr führe ohne Unterbrechung zum Wachstumszustand. Meine Versuche beweisen aber das Gegenteil. Es besteht zwischen beiden Zuständen ein Gebiet, innerhalb welchem eine Mehrung der N-Nahrung merkwürdigerweise weder N-Ablagerung noch auch Wachstum bedingt.

In nachstehender graphischer Darstellung wurden die Ergebnisse der letzten Versuchsreihen zur Anschauung gebracht. Die Abszisse gibt die Peptonprozente der Lösung, die Linie parallel zur Abszisse die Größe der Aussaat (gleich für alle Fälle), die Kurven bezeichnen die absoluten Werte der N-Ernte.

Wir sehen, daß besonders bei kleiner Peptonmenge mit großer Lebhaftigkeit von den Zellen N aufgespeichert wird, bei höheren Konzentrationen aber weniger zur Ablagerung kommt. Schnell hat die nichtgärende Hefe ihr Maximum erreicht, während die gärende fortfährt, immer größere N-Mengen abzulagern.

Durch den N-Ansatz werden die Zellen in den besseren Ernährungszustand gebracht, und wie man längst weiß, schwankt der N-Gehalt der trockenen Hefe in sehr weiten Grenzen.

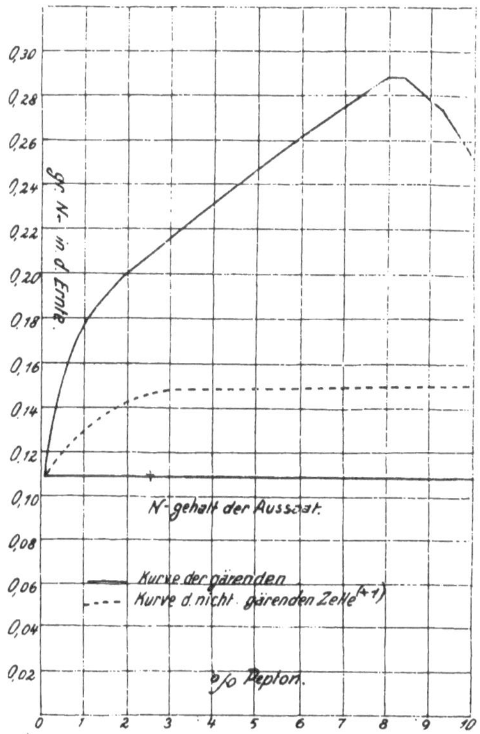

Fig. 35.

Wenn man die Verhältnisse der Ablagerung N-haltiger Nährstoffe in einfachen Peptonlösungen betrachtet wie sie sich nach der Tabelle S. 304 und in den Figg. 34 und 35 darstellen, so ist es naheliegend, in diesen Ergebnissen einen den Adsorptionserscheinungen des Zuckers, die ich früher geschildert habe, völlig analogen Vorzug zu sehen. Der Verlauf der Kurve in Fig. 35, der eine rasche Aufnahme in verdünnten Lösungen erkennen läßt, und die enge Begrenzung dieses Prozesses spricht für einen solchen Adsorptionsvorgang. Mit unseren gegenwärtigen Hilfsmitteln läßt sich allerdings ein strikter Beweis dafür, daß der gesamte von nichtgärenden Zellen aufgenommene N nur an der Zellwandung hafte, nicht erbringen. Aber die weiteren Tatsachen, welche in den nachfolgenden Kapiteln noch mitgeteilt werden, stehen mit der Voraussetzung adsorbierender Kräfte nicht im Widerspruch. Der Gegensatz zu den Vorgängen gärender Zellen ist überall durchschlagend; schon die quantitativen Unterschiede sind hierfür beweisend genug.

Drittes Kapitel.

Läßt sich unverändertes Pepton in der Hefezelle nach Ernährung in peptonhaltigen Nährböden nachweisen?

Zu den Versuchen des vorigen Kapitels ist Pepton des Handels benützt worden. Man weiß, daß dieses nur ein Gemenge sehr verschiedener Spaltstücke des Eiweißes darstellt.

Wir haben ein elektives Verhalten der Hefezelle beobachtet, und zwar ein eminent weitgehendes, da nur 3—4 Prozent des Gesamt-N der angewendeten Nährlösungen bei den verschiedensten Konzentrationen zur Resorption kamen.

Das Handelspepton läßt sich leicht in zwei Bestandteile, die Albumosen und Nichtalbumosen, scheiden, welche letztere dann auch kurzweg als der echte Peptongehalt angesehen werden.

Aus welcher Gruppe von beiden entnimmt die nichtwachsende Hefe ihren Stickstoff?

Von dem zu Versuchen angewandten „Pepton" wurde eine 2prozent. Lösung hergestellt. Diese lieferte pro 200 ccm 0·0808 g N durch Zinksulfat fällbar = Albumosen; die größere Menge des N war durch Phosphorwolframsäure fällbar: = 0·508 g. Alsdann wurden 5 g Hefe (0·1145 g N) in diese Peptonlösung (200 ccm), die auf 10 Prozent Zucker gebracht war, ausgesät und 24 Stunden gären lassen; dann abzentrifugiert und im Zentrifugat sowohl eine Fällung mit Zinksulfat (Albumosen), als mit Phosphorwolframsäure gemacht und gefunden:

Albumosen	0·0808 g N
Phosphorwolframsäurefällung	0.486 „ „

Die Albumosen sind also unberührt geblieben. Was die Hefe aufgenommen hat, muß dem durch Phosphorwolframsäure fällbaren Anteil angehören, wie sich auch durch Analyse ergab.

	Albumosestickstoff	Phosphorwolframsäure
Vor dem Versuch	0·0808 g	0·508 g N
Nach dem Versuch	0·0808 „	0·486 „
Differenz:	0	0·022 g N

Ammoniak enthielt das Pepton = 0·1 Prozent der Trockensubstanz; es kommt bei den kleinen angewandten Peptonmengen nicht weiter in Frage.

Daß Albumosen nicht aufgenommen werden, überrascht nicht, finden sich doch auch unter den Bakterien viele, die diese Stoffgruppe ganz unberührt lassen[1].

Man weiß schon lange, daß die Hefe manche echte Eiweißstoffe

---

[1] Nawiasky, *Archiv für Hygiene.* Bd. LXIV. l. c.

nicht verwertet. Lindner gibt für Mischungen von Proteinstoffen und Amiden an, daß mehr aus letzteren resorbiert wird, als von ersteren; auch bei Mischungen von Pepton und Asparagin mehr von letzterem als von ersterem. Es dürfte sich aber bei diesen Angaben meist um die Wachstumsverhältnisse gehandelt haben.

Ich habe daher einige orientierende Versuche mit eiweißhaltigen Flüssigkeiten bei nichtwachsender Hefe angestellt.

Bei nichtgärender Hefe fand sich kein Zuwachs der Hefe an N, als 5 g Hefe + 150 Wasser + 50 ccm hämolysiertes Ochsenblut (die Stromata waren abzentrifugiert) 24 Stunden bei 30° gehalten wurden, denn die

Aussaat war .	0·1091 g N
und die Ernte	0·1022 ,, ,,

also eine Abnahme von 6·9 mg N, was nicht ganz dem üblichen Verlust in Wasser entsprach.

Noch ungünstiger verlief ein analoger Versuch mit Ochsenblutserum; 5 g Hefe (0·1145 g N) blieben 24 Stunden in 200 ccm Flüssigkeit, welche aus 100 ccm Serum = 1·312 g N mit 100 ccm Wasser gemischt worden war. Die Ernte an Hefe war 0·0741 g N, der Verlust

$$\begin{array}{r} 0{\cdot}1145 \\ -\ 0{\cdot}0741 \\ \hline 0{\cdot}0404 \text{ g N} \end{array}$$

also ein erheblicher.

Etwas anders gestalteten sich die Verhältnisse bei gleichzeitiger Gärung mit Zusatz von 10 Prozent Traubenzucker.

Hefeernte bei Anwendung obigen Ochsenserum-Nährbodens:

	0·1598
vor dem Versuch .	0·1145
nachher mehr . .	0·0453 g,

ferner wurde bei Aussaat von 5 g Hefe (0·1086 g N) mit 30 ccm Ochsenserum = 0·39 g N + 170 ccm Wasser nach 24 Stunden bei 30° gefunden:

Ernte nach dem Versuch . . .	0·1230
vor dem Versuch . . .	0·1086
nachher mehr	0·0144

was in Anbetracht der verminderten Serummenge im Nährboden gut mit dem vorigen Versuche stimmt.

Es hat demnach ein Ansatz von N bei der Gärung stattgefunden, und man könnte in diesen Versuchen den Beweis finden, daß auch

Eiweißstoffe aufgenommen und abgelagert werden. Allein man muß, doch bedenken, daß Serum wie Vollblut neben den Eiweißstoffen auch noch Extraktivstoffe besitzen, die möglicherweise ausgelaugt wurden, während die Eiweißstoffe unberührt liegen blieben. Die Größe des N-Ansatzes der Hefe im Verhältnis zum N-Gehalt des Serums ist nicht dergestalt, daß eine hauptsächliche Verwertung von Extraktivstoffen außerhalb der Grenzen des Möglichen läge.

Also sind wahrscheinlich diese Ergebnisse doch mit der Tatsache vereinbar, daß Albumosen sich als nutzloser Ballast der Peptonlösungen erwiesen haben, soweit die N-Ernährung der Hefe in Betracht kommt.

Nach den eben mitgeteilten Versuchen hätte man also nur mit jenem Teil des „Handelspeptons" zu rechnen, der nicht Albumose ist, und von diesem Peptonanteil sind es wieder nur 3—4 Prozent, welche die Hefe auswählt, denn es handelt sich bei der Aufnahme von N-Nährstoffen um einen elektiven Vorgang.

Wenn Peptonlösung in der Hefezelle wäre, ist anzunehmen, daß man sie auch verhältnismäßig leicht wieder auffinden könnte, natürlich nicht durch einfaches Digerieren der Hefe mit Wasser. Zwar werden auch bei Auswaschen mit kaltem Wasser Bestandteile gelöst. Ich habe früher 7·9 Prozent der Hefe N als Waschverlust angegeben[1], finde aber neuerdings kaum mehr als 5 Prozent. Auf diesem Wege das Pepton wieder auszulaugen, ist mehr als unsicher. Dagegen läßt sich durch einfaches Erhitzen der Hefe auf 100° während $^3/_4$ Stunden (im Kochschen Dampftopf) diese zur Gerinnung bringen, wobei sie, wie alle Zellen, reichlich Flüssigkeit ausscheidet, mit der die wasserlöslichen N-haltigen Stoffe nach außen treten.[2] Ich habe dabei bis 29·8 Prozent des Hefe-N in maximo in die Flüssigkeit übertreten sehen.

Die Koagulation der Hefe verläuft, wenn man sie näher verfolgt, so, daß aus den schrumpfenden Zellen sogar auch Eiweiß ausgepreßt wird, das erst in der austretenden Flüssigkeit Zeit findet, zu gerinnen. Ich nehme also an, daß sicher auch Pepton mit austreten muß, wenn es in der Zellflüssigkeit vorhanden ist. Um zunächst einen Vergleich zwischen Hefe, welche in Wasser mazeriert und einer Hefe, welche in Peptonwasser lagert, zu machen, wurden folgende Versuche angestellt:

5 g Hefe frisch = 0·1145 g N wurden mit 200 ccm Wasser bei 30° 24 Stunden stehen gelassen: Probe A.

5 g Hefe, wie oben, wurden in 200 ccm 8prozentigem Pepton bei 30° 24 Stunden stehen gelassen = B.

---

[1] *Archiv für Hygiene.* Bd. XVIII. S. 306.

[2] Ebenda.

5 g Hefe, genau wie vorstehend = C.

Nach dieser Zeit wurde wie folgt verfahren.

Probe A, mit Wasser aufgeschwemmt, wurde ausgewaschen, dann mit 200 ccm Wasser 1 Stunde im Dampfkochtopf behandelt und nun der N im Sediment und der Flüssigkeit bestimmt und gefunden:

in Hefe	0·0788 g N	
in Flüssigkeit . .	0·0326 ,, ,,	
Summa:	0·1114 g N	statt: 0·1145, wie angewandt.

Es waren 29·2 Prozent des Gesamt-N der Hefe also in das Wasser übergegangen.

B. 5 g Hefe, welche 24 Stunden mit 8prozent. Pepton im Brutschrank war, behandelt wie A, gibt:

in der Hefe	0·0784
in der Flüssigkeit	0·0462
Summa:	0·1246

Probe C, die gleichfalls mit Pepton 24 Stunden wie B behandelt war, wurde einfach auf ihren N-Gehalt untersucht und gab: 0·1259 g N, während die Hefe vorher geliefert hatte: 0·1145 g N, so war also aufgenommen 0·0114 g N.

Wären diese 0·0114 g N Pepton gewesen, so entspräche obige Zahl 0·074 g Pepton, die sich auf die 200 ccm Wasser verteilen mußten, die bei B vor dem Erhitzen im Dampfkochtopf zugesetzt waren. Daher wäre also die zu erwartende Konzentration an Pepton = 0·035 Prozent gewesen = 0·35‰.

Das Resultat der N-Abgabe beim Erhitzen auf 100° war

	Hefe lag in Wasser	Hefe lag in Pepton
	von 100 Teilen N sind:	
in der Flüssigkeit	29·3	37·2
in der Hefe	70·7	62·8

Die in Pepton gelegene, welche ja auch an N zugenommen hatte, gab also mehr N nach der Flüssigkeit, als die in Wasser digerierte, beide gaben in absoluter Zahl dieselbe Menge N in der koagulierten Hefe, nämlich

digeriert in Wasser	0·0788
digeriert mit Pepton	0·0784.

Der in Wasser übertretende N war also bei der Peptonhefe größer und konnte zunächst den Anschein erwecken, als sei bei der nichtgärenden Hefe etwas Pepton zu finden. Die nähere Untersuchung gab aber keinen Anhaltspunkt.

Der durch Koagulation ausgepreßte Saft zeigte keine Unterschiede, war etwas opalisierend in beiden Fällen. Nunmehr wurden vergleichende Reaktionen dieser Flüssigkeit mit einer nicht ganz 1‰ Peptonlösung angestellt, die also annähernd so stark war, wie die zu erwartende Peptonausscheidung in dem durch Wärme ausgepreßten Zellsaft.

Diese Flüssigkeit gab weder bei A noch bei B irgend eine auch noch so schwache Pepton- (Biuret-) Reaktion.

Mit Ferrocyankalium und Essigsäure erhält man in beiden Fällen (mit und ohne Peptonfütterung) schwache Niederschläge. Mit Millons Reagens fällt die Färbung keineswegs stark aus, viel schwächer als in 1‰ Pepton, und mehr braunrot. Auf nochmaliges Kochen fällt unter Zusatz von Essigsäure ein Niederschlag aus, der bei der mit Pepton gefütterten Hefe bedeutender ist. Bei Mischungen 1‰ Peptons sowie des Hefeextrakts mit dem 10fachen Volum absoluten Alkohols gibt die mit Pepton gefütterte Hefe einen starken Niederschlag, Pepton sehr wenig, Phosphorwolframsäure gibt bei dem Hefeextrakt weniger Niederschlag, als 1‰ Peptonlösung, aber die peptongefütterte Hefe erheblich mehr als die nicht gefütterte.

Eine Mehrung des koagulierten Eiweißes in der peptongefütterten Hefe war also nicht nachzuweisen, daher kann auch kaum organisiertes Eiweiß gebildet worden sein.

Dagegen hat der Koagulationssaft mehr an N als bei der in Wasser digerierten Hefe enthalten; dieser N war aber nicht als Pepton vorhanden, vielleicht als ein durch Essigsäure koagulables Eiweiß. Es wurde daher noch der Versuch gemacht, mit essigsaurem Eisen in der Siedehitze etwaige Eiweißstoffe quantitativ abzuscheiden.

Für diese Versuche wurden folgende drei Experimente ausgeführt:

A: 20 g Hefe (0·4344 g N) + 800 ccm 8prozentige Peptonlösung blieben 24 Stunden im Brutschrank, dann wurde abzentrifugiert, zweimal aufgeschwemmt und ausgewaschen, die Hefe in 250 ccm aufgenommen, 1 Stunde im Dampfkochtopf erhitzt, abzentrifugiert, davon 100 ccm zur Eisenfällung, gibt pro toto . . . . *0·0437* g N

B: Ebenso wie A, aber mit 10 Prozent Traubenzuckerzusatz 24 Stunden gären lassen . . . . *0·0491* g N

C: Die Hefe ohne weiteres (nach dem Auswaschen) in den Dampfkochtopf gebracht. . . . . *0·0368* g N

Wenn man nun erwägt[1], daß in 8 Prozent Pepton die nichtgärende

---

[1] Siehe die Fig. 35 S. 319 zur Übersicht über die N-Zunahme in Pepton und Peptonzucker.

Hefe auf 0·604 g N und die gärende aber auf 2·66 × 0·4344 g N = 1·155 g zugenommen haben muß, so treffen auf

	100 Teile Hefe-N
Hefe vor dem Versuch	8·46 Teile N im Eisenniederschlag
Hefe mit Pepton	7·23 „
Hefe mit Pepton gärend . . .	4·34 „ „ „ „

Es scheint also bei Peptonfütterung ebensoviel von diesem durch Eisenfällung aus dem Kochsaft zu gewinnenden N enthalten zu sein, wie in der autolytischen Hefe, in gärender aber weit weniger, weil hier das Eiweiß in der Zelle selbst koaguliert verblieb. Bezüglich der Frage also, ob eiweißartige Stoffe austreten, ist zuzugeben, daß in den Koagulationssaft in der Wärme kleine Mengen eines Eiweißstoffes übergehen, diese haben aber anscheinend nichts mit einer vorhergehenden Peptonfütterung zu tun.

Viertes Kapitel.

Biologische Beobachtungen an nichtwachsender Hefe, welche mit Pepton und Zucker ernährt wird.

Der von der Zelle aufgenommene N ist also nicht mehr Pepton, er hat Umwandlungen erfahren, wird in der gärenden Hefe zum echten Bestandteil des Zelleibes und bleibt in nichtgärender Hefe als Nährstoff für späteren Bedarf liegen. Diese Umwandlung kann nicht wundernehmen, nachdem ich doch schon für die autolytischen Produkte gezeigt habe, wie diese selbst bei toluolisierter Hefe bei Zuckerzusatz zur Ablagerung kommen können. Bei einer noch lebenden, wenn auch nichtgärenden Zelle liegt es also bei Anwesenheit von Pepton nahe, daß, wie gesagt, eine, wie wir wissen, bescheidene Ablagerung von N-Substanz eintritt.

Hefe, welche mit Pepton allein oder mit Pepton und Zucker mit N angereichert worden ist, verhält sich bei nachfolgender Gärung in reiner Zuckerlösung genau wie eine frische Hefe mit ihrem natürlichen Nährstoffgehalt.

Dies wird durch folgende Versuche bewiesen: 5 g Hefe wird an drei aufeinanderfolgenden Tagen mit 200 ccm 10prozentiger Zuckerlösung, die 1·44 g N als Pepton enthält, gefüttert, sie gibt statt 0·114 g N der Aussaat 0·3052 g als N-Ernte. Die entsprechende Probe, welche nach dem 3. Tage noch einen weiteren Tag in Gärung mit Zucker allein belassen wurde, lieferte nur 0·2939 g Ernte.

Die Hefe hat also einen Tag kräftig ohne N-Nahrung gegoren. Wäre das Pepton nur auf osmotischem Wege eingedrungenen, so würde offenbar anzunehmen sein, daß es wenigstens zum Teil wieder ausgetreten wäre, wenn die Zelle nur Zucker vergärt, weil dabei die Zelle durch einen Strom N-freier Nahrungsflüssigkeit ausgewaschen wird, der N-Verlust betrug aber nicht mehr als

$$\begin{array}{r} 0{\cdot}3052 \\ -\ 0{\cdot}2939 \\ \hline 0{\cdot}0113 \text{ g N.} \end{array}$$

In einem zweiten Falle war Hefe mit 0·1137 g N nur mit Pepton auf 0·1674 g N aufgefüttert worden; als diese Hefe 24 Stunden in Zucker gor, ergab sich als verbrauchter N:

$$\begin{array}{r} 0{\cdot}1674 \\ -\ 0{\cdot}1540 \\ \hline =\ 0{\cdot}0134 \text{ g N.} \end{array}$$

Dies stimmt mit dem obigen Versuch überein.

Als N-Verlust gärender Hefe habe ich in Ser. I, II, III oben S. 229 angeführt:

$$\left.\begin{array}{r} 0{\cdot}018 \\ 0{\cdot}017 \\ 0{\cdot}010 \end{array}\right\} \text{ Mittel } 0{\cdot}015 \text{ g N im Tag,}$$

was mit dem Mittel des N-Verlustes der aufgefütterten Hefe = 0·012 g N im Tag gut übereinstimmt.

Der in der lebenden Hefe zur Ablagerung gekommene N erfüllt ernährende Funktionen und tut die gleichen Dienste wie das Protoplasma selbst, insoweit dieses zur Deckung des N-Bedarfs mit herangezogen wird.

Solche künstlich mit N angereicherte Zellen verhalten sich durchaus wie diejenigen, die auf gewöhnlichem Wege durch Wachstum ihren N-Bestand erworben haben, auch wenn man sie lange Zeit, nicht nur einen Tag, wie in den oben genannten Experimenten, der Entziehung der N-Nahrung unterwirft.

5 g Hefe mit 0·1089 g N wurden einen Tag mit 1·44 g N in Pepton und Zucker aufgefüttert und dann 9 Tage ohne N in täglich erneuter 10prozentiger Zuckerlösung gären gelassen, lieferten am Ende der Reihe 0·0901 g N, die Hefe ist also, obschon sie täglich N abgegeben hat, nur wenig unter den Anfangsgehalt gesunken, weil sie von dem Vorrat zehren konnte, der ihr durch die Peptonfütterung eines Tages geboten worden war. Es wäre im höchsten Maße unwahrscheinlich, wenn man behaupten wollte, es sei ausschließlich der Protoplasmateil zerfallen, den die Hefe schon vor dem Versuch besessen hat.

Da nach dem Mitgeteilten die Erscheinungen des N-Verlustes in N-freien Nährmedien bei vorher mit Pepton gefütterter Hefe ebenso verlaufen wie sonst, müsse wir schließen, daß die aus Pepton gebildeten Körpersubstanzen sich auch funktionell an den regelmäßigen Lebenserscheinungen beteiligt haben, also zu echten Zellsubstanzen geworden waren.

Die bisherigen Experimente haben bezüglich der N-Ernährung nichtwachsender, gärender und nichtgärender Hefe mich zu der Auffassung geführt, daß bei nichtgärender Zelle nur eine Einlagerung nährender Substanzen in der Zelle vorkommt, bei Gärung aber die Bildung von lebender Substanz, jedoch im letzten Falle ohne Zellvermehrung. Ich will diese Anschauungen noch näher durch einige morphologische Untersuchungen erweitern. Genau in dem Rahmen der ernährungsphysiologischen Experimente über den N-Ansatz wurden eine Reihe von Auszählungen der Zellenzahl und die Bestimmung der auf festen Nährböden kultivierbaren Zellen vorgenommen.

Die angewandten Nährlösungen umfaßten im Peptongehalt die wichtigsten Extreme.

Es wurde genau wie sonst 200 ccm Nährflüssigkeit und 5 g Hefe gemischt, und in dem einen Fall 1 Prozent Pepton + 10 Prozent Rohrzucker, in dem anderen Fall 8 Prozent Pepton + 10 Prozent Rohrzucker als Nahrung benutzt.

Die N-Relation zwischen Aussaat und Nahrung war:

bei 1 Prozent Pepton 1:2·73
,, 8 ,, ,, 1:21·7

Die beiden Größen liegen nach meinen Erfahrungen außerhalb der Grenzen des möglichen Zellwachstums: Das Verhältnis von Aussaat zur Ernte wurde wie üblich bestimmt und betrug:

1 Prozent Pepton (0·109:0·182) = 1:1·67
8 ,, ,, (0·109:0·288) = 1:2·64

Prof. Ficker hat sowohl mittels der Zählkammer die Zahl der Hefezellen zu Beginn des Versuchs als auch nach Beendigung desselben untersucht, und gleichzeitig auf Bierwürzeagar die wachstumsfähigen Keime festgestellt. Die Zeitdauer des Versuchs war 24 Stunden, die Temperatur 28°.

In 1 ccm sind an Zellen enthalten:		1 Proz. Pepton + 10 Proz. Rohrzucker	8 Proz. Pepton + 10 Proz. Rohrzucker
Direkte Zählung:	Aussaat	345400000	343200000
	Nach 24 Std. bei 28°	394200000	338000000
Kulturzählung:	Aussaat	121920000	123200000
	Nach 24 Std. bei 28°	152600000	188600000

Die Zahl der Zellen bleibt also in beiden Fällen ungeändert, wie ich voraus erwarten konnte; denn die gefundenen geringen Unterschiede besagen nichts, bei 1 Prozent waren nach dem Versuch etwas mehr, bei 8 Prozent etwas weniger Zellen gefunden. Man muß bedenken, daß hier kleine Proben von einer Suspension von 5g Hefe in 200ccm Flüssigkeit weggenommen wurden, und geringe Differenzen in der Verteilung trotz sorgfältigen Mischens Abweichungen der Zahl geben. Der Begriff Wachstum als Zellvermehrung ist hier also nicht anwendbar; ein Wachstum in diesem Sinne bestand nicht, wohl aber bei 8 Prozent Pepton eine bedeutende Vermehrung des N in den Zellen, auf das 2·6fache. Somit muß der Trockengehalt der Zellen und ihr prozentiger N-Gehalt zugenommen haben.

Der Effekt einer N-Fütterung äußert sich aber nach einer völlig unvermuteten Richtung hin. Wenn auch die Zahl der Zellen sich nicht ändert, so geschieht dies doch mit den biologischen Eigenschaften der Zellen. Ich darf hier an die Tatsache erinnern, die schon im II. Abschnitt näher behandelt wurde, an den inneren Zellzerfall bei Gärung der Hefe in N-freien Nährböden. Zwar hält sich dabei die Zahl der Zellen lange Zeit völlig intakt, sie verlieren aber den Zellinhalt und die Menge der auf Würzagar auskeimenden Zellen wird immer geringer. Der N-Mangel ist ein Grund des allmählichen Sterbens der trägen Hefe. Wenn ich aus der vorhergehenden Tabelle berechne, wie groß der Anteil der kultivierbaren Zellen zur Gesamtzahl der Hefezellen in den beiden Versuchsreihen gewesen ist, ergibt sich folgendes überraschendes Ergebnis:

Von 100 Zellen sind wachstumsfähig:

Nahrung	Vor dem Versuch	Nach dem Versuch
1 Proz. Pepton + 10 Proz. Rohrzucker	35·3	38·7
8 „ „ + 10 „ „	35·9	55·8

Die beiden Ausgangsproben stimmen trefflich überein, ein Beweis für die Exaktheit der Zählung und Kulturmethode; nach dem Versuch sehen wir deutlich ein Ansteigen der kultivierbaren, auf Würzagar wachstumsfähigen Zellen, bei 1 Prozent Pepton ist die Zunahme nur + 3·4 Prozent, bei 8 Prozent Pepton 29·9 Prozent. Das ist begreiflich: bei 1 Prozent Pepton kommt ja nur wenig N der Verbesserung der Zellen zugute, da ja fast 0·5 Prozent für die Verhütung des N-Verlustes beansprucht wird, bei 8 Prozent aber viel mehr.

Diese N-Aufnahme ist aber keineswegs ein für die Gesamtheit der Zellen indifferenter Vorgang gewesen, die nährende Substanz ist ihnen insofern zugute gekommen, als sie eine bestimmte Menge von Zellen, die vorher auf Bierwürzeagar nicht mehr entwicklungsfähig waren, wieder in diesen entwicklungsfähigen Zustand zurückgeführt hat.

Es kann sich dabei nur um eine Veränderung im Zellinnern gehandelt haben, nicht um eine Veränderung durch wahres Wachstum in der Peptonlösung, da ja die Zellenzahl ungeändert blieb.

Dieselben Zellen, welche sich trotz des günstigen Nährbodens des Würzagars zu Beginn des Versuches als wachstumsunfähig erweisen, gewinnen die Fähigkeit durch die eintägige Berührung mit mehrprozentiger Peptonlösung, wobei sie reichlich N ansetzen, ohne zur Teilung der Zelle zu gelangen.

Die neu erworbene Eigenschaft der Wachstumsfähigkeit bleibt latent, solange sich die Hefezellen unter den gedachten Bedingungen finden. Nur auf dem Bierwürzeagar konnte sich diese neue Eigenschaft dokumentieren. Eine erloschene Wachstumskraft kann demnach durch einfache Ernährung mit Pepton wieder erweckt werden.

Die nicht wachstumsfähige Zelle kann noch gärkräftig sein, wie ich in Abschnitt II gezeigt habe, sie bedarf aber zur Wachstumsfähigkeit, die ja unter Umständen latent bleibt, des Ansatzes von N-Substanz, deren Eintritt in die lebende Substanz die Wiedergewinnung der Wachstumsmöglichkeit bedeutet.

Ich habe also bis jetzt dartun können, daß die Hefezelle drei wichtige unter sich trennbare biologische Zustände besitzt:

1. Die Gärfähigkeit, mit welcher wahrscheinlich immer noch verbunden ist:
2. die Möglichkeit des N-Ansatzes ohne Wachstum,
3. die Vermehrungsfähigkeit, d. h. die Wachstumsfähigkeit im Sinne der Fortpflanzung und Zellmehrung.

Die Zelle muß, wenn sie im Vollbesitz ihrer biologischen Eigenschaften sein soll, einen bestimmten Ernährungszustand besitzen; der Nahrungsmangel führt allmählich zum Verlust wichtiger physiologischer Funktionen.

Zwischen der Zelle mit Wachstumskraft und der Zelle mit ausschließlicher Gärkraft liegt der Zustand der Regenerationsfähigkeit unter Zunahme des N-Gehalts der Zelle.

Zur Vervollständigung unserer Kenntnisse biologischer Wandlungen der Hefezelle ist es noch nötig, auf die Lebensäußerungen der Hefe bei ausschließlicher N-Nahrung ohne Gärung zurückzukommen, von denen wir bis jetzt nur die Einlagerung nährender Substanzen kennen gelernt haben. Zunächst mögen einige Beobachtungen über das mikroskopische und kulturelle Verhalten vorausgeschickt werden.

Wenn man Preßhefe oder die Reinkulturen, die aus Preßhefe gewonnen sind, oder jene von Saccharomyces cerev. I in Pepton allein aussät, kann man die Zellen teils wohlerhalten, ohne Verbände, längere Zeit beobachten, dann mischen sich Involutionsformen bei, niemals aber wurde gesehen, daß die Hefe zu sprossen beginnt. Die Zahl der kultivierbaren Zellen nimmt dabei häufig sehr rasch ab, so daß schon nach 48 Stunden wenige auf Würzgelatine oder Würzagar anzugehen pflegen. Prof. Ficker hat mit dem benutzten Preßhefereinkulturenstamm ein paar quantitative Versuche in 2 Prozent Peptonwasser (= 0·3 Prozent N) bei 37^0 gemacht, welche zeigten, daß die Erhaltung der Zellen doch auch über den ersten Tag reichen kann.

Die nachstehende Tabelle enthält drei Reihen mit verschiedener Aussaat.

In 1 ccm wurde gefunden:

	I.	II.	III.
Aussaat	5034000	21200	4100
1. Tag	3469000	17700	3500
2. Tag	—	26000	2750
3. Tag	—	30000	—

Bei I war am 2. Tage eine Verunreinigung eingetreten, so daß die Auszählung der Keime unterblieb, aber die Hefezellen selbst waren gut aussehend, gaben aber nicht das Bild der Sprossung, Involutionsformen waren bei I und II gering.

Es ist also hierdurch bewiesen, daß die Zellen zum mindesten konserviert werden, da sie aber nicht sprossen, also keine eigentliche für die Zellneubildung charakteristische Veränderung zeigen, so können sie, trotzdem sie N aufgenommen haben, nicht gewachsen sein; da die Zellen außerdem keine Wärme erzeugen, also in latentem Leben überhaupt sich befinden, so kann auch kein Ansatz lebenden Protoplasmas vorkommen, der abgelagerte Stickstoff trägt also rein den Charakter von Reservestoffen, wie sich schon bei der Betrachtung der chemischen Verhältnisse dieser Zellen ergeben hatte.

Aber diese N-Aufnahme hat wieder ganz andere Wirkungen gehabt, als jene unter Beigabe von Zucker. Die Zahl der kultivierbaren Zellen ist hier nicht gewachsen; die einzelnen Individuen, welche zweifellos N in ihren Zelleib aufnehmen, haben jedenfalls nicht vermocht, damit die schwindende Lebenskraft aufzuhalten.

Die Dauer der Konservierung der ruhenden Hefezelle in Pepton ist zweifellos eine nicht allzu lange. Die Anwesenheit von Pepton allein erzeugt nicht wahres Leben, aber die latente Lebensfähigkeit wird zum mindesten einige Tage hindurch ungeschwächt erhalten und besser als bei einfachem Verweilen der Hefe in Wasser, wobei die Autolyse schnell fortschreitet.

Ist die Hefe von Anfang an getötet, so hat auch die Anwesenheit von Pepton keine Fähigkeit, das Protoplasma vor der Auflösung zu schützen; es wirkt kaum anders wie Wasser allein.

Ich habe darüber folgende Versuche anstellen lassen:

A. 5 g Hefe + Toluol + Wasser = Volum 200 ccm wurden an sechs aufeinanderfolgenden Tagen bei 30^0 täglich mit Wasser frisch aufgeschwemmt.

B. Dieselbe Hefe- und Flüssigkeitsmenge mit 2 Prozent Pepton und unter täglicher Erneuerung dieser Lösung.

C. Versuch wie A, aber ohne tägliche Erneuerung des Wassers.

D. Versuch wie B, aber ohne Erneuerung der Peptonlösung.

Die Resultate waren:

Aussaat der Hefe:	A	B	C	D
	0·1092 g	0·1092 g	0·1092 g	0·1092 g
Nach 6 Tagen . .	0·0101 g	0·0115 g	0·0098 g	0·0099 g
Hefe N aufgelöst .	0·0981 g	0·0977 g	0·0994 g	0·0993 g
	Wasser	Pepton	Wasser	Pepton

Man sieht, es ist kein Unterschied, ob man die Hefe einfach 6 Tage in Wasser oder 6 Tage in 2 Prozent Pepton beläßt, die Auflösung schreitet schließlich in gleicher Art weiter. Da überall reichlich Toluol vorhanden war, kommt eine komplizierende Fäulnis nicht in Betracht.

Die gleichen Erscheinungen treten auf, auch wenn man statt 2 prozentigen Peptonwassers eine noch viel stärkere Peptonkonzentration wählt.

5 g Hefe (0·1145 g N) mit Toluol versetzt, 20 Stunden im Brutschrank, dann 200 ccm 8prozentige Peptonlösung zugegeben, 24 Stunden weiter bei Brutwärme, dann abzentrifugiert, gewaschen, liefern 0·034 g N.[1] Die Hefe ist also in völligem Zerfall.

[1] In einem anderen Falle war von 0·1162 g Hefe-N nach 3 Tagen noch bei Toluol und Wasserzusatz 0·041 g N vorhanden.

Die autolytische Spaltung toter Hefe erleidet durch Peptonlösungen keinen Aufschub. Obschon das zugegebene Pepton, d. h. das resorbierte N-Material, wahrscheinlich durch die Endotryptase angegriffen wird, vermag dieser Umstand die Auflösung des abgestorbenen Zelleiweißes nicht zu hemmen. Der Schutz, den Peptonlösungen dem noch nicht abgestorbenen Zelleiweiß geben, liegt also nicht in der Ablenkung der Endotryptasewirkung auf das Pepton, sondern muß mit einer direkt konservierenden Wirkung von Peptonlösungen auf die Zellsubstanz der Hefe zusammenhängen.

Fünftes Kapitel.

Die Beziehungen zwischen Ernährungszustand der Hefezelle und der Größe des N-Ansatzes bei nicht wachsender Hefe.

Die N-Zunahme der gärenden, aber nicht wachsenden Hefe strebt in peptonhaltigen Nährmedien einem Maximalwert zu, der vorläufig als ein Optimalzustand der Ernährung betrachtet werden muß.

Unter diesem Gesichtspunkte muß es von höchstem Interesse sein, bei der N-Ernährung der Hefe von verschiedenen, unter dem Optimum gelegenen Zuständen eines minderen Ernährungszustandes auszugehen, und die erzielbaren Endeffekte der N-Fütterung miteinander zu vergleichen.

Man wird schon a priori geneigt sein, eine verschiedene Größe der N-Aufnahme zu erwarten, weil ja schließlich der Optimalzustand eine gegebene absolute Größe ist, von dem die Grade der Unterernährung verschieden abweichen werden.

Um verschiedene Grade des Ernährungszustandes herzustellen, wählte ich die Gärung der Hefe in N-freien Medien, wobei sie ihren N allmählich einbüßt; ich beabsichtigte, an jedem Tage einer solchen mehrtägigen Reihe eine Hefeprobe in Pepton und Zucker zu übertragen, um so die Auffütterung wieder vorzunehmen.

So entstand folgender Versuch:

Hefe mit 0·1161 g N pro 5 g wurde in einer großen Zahl von Kolben verteilt (je 5 g).

Die eine Probe (mit Kontrollen) wurde sofort mit 5 Prozent Pepton und 10 Prozent Rohrzucker versetzt und 24 Stunden gären gelassen, um die Größe des N-Ansatzes der Hefe überhaupt kennen zu lernen.

Die anderen Proben wurden gleichzeitig mit ausschließlich 10 Prozent Rohrzucker versehen und die Zuckerlösung täglich erneut; nach 1 Tag,

2 Tagen, 3 Tagen usw. Gärung wurde in einer Probe (mit Kontrollen) der N-Gehalt der Ernte bestimmt, während gleichzeitig eine Vergleichsprobe mit 5 Prozent Pepton + 10 Prozent Rohrzucker einen Tag weiter beobachtet wurde. Dann wurde diese Probe auf den N-Gehalt untersucht.

Dieser äußerst mühsame und umfangreiche Versuch glückte vollständig und gab folgendes überraschende Resultat:

Ansatz nach vorhergehender N-Verarmung.

Gärung in 10 Prozent Traubenzucker		Darauffolgende Gärung in 10 Proz. Traubenzucker + 5 Proz. Pepton		Verhältnis des Zuwachses zum vorher. N-Gehalt
Zeitdauer der Gärung	N in Hefe	Zeitdauer	N in Hefe	
Aussaat	0·1161	direkt i. d. Lös.	0·2380	2·04
1. Tag	0·1014	1 Tag	0·2195	2·16
2. ,,	0·0896	1 ,,	0·2041	2·27
3. ,,	0·0779	1 ,,	0·1576	2·02
4. ,,	0·0599	1 ,,	0·1428	2·38
5. ,,	0·0459	1 ,,	0·1128	2·45
6. ,,	0·0368	1 ,,	0·0720	1·96

Die Zahlen in Stab 2 der Tabelle geben nach direkten Analysen an, wieviel N noch in der Hefe vorhanden war, als sie in Pepton-Zuckerlösung gebracht wurde. In 6 Tagen hatte die Hefe bei einfacher Zuckergärung sehr viel N eingebüßt (Spalte 2). Ein Vergleich mit Stab 4, in welchem die Zahlen jener Parallelproben aufgeführt wurden, die nach Zuckerernährung noch einen Tag in Peptonzucker gelegt wurden, zeigt eine sehr erhebliche, wenn auch nicht maximale Zunahme an N. Die Zellen haben sich wieder mit N gefüllt, den sie während ihrer Gärung in N-freier Nährlösung verloren hatten, nur jene Probe, welche nach 6tägiger Gärung in Zucker gebracht wurde, erreicht nicht mehr den Anfangsbestand von 0·1161 g N. In allen übrigen Fällen wurde diese Größe erreicht bzw. erheblich überschritten.

Dies Resultat ist aber nicht das erwartete; wir hätten annehmen sollen, daß in allen Zellen der normale N-Gehalt nicht nur hergestellt wird, sondern auch noch jenen Zuwachs erhält, den die Zellen, welche direkt in Peptonzucker gehalten wurden, erreicht hatten, nämlich 0·2380 g N. Diesen Wert hat aber keine einzige Probe erreicht, welche vorher durch Gärung N verloren hatte; jene nach 6tägiger Gärung, welche den Anwuchs und die Verbesserung ihres N-Bestandes am nötigsten hatte, erreichte rund $^1/_3$ des normalen optimalen N-Bestandes der Aussaat.

Einen interessanten Hinweis auf die inneren Zellenvorgänge bei diesem Aufbau gibt uns Stab 5 der Tabelle, das Verhältnis des Zuwachses zur Aussaat. Diese Zahlen, welche einen mit den absteigenden Aussaaten zunehmenden Wert hätten annehmen sollen, wenn alle Zellen auf den gleichen N-Gehalt gebracht worden wären, zeigen fast konstante, rund um 2—2·4 schwankende Werte, wobei die höheren bei jenen Zellen erhalten wurden, die am meisten N verloren hatten.

Dieser kleine Zuwachs will nichts besagen, da bei normalem Aufbau der herabgekommenen Zellen sich Verhältniszahlen bis über 6 hätten ergeben müssen.

Die Grenzwerte wie die unter ihnen liegenden Verhältniszahlen für die N-Aufnahme der mit Pepton aufgefütterten Zellen bedeuten also nicht, daß die Zellen sich in gleichartigem Maße bis zu einem absoluten Optimum des Eiweißbestandes füllen. Die Hefezellen hatten in der 6tägigen Kultur in N-freien Medien mehr und mehr ihren Inhalt eingebüßt und statt des Protoplasmas sich mit Flüssigkeit gefüllt, in diesen halbleeren Zellräumen hätte es Platz genug zum Neuaufbau gegeben. Meine Versuche lehren, daß der Aufbau der Zellen nach N-Verlust im wachstumslosen Zustand bedeutet, daß jede vorhandene Eiweißeinheit nur ein vielfaches ihrer eigenen Masse aufbaut.[1]

Der Versuch zwingt zur Annahme kleinster Lebenseinheiten, welchen sämtlich die Eigenschaft zukommt, sich durch Anlagerung bis zu einem gewissen Grade zu vergrößern. In meinen bisher angestellten Versuchen war der maximalste Zuwachs rund das 2·7fache, eine Größe, die mit sinkender N-Nahrung kleiner wird.

Diese Zunahme büßen sie unter Umständen bei ungenügender Nahrungszufuhr wieder ein. Haben sie die maximale Größe erreicht, so ist ein optimaler Zustand für diese Lebenseinheit erreicht, die Zelle füllt sich aber nicht weiter mit Nahrungsstoff, obwohl sie im ganzen, als Zelle betrachtet, noch zu wenig Eiweißstoffe einschließt. Die Ursache liegt offenbar darin, daß diese optimal ernährten Lebenseinheiten der Zellsubstanz sich nicht teilen und keine neuen Einheiten schaffen können. Daraus folgt, bei mangelhafter Ernährung gehen diese kleinsten Lebenseinheiten, falls sie den abspaltbaren N einer

---

[1] Das Verhältnis des N der Hefe zu Pepton betrug zwischen 1:14 bis 1:41, letzterer Wert für die herabgekommene Zelle.

guten Ernährung verloren haben, als Ganzes zugrunde. Mit der Unterernährung der Zelle nimmt die Zahl dieser Einheiten ab, zur Zellfüllung müßten neue geschaffen werden.

Somit gehört zur normalen Regulation der Zellfüllung der Hefe noch ein weiterer biologischer Vorgang, welcher zur Teilung der Lebenseinheiten führt.

Ich habe vor kurzem mich bezüglich der Konstitution der lebenden Materie dahin ausgesprochen[1], daß die kleinsten Lebenseinheiten, als Bionten bezeichnet, nur die Eigenschaft der Dissimilation und dahin gehöriger Erscheinungen, aber nicht die Wachstumseigenschaft besitzen. Jene Elemente, die letztere auch besitzen, habe ich Biogene genannt, zu deren Bestand möglicherweise mehrere Bionten gehören. Das eigentümliche Verhalten der Hefezellen beim Wiederaufbau legt den Gedanken nahe, daß wir es bei den begrenzt an Masse zunehmenden, nichtwachsenden, wohl aber gärenden kleinsten Lebenseinheiten mit den Bionten zu tun haben.

Bei den höheren Lebewesen wird im ausgewachsenen Zustande bei geeigneter N-Zufuhr die optimale Füllung der Zelle erreicht, wobei sich aber dann, wenn eine Analogie zu den Hefezellen besteht, die kleinsten Lebenseinheiten auch teilen müssen, also den Charakter der Biogene besitzen, nicht den der Bionten.

Mit der Tatsache, daß die kleinsten Lebenseinheiten wie Bionten sich verhalten und nicht teilen, ist nicht gesagt, daß dies nicht doch unter anderen Umständen geschieht.

Wir wissen sogar sicher, daß diese Teilung bei denselben Zellen eintritt, die unter besonderen Umständen nur zur relativen Größenzunahme kommen, scheinbar sogar absterben. Wir hätten in meinem Versuche ja ohne weiteres das Wachstum einleiten können, und sicherlich zu Beginn der Versuchsreihen, als die Zellen durch N-Verlust noch wenig geschwächt waren, reichliches Wachstum auf Würzagar bekommen.

Die Ursache des Ausbleibens der Vermehrung der Bionten liegt nicht in einem Mangel an biogenen Eigenschaften, sondern im Mangel einer Auslösung dieser Eigenschaften des Wachstums.

Diejenigen Lebensbedingungen, welche eine Zunahme der Masse und Ablagerung von Zelleiweiß, Mehrung der lebenden Substanz innerhalb bestimmter Grenzen herbeiführen, lösen noch nicht die Zellvermehrung aus. Also haben wir eine durch besondere Außenbedingungen

[1] *Kraft und Stoff.* 1909. S. 41.

zutage tretende Erscheinung vor uns, die es uns ermöglicht, einen Blick in die komplizierten Bedingungen des Lebens zu tun. Unter den natürlichen Lebensbedingungen der Hefe wird bei irgend einer kleinen Aussaat ihre Tätigkeit stets mit Wachstum beginnen, und die Vorstadien der N-Anreicherung werden wahrscheinlich gar nicht sichtbar werden, stets wird nur so viel Hefe entstehen, als dem N-Vorrat entspricht und schließlich der Zucker, der ja überwiegen muß, um das Wachstum zum Abschluß zu bringen, vergoren werden, worauf die Autolyse einsetzt, oder ein Ruhezustand der Hefe- oder Sporenbildung u. dgl.

Massenaussaat in begrenztem Nährmaterial, wie ich es gewählt habe, kommt unter natürlichen Verhältnissen seltener in die Erscheinung.

Mit dem Worte Autolyse habe ich aber einen Punkt berührt, der schwer mit dem Verhalten der Hefe in N-haltigem Nährmaterial vereinbar scheint. Ich habe bewiesen, daß in Autolyse befindliche Zellen, wenn letztere nicht zu weit vorgeschritten ist, sich vollkommen regenerieren, wenn aber bestimmte Grade der Zerlegung bei Gärung erreicht sind, wird nicht mehr die Zelle völlig aufgebaut.

Ein Unterschied zwischen dem Zellaufbau nach Autolyse und nach Entkräftung der Zelle durch Gärung in reinem Zucker liegt einmal darin, daß bei der kurzdauernden Autolyse alle Zellstücke nur wenig verändert und quantitativ kaum geschädigt liegen bleiben. Mit dem Stillstand der Gärung hört ein wichtiger Einfluß auf den Bestand der Zelle auf und Teile der lebenden Substanz werden frei. Vielleicht liegt dies darin, daß die gärende lebende Substanz eine andere Zusammensetzung hat, als die nicht mehr gärende und deshalb andere Spaltungsprodukte auftreten. Im Moment der Gärung treten die gleichen Anziehungen auf wie vordem und die abgetrennten Teile gehen wieder in den alten Verband über.

Möglicherweise werden bei Autolyse zuerst jene Eiweißstoffe aller Bionten abgegeben, die ihren Status des optimalen Bestandes ausmachen, aber in der ersten Zeit keiner der Bionten ganz zerstört.

Bei arbeitender Hefe in N-freien Nährböden findet aber eine andere Art des N-Stoffwechsels statt. Durch die Gärung wird natürlich stets derselbe Einfluß ausgeübt, der sich durch den leichten Aufbau autolysierter Substanz verrät, ein Zusammenhalt der Teilchen auf normaler Beschaffenheit und eine dem Zerfall entgegenwirkende Kraft. Trotzdem kommt es allmählich zum Zugrundegehen der Substanz, es kann sich dabei nur um den Zusammenbruch einzelner Bionten überhaupt handeln. Die Gärkraft selbst sinkt auch, wenn außerdem ein Verlust an Zellinhalt, d. h. der Größe der Teilchen in optimalem Zustande eintritt. Die Zersetzung ist aber nicht autolytisch, sondern erfolgt, da die Teilchen inmitten ihrer aktiven Betätigung absterben, in anderer Weise. Da die Zahl der Bionten geringer wird, der Aufbau und die Vermehrung derselben fehlt, ist der Eiweißaufbau mangelhaft, indem der erneute Zellaufbau oft nur die Hälfte, oft noch weniger der ganzen Zellmasse ausmacht.

Wie die Zellen, tierische und pflanzliche, im allgemeinen (es werden in der Literatur einzelne Ausnahmen angegeben) nur bis zu einem gewissen Betrage ihre Lebenssubstanzen einbüßen können, wenn sie durch nachträgliche Nahrungszufuhr wieder regeneriert werden sollen, so wird auch bei der Hefe ähnliches vorliegen. Betrachtet man die Tabelle S. 325, so war bei der Hefe nach 6tägiger Kultur in zuckerhaltigen Nährböden die Fähigkeit, N anzusetzen, schon beschränkter geworden, die Hefe hatte ihren normalen Vorrat bis auf 31·7 Prozent eingebüßt, vermutlich stellt sie bei etwas tieferer Stufe die Aufbaumöglichkeit ganz ein.

Es gehört wahrscheinlich zur Möglichkeit des Wiederaufbaues eine bestimmte Summe von Lebenseinheiten (Bionten), die hier bei der Hefe jedenfalls geringer an Zahl scheinen, wie bei der Säugetierzelle, wo N-Verluste im Hunger bis zu 32 Prozent des Anfangsbestandes an N nicht beobachtet sind, während die Hefe mit diesem Wert das Ende der Lebensfähigkeit und Aufbaufähigkeit noch nicht erreicht hat.

Wir haben früher gesehen, es läßt sich durch N-Gaben die Möglichkeit des Wachstums wiedergewinnen, wenn dieses schon verloren gegangen schien.

Ich denke mir diese Wiederbelebung so, daß es Zellen gibt, die wegen zu geringen N-Materials einem Impuls zum Wachstum, wie es durch Überimpfung in eine Nährlösung eintritt, nicht mehr folgen können, wohl aber dann, wenn ihnen Gelegenheit geboten wird, in einem vorbereitenden Akt den Ernährungszustand der lebenden Substanz zu verbessern.

Wenn also die degenerierende Zelle wohl ein bestimmtes Vermögen hat, einzelne Lebenseinheiten zu vergrößern, aber keine neuen zu erzeugen, so ist der allmähliche Tod solcher Zellen unabweislich, und wir kommen zu der wichtigen Erkenntnis, daß die asexuell, d. h. durch Teilung sich mehrende Zelle durch Ernährung im Beharrungszustand nicht dauernd am Leben erhalten werden kann. Sie stirbt endlich und nur durch solche Vorgänge, welche eine Teilung zur Folge haben, durch Wachstum echter Art, kann sie dauernd leben.

Ihre Lebenslänge ohne Wachstum ist eine sehr beschränkte, sie wird bedingt durch die allmähliche innere Zerstörung der lebenden Substanz. Keinerlei N-Nahrung, die nicht zugleich Zellteilung herbeiführt, kann sie am Leben erhalten. Bei den höheren Lebewesen ist die Lebenslänge im nichtwachsenden Zustande eine weit günstigere, weil die N-Verluste, die sich in der Abnützungsquote ausdrücken, durch Nahrungszufuhr wieder ersetzt und die Zellen vollkommen auf ihren normalen optimalen Bestand gebracht werden können.

Immerhin wird auch bei der Hefezelle durch N-Zufuhr der N-Verlust beschränkt werden können, da kaum der gesamte Verlust auf den Untergang der Bionten zurückzuführen sein dürfte, sondern auch außerdem Stoffe geringerer Lebensqualität an dem N-Verlust bei der Gärung in N-freien Medien beteiligt sein dürften.

Bezüglich des Vorganges und der Wirkung der N-Ernährung durch Pepton habe ich noch einige wichtige Tatsachen anzufügen. Von dem N-Ansatz der nichtgärenden Hefe wissen wir, daß derselbe nur einen beschränkten Umfang annimmt, und insofern von geringerer biologischer Bedeutung ist, als er nur Vorratsstoffe schafft, die nicht im eigentlichen Zellverbande stehen (Adsorption).

Wenn man nichtgärender Hefe allmählich mehr Peptonstickstoff darbietet, so sättigt sie sich damit nicht in anderer Art, als wenn sie von vornherein die gleiche Peptonmenge erhält. Es wurde in folgender Weise vorgegangen:

Mehrere Hefeproben wurden gleichzeitig abgewogen und eine (Doppel-) Probe in eine Peptonlösung von 4 Prozent gebracht, 24 Stunden im Brutschrank belassen, dann zentrifugiert, gut ausgewaschen und der N bestimmt. Alle anderen Hefeproben blieben in 0·5 Prozent Pepton = 1. Tag, am Schlusse dieses Tages wurden die Proben abzentrifugiert, zwei davon zur Analyse genommen und die anderen mit 2 Prozent Pepton versetzt und weitere 24 Stunden im Brutschrank belassen = 2. Tag usw. fortgefahren mit 4 Prozent Peptonlösung = 3. Tag. Aus diesen Experimenten ist die nachfolgende Tabelle entstanden.

I	5 g frische Hefe	0·1145 g N
II	5 g Hefe in 0·5 Prozent Pepton nach 24 Stunden.	0·1101 ,,
III	vorige Hefe in 2 Prozent Pepton nach 24 Stdn.	0·1149 ,,
IV	vorige Hefe in 4 Prozent Pepton	0·1219 ,,
V	5 g Hefe sofort in 4 Prozent Pepton	0·1238 ,,

welche nun wohl verständlich sein dürfte. 0·5 Prozent Pepton genügten zur Erhaltung der Hefe nicht (0·07 Prozent N). In 2 Prozent Pepton war Zunahme vorhanden, am meisten in 4prozentiger Lösung.

Es war aufgenommen bei langsamer Steigerung der Peptonmenge

	0·1219
	0·1145
	0·0074

und bei einmaliger Darbietung

	0·1238
	0·1145
	0·0093

Die sukzessiv gebotene N-Nahrung hat ihre Wirkung wenigstens annähernd summiert, die Zelle verhält sich wie ein Reservoir, dem nacheinander Vorrat zugeführt wird. Ich habe beobachtet, was nebenbei erwähnt sein mag, daß die Hefezellen schon in 0·5prozentiger Lösung prall mit Inhalt gefüllt sind.

Analog wie für die nichtgärende, in Peptonlösung befindliche Hefe, habe ich auch die Frage untersucht, wie sich denn die N-Aufnahme und das Verhalten der gärenden Zellen gestaltet, wenn die Hefe mehrfach hintereinander in Tagesintervallen in frische Lösung von Peptonzucker der gleichen Konzentration gebracht wird.[1] Zu diesem Behufe wurden von derselben Hefe, nachdem Proben zur N-Bestimmung zur Seite getan waren, je 6 Doppelbestimmungen in jeder Serie mit Pepton und 10 Prozent Zucker bei 30° angestellt und nach 1 mal 24 Stunden, 2 mal 24 Stunden usw. die Proben weggenommen, zentrifugiert und ausgewaschen und der N in der Ernte bestimmt.

Die Ergebnisse enthält folgende Tabelle:

Tägliche Erneuerung der Peptonzuckerlösung.
Ser. IV, Ser. V und Ser. VI. g N in der Hefe.

Tag	Nährlösung 0·24 g N + 10 Prozent Rohrzucker	Nährlösung 0·96 g N + 10 Prozent Rohrzucker	Nährlösung 0·24 g N + 10 Prozent Traubenzucker	Nährlösung 0·15 g N + 20 Prozent Rohrzucker
0	0·1082	0·1137	0·1158	0·0150
1.	0·1483	0·1896	0·1859	0·0172
2.	0·1508	0·1958	0·1917	
3.	0·1541	0·1912	0·1935	—
4.	0·1554	0·1923	0·2002	—
5.	0·1554	0·1949	—	—
6.	0·1552	0·1972	—	—

[1] Zur Ergänzung früherer Versuche bemerke ich, daß die Hefe 3 Tage in Pepton gelegen hatte, ohne Zeichen des Zerfalls zu geben.

Die Befunde ergeben zunächst, daß der N-Ansatz durch Wiederholung des Eintragens der Hefe in frische Lösung desselben Peptongehalts kaum mehr gesteigert wird. Dieselbe Nährlösung, welche am ersten Tage einen erheblichen Ansatz hervorgerufen hat, besitzt diese Eigenschaft am 2., 3. usw. Tage nicht mehr. Dies wäre ganz selbstverständlich, wenn die Hefe sich schon ad maximum mit N angereichert hätte, was in keinem Falle wirklich eingetreten war. Freilich muß man wohl annehmen, daß die Hefe auch stets etwas N verloren hat, so daß das Gleichbleiben nur die Resultante von Verlust und Ansatz darstellt. Diese Verluste sind nicht unbedeutend, wenn man sie nach den Ergebnissen der Gärung in N-freien Medien berechnen wollte, denn sie werden dann täglich mit 9 mg N nicht zu hoch berechnet. Mit Rücksicht hierauf sind also die Versuche so zu deuten, daß zwar die erste Berührung der Hefe mit dem besseren Nährmaterial die hauptsächlichste Anreicherung an N bringt, daß aber späterhin, wenn auch in geringem Grade, noch eine Ergänzung des N-Bedarfes eintritt.

In dem einen Falle hat die Hefe in 6 Tagen 6 × 0·24 g N = 1·44 g, in dem anderen 6 × 0·96 = 5·76 g, d. h. das 13—57fache der Aussaat erhalten, das letztere Verhältnis würde genügen, wie wir später sehen werden, ein erhebliches Wachstum herbeizuführen, wenn die gleiche N-Menge auf einmal der Hefe geboten würde.

Wir lernen also einen neuen Faktor für den Ablauf der biologischen Vorgänge kennen.

Es ist ein prinzipieller Unterschied zwischen dem einmaligen großen Angebot an N-Nahrung und der wiederholten fraktionierten Gabe dieser Nährstoffe. Wir werden aber dies Ergebnis erst im Zusammenhang mit den Wachstumsfragen näher würdigen können.

Sechstes Kapitel.

Gärungserscheinungen nach Zufuhr peptonhaltiger Nährlösung.

Aus der Darstellung der vorhergehenden Kapitel geht die hohe Bedeutung der Zufuhr N-haltiger Nahrung auch für die nichtwachsende Hefe genügend klar hervor. Selbst auf die nichtgärende Hefe ist ein konservierender Einfluß mäßigen Grades nicht zu bestreiten (siehe S. 323). Die ernährende Funktion des Peptons zeigt sich deutlich in der Richtung, daß die Zellen nach Peptonfütterung von dem Vorrat N-haltiger Leibessubstanz oder N-haltiger Reservestoffe im selben Maße zehren, wie es andere Zellen tun (S. 318).

Schon relativ geringe Konzentrationen genügen dazu, den N-Bestand wesentlich zu verbessern (S. 309). Über 1 Prozent Pepton wächst die N-Aufnahme der Hefe bei weiterem Steigern der Konzentration langsam und wenig; eine wirkliche Regeneration durch Ernährung herabgekommener Hefe kommt nicht zustande (S. 325), denn niemals füllen sich die Zellen auf ihren ursprünglichen Bestand, daher der N-Ernährung nichtwachsender Hefe die Fähigkeit, letztere außergewöhnlich lange am Leben zu erhalten, nicht zukommt. Wohl aber haben wir gesehen, daß (S. 325) der Grad der Wachstumsfähigkeit erhöht wird. Gerade diese letztere Erscheinung legt den Gedanken an eine Prüfung der Gärfähigkeit nur nahe, denn ein, die Wachstumskraft belebender Einfluß kann vielleicht doch auch die Gärkraft ändern. Die Gärkraft hängt sicherlich nicht in erster Linie mit der Wachstumskraft zusammen, das hat sich schon aus den in Teil II besprochenen Versuchen über träge Hefe ergeben, deren Gärwirkung mit der Zahl der wachstumsfähigen Zellen nicht zusammenfällt (S. 133).

In der Gärindustrie ist schon von Hayduk[1] auf die Beziehung zwischen N-Gehalt der Hefe und Gärkraft hingewiesen und durch eine technische Methode die letztere mit dem Eiweißreichtum der Hefe verglichen worden. Der N-Gehalt und die Gärkraft wächst nicht proportional, das geht aus den Zahlen Hayduks, wenn man sie relativ berechnet, zweifellos hervor; die Gärkraft bleibt hinter dem N-Gehalt zurück.

N-Gehalt der Hefe in Prozenten der Trockens.	3·94	3·92	4·59	4·43	6·33	8·43	9·60	10·0	10·3
Gärkraft in g CO_2	6·0	6·1	6·6	7·4	8·5	9·4	11·0	10·4	10·5
N-Gehalt relativ	1	1	1·16	1·13	1·60	2·14	2·44	2·54	2·61
Gärkraft relativ	1	1·01	1·1	1·23	1·41	1·56	1·83	1·73	1·75

Die Gärkraft wurde gemessen durch Aussaat von 5 g Hefe in 400 ccm einer 10proz. Zuckerlösung bei 30° nach Bestimmung der in einer bestimmten Zeit entwickelten Kohlensäure. Auch von Bauer[2] wird neuerdings die Bedeutung des N-Gehaltes der Hefe wieder betont.

Im Grunde besagen obige Versuche also nur, daß, je reicher die Trockensubstanz an N, desto stärker die Gärung. Es ist von vornherein eine Schwächung der Gärkraft, anzunehmen, wenn z. B. Glykogen ein-

[1] *Zeitschrift f. Spiritusindustrie.* 1881.

[2] *Ebenda.* 1901. Bd. XXIV. S. 309.

gelagert wird usw. Für meine Aufgabe handelt es sich weniger darum, ob die unter irgendwelchen Umständen mit verschiedenem N-Gehalt gewachsenen Zellen verschiedene Gärkraft besitzen, als um die Beziehung der N-Nahrung zu den Eigenschaften der nichtwachsenden Hefe im Rahmen eines gewöhnlichen Gärversuches. Ich beschränke mich aber auf ein engeres Gebiet, das jedoch in seinen Ausblicken auf die Wandlungen des Eiweißbestandes der Zellen auch Interesse für unsere Vorstellungen über die Lebensäußerungen von Zellen überhaupt bietet.

Ich will mich im nachstehenden nur auf die wichtigsten Gesichtspunkte der Beziehungen zwischen N-Nahrung und Gärfrage beschränken, weil ein Eingehen in die Einzelheiten, die ich mir für spätere Untersuchungen vorbehalte, hier entbehrlich ist.

Meine Untersuchungen stellen sich in erster Linie die Aufgabe, die Wirkung der N-Nahrung unter jenen Verhältnissen zu untersuchen, die im Teil II bei dem Kapitel träge Hefe behandelt worden sind. Kein Zustand als dieser der allmählichen Degeneration der Hefe wäre geeigenschafteter, uns die Wirkung der N-Nahrung zu zeigen.

Wir erinnern uns dabei, wie die Hefe mehr und mehr an Zelleiweiß einbüßt. Außerdem aber wissen wir aus den Versuchen über die Auffütterung mit N, daß es eine völlige Restitutio in integrum ohne Wachstum nicht gibt. Die Nahrung mit Pepton kann also, das muß im voraus gesagt werden, nur ein Palliativmittel für die nichtwachsende Hefe sein.

Ich bespreche zunächst die Wirkung verdünnter Peptonlösung. Zwei Doppelreihen wurden zu gleicher Zeit in Angriff genommen, indem einerseits 1 Prozent Pepton und 10 Prozent Traubenzucker + 10 g Hefe, und andererseits 10 Prozent Traubenzucker allein mit der gleichen Hefemenge nebeneinander in den Kalorimetern beobachtet wurden. Täglich wurde abzentrifugiert und überall neue Nährlösung aufgegossen.

Wenn man die beiden Reihen nebeneinander fortführte, so konnte man annehmen, daß die Hefe allmählich absterben werde. Die Hefe stirbt, weil sie ihr Zelleiweiß ohne Wachstum nicht aufbauen kann.

Die Reihenfolge der biologischen Veränderungen, die ich oben festzustellen in der Lage war, ist zunächst der Verlust der Entwicklungsfähigkeit oder des Wachstums, dann folgt der Übergang in den Tod, und schließlich die Auflösung in die Verdauungsprodukte durch Endotryptase. Die Resultate will ich der Kürze wegen in graphischer Darstellung geben, und zwar bedeuten im nachfolgenden die Ordinaten die direkt abgelesenen Temperaturen der Kalorimeter. Jede steiler aufsteigende Kurve bedeutet also eine erhebliche Vermehrung der Gärwirkung, der dann selbstverständlich ein rascheres Sinken nach Erreichung des Maximums folgen muß, weil, je stärker die Gärkraft, um so früher sich auch der Einfluß des Alkohols bemerkbar macht.

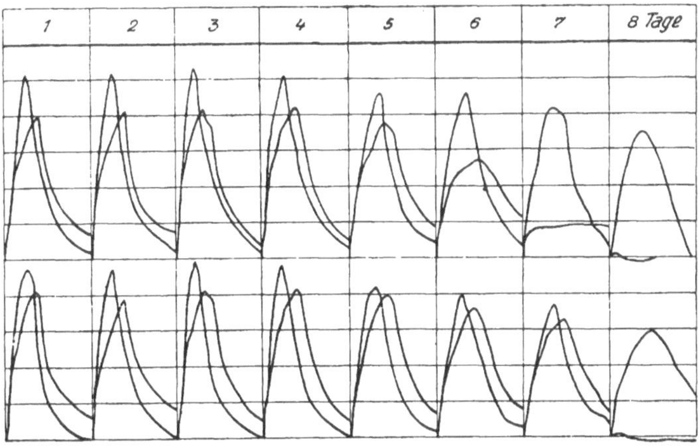

Fig. 36.
Reihe I und II sind Kontrollen des 8 tägigen Versuches.

In jeder Reihe sehen wir an jedem Tage zwei Kurven zusammengezeichnet. Je eine ganz steil aufsteigende Kurve mit jähem Abfall, und die direkt daneben gezeichnete langsamer ansteigende, weniger hohe und langsamer abklingende, die auch um die 24. Stunde noch etwas über der ersten steht.

Die steile Kurve ist jene der Peptonzuckerlösung, die weniger steile die der Zuckerlösung allein.

Die Zugabe von Pepton hat also in allen Fällen eine erhebliche Steigerung der Wärmebildung zur Folge gehabt. Die Aufnahme von N in den Zellen bewirkt nicht nur eine Veränderung der Wachstumskraft (die hier in diesen Versuchen ohne Wirkung ist), sondern auch eine Mehrung der Gärkraft.

Eine weitere wichtige Tatsache, die sich auch ohne weiteres ergibt, betrifft die gesetzmäßige Veränderlichkeit von einem Tag zum andern; alle Peptonkurven, wie ich jene der Peptonzuckerlösung kurz heißen will, sind etwa bis zum 4. Tage inkl. unverändert. Dann fällt ihre Spitze offenbar ab, ähnlich die Zuckerkurve, aber dieser Abfall ist bei letzterer nach dem 4. Tage besonders stark, am 8. Tage ist in der ersten oberen Reihe nur die Peptonkurve eingetragen; darunter eine sehr kleine, teils positiv, teils negativ verlaufende Kurve ist jene der Hefe des Zuckerversuchs unter Zusatz von Toluol, um die Anwesenheit der Zymase festzustellen. Das Ergebnis war so gut wie völlig negativ. Umgekehrt gibt uns die untere Kurve am 8. Tag nur die Werte des Zuckerversuchs und die schwache Wärmetönung der mit Toluol versetzten Peptonreihe. Die Versuchsreihen mußten schließlich wegen des besonderen Verhaltens der Zuckerreihen abgebrochen werden. In den letzteren trat vom 6. Tag ab die Tendenz zu starkem Schäumen auf, wobei auch die Hefe mehr an die Oberfläche getrieben wurde und zu befürchten war, daß ein Überlaufen aus den Kalorimetergefäßen eintrat.

Das Maximum der Wärmebildung, welches in den Peptonreihen bis zum 4. Tage inkl. rund auf die 6. Stunde fiel, war bei Zucker am 4. Tage von der 9. auf die 10. Stunde hinausgeschoben.

Nach dem 4. Tage erreichte auch die Peptonreihe erst später das Maximum (am 8. Tage in der 9. Stunde) und die Zuckerreihe kam schließlich erst in der 12. Stunde auf ihren Höhepunkt der Wärmewirkung. Die anfänglich ganz spitzen Kurven der Peptonreihe werden allmählich konvex, die Neigung zur Abdachung tritt noch mehr bei der Zuckerreihe hervor. Der Vergärungsgrad ist in der 24. Stunde am 8. Tage bei dem Zuckerexperiment sehr wenig vorgeschritten, weit besser beim Peptonversuch.

Alles in allem, Pepton hat auf die Gärungsleistung innerhalb des 8 Tage dauernden Versuches einen günstigen Einfluß geübt. Zwar kann auch das Pepton das Fortschreiten der Trägheit der Hefe nach dem 4. Tage nicht hindern, aber doch erheblich hemmen. Die Zuckerreihe nimmt in den Leistungen erheblich rascher ab. Daß dies nicht so geschwind geschieht, wie in der früheren Reihe S. 136, liegt in der größeren Menge Hefe, welche für die 10prozentige Zuckerlösung sehr reichlich war, so daß sich erst, nachdem ein größerer Bruchteil zugrunde gegangen war, die fühlbaren Wirkungen zeigten.

Die Hefe, welche nicht wachsen kann, stirbt ab, hier rascher, dort langsamer; aber auch die Versorgung mit einem eiweißhaltigen und zuckerhaltigen Nährmaterial rettet und erhält sie nicht auf die Dauer.

Das Ergebnis dieses Gärungsversuchs bestätigt auf das eklatanteste meine oben entwickelten Anschauungen über die Lebensdauer der Hefe. Ohne Wachstum ist sie zum Tode bestimmt. Auch aus ihren Leistungen entnehmen wir den allmählichen inneren Zerfall. Wie von vornherein wahrscheinlich war, äußert N-Nahrung nicht nur die Wirkung, die wir schon früher näher experimentell gezeigt haben, die Wiedererneuerung der Wachstumsfähigkeit, sondern viele Zellen, die bereits durch Eiweißverlust sehr geschwächt sind, erlangen ihre frühere Gärkraft, wenn nicht ganz so, doch in erheblichem Maße wieder.

Es ist uns erinnerlich, daß bereits 1 Prozent Pepton den N-Gehalt der gärenden Hefe stark erhöht. 0·11 g Hefe nehmen in 1 Prozent Pepton auf 0·18 g N zu, alle nachfolgenden Konzentrationen steigern den N-Gehalt der Zelle nicht in demselben Grade. Die absolute Zunahme an N ist rund die folgende.

Zwischen dem Konzentrationsgrade

0—1%, 1—2%, 2—3%, 3—4%, 4—5%, 5—6%, 6—7%, 7—8%

nimmt die Hefe zu um:

0·070, 0·02, 0·015, 0·015, 0·018, 0·12, 0·15, 0·14 g N.

Da die graphische Darstellung S. 335 nur in großen Zügen die Wirksamkeit des Peptons wiedergibt, will ich an zwei in größerem Maßstabe ausgeführten Beispielen des Wärmeverlaufs noch einiges Erläuternde hinzufügen (s. Fig. 37).

Die nachstehende Kurve gibt uns den Vergleich des Verhaltens derselben Hefe, die einen Tag in 10 Prozent Zuckerlösung und den darauffolgenden Tag in 1 Prozent Pepton + 10 Prozent Traubenzucker lebte. Zuerst bis zur 3. Stunde verlaufen beide Kurven identisch; in dieser Periode muß sich aber der Ansatz des N, der die größere Leistung ausmacht, vollziehen, denn nun trennen sich die Kurven.

Die größere Leistung ist die Wirkung des N-Ansatzes, allerdings auch in etwas die Wirkung der ungleichen Temperaturen, weil letztere in Peptonhefe höher stieg als in Zuckerlösung allein. Planimetriert man die Kurvenflächen für die 0.—7. Stunde, so erhält man als Temperaturmittel für die „Peptonhefe" 2·932° als Mittel der Wärmebildung, und für die Hefe in Traubenzucker allein 2·340°. Von diesen Werten ist der erstere etwas zu hoch, weil das Temperaturmaximum um 1·4° höher lag, also eine Steigung des Umsatzes durch Eigenerwärmung vorlag. 1° Temperaturzuwachs bedingt + 7·5 Prozent Wärmezuwachs; bei der steilen Form der Kurve ist aber dieser Umstand von geringem Einfluß auf das Endresultat, das statt 2·932° rund 2·836° heißen sollte. Somit war die Steigerung durch Pepton 2·340:2·836 = + 21·4 Prozent.

Wenn die Hefezellen ihren N-Gehalt änderten, so könnten dafür die Zahlen S. 309 herangezogen werden, wo 0·11 g N in 1 Prozent Pepton auf 0·18 g in die Höhe ging. Wenn man erwägt, wie rasch der N-Ansatz beim Wachstum ist, und wie schnell sich autolysierte Zellen nach Zucker-

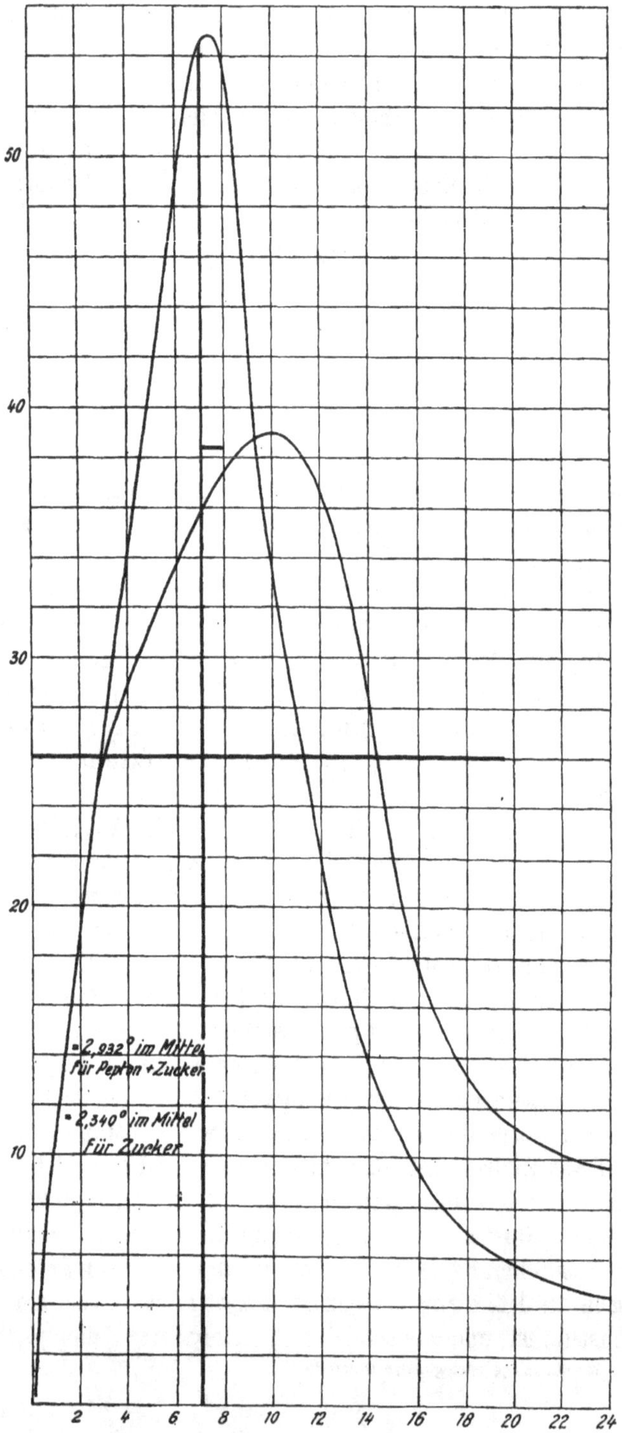
50
40
30
20
10
= 2,932° im Mittel für Pepton + Zucker
= 2,340° im Mittel für Zucker
2
4
6
8
10
12
14
16
18
20
22
24

Fig. 37.

zugabe erholen, so ist es wahrscheinlich, daß auch der N-Ansatz einer solchen nichtwachsenden, mit Pepton gefütterten Zelle sehr schnell verläuft. Die mittlere wirksame N-Menge in der Zelle wird also kaum erheblich hinter dem oben gegebenen Verhältnis 0·11:0·18 zurückstehen, was eine Mehrung um 64 Prozent bedeutet. Die bei 1 Prozent Pepton gefundene Gärungssteigerung machte nun + 21·4 Prozent aus, sie bleibt also hinter der durch den N-Zuwachs gegebenen Mehrung zurück. Dies kann aber nicht allzusehr wundernehmen, da doch auch ein Teil des N adsorbiert sein muß und ein kleiner Teil zum Ausgleich von N-Verlust der Zelle dient; beide kommen also für die Hebung der Gärleistung nicht in Frage. Mit Rücksicht hierauf wird man immerhin behaupten können, daß die Hauptmasse des in 1 Prozent angesetzten Stickstoffs im wesentlichen an der Steigerung der Gärung teilnimmt, indem er, zum Ansatz gebracht, wie andere lebende Substanzen sich verhält. — Aber auch dieser Anteil ist nicht zu vergleichen mit dem, was ein Wachstum von gleichem N-Gehalt zu bieten vermag.

Vielleicht könnte man noch den Einwand machen, die Peptonhefe sei widerstandsfähiger gegen die Schädigung des Alkohols und deshalb gärkräftiger. Ich habe hierüber noch besondere Vergleichungen von in Pepton gärender Hefe mit und ohne Alkoholzusatz angestellt und keinen Unterschied der Wirkung der letzten gegenüber von Hefe, die nicht mit Pepton gefüttert war, finden können.

Wenn auch die Vermehrung des N-Gehaltes die Hefezellen beim wiederholten Einlegen in dieselbe Peptonlösung gleichbleibender Konzentration nicht ändert, so nimmt doch mit steigender Konzentration bis gegen 8 Prozent der N-Gehalt der Zellen zu. Ob dieser steigende N-Gehalt für die Gärkraftmehrung absolut gleichwertig ist, mußte immerhin noch durch einen Gärversuch geprüft werden. Ich habe daher folgende neue Versuchsreihe ausgeführt:

Hefe (10 g) wurde (in mehreren Parallelversuchen) in 10 Prozent Traubenzucker ausgesät und einen Tag gären gelassen und die Wärmekurve festgestellt (Fig. 38). Am nächsten Tag blieb eine Probe weiter bei einfacher Zuckernahrung (untere Kurve der Zeichnung), die drei anderen (A, B, C) erhielten außer Zucker 1, 2, 5 Prozent Pepton.

Erster und zweiter Tag dieser Proben ist in der oberen Kurve übereinander gezeichnet, an den folgenden Tagen erhielten die Kalorimeter A, B, C wieder nur Zuckerlösung, um die Nachwirkung der Peptonfütterung zu sehen.

Die kleinere Kurve rechts (erste Reihe, dritte Kurve) entspricht nicht kleinen Wärmewerten, sondern gründet sich auf ungleiche

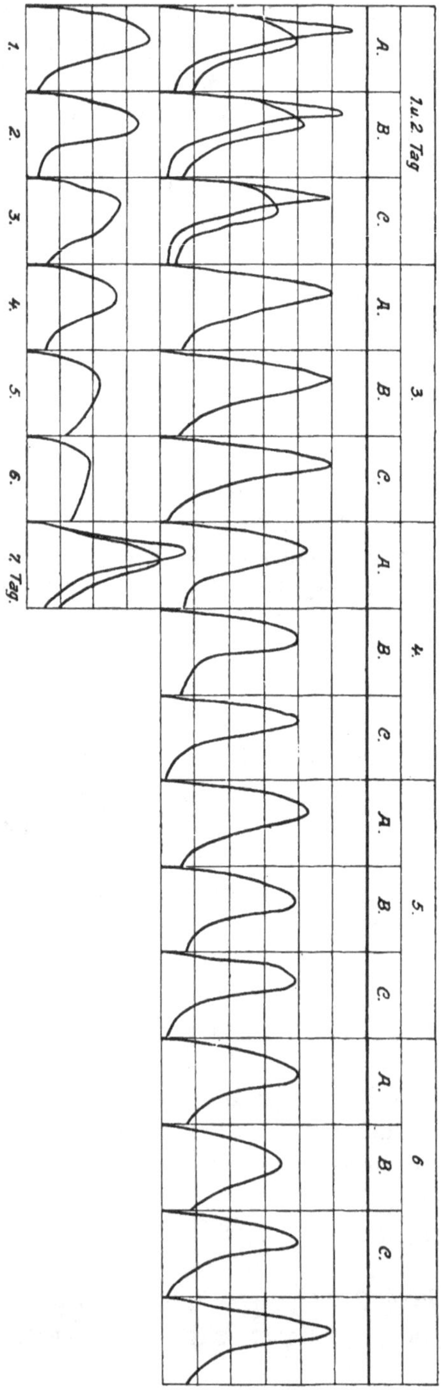

Fig. 38.

Eichungswerte des Kalorimeters, daher ist auch die „Zuckerkurve" niedriger als die beiden anderen.

Der Schluß, welcher aus den Versuchen gezogen werden muß, ist ganz eindeutig: Einmal finden wir wieder als Charakteristikum der Peptonkurve ihren steilen, gleichmäßigen Anstieg, also eine Bestätigung des früheren Resultates, zweitens aber ist sicher, daß eine Steigerung der Peptonmasse über 1 Prozent der Lösung für die Lebensäußerung und Gärung nutzlos war. Somit erweitern wir unsere Vorstellung über die N-Ernährung nach folgender Richtung:

Die Beigabe von 1 Prozent Pepton hat sich als zureichend erwiesen, dem Protoplasma der Hefezellen so viel N zu bieten als notwendig war, um einer Anzahl Zellen erhöhte Gärkraft zu verleihen. Ein Mehr an Pepton ändert nichts Wesentliches an diesen Erscheinungen. Ich glaube, man darf aber aus obigen Versuchen noch einen sehr wichtigen Schluß ziehen. Wenn man die N-Mehrung der Hefe in Pepton von 5 Prozent ins Auge faßt, so beträgt diese etwa das 2—2·5 fache des Anfangsstickstoffbestandes. Das würde für die vorliegenden Experimente mit 10 g Ausgangsmaterial so viel N-Mehrung bedeuten, daß eine Vermehrung auf 20—25 g Hefe eingetreten ist.

Auch ein ganz oberflächlicher Vergleich der Wärmekurven gärender Hefen, ohne Pepton- und mit Peptonzugabe, läßt erkennen, daß die Unterschiede in der Gärwirkung sich nicht wie 1:2 oder 1:2·5 verhalten können.

Die Gärsteigerung geht also nicht dem Gehalt an N-Vermehrung proportional. Dies kann kaum wundernehmen, weil ja die Gärkraft nichtwachsender Zellen von dem alternden Protoplasma abhängt, und die Auffrischung zu höherer Leistungskraft etwas ganz anderes ist als bloßer N-Ansatz.

Diese geringe Wirkung der Mehrung des N-Gehaltes der Hefe ist immerhin deswegen bemerkenswert, weil wir in Teil II für die trägwerdende Hefe schon gesehen hatten, daß diese von Tag zu Tag um das 0·84fache ihres N-Gehaltes absinkt, während die Gärkraft um das 0·64fache sinkt (S. 137). Umgekehrt müßte also mit steigendem N-Gehalt die Gärwirkung viel rascher steigen als ersterer. Tatsächlich verhält es sich aber bei der Peptonauffütterung umgekehrt; trotz einer relativ starken N-Zunahme eine immerhin bescheidene Erhöhung der Gärkraft.

Während wir für die N-Mehrung in 1 Prozent Pepton allenfalls mit einer Gärungsmehrung rechnen dürften, die der N-Anreicherung vielleicht annähernd entsprach, ist hier von einem solch weiteren Anwachsen bei 2- und 5prozentiger Peptonlösung schon am ersten Tag nichts zu sehen.

Wir kommen also zu der Anschauung, daß mindestens ein Teil des von den Zellen aufgespeicherten Eiweißes, obwohl es mit der vorhandenen lebenden Substanz vielleicht in einiger Beziehung steht, als eine Art von Reserveeiweiß betrachtet werden muß.

Verfolgen wir nun die Wirkungen einer einmaligen Peptonfütterung über ihren unmittelbareu Erfolg hinaus. Die untere Kurve der Fig. 37 zeigt uns den täglichen Abfall der Gärwirkung an den einzelnen Tagen, bei reiner Zuckerlösung. Damit vergleiche man nun die obere Reihe vom 3. Tage ab. Auch dabei wurde nunmehr täglich reine Zuckerlösung aufgefüllt, nachdem die Hefe jeweilig abzentrifugiert worden war. Besonders sorgfältig wurde die Hefe natürlich nach der Peptonfütterung behandelt und mehrfach ausgewaschen, um anhaftende Reste der Peptonlösung zu beseitigen.

Bei der Hefe, welche einen Tag mit Pepton (1—5 Prozent) gefüttert war, bleibt die Wärmeentwicklung auch mit Zucker allein hoch und der Charakter der Kurve, das rasche, gleichmäßige Ansteigen, geht mit dem vorhergehenden Tage bei Peptonfütterung überein.

An den darauffolgenden Tagen verwischt sich allmählich der Peptoneinfluß, indem die Höhe der Kurve absinkt, die Steilheit des Anstiegs sich mindert, die Verhältnisse werden mehr und mehr der Hefe ähnlich, wie sie zu Anfang des Versuchs sich darstellte, als sie einfach in Zuckerlösung gebracht worden war.

4 Tage nach einer Peptonauffütterung wird etwa dieser Punkt erreicht, so lange hält die Nahrung nach. Ich glaube aber noch auf eine Beobachtung hinweisen zu sollen, nämlich auf den Umstand, daß doch die Kurve der Hefe, die in 2- bzw. 5prozentiger Peptonlösung, wenn die Hefen auch anfänglich hinsichtlich ihrer Gärweise von der 1prozentigen Peptonhefe sich nicht unterschieden, eines wenigstens in den späteren Tagen nach der Peptonfütterung zum Ausdruck bringen, nämlich eine größere Widerstandskraft gegen die schwächende Wirkung einfacher Zuckernahrung.

Vergleicht man die Kurven der Zellen, die auch nur einen Tag in Pepton waren, mit der von Anfang an in Zucker liegenden Hefe (untere Reihe), so tritt der Nutzen der N-Nahrung noch eklatanter hervor.

Nachdem die Hefe, die vorher in Pepton war, 4 Tage ohne Pepton geblieben war und sichtlich schwächer wurde, ist sie nochmals für einen Tag in 1 Prozent Pepton + 10 Prozent Traubenzucker gebracht worden, ebenso wurde die Hefe behandelt, die während der ganzen Zeit nur in Traubenzucker gepflegt worden war. Die letzte Kurve rechts gibt in der ersten Reihe eine Probe, die wieder Pepton erhalten hat; sie entspricht der Probe, die den Anfang der ganzen Reihe links bildete. In der zweiten Reihe am Ende rechts zeigt sich die Peptonwirkung auf die im Zucker träge gewordene Hefe. Zum Vergleich habe ich noch die in der ersten Reihe links erhaltene Kurve heruntergesetzt, um das Übergewicht der schon früher mit Pepton genährten Hefe zu zeigen.

Aus dem vorliegenden Materiale will ich nachstehend eine Reihe charakteristischer Gärkurven in vergrößertem Maßstabe herausgreifen, um einige wichtige Punkte nochmals zu betonen.

Es sind 5 Beispiele ausgewählt und übereinander gelagert worden. Aus dieser Darstellung (Fig. 39) ersehen wir folgendes:

Die Hefe, welche nach früher Peptonfütterung in Zuckerlösung träge zu werden begann, zeigt sofort in Pepton eine Veränderung ihrer Kurve (II), die sich ihrer früheren Wärmebildung (I) fast unmittelbar

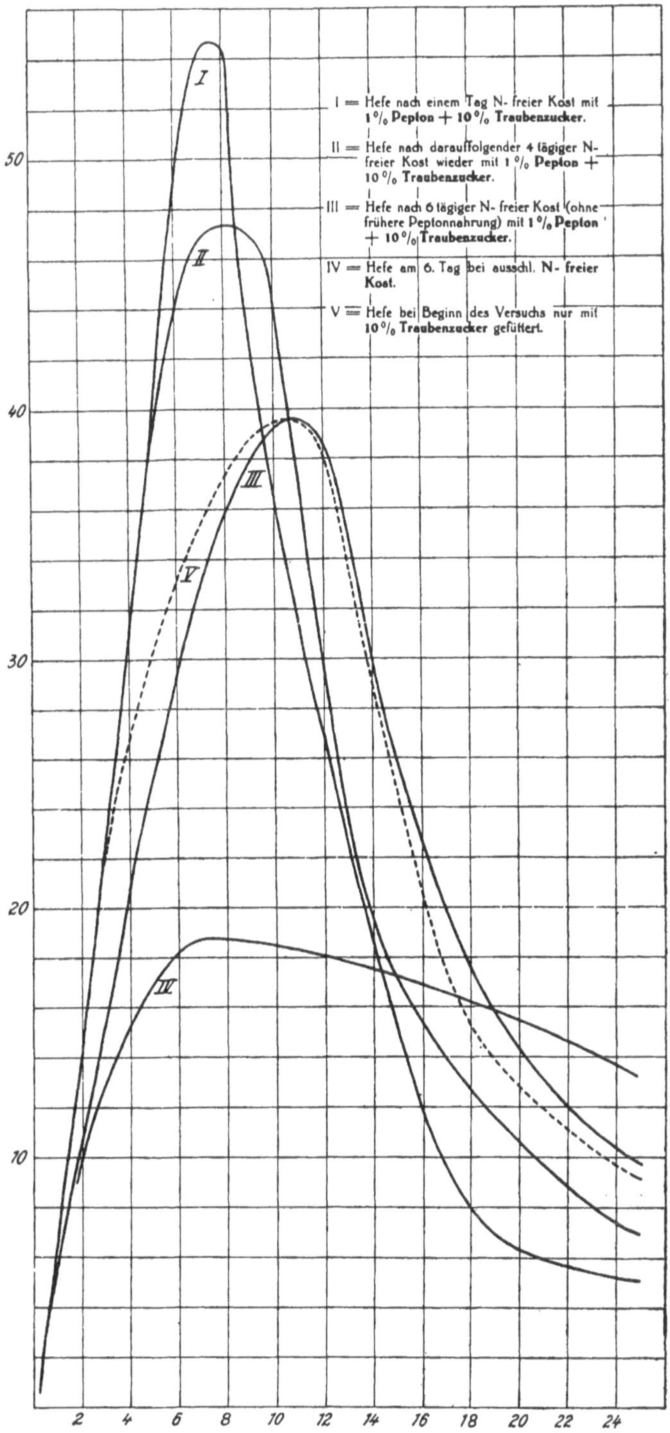
I
II
III
IV
V
I = Hefe nach einem Tag N- freier Kost mit 1 % Pepton + 10 % Traubenzucker.
II = Hefe nach darauffolgender 4 tägiger N-freier Kost wieder mit 1 % Pepton + 10 % Traubenzucker.
III = Hefe nach 6 tägiger N- freier Kost (ohne frühere Peptonnahrung) mit 1 % Pepton + 10 % Traubenzucker.
IV = Hefe am 6. Tag bei ausschl. N- freier Kost.
V = Hefe bei Beginn des Versuchs nur mit 10 % Traubenzucker gefüttert.
50
40
30
20
10
2
4
6
8
10
12
14
16
18
20
22
24

Fig. 39.

anschließt, nur mit der Modifikation, daß nach der 5. Stunde eine Verlangsamung der Gärung sich geltend macht und die maximale Temperatur bei II hinter der von Kurve I nicht unerheblich zurückbleibt.

Die Hefe, welche auch nur einen Tag in Pepton war, hat nach weiteren 4 Tagen N-freier Kost die Fähigkeit, durch Pepton regeneriert zu werden nicht eingebüßt, wohl aber vermag die gleiche Veränderung wie in frischer Hefe durch Peptonzufuhr nicht erreicht zu werden. Die Leistungen der regenerierten Hefe nach 4tägiger N-freier Kost sind aber immer noch größer als jene der ursprünglichen Hefe in 10 Prozent Zucker (Kurve V).

Ohne Peptonzusatz war die Hefe in ihrer Leistungsfähigkeit am 6. Tage schon sehr erschöpft (Kurve IV). Entsprechend dieser stärkeren Degeneration erreicht die Hefe bei Peptonzugabe (Fig. III) nicht die Kraft, wie sie in Kurve II, der früher einmal mit Pepton gefütterten Hefe, sich ausdrückt. Die Zellen haben durch die 6tägigen N-Verluste viel Material eingebüßt, das sich aber großenteils aus dem Pepton wieder ersetzen läßt. Die heruntergekommene Zelle füttert wohl ihre Bionten auf, aber sie erzeugt keine neuen, welche die bestehenden Lücken ausfüllen könnten. Daher das Zurückbleiben hinter Kurve II, die von der peptongenährten Hefe stammt. Durch die Peptonfütterung nach der 6 Tage N-freien Fütterung wird die Hefe auf den Gärungszustand gebracht, den sie am 1. Tag des Versuches bei N-freier Kost zeigte (Kurve III, V), Peptonfütterung hat demnach die Wirkung von 6 Zuckerfütterungstagen aufgehoben.

Das ist ein bedeutender Nährеffekt. Er ist aber gerade bei der sehr heruntergekommenen Hefe am größten gewesen (Kurven III und IV). Die Zellen sind also in der N-frei ernährten Hefe am 6. Tage wohl schon nahe am endgültigen Absterben, und viel N ist zu Verlust ergangen.

Siebentes Kapitel.

Das Verhältnis zwischen Eiweißzerfall und Gärungskraftwechsel bei nicht wachsender Hefe.

Die lebende gärende Zelle zeigt einen Verlust an N, der sich täglich vergrößert und schließlich bei fehlendem Ersatz von N-haltigem Nährmaterial eine bedeutende Größe annimmt; die Spaltstücke können zum Aufbau nicht unmittelbar wieder verwendet werden. Man nimmt an, daß dieser N-Verlust das Analogon des Eiweißstoffwechsels der Hefezelle sei. Ich habe schon S. 279 gezeigt, daß dieser Gedanke, alle N-Verluste der Hefezelle als rein exkrementielle Ausstoßungen zu betrachten, nicht angängig ist. Durch meine Untersuchungen ist bewiesen, daß am N-Verlust sehr verschiedene biologische Vorgänge beteiligt sind.

Zum mindesten sind drei verschiedene Ursachen hierfür aufgefunden. Einmal kann die Fermentsekretion nach außen (Invertinbildung) sich geltend machen und vielleicht wäre hierher auch noch die Zymasebildung zu rechnen. Ferner habe ich gezeigt, daß primär bei träger Hefe ein Absterben von Zellteilen erfolgt, deren Masse der allmählichen Auflösung anheimfällt; endlich aber haben wir eine dritte Art der N-Verluste, die bei N-Mangel stets auch bei ganz frischen Zellen vorhanden ist und mit der Gärung zu- und abnimmt. Alle diese Erscheinungen könnten als Analogie zu dem permanenten N-Verlust der Zellen höherer Lebewesen gelten, wo sie einen Teil des sogenannten N-Minimums ausmachen.

Nur werden wir uns stets vor Augen halten müssen, daß ein solcher N-Verlust in der energetischen Bilanz bei der Hefe gar keine Bedeutung besitzen wird. Hat derselbe auch schließlich nichts mit den autolytischen Prozessen zu tun, welche (thermisch indifferent) totes Material lösen und teilweise nach außen befördern, so bringt er doch sicherlich keinen Abbau bis zum Ammoniak, wodurch man an ein gleichzeitiges Nutzbarmachen der N-freien Bestandteile des Eiweißes für die Gärung denken könnte.

Indem ich auf diese Auseinandersetzungen verweise, glaube ich nicht mißverstanden zu werden, wenn ich im folgenden versuche, einen Energiewert für diesen N-Abbau anzugeben, um wenigstens ein annäherndes Vergleichsmaß für den Umfang dieser Prozesse im Verhältnis zu den sonstigen energetischen Prozessen zu haben.

Nach den (S. 300) angeführten Zahlen entsprach in meinen Versuchen der Abfall des Stickstoffgehalts der Zellen bei Überführung von einer reinen Zuckerlösung in eine andere einem Verlust von 13 Prozent, wovon ein Teil durch Auswaschen bedingt ist. Daß das Waschen der Hefe in Leitungswasser keine der Gärwirkung oder der Zusammensetzung der Hefe nachteilige Veränderung herbeiführt, ist auch in der Industrie bekannt.[1]

Nach 6maligem Auswaschen fand ich bei Anwendung von Wasser 5 Prozent N-Verlust.

---

[1] Hayduk, *Zeitschrift für Spiritusindustrie.* 1885. S. 219 und 490.

Der durch Gärung bedingte Verlust wird also wegen der Auswaschung von N durch Wasser kleiner sein als 13 Prozent, da aber 6maliges Auswaschen (= 1200 ccm Wasser pro 5 g Hefe) auch nur 5 Prozent wegnahm und ein derart häufiges Auswaschen nicht nötig war, so muß der Verlust kleiner als 5 Prozent bei meiner Erntebestimmung gewesen sein. Aus dem Gesagten folgt, daß die wirkliche Größe der N-Ausscheidung etwa auf 10 Prozent runder Zahl anzunehmen ist.

Lassen wir aber diese Frage auf sich beruhen, so wäre die genäherte Größenordnung jenes N-Verlustes bei N-Mangel doch von einem nicht unerheblichen Interesse, wenn man sie zu den energetischen Prozessen überhaupt in zahlenmäßige Relation bringen könnte.

Ich kehre zur Betrachtung des täglichen N-Verlustes der Hefe zurück. Nehme ich den täglichen N-Verlust der Zelle bei 30° zu 10 Prozent des Leibesbestandes an, so wäre notwendig, diese Größe in eine solche rechnerische Beziehung zum Gesamtenergieverbrauch zu bringen, daß ein Vergleich mit den Verhältnissen der höheren Organismen möglich ist. Von einer energetischen Verwertung dieses N-Verlustes kann bei dem anaëroben Leben der Hefe kaum die Rede sein, da aber die Spaltprodukte dieses Vorganges selbst nicht dargestellt sind, so haben Vermutungen über die Umwandlungsart wenig Wert.

Ich fasse daher den ausgeschiedenen N einfach als das, was er ist, als Zellverlust ohne Rücksicht auf die weitere Umwandlung auf; ich muß aber für ihn, um die Größenordnung einigermaßen zu fixieren und den Vergleich mit dem Kraftwechsel der höheren Organismen zu ermöglichen, annehmen, er werde abgebaut wie in letzteren, also für 1 g N 26 kg-Kal. liefernd, dann ergibt sich folgende Berechnung:

1 g N in Hefe liefert 39 kg-Kal. (vitalen Umsatz)
Verlust 0·100 g N × 26 2·6

Summa: 41·6, davon 2·6 für N-Umsatz
= 6·25 Prozent.

Somit wäre das Verhältnis folgendes: Wenn be den höheren Organismen nur die sogenannte Abnützungsquote an N in Betracht kommt, macht diese rund 4—5 Prozent der Gesamtkalorien aus, wenn, wie oben, die Berechnung durchgeführt wird, bei Hefe 6·2 Prozent. Der Eiweißuntergang wäre also dem enormen Energieumsatz der Hefe entsprechend gesteigert und bewegt sich innerhalb der Größen, die man vergleichsweise zu erwarten berechtigt ist, wenn ähnliche Stoffwechselursachen bei den Lebewesen angenommen werden können.

IX. Teil.

Der Stickstoffwechsel der Hefe beim Wachstum.

Erstes Kapitel.

Allgemeines über die Besonderheiten des Wachstums der Hefe.

Im dritten Teil habe ich jene Erscheinungen des Wachstums, die sich auf den Massengewinn und die energetischen Verhältnisse beziehen, behandelt, die Vorgänge bei dem Aufbau der lebenden Substanz und die Gärleistungen der jugendlichen Zellen geschildert.

Außerordentlich groß erwies sich die Wachstumsleistung überhaupt, trotz dieser war aber keine Erhöhung der energetischen Leistung der frischen Zellen aufzufinden. Diese Erkenntnis stellt das Verhältnis der Hefe, was die Beurteilung des Wachstumsprozesses anlangt, in eine Parallele zu den analogen Prozessen der höheren Organismen. Die Hypothese außergewöhnlicher Kraftwechselvorgänge beim Wachstum hat sich als Täuschung erwiesen. Wachstum und Dissimilation zeigen sich als zwei miteinander verbundene Prozesse, sie spielen sich beide an der lebenden Substanz ab, sind aber, was ihr gegenseitiges Verhältnis anlangt, mannigfachem Wechsel unterworfen. Die Aufnahme von Stoffen, wie die Bilanz der Kräfte vermögen wir für das Wachstum ebenso zu fixieren, wie für irgendeinen anderen Abschnitt des Lebensprozesses.

Das Wachstum ferner in seiner physiologischen Dignität für die Erhaltung der Spezies zur Fortpflanzung der Zellen ist bei den Hefen ein Vorgang, der in ihrem einförmigen Leben anscheinend beliebig in Aktion zu treten in der Lage ist. Wir sehen in diesem Akt das Endziel (Vermehrung der Zahl der Individuen) und den Ausgleich im Gegensatz zum Absterben unter mißgünstigen Lebensbedingungen.

Diese engere Umgrenzung der biologischen Funktion des Wachstums habe ich durch einige wichtige Beobachtungen über die Bedeutung des letzteren für den zellularen Aufbau erweitert.

Eine höchst bedeutungsvolle Funktion des Wachstums drängt sich uns direkt bei Betrachtung des wachstumslosen Zustandes im vorigen Abschnitte auf: Das Wachstum als unentbehrliches Glied im Leben der Zelle mit Rücksicht auf einen gesunden Zellbestand. Das Hinsiechen der wachstumlosen Zellen ist, wie ich zeigte, ein rasches; auch bei reichlicher Ernährung, die den N-Bestand der Zelle wenigstens sichern könnte, verfällt sie der Degeneration, weil — es mag ein Mangel ihrer Organisation sein — ein endozellularer Aufbau ohne Wachstum unmöglich ist. In dieser Hinsicht sind also Zellen dieser Art schlechter gestellt als jene der hoch organisierten Wesen, die aus eigenem Können Zellbau und Zellfunktionen nach Schädigungen aller Art wieder auf ihre normale Größe und normalen Verhältnisse bringen.

So ist das Wachstum ein biologisches Ereignis für sich, nicht nur eine „Stoffwechselbilanz", die mit der Mehrung der Leibesmasse ihre endgültige Erklärung findet. Die Neuordnung der Teilchen, die von höchst merkwürdigen Verschiebungen, Mischungen und Spaltungen, die uns die Morphologen gezeigt haben, begleitet ist, verrät gewiß uns einen Teil dieser Umwandlungen und diese sind vom chemischen und biologischen Standpunkt aus auch heute noch höchst unvollkommen bekannt.

Neben den Transformierungen des Stoffes, die den Zwecken der Vererbung dienen, ordnen sich die Teile für die vegetativen Funktionen der neuen Zellen. In festgefügten Bahnen läuft dieser Prozeß, ein Glied der Kette an das andere fügend, in fliegender Hast, wenn die Wärme sich steigert und die Nahrung nicht mangelt, in trägem Flusse bei Kälte und Nahrungsnot. Aber gesetzmäßig ist die Folge der Erscheinungen. Und so fassen wir sie zusammen als Ganzes, unbekannt noch in den Details, aber wie etwas Gesetzmäßiges, Unabänderliches und Berechenbares. Wachstum hat seine bestimmten Beziehungen zur Materie und zu den Kräften und diese sind meßbar. So umgrenzen wir ein uns unbekanntes Geschehen durch bekannte Größen und Gesetze. Dies nüchterne Wissen sagt uns, daß Materie und Kraft ihre Wirkung hier wie sonst in der Natur äußern, nur ist uns bei dem heutigen Stand des Wissens unverständlich, wie die Reaktionen der lebenden Substanz so komplizierte sein können. Der mikroskopischen Forschung bleibt also, wie es scheint, dies Feld des morphologischen Wachstumsstudiums noch lange unbestritten. Aber es finden sich doch recht wichtige Punkte, wo die ernährungsphysiologische Forschung mit Aussicht auf Erfolg einsetzen kann.

Auf Grund ernährungsphysiologischer Tatsachen habe ich für die Verhältnisse der Säugetiere und des Menschen die Notwendigkeit einer Trennung zwischen echtem Wachstum und Zellregeneration bei ausgewachsenen Individuen betont[1], die, wenn sie auch unter Umständen beide zur Mehrung des Zellinhaltes führen, doch in ihren ursächlichen Bedingungen, im zeitlichen Verlauf und in Hinsicht auf die nötigen Nahrungskonzentrationen sich als verschiedene Dinge erweisen.

Durch die Untersuchungen an der Hefe erscheinen die Unterschiede zwischen Regeneration und Wachstum in einem neuen Lichte. Ich habe

[1] Rubner, Problem der Lebensdauer. 1908. S. 117.

eben zeigen können, daß eine Massenzunahme der Hefezelle bis auf das 2·6fache zwar eine Zunahme von Lebenssubstanz bedeutet, in der Art des Entstehens aber einen Prozeß darstellt, der prinzipiell vom Wachstum verschieden ist durch die enge begrenzte Größe seiner Ausdehnung und den Mangel der Teilungsvermehrung, also der Fortpflanzung im eigentlichen Sinne.

Im Wachstumsbegriff liegt der Gedanke der Bildung neuen Materials durch Teilung, mit Erzeugung gleichwertiger Eigenschaften der Teilstücke selbst.

Das Wachstum kann, wie die Hefe zeigt, der Zelle fehlen, solange sie sich nicht teilt; bei ihr gibt es kein endozellulares Wachstum für sich, keine Regeneration, wir können durch Ernährung die Bionten „regenerieren“, auf einen höheren N-Bestand bringen, aber nicht eine Mehrung der Bionten herbeiführen. Die endozellulare Regeneration bis zur optimalen Füllung der Zelle erfolgt also bei der Hefe nur dann, wenn aus anderen Gründen eine Zellteilung zustande kommt.

Man beobachtet sogar unter besonderen Umständen, daß dieselbe Hefe, welche nur durch Biontenregeneration auf einen höheren N-Gehalt gekommen ist, in andere Verhältnisse gebracht sich nur mit Hilfe ihres Zellinhaltes 2- oder 3mal spaltet und Zellen bildet, von denen jede nur $^1/_2$—$^1/_3$ soviel N enthält, wie die vorher aufgefütterte, die trotz ihres N-Reichtums zu einer vollkommen inneren Regeneration nicht gelangen konnte.

Diese Einrichtung, daß nur die Bionten vergrößert, nicht aber vermehrt werden, und daß an dieser Nichterneuerung die Zelle schließlich zugrunde geht, obschon eine Erhaltung der Zelle möglich erscheint, wenn es zur Bildung neuer Bionten käme, wäre in hohem Maße unverständlich, wenn man nicht eben annehmen könnte, daß bei der Teilung und Bildung junger Zellen auch eine Ausscheidung von Stoffen, die für die Zelle nutzlos geworden sein mögen, einträte. Der Teilungsakt mit seiner Verjüngung des Zellmaterials dürfte also wohl durch die Auslese der „gesunden“ Teile die Leistungsfähigkeit der Zelle wieder herstellen und das „Verbrauchte“ aus dem Inhalt der Zelle ausscheiden. Die höheren Lebewesen haben im Gegensatz zur Hefe alle die Eigenschaft eines intrazellulären Wachstums, auch in den Zeiten des beendeten Größenwachstums ist die Konservierung der Zelle für Jahre und Jahrzehnte ermöglicht. Dieses Wachstum wird aber durch besondere Einrichtungen, die uns nicht näher bekannt sind, auf die mittlere Zellgröße beschränkt. Diese Größeregulierung der Zelle wird auf die Zellkerne oder auf bestimmte Bestandteile solcher, die auch dem Hungerzustand Widerstand leisten, zurückgeführt.

Die Einleitung des intrazellulären Wachstums und des Wiederaufbaues herabgekommener Zellen erfolgt bei ihnen nur mit relativ größeren Eiweißüberschüssen des Säftestroms, während die Zellvermehrung und das echte Wachstum jede kleinste Eiweißmenge zu verwerten in der Lage ist. Der Grad der vorausgegangenen Zellschwächung ändert die Größe des notwendigen Eiweißüberschusses, je herabgekommener die Zelle, um so kleinere Nahrungskonzentrationen vermag sie noch auszubeuten.[1] Die Zellregeneration beim Säuger ist nicht nur auf den engen Kreis des Wiederersatzes des Zellinhaltes nach Nahrungsmangel beschränkt, sie ist ein komplizierter Vorgang, der nur in großen Zügen mit den Verhältnissen der Einzelligen in Vergleich gestellt werden kann, insofern bisweilen bei funktionellen Bedürfnissen, die also wechselnd sind und in engerer Beziehung zu der Art der Stoffwechselleistung des Körpers stehen, das Bedürfnis nach optimaler Entwicklung einzelner Zellgebiete auftritt; wie ich erst jüngst nachzuweisen in der Lage war.[2] Die Korrelation der einzelnen Organe wird je nach den besonderen Bedürfnissen des Körpers eine verschiedene sein, der wechselnden Arbeit passen die Organe in bestimmter Weise sich an. Der beim Übergang von N-ärmster zu N-reichster Kost beim Menschen und Säugetier vorkommende N-Ansatz gehört in die Kategorie des Eiweißansatzes solcher Art. Wachstum muß also die Bezeichnung für den mit Zellteilung einhergehenden Akt der Umbildung sein. Ich glaube auch, daß es vielleicht zweckmäßig sein wird, an dieser Anschauung für jene Fälle von Zellbildung und neuer Individuenbildung festzuhalten, in denen es sich ohne Massenvermehrung um einfache Teilungsprozesse und Mehrung der Zahl der Individuen handelt, die aber im weiteren Verlauf der Entwicklung die Massenbildung gewissermaßen erst nachzuholen haben. Sie kommen vielfach bei Protozoen vor, wo sie einen Teil eines Entwicklungskreises dieser Organismen darstellen (Teilungsformen bei Amöben, bei Gregarinen, Flagellaten usw., aber auch bei der Dotterkugelbildung).

Das Wachstum ist ein Vorgang, der ebenso für sich betrachtet sein will wie der wachstumslose Zustand mit seinem Stoffwechsel im Beharrungszustande. Ein Organismus, mehrzellig oder einzellig, kann in beiden Zuständen vorkommen. Die Verteilung der Lebenszeit auf die Wachstumszeit und die Beharrungszeit ist nicht Gegenstand meiner Untersuchung, wir müßten für solche Fragen das ganze biologische Verhalten einer Spezies zur Betrachtung heranziehen, um zu wissen,

[1] Rubner, *Problem der Lebensdauer.* 1908. S. 32, 43, 117.

[2] *Archiv für Physiologie.* 1911. S. 79.

welchen Zwecken die Wachstumsperiode im Verhältnis zu den Beziehungen des Außenlebens dient, um zu erfahren, warum der Beharrungszustand möglich ist, und weshalb manchmal völlige Ruhezeiten und latentes Leben für gewisse Zeiträume festgehalten werden.

Nur in dem Sinne, glaube ich, wird es nötig sein, bei der Hefe auf die Frage der Wachstumszeit und Beharrungszeit einzugehen, als bis jetzt überhaupt zu wenig dieser letzteren Möglichkeit die nötige Aufmerksamkeit zugewendet worden ist.

Die Hefen gehören, wenn wir von der Sporenbildung mancher Spezies absehen, zu den Organismen mit steter Wachstumsbereitschaft; diese Anschauung ist freilich mehr auf Grund hypothetischer Überlegung, als auf Grund von direkter Beobachtung zur Geltung gelangt, es ist von niemand versucht worden, das Geschick aller Zellen einer Kultur kennen zu lernen und deshalb können wir auch nicht wissen, ob wirklich jede neu gebildete Zelle tatsächlich mit gleicher Neubildungskraft fortfährt, sich zu teilen, oder ob etwa doch ein mehr oder minder großer Bruchteil derselben die Teilungsfähigkeit verliert.

Jedenfalls erkennt man in der Wachstumsbereitschaft die stärkste Waffe im Kampfe ums Dasein, da durch die Massenbildung die Konkurrenten geschädigt und unterdrückt werden, und in einem beschränkten Raume alle Nahrungsquellen zum Aufbau möglichst ausgenutzt zu werden pflegen.

Die Lebensmöglichkeit im Beharrungszustande ist aber dabei nicht ausgeschlossen, sie ist ja von großer Bedeutung, weil bei der starken Giftigkeit des Alkohols für den Wachstumsprozeß der letztere viel früher aufgehoben wird als die Gärfähigkeit, und die Konservierung der Hefe in alkoholischen Flüssigkeiten besser ist als in alkoholschwachen, die der Autolysierung der Hefe günstiger sind.

Wir haben schon kennen gelernt, wie sich die wachsende Hefe den Mengen der Nahrungsvorräte anzupassen vermag und diese letzteren völlig nutzbar gemacht werden. Von den Bedingungen, welche zur lebhaften Zellvermehrung führen, habe ich einige genauer untersucht und einen zahlenmäßigen Ausdruck gewonnen.

Unbekannt blieben nur zwei, weil sie mit der inneren Natur der lebenden Substanz im Zusammenhang stehen. Diese sind: die Generationsdauer, d. h. die Teilungsgeschwindigkeit, mit ihr müssen wir vorläufig noch und vielleicht noch lange als mit der „Konstante“ der Spezies rechnen. Über die Gründe der zeitlichen Werte der Generationsdauer wissen wir bei den Säugern ebensowenig, wie bei den Bakterien und Hefen, bei den Säugern aber nach meinen Untersuchungen wenigstens so viel, als bei ihnen sich bestimmte relative Beziehungen in energetischer Hinsicht zwischen vielen Spezies herausgestellt haben[1].

Der zweite, uns in seinen Gründen unbekannte Faktor hängt mit mit dem vorigen zusammen, oder stellt gewissermaßen nur einen anderen Ausdruck desselben für denselben Vorgang dar: es ist die Zellengröße. Denn die Generationsdauer ist nur der Zeitpunkt, wo die für die Hefe oder einen anderen Organismus erreichte Maximalgröße der Zelle, welcher nun die Teilung folgen muß, erreicht ist. Wir wissen allerdings durch die Untersuchung der R. Hertwigschen Schule, wie wichtig für diese Zellgrößenbegrenzung der Kern der Zelle ist, aber wir wissen nicht, warum gerade die eine oder die andere Zellgröße für eine Spezies besteht und wissen nicht, warum diese Größe sich nicht variiert.

Festgestellt habe ich aber die weiteren Faktoren, welche mit der Zellgröße als einer dem Maße nach, aber nicht in den Gründen ihres biologischen Entstehens bekannten Konstante die Zellenzahl einer Aussaat ändern: den energetischen Nutzungsquotienten, welcher besagt, wieviel von der Gesamtsumme der aufgenommenen Energie als Wert für den Aufbau des Eiweißes der Zelle ausgenutzt werden könne und ferner die absoluten Werte des Kraftwechsels der Zelle. Zellgröße (absolut), Nahrungsgröße und Nutzungsquotient würden Gärungsgröße und Zellmaße unter optimalen Verhältnissen einer beliebigen Generation von Hefen uns voraussagen und berechnen lassen; eine Betrachtung, die einfacher wäre als für die Vielzelligen, wo mit der Masse der Tiere der Nutzungsquotient sich ändert.

Die Auswahl der für die Zelle verwendeten N-haltigen Stoffe aus dem Gemische der dargebotenen Lösung (Pepton) war zweifellos elektiv, diese Beobachtung erweitert unser Interesse auch auf dem Gebiete des Wachstums, gewissermaßen auf die „Nahrungsmittellehre", der Hefezelle. Die Elektion besagt ja, daß das, was wir als Nahrungsmittel (Pepton) gewählt haben, strenge genommen, im allgemeinen und in seiner Totalität ein solches gar nicht repräsentiert, und daß es der Scheidung in Nährendes und den wertlosen Ballast bedarf.

Voraussetzung des Wachstums ist also richtiges Nährmaterial.

In geeigneten Nährlösungen tritt bei der Hefe entweder Beharrungszustand oder Verbesserung des Ernährungszustandes oder Wachstum ein.

Über die Grenzen des Beharrungs- und Regenerationsvorganges habe ich im vorigen Abschnitt gehandelt; bleibt somit das Wachstum im engeren Sinne zu behandeln.

[1] Rubner, *Das Problem der Lebensdauer.* 1908. S. 191.

Bei dem oben gegebenen Wachstumsschema, dessen Konstanten (Zellgröße, Nutzungsquotient, Energieverbrauch usw.) experimentell festzulegen sind, fehlt ein Anfangsglied, die Erklärung und Definition für den Beginn des Wachstums. Wenn man die Welt der Mikroorganismen ansieht, so drängt die so häufige Erscheinung der neu erwachenden Zellvermehrung die Frage auf, warum das Wachstum in die Erscheinung tritt?

Die einen Autoren sehen im Wachstum eben eine physiologische Notwendigkeit der Entwicklung, was aber keine Erklärung des Vorganges darstellt, sondern nur die Konstatierung einer Tatsache.

Wenn man sich aber das Wachstum vom Standpunkt des Kampfes ums Dasein, gerade im natürlichen Verlauf des Lebens betrachtet, so ist es eine Erscheinung, die nicht überall in Aktion treten kann und sehr oft behindert ist. Man sieht es von diesem Standpunkte als eine notwendige Folge einer „guten Ernährung" an; was diese aber sei, wissen wir auch nicht.

Wem die Antwort nicht genügt, daß Wachstum eben dort einsetzt, wo die Nahrungsmittel vorhanden sind, dem wird es unerläßlich scheinen, das Problem des Wachstums vom ernährungsphysiologischen Standpunkte aus noch an einer anderen Stelle anzugreifen, nämlich in seinen Anfängen, wo die Zelle sich zum Wachstum anschickt und unter jenen verwickelten Verhältnissen, wo Wachstumsbeginn und einfacher Stoffansatz in Eins zusammenzufließen scheinen. Wir haben aber schon im vorigen Abschnitt gesehen, daß gerade an diesem Punkte, wo das Wachstum einsetzt, wo die Nahrungsvorräte zuerst zu einer Wachstumsnahrung sich verdichten, das Wachstum mit einer anderen Zelleigenschaft, mit der Bildung neuen Zelleiweißes ohne Wachstum vergesellschaftet ist.

Aus welchen Gründen nimmt eine Verbesserung des Ernährungszustandes ihren Anlauf und steht still, ehe es zum Wachstum gekommen ist, was löst die Triebkraft aus, die in ununterbrochener Folge zu Tausenden von Generationen Veranlassung gibt? Diese Probleme führen uns mehr und mehr auf jene Gebiete, wo man allmählich hoffen darf, daß die Morphologie der Wachstumslehre der Ernährungsphysiologie die Hand reichen wird. Es wäre denkbar, daß es solch einfach zu normierende Grenzen für biologische Verschiedenheiten der Zelle überhaupt nicht gibt, daß wie man sagt, „innere Zustände" der Hefezelle maßgebend sind, deren Äußerungen natürlich höchst verschieden ausfallen könnten. Es könnte das einemal bei gleichem Vorrat an Nahrung

Beharrungszustand, in einem anderen Ansatz, in einem dritten Wachstum eintreten: wenn eben die Zellbedürfnisse „innerlich“ sich verschieden gestalten. Man müßte bei solchen Verhältnissen auf das Studium der Zellbeziehung zur Nahrung wahrscheinlich ganz verzichten. Meine Untersuchungen machen es durchaus unwahrscheinlich, daß die Hefe so sehr verschiedene und wechselnde Eigenschaften aufweisen sollte, oder richtiger gesagt, inwieweit sie solche besitzt, sind sie uns durch die vorliegenden Versuche wohl bekannt.

Ich nehme an, daß die Zellen, von kleinen Abweichungen abgesehen, in ihren Eigenschaften zur Eiweißanlagerung konstante Eigenschaften aufweisen, oder vielleicht nur jene Differenzen zeigten, die wir von den Säugetierzellen her kennen: gesteigertes Nahrungsbedürfnis mit dem Zustand eines verringerten Ernährungszustandes.[1]

Dies vorausgesetzt, wird man die Grenzen des Wachstums zur Menge der Nahrungsstoffe in Beziehung setzen dürfen.

Von spezifischen Qualitäten der Nahrung kann zunächst abgesehen werden, diese Frage wird uns später noch beschäftigen.

Wenn Beziehungen zur Nahrung vorhanden sind, so müssen sich diese in irgend einer Beziehung zu einer bestimmten Nahrungsmenge ausdrücken, und aus der Art dieser und der Beschaffenheit des Quantitätsverhältnisses dürfen wir dann hoffen, auf die inneren Zustände einen Rückschluß zu machen. Zwischen Zelle, Wachstum, Nahrung kann es sich natürlich um quantitativ gar nicht unwesentliche Beziehungen handeln, da die Nahrung doch das Wachstum bestreitet. Da uns die Nahrungsgrenze bekannt ist, welche den Bestand des N-Gleichgewichts herbeiführt, so würde man auch an eine Normierung einer Wachstumsgrenze denken können, da der kleinste „Überschuß“ schon die Wachstumsgrenze bedeuten könnte.

Man könnte daher auf die tierische Physiologie exemplifizieren.

Beim Säugling, dessen ungemein langsames Wachstum bekannt ist, genügt ein minimaler Überschuß über die N-Menge der Erhaltungsdiät, um das Wachstum zu befriedigen. Die Generationsdauer erstreckt sich auf viele Tage, Wochen, Monate, je nach dem Alter des Säuglings.

Sonach könnte man wohl annehmen, daß bei der Hefe jeder minimale Überschuß zum Wachstum führt, wenn nur die Anziehungskraft der Hefe für das Nährmaterial die Entscheidung herbeiführt.

Allein es ist dabei gleich eine Tatsache zu erwägen, daß nämlich Nahrungsüberschuß zuerst, nachdem der Beharrungszustand erreicht

---

[1] **Rubner**, *Problem der Lebensdauer*. 1908. S. 43.

ist, zur Verbesserung des Ernährungszustandes der Zelle führen könnte, und erst nach Befriedigung dieses Bedürfnisses zum Wachstum.

Es wären also verschiedene Grenzwerte zu bestimmen. Aber die Nahrung mit ihrer Konzentration wäre die Veranlassung zu den verschiedenen Maßvermehrungen der Zelle. Solch eine Wachstumshypothese könnte man im Hinblick auf Art und Wirksamkeit der in Aktion tretenden Kräfte als „Absorptionshypothese“ bezeichnen.

Ein Grenzwert bestimmter Art (die Menge der Nahrung) — etwa eine bestimmte Konzentration — würde den Beginn des Wachstums bezeichnen. Diese Absorptionshypothese verträgt sich aber mit den bisher gemachten Erfahrungen nicht. Im vorigen Abschnitt haben wir gesehen, daß die Regeneration in hochprozentigen Peptonlösungen nur bis zu einer bestimmten Grenze zunimmt und daß darüber hinaus ein Stillstand der Resorption und der N-Vermehrung der lebenden Substanz Platz greift, Rekonstruktion und Wachstum also nicht in kontinuierlicher Reihe ineinander übergehen.

Dagegen spricht ferner die wohl konstatierte Tatsache, daß die Hefezelle sich sowohl hinsichtlich der Zuckerresorption als der N-Aufnahme in hohem Maße unabhängig von den äußeren Lebensbedingungen erweist; und einfache Absorptionserscheinungen überhaupt nicht zum Ausdruck kommen.[1]

Eine Absorptionshypothese müßte den Schwerpunkt auf die Konzentrationsverhältnisse legen, aber diese sind, wie wir noch sehen werden, für das Wachstum in weitesten Grenzen irrelevant.

Wenn also die Nahrung selbst trotzdem zum Anstoß für das Wachstum wird, so müssen die Beziehungen zwischen beiden Faktoren andere sein, als die Absorptionshypothese sie annimmt.

Eine systematische Untersuchung des Wachstumsproblems hat bis jetzt nie stattgefunden, es erübrigt sich daher die Wiedergabe einzelner zerstreuter Beobachtungen in der Literatur. Nur eine Anschauung habe ich hier zu erwähnen, die durch ihre Eigenart auffällt und die Ursache des Wachstums in einem besonderen Lichte erscheinen lassen will.

Wildiers glaubte bei der Hefe ein besonderes Wachstumsprinzip, „Bios“ genannt, entdeckt zu haben; ohne „Bios“ fände keine Entwicklung der Zelle statt. Was Bios ist, weiß man nicht, es soll sich in der Hefezelle bilden, manchmal auch fehlen und dann von anderen Zellen her ergänzt werden können. Ähnliche Gedanken der Lebenserneuerung sind in der Medizin für die dort interessierenden Vorgänge schon mehrfach behauptet und wieder vergessen worden. Da die Lehre

[1] Abgesehen von der Adsorption.

vom „Bios“ in allen Lehrbüchern behandelt wird, wollte ich sie hier erwähnen. Zum Wachstum gehört nach dieser Auffassung Zelle, Nahrung und Bios.

Das eine und recht wichtige Ziel meiner Untersuchungen wird sich mit der genauen Bestimmung der Ursache des Beginns des Wachstums zu beschäftigen haben. Gerade für die Beziehungen zwischen der Nahrungszufuhr und Größe des Wachstums bietet die Untersuchung der Hefe viele Vorzüge, weil in der Wahl der anzuwendenden Nährstoffe eine gewisse Breite der Ausführung des Experimentes möglich ist und bei der unmittelbaren Einwirkung des Nährmaterials ohne Zwischenglied eines Kreislaufs wie bei den höheren Organismen die Beziehungen zwischen Nahrung und Zelle unmittelbar in die Erscheinung treten.

Ich muß es auch als einen besonderen Vorteil ansehen, daß bei der Hefe die Nährstoffe für Wachstum und Dissimilation völlig verschiedene und zur gegenseitigen Vertretung ungeeignet sind, wodurch die Verwendung des N-Materials im vorliegenden Falle nur völlig eindeutig ist.

Als N-Quelle habe ich, wie im vorigen Abschnitt, zunächst die Peptonlösungen wieder verwandt, obwohl ich alsbald erkannt hatte, daß ihr Nährwert nicht mit der hohen Einschätzung übereinstimmt, die man diesem Stoff vielfach entgegengebracht hat. Ich habe für den Ausnützungsgrad des Nährstoffes das Wort „Nährwert“ adoptiert, weil es im allgemeinen für eine kurze Charakterisierung des Nährstoffes ausreicht. Auf gewisse Bedenken über die Berechtigung dieser Definition komme ich an anderer Stelle zurück.

Zweites Kapitel.

Die untere Grenze des Wachstums und über verschiedene Nahrungsstoffe.

Das Wachstum kommt bei Bakterien und Hefen im allgemeinen dann zustande, wenn deren vegetative Formen, wie man zu sagen pflegt, in eine nicht zu verdünnte Nährlösung gebracht werden. Als obere Grenze der Konzentrationen kennt man meist solche, welche zu plasmolytischen Veränderungen führen. Das Wachstum wird abgeschlossen durch die Erschöpfung des Nährbodens oder die Ansammlung von Zersetzungsprodukten. Besonders bei sehr kleinen Aussaaten findet man eine gewisse Latenzzeit, innerhalb deren ein merkliches Wachstum nicht auftritt, eine Erscheinung, für deren Eintritt die Gründe in einer „Akkommodation“ an die Nährlösung im Hinblick auf die chemische oder physikalische Beschaffenheit (osmotische Verhältnisse) gesucht werden.

Nach diesen üblichen Anschauungen konnte man der Meinung sein, die Verhältnisse seien so verwickelt, daß man auf ihre Studien die einfachen Gesichtspunkte, die ich im vorigen Kapitel entwickelt habe, gar nicht anwenden kann. In Wirklichkeit liegt die Sache aber ganz anders, und wir können auf Grund meiner Untersuchungen an Hefezellen eine völlig neue Vorstellung gewinnen.

Die Ernährungsbedingungen sind durch die vorliegenden Versuche soweit bekannt, daß man die Experimente über Wachstum völlig einwandsfrei durchzuführen in der Lage ist.

Die erlaubte Nährkonzentration N-haltiger Stoffe ist aus Teil III S. 309 bekannt, ebenso aus Teil II die für Zuckerlösungen zulässigen Verhältnisse. Die Bedingungen einer „Hemmung des Wachstums“ durch „Stoffwechselprodukte“ reduzieren sich auf die Rückwirkung des Alkohols. Außer dem Alkohol, der auf die Gärung in erster Linie, dann allerdings auch auf das Wachstum wirkt, kommen weitere Einflüsse nicht in Betracht. Die Ursachen einer längeren Latenzzeit des Wachstums (siehe oben S. 161 III. Teil Kap. II) lassen sich durch nicht zu kleine Aussaat überhaupt vermeiden. Die Notwendigkeit einer ausreichenden Fürsorge für Gärmaterial findet sich im III. Teil Kap. VI S. 190 begründet. Es lassen sich also die Versuchsbedingungen so wählen, daß die Beziehungen des Wachstums zum Nährvorrat klar und ungestört zum Ausdruck kommen.

Die Äußerungen der Nahrung auf das Wachstum sollen in erster Linie durch die nachfolgenden Experimente untersucht werden. Dabei aber vorläufig die Intensität des Wachstums, also der Faktor „Zeit“, völlig außer Betracht bleiben, bis die sonstigen elementarsten Verhältnisse näher geklärt sind.

Nach welcher Richtung die Untersuchung einer Minimalgrenze des Wachstums auf deren Feststellung es zunächst ankommt, sich zu wenden hat, lassen die Versuche erkennen, die ich schon früher, Teil III, berichtet habe. Ich habe mich dabei stets auf die quantitativen Bestimmungen der Ernte gestützt, ohne diese sind sichere Ergebnisse nicht zu gewinnen.

Auf die Bestimmung, welcher Größen die Feststellung ausgehen muß, haben schon in allgemeinen Zügen meine früheren Ernteuntersuchungen dargetan.

Für das Ergebnis eines Wachstumsversuches sind nach diesen Experimenten die Ernten zwar proportional den Konzentrationen des

N-haltigen Materials, was aber nicht bedeutet, daß den letzteren der ausschlaggebende Einfluß zuzusprechen sei, sondern nur besagt, daß die Zellen aus jeder Konzentration, also unabhängig von dieser, sich mit Nahrung versorgt und den Nahrungsvorrat aufgebraucht haben. Die wachsende Zelle hat auch in 8facher Verdünnung von Bierwürze, wie bei der Stammlösung, wegen der nötigen Elektion zwar nicht allen N überhaupt, aber einen gleichen Prozentsatz von diesem ausgelaugt.

Wir werden in analoger Weise nach der unteren Grenze hin bei noch größerer Verdünnung den Versuch erweitern müssen.

Man könnte zwar meinen, daß, wenn die Hefe tatsächlich in außerordentlich starkem Maße die N-Nahrung auslaugt und verarbeitet, dann müßte sie auch bei größter Verdünnung zu wachsen beginnen. Das wäre aber eben eine Voraussetzung, die ich nicht zu machen berechtigt bin. Es wäre ebensogut denkbar, daß die Hefe z. B. bei einer ziemlich erheblichen Konzentration erst zum Wachstum veranlaßt wird, aber einmal zum Wachstum gebracht, auch die letzten Reste des N-Materials aufbraucht. Ja, bezüglich des letzteren Punktes ist nicht einmal erwiesen, ob die letzten Reste N-haltiger Substanz durch Wachstum aufgebraucht oder etwa nur zur Verbesserung des Ernährungszustandes dienen.

Die Versuche müssen also selbstredend nach jener Grenze hin ausgedehnt werden, wo schließlich das Wachstum zur Unmöglichkeit wird; die ausgesäten Zellen also nicht weiter mehr zur Teilung kommen.

Diese Versuchsanordnung führt aber nur allzuleicht an gewisse methodische Grenzen, die das Ziel erschweren und unerreichbar machen.

Völlig anders liegt das biologische Problem, wenn wir die Aussaaten wechselnd gestalten, aber die Konzentration der N-Nahrung gleich erhalten. In diesem Falle lassen sich auch die Bedingungen für die Kohlehydratversorgung und den Grad der Verdünnung zur Verhütung einer Rückwirkung der Stoffwechselprodukte leicht so günstig wie möglich machen, und die Relationen zwischen Zahl der Hefezellen und Nahrungskonzentrationen beliebig variieren, wodurch auch die Relationen zwischen Zellen und absolutem Nahrungsvorrate eine Verschiebung erleiden. Wir haben dabei den Vorteil, die Untersuchungsmethoden, die bisher von Wert sich erwiesen haben, auch weiterhin beizubehalten.

Durch die Verschiebung zwischen Menge der Nahrung und der Aussaat gelangen wir schließlich in das Gebiet jener Grenzwerte, wo wir hoffen dürfen, einen neuen Einblick in das Wesen des Wachstums zu gewinnen.

Der Wachstumsbeginn wird mit der Nahrungsverdünnung an einer mir unbekannten, aber bestimmten, vielleicht auch unter Umständen variablen Grenze zu Ende kommen müssen.

Auch werden sich die Bedingungen finden lassen, wo alles Wachstum unmöglich ist und jene Beziehungen des Stoffansatzes auftreten, die wir im vorigen Abschnitt bei der wachstumslosen Hefe behandelt haben.

Ich habe dort gerade durch den Kunstgriff einer gewissen Nahrungsbeschränkung den wachstumslosen Zustandes beliebig herbeigeführt. Die gleiche Methode habe ich in meinem Laboratorium durch Nawiasky (l. c.) auch beim Studium des wachstumslosen Bakterienstoffwechsels verwenden lassen.

Das Studium des wachstumslosen Ernährungszustandes bei der Hefe hat wichtige Ergebnisse für die Zellphysiologie ergeben und ich werde mich dieser Tatsachen bei Aufklärung des Wachstumsverhältnisses selbst zu wiederholten Malen zu bedienen haben.

Die ersten Versuchsreihen habe ich nach der zuerst genannten Methode unter großer Verdünnung des Nährmaterials bei gleicher Aussaat einer Anzahl von Hefezellen angestellt, wobei Aussaat und Ernten in der Zeißschen Zählkammer gezählt wurden. Die Auszählung der Ernten hat den Vorzug, daß sie den Begriff „Wachstum" mit absoluter Sicherheit zu bestimmen erlaubt, ihre Ergebnisse werden dann später mit Hilfe der zweiten gewichtsanalytischen Methodik mit größerer Aussaat ergänzt werden. Ich berichte nun zunächst über eine Reihe von Experimenten, die ich in der Weise habe ausführen lassen, daß verschiedene Konzentrationen von Wittes Pepton in 10 Prozent reinster Rohrzuckerlösung mit bestimmten Mengen von Hefezellen (Zählbestimmung) geimpft und nach bestimmten Zeiten die Ernten gleichfalls durch Zählung oder durch Kultur auf Würzeagar festgestellt wurden. Prof. Ficker hatte die Freundlichkeit, die zunächst zu berichtenden Reihen auszuführen.

Nachstehende Versuchsreihe wurde mit einer Aussaat von 17000 Keimen pro 1 ccm der Impfflüssigkeit gemacht.

Peptonmenge variierte von 0·5 Prozent = 0·075 Prozent N (was etwa einer bereits auf das doppelte Volumen durch Wasser verdünnten Würze entspricht) bis 0·0005 Prozent, also um das „Tausendfache"[1].

---

[1] Hefereinkultur Nr. 696, die ich dem Institut für Gärungsgewerbe verdanke; sie hat den Vorzug, daß die Zellen sich sehr gut verteilen und also gut zählen lassen. Der Zucker war als chemisch rein von Merck bezogen (kristallisiert). Alle Zählungen in der Zählkammer ausgeführt. Zellverbände sind durch Schütteln leicht zu trennen.

	Pepton Prozent	Aussaat 1 ccm	Nach 1 Tag	Nach 3 Tagen	Nach 6 Tagen
1.	0·5	17000	2180000	22800000	24200000
2.	0·05	17000	102000	733000	840000
3.	0·0245	17000	80000	690000	737000
4.	0·012	17000	80000	526000	640000
5.	0·0066	17000	90000	457000	535000
6.	0·00303	17000	70000	390000	450000
7.	0·001515	17000	87000	372000	395000
8.	0·000075	17000	112500	377000	370000
9.	ohne Pepton	17000	48000	217500	260000

In allen Verdünnungen hat also Wachstum stattgefunden. Am 6. Tage war das Wachstum beendet, es machte schon vom 3. Tage ab wenig Fortschritte. Der Zuckerzusatz war reichlich, so daß für die Möglichkeit der Gärung optimal gesorgt war. Die Ernten sind dem Gewichte nach so gering, daß eine Ansammlung von Gärprodukten keine Rolle spielt.

Mit steigender Verdünnung nimmt die Geschwindigkeit des Wachstums ab; die in gleichen Zeiten geerntete Hefe wird um so kleiner, je mehr der Gehalt an Pepton sinkt. In den Verdünnungen wird das Übergewicht der N-freien Stoffe über die N-haltigen immer größer, schon bei 10 Prozent Rohrzucker und 0·5 Prozent Pepton stehen, Pepton und Zucker im Verhältnis von 1:20, die übrigen Verdünnungen zeigen natürlich noch größeres Überwiegen des Zuckers.

Die Experimente haben leider eine recht unliebsame Fehlerquelle aufgedeckt, die ja allen bakteriologischen Arbeiten mit kleinen Aussaaten anhängt, nämlich den Einfluß kleinster Verunreinigungen „der chemisch reinsten Chemikalien".

Die reinste kristallisierte Saccharose enthielt noch so viel an N-haltigem Ernährungsmaterial, daß hierdurch allein noch 260000 Keime in 1 ccm Kulturflüssigkeit wachsen konnten. Wie häufig mögen bei bakteriologischen Versuchen solche kleinste Verunreinigungen über den Nährwert der Nährböden zu Täuschungen führen! Wie ich noch besonders hervorheben möchte, kamen Verunreinigungen des zur Lösung des Zuckers benützten Wassers nicht in Frage.

Es bleibt in dem vorliegenden Falle aber immerhin die Möglichkeit, den Fehler der Unreinheit des Zuckers dadurch zu eliminieren, daß die in Zucker allein erhaltene Ernte von der bei Pepton erhaltenen in Abzug gebracht wird. Ich erhalte dann folgende Tabelle:

Keimzahlen nach Abzug der in reinem Zucker gewachsenen Ernte pro 1 ccm.

	6. Tag.
1.	23940000
2.	580000
3.	477000
4.	380000
5.	275000
6.	180000
7.	125000
8.	110000
9.	0

die unzweifelhaft den Effekt der Peptonzugabe auf das Wachstum der Hefe erkennen läßt; in ununterbrochener Reihe fällt mit Abnahme der Peptonkonzentration auch die Ernte.

Ich beginne zunächst mit der Besprechung des Wachstumseffektes bei größter Verdünnung.

Auch 0·00075 Prozent Pepton = 0·000112 Prozent N ergeben trotz der großen Verdünnung noch einen deutlichen Zuwachs in der Zahl der Hefezellen. Im ganzen war in 200 ccm Flüssigkeit 0·24 mg N vorhanden und an Zellen gewachsen:

direkt beobachtet . .	370000 in 1 ccm
in Zucker allein	260000 ,, 1 ,,
	= + 110000.

Ich nehme dabei an, was ja auch nicht zu bezweifeln sein wird, daß Zucker-N und Pepton-N, wo sie zusammen wirken, sich in ihrer Rückwirkung auf das Wachstum der Hefe summieren.

Die Hefe hat bei dieser großen Verdünnung den N des Peptons keineswegs vollständig aufgenommen.

Im Kulturgefäß waren 200 ccm Flüssigkeit mit 110000 Zellen pro 1 ccm = 22000000 Zellen im ganzen. Frische Preßhefe liefert durchschnittlich 18000 Millionen Zellen pro 1 g, bei 0·020 g N = 1000 Mill. = 0·0011 g N.

Der N-Gehalt der Hefe ist freilich nicht ganz konstant, und es ist nicht unwahrscheinlich, daß diese frisch gewachsene Zellenmasse nicht einen mittleren N-Gehalt, sondern vielleicht sogar einen unter diesem liegenden gehabt hat. Obige 22 Millionen Hefezellen, welche in der 0·00075 Prozent. Peptonlösung gewachsen sind, entsprechen

$$0{\cdot}000024 \text{ g N} = 0{\cdot}024 \text{ mg},$$

was etwas zu hoch sein dürfte.

Die Aussaat war 3·77 tausendstel Milligramm, also Reinernte

$$\begin{array}{r} 0{\cdot}024 \\ -\ 0{\cdot}004 \\ \hline =\ 0{\cdot}020 \text{ g N.} \end{array}$$

Aber sehen wir davon einmal ab, so ergibt sich doch, daß die Hefe in der weitgehendsten Verdünnung nicht allen N des Peptons assimiliert, sondern von 0·23 rund 0·020, d. i. nur 8·7 Prozent. Die Verdünnung trägt daran aber kaum eine Schuld, denn bei den größeren Konzentrationen kommt man auf annähernd ähnliche Zahlen, und diese Ergebnisse werden in der Folge noch gesichert und bestätigt werden, geben aber schon jetzt unseren Folgerungen eine ganz bestimmte Richtung.

Wenn bei größeren Konzentrationen und bei kleineren, welche letztere so außerordentlich von den ersteren unterschieden sind, der gleiche Prozentsatz an N unverwertet bleibt, so zeugt dies nicht für eine zufällige unvollkommene Verwertung dieser N-Verbindungen, sondern für eine unmögliche Verwertung, die eben auf eine innere Verschiedenheit des Peptonmaterials für die Ernährung zurückzuführen sein dürfte.

Mithin schien mir der Schluß berechtigt, daß hier also eine vollkommene Verwertung eines Nutritionsmaterials eintritt, soweit es eben verwertbar ist. Ich habe damit den Beweis erbracht, daß für das Wachstum ganz das gleiche gilt, was ich schon für den Ansatz im Beharrungszustande gesagt und gefunden habe, das Pepton ist selbst nicht ein Nahrungsstoff, sondern wie ja auch die Chemie des Peptons beweist, ein Nahrungsgemisch, aus welchem nur bestimmte Teile von der Hefe elektiv ausgewählt werden.

Bei anderen Keimen, z. B. Bakterien der Fäulnisgruppe, welche andere Ernährungsbedürfnisse zeigen, habe ich sehr hochwertige Ausnützungen des Peptons beim Wachstum gesehen, bei diesen Keimen kommt meist sogar noch hinzu, daß sie ihre Dissimilation mittels der Zerstörung und durch den Abbau des Peptons decken.

Ich berichte weiter über das Wachstum auf den gleichen Nährböden mit kleineren Aussaaten an Hefezellen; die Versuche waren schon in Angriff genommen, ehe mir bekannt war, daß der Rohrzucker kleinste N-Mengen enthielt, welche von der Hefe assimiliert werden können: Diese Verunreinigungen, das möchte ich bemerken, können mit chemischer Prüfung nicht aufgefunden werden, da es sich nach meiner Schätzung nur um etwa 0·1 mg N in 20 g Rohrzucker handelt.

Die zweite Wachstumsreihe mit der Aussaat von 5400 Keimen zeigt ganz analoge Verhältnisse in den Ernteergebnissen mit der vorigen; auch die nährende Kraft der Zuckerverunreinigung — nach 6 Tagen zählte man auch ohne Pepton 37000 Zellen in 1 ccm — und die annähernde Proportionalität der Ernte im Verhältnis zu Peptonkonzentration, und endlich die Fähigkeit der Zellen, beim Wachstum sehr große Verdünnungen des Nährmaterials zu verwerten; vielleicht war hier in 6 Tagen noch kein definitiver Abschluß des N-Ansatzes erreicht.

Keimzahlen pro 1 ccm.

	Pepton Prozent	Aussaat in 1 ccm	Nach 1 Tag	Nach 3 Tagen	Nach 6 Tagen
1.	0·5	5400	290000	5800000	6100000
2.	0·05	5400	163000	477000	727000
3.	0·025	5400	30000	285000	515000
4.	0·0125	5400	172000	510000	720000
5.	0·006	5400	140000	327000	472000
6.	0·003	5400	133000	450000	387000
7.	0·0015	5400	113000	330000	392000
8.	0·00075	5400	127000	200000	112000
9.	ohne Pepton	5400	77000	26000	37000

(alles direkt gezählt [Zeiß-Thomassche Zählkammer]. Genaue Zählung oft durch Sproßverbände gestört.)

Was auch auffällt, sind noch größere Unregelmäßigkeiten im Wachstum, wie im vorigen Versuch, so daß nicht in jeder Verdünnung sofort die Ungleichheit der Ernten zum Ausdruck kommt. Besonders bemerkenswert sind außerdem die geringeren Unterschiede im Wachstum der ersten Tage, wenn man damit den Verlauf des ersten Versuches vergleichen will.

Die Ernteergebnisse sind unter Abzug der „Zuckerernte“ in nachfolgender Tabelle zusammengefaßt.

Keimzahlen nach Abzug der in reinem Zucker gewachsenen Ernte pro 1 ccm.

Nach 6 Tagen.

1.	6063000
2.	690000

3.	478000
4.	683000
5.	435000
6.	350000
7.	355000
8.	75000
9.	0

Eine dritte Versuchsreihe wurde mit einer sehr kleinen Aussaat — einer anderen Reinkultur — ausgeführt, sie bringt uns die Erklärung für das etwas auffallende Verhältnis der Ernten an den ersten Tagen der Versuche.

Wachstum von Hefe in 10 Prozent Rohrzucker mit fallenden Peptonmengen.

Hefestamm: Reinkultur von „Preßhefe II", aus der Preßhefe vom August 1906 rein gezüchtet, fortgeimpft auf Bierwürzagar.
Rohrzucker: Schering.
Pepton: Witte.
Züchtungstemperatur: 26·5°.
Volumen der Lösung: 200 ccm.

Keimzahlen pro 1 ccm.

	Pepton Prozent	Aussaat	Nach 1 Tag	Nach 3 Tagen	Nach 6 Tagen
1.	0·5	24	1	216	3000000
2.	0·05	24	0	6	680000
3.	0·024	24	3	10	360000
4.	0·012	24	24	92	540000
5.	0·005	24	30	970	940000
6.	0·0024	24	51	1950	640000
7.	0·0012	24	65	2420	1020000
8.	0·0005	24	30	1500	740000
9.	ohne Pepton, nur Zuckerlösg.	24	44	1700	820000
		Nur kulturell gezählt (Bierwürzagar)			Nur mikroskopisch gezählt. Erschwert wegen Sproßverbandbildung.

Am ersten Tage nach der Aussaat ist zwischen 0·5 Prozent Pepton bis 0·024 Prozent ein Absterben oder eine Entwicklungshemmung der

Hefe vorhanden, welch letztere fast bis zu einem Gehalt von 0·0024 Prozent Pepton herabreicht. Bis auf eine Ausnahme ist die Entwicklung der Hefe in Zucker ohne Pepton besser, als in Pepton + Zucker, noch nach 3 Tagen haben sich die Proben mit einem Gehalt von 0·05 bis 0·024 Prozent Pepton nicht erholt; erst am 6. Tage ist überall starkes Wachstum vorhanden, aber der Zusammenhang mit dem Peptongehalt verwischt, zum Teil ist auch da die Ernte noch kleiner, als nur in der peptonfreien Zuckerlösung.

Die Ursache habe ich schon früher erwähnt, sie liegt, wie wir hier zuerst beobachtet hatten, in einer giftigen Wirkung des Peptons bzw. eines Bestandteiles des Peptons, der erst zerstört werden muß, ehe die Zellen sich entwickeln können. Ist dies geschehen, so entwickeln sich die Hefezellen weiter, aber die schädliche Wirkung scheint offenbar lange nachzuwirken. Zum Teil spielen diese Einflüsse bereits in die Ergebnisse der vorigen Reihe hinein. Dieser Umstand der Giftigkeit des Peptons nötigte mich, auf die Methode der Keimzählung bei geringer Aussaat ganz zu verzichten.

Der Versuchsplan, durch eine systematische Veränderung der Zellenzahl zum Nahrungsvorrat über die Grenzen des Wachstums und der dasselbe beherrschenden Bedingungen ins klare zu kommen, mußte also als gescheitert angesehen werden. Er könnte wohl mit anderen Nährstoffen erfolgreicher sich gestalten. Ich hatte aber keinen Anlaß, auf diesem Wege, als dem einzigen zum Ziele führenden, zu beharren.

Jedenfalls ist so viel bewiesen, daß auch ungeheure Verdünnungen und minimalste Konzentrationsgrade des Peptons noch als ausreichend für das Wachstum angesehen werden könnten, daß also den Zellen die Nahrungsstoffe auch in größter Verdünnung erreichbar sind, wenn auch das Tempo des Wachstums dabei leidet.

Wie ich auch für die höheren Tiere und den Menschen immer betont habe, ist diese kräftige, nur in der Jugendperiode auftretende starke Anziehung von Nährmaterial eine der wichtigsten Eigenschaften der jugendlichen Zelle. Diese Ausbeutung des N ist nicht gar so wunderbar, wenn man sich die ungeheure Oberflächenentwicklung der Hefezelle ins Gedächtnis zurückführt, die mit jeder neu erzeugten Hefezelle ein neues Element für die Absorption von Nahrung in Aktion bringt.

In einer 0·5prozentigen Peptonlösung war die Zellenzahl von 17000 auf 23940000 in 1 ccm gewachsen, also um das 1410fache der Aussaat.

1000000000 Zellen sind = 1·1 mg N, 1000 Zellen = 0·0000011 mg N.

Die Aussaat betrug 0·0000187 mg N und die Ernte für 200 ccm Flüssigkeit berechnet, 5·26640 mg N. Wenn wir die Aussaat vernachlässigen und uns vorstellen, daß ein gleichmäßiges Wachstum erfolgt sei, so entspricht die zur Aufnahme der N-Nahrung verfügbare Resorptionsfläche dem arithmetischen Mittel aus Anfangsbestand und Endbestand. Im Mittel waren also für die N-Aufnahme tätig die Hälfte Zellen, welche dem Endwerte entsprachen = 2·633 mg N.

1 g N der Hefezelle hat 46·2 qm Oberfläche (s. o. = 460000 qcm). 1 mg 460 qcm und 2·633 mg, d. h. die mittlere Ernte, 1231 qcm.

Durch diese Fläche muß das aufgenommene Nahrungsmaterial hindurchgegangen sein (ob das Wasser der Lösung diesen Weg genommen, bleibt ganz außer Betracht).

Auf obige 1231 qcm Fläche verteilt denken wir uns die Nährflüssigkeit = 200 ccm; sie steht dann nur 1·62 mm *hoch*, was zur Ernährung für 6 Tage reichte, so daß täglich nur 0·26 mm Schicht ausgelaugt zu werden brauchten.

Viel ungünstiger steht es bei abnehmender Konzentration, weil dann durch das geringe Wachstum auch die resorbierenden Flächen rasch sinken.

Bei der kleinsten Ernte = 75000 Zellen war die mittlere Zellenzahl in 1 ccm nur

$$\frac{17\cdot000 + 75\,000}{2} = 47000 \text{ Zellen} \times 200 \text{ ccm} = 9400000 = 0\cdot01034 \text{ mg N.}$$

1 mg N = 460 qcm Oberfläche, $\frac{1}{1000}$ mg = 0·46 qcm = rd. 4·60 qcm Oberfläche oder pro 1 qcm steht die Nährflüssigkeit 43 cm hoch pro 6 Tage, die Auslaugeschicht eines Tages macht also 7·1 cm Höhe aus.

Man sieht an diesem Beispiel, wie die Auslaugung der Nährflüssigkeit erschwert wird, aber wir haben auch den Beweis, daß diese Schwierigkeiten überwunden werden.

Der Ernährungsvorgang selbst kann unmöglich auf dem Wege zustande kommen, daß etwa die umgebende Flüssigkeit in die Zelle tritt und dort ihre Nährbestandteile absetzt, sondern es erfolgt offenbar eine Auslese zwischen Wasser und Nährstoff an der Oberfläche der Zelle. Dies geht aus folgender Berechnung hervor: In Versuch 1 wurden bei 17000 Keimen Aussaat pro 1 ccm bei *kleinster Endernte* 110000 Keime gefunden; Mittel also 63500 pro 1 ccm, im ganzen 12700000 Zellen in 200 ccm. Nach *Nägeli* ist der Kubikinhalt (glattweg das Gewicht) einer Zelle 0·000000005 g.

12700000 × 0·000000005 = 0·0635 ccm. Letztere müßten aufnehmen 200 ccm Flüssigkeit, und wenn sie leer wären, sich 3150mal füllen, um diese Flüssigkeitsmenge zu fassen. Für einen Tag wäre die Leistung = $\frac{3150}{6}$ = 525malige Füllung, d. h. alle 165 Sekunden = 2·7 Minuten einmal. Bedenkt man aber, daß die Hefezelle nicht leer ist und daß nur beschränkte Wege für den Flüssigkeitsstrom vorhanden sein können, so müßte der Wechsel der Nährflüssigkeit noch rascher sein. Das klingt unwahrscheinlich, ja unmöglich und zwecklos, zumal ja im gegebenen Falle der Transport des ganzen Peptons ohne Bedeutung wäre, absolut unwahrscheinlich, zumal dabei auch noch der Transport des Peptons als Ganzes gar nicht in Betracht kommt. Die bereits festgestellte Tatsache der Elektion von Nährstoffen zeigt uns den richtigen Weg. Die Aufnahme des N-haltigen Materials geschieht, genau wie die des Zuckers, durch die vitalen Eigenschaften der Zellwand, unterstützt durch die Adsorption der letzteren. Gelegenheit zur Berührung mit den Nährstoffen hat die Zelle in gärenden Flüssigkeiten dadurch, daß sie zwar selbst bewegungslos, durch die Kohlensäureentwicklung in beständigen Hin- und Herbewegungen erhalten wird. Auch Bewegungen durch thermische Strömungen kommen dabei in Frage.

Aus diesem Kommentar zu den Versuchsergebnissen folgert ohne weiteres, daß den Konzentrationen der Nährlösungen als solchen für die Möglichkeit der Ausbeutung und Ausnutzung einer Nährlösung gar nicht die Bedeutung zukommt, wie man anzunehmen geneigt sein möchte.

Der Konzentration und der Nahrungsversorgung in der Zeiteinheit kommt für das Wachstum eine ganz andere Bedeutung zu, wie jener des Zuckers für den energetischen Umsatz. Die ungenügende Zuckerzufuhr hindert die Gärung, und damit gerät der Ablauf des Lebens überhaupt zum Stillstand. Nahrungsverminderung für Wachstumszwecke stellt in den meisten Fällen nicht die Existenz der Zelle in Frage, sondern vermindert nur den energetischen Nutzungsquotienten, d. h. die Geschwindigkeit des Wachstums.

Von letzterer haben wir aber in diesem Abschnitt nicht weiter zu sprechen. Nur insofern kann die Konzentration von Bedeutung werden, als sie rein rechnerisch bei gegebenem Volumen unserer Nährlösung zu einer absoluten Minderung oder Mehrung der Nahrung führt.

Die drei Kardinalpunkte für die weitere Betrachtung werden also: die Aussaat, die absolute Nahrungsmenge und die Ernte. Für diese drei Faktoren liegt es auf der Hand, daß es eine Grenze geben muß, wo die Wachstumszeit gewissermaßen bei der geringen Nahrungszufuhr unendlich werden muß, das Wachstum also stillsteht.

Die Wachstumsgrenze beginnt aber nicht bei jeder kleinsten Nahrungszufuhr, sondern wir haben gesehen, zuerst muß eine Periode des N-Ansatzes ohne Wachstum möglich sein. Aber diese braucht nicht kontinuierlich sich in Wachstum fortzusetzen, denn wir haben diese Rekonstruktion deutlich von der Wachstumsperiode geschieden gesehen.

Es muß also vielleicht mit Besonderheiten der Nahrungszufuhr gerechnet werden, die unter Umständen sofort und ohne die volle Rekonstruktion der Zelle auszuführen zum Wachstum führt.

Eine Aufklärung werden wir nur von jenem Gebiete der N-Ernährung zu erwarten haben, wo Aussaat und Nahrung nicht allzu sehr divergieren, mit anderen Worten, wo die Ernten anfangen spärlicher zu werden. Schon bei den ersten Versuchen einer derartigen Betrachtungsweise ist es mir geglückt, zu einer Darstellung zu gelangen, die Aussicht auf eine Lösung des Problems hat. Eine Betrachtung der Versuche, welche die Konzentration der Nährlösung zur Grundlage hat, führt in diesen Fragen der Grundlinien des Wachstums stets zu einem negativen Erfolg.

Ich habe daher zunächst nur 3 Faktoren als wirksam angenommen, die absoluten (und relativen) Werte: Aussaat, Nährvorrat, Ernte.

Die Konzentration scheidet bei diesen Beziehungen vollständig aus, wir werden sehen, daß nur unter diesen Gesichtspunkten die tatsächlich wirksamen Faktoren in die Erscheinung treten und die sehr verwickelten Probleme sich spielend lösen.

Alle Werte, Aussaat, Nahrung, Ernte, sind in nachfolgenden Versuchen in gleichen Einheiten in Tausendstel Milligramm N ausgedrückt, weil sich dann auch die Aussaaten in ganzen Zahlen ausdrücken lassen. Außer den absoluten Zahlen werden noch die Relationen zwischen Aussaat und den Nährstoffen und die Beziehungen zwischen Aussaat und Ernte berechnet; erstere zeigen uns den Nahrungsüberschuß, letztere den Effekt dieser Ernährung auf das Wachstum.

Von den drei oben ausgeführten Reihen zeigte nur die erste mit großer Aussaat einen normalen Verlauf, die beiden anderen ergaben eine störende Einwirkung des Peptons; dies gilt also für Versuch 2 und 3. Ich könnte die beiden ohne weiteres von der Besprechung ausschalten, ziehe aber wenigstens in diesem Falle vor, zu zeigen, wie sich die Fehler durch Störung des ersten Wachstumsverlaufes äußern und wie sie zur Anschauung gebracht werden können.

Benutzt man als Ausgangsmaterial die Zahlen der drei oben ausgeführten Reihen, welche sich auf die Anwendung einer gleichen Peptonmenge (0·5 Prozent) beziehen, so gaben diese nachstehende Keimzahlen nach 6 Tagen, als das Wachstum abgeschlossen war:

Versuch	Pepton Prozent	Aussaat absolut Keime	Ernte in 1 ccm	Ernte in 200 ccm in Millionen
I	0·5	17000	23940000	478·8
II	0·5	5400	6063000	121·2
III	0·5	24	2180000	43·6

Aus diesen Grundlagen berechnen sich nachstehende N-Werte:

Angaben in Tausendstel Milligramm für den N.

Nr.	Nährwerte des vorhandenen Peptons	Die Aussaat	Aussaat u. vorhandener Nährwert	Ernte an N relativ
1	150000	3·77	1:40000	5350
2	150000	1·20	1:130000	1355
3	150000	0·005	1:30000000	666

Die Nahrungsmenge war überall = 150000 (Tausendstel Milligramm), die Aussaat 3·8, 1·2, 0·005 derselben Einheit.

Die Ernten hätten überall die gleichen Zahlen ergeben sollen, dies war aber nicht der Fall, weil durch störende Einflüsse, d. h. eine Art Giftwirkung das Pepton kleine Aussaaten schädigt, und diese sich in gemessener Zeit nicht mehr so erholen, daß ein völliger Ausgleich der Ernte erzielt wird. Nur die große Aussaat hat das Pepton so rasch entgiftet, daß eine Nachwirkung auf den Wachstumsverlauf nicht geblieben ist, wie ich durch Vergleich dieser Ergebnisse mit jenen nur mit sehr großen Aussaaten ausgeführten gesehen habe. Die nachteilige Grenze liegt bei einem Verhältnis der Aussaat zum Nährstoff über 1:40000 und tiefer als 1:130000, wenigstens für die von mir benutzte Heferassen.

Daraus folgt die Lehre, die Experimente mit größeren Zahlen der Aussaat anzustellen. Also werde ich mich zunächst nur an die erste Versuchsreihe mit 3·77 Tausendstel Milligramm Aussaat halten.

Angaben in Tausendstel Milligramm für den N.

	Nährwert des vorhandenen Peptons	Aussaat des N	Verhältnis der Aussaat und Nährwert	Keimzahl pro 1 ccm	Ernte N pro toto	Ernte[1] in Proz. des Nährstoffes	Bruttoernte exkl. Aussaat
1.	150000	3·77	40000	23980000	5000	3·3	1:1320
2.	15000	3·77	4000	580000	130	3·9	342
3.	7500	3·77	2000	477000	106	1·4	279
4.	3750	3·77	1000	380000	86	2·2	229
5.	1875	3·77	500	275000	61	3·2	160
6.	937	3·77	250	180000	40	3·8	10·5
7.	468	3·77	125	125000	28	5·1	7·3
8.	234	3·77	62	110000	22	7·9	5·8

Ich habe in der Tabelle das Nährmaterial, die Aussaat und die Ernten nach Abzug jener Keimzahl, welche auch in einfacher Zuckerlösung entstanden war, zusammengestellt. Die Tabelle ist absteigend, von der höchsten Peptonkonzentration bis auf die tausendste Verdünnung herab, geordnet; wir haben daher im Verhältnis zwischen Aussaat und dem Nährwert der Lösung (Stab 4) fallende Zahlen. Die Nahrungsüberschüsse nehmen fortlaufend ab. Entsprechend fällt auch die Ernte (Stab 6).

Vergleicht man Aussaat und Ernte, also das Erträgnis, so steht letzteres in engem Zusammenhang mit dem Nahrungsüberschuß, wie er sich in der Relation Aussaat : Nährwert ausdrückt. Die größte Ernte ist 1320mal so groß wie die Aussaat (Stab 8), die kleinste 5·8mal so groß. Die N-Ernten sind in diesen Versuchen aus der Zellenzahl, unter der Voraussetzung eines gleichmäßigen N-Gehalts der Hefe, berechnet. Diese Annahme ist, wie ich später beweise, eine nicht ganz zutreffende, und ich muß zugeben, daß die N-Ausbeute in den drei letzten Fällen des Stabes 7 sogar noch etwas größer war, als angegeben.

Die Ernte hat nur ca. 3·5 Prozent des vorhandenen Nahrungsstickstoffs ausgemacht. Während bei Beginn der Reihe die Nährwerte der Lösung 40000mal so groß waren wie die Aussaat, sinkt dieses Verhältnis auf das 62fache des Überschusses am Schlusse der Reihe. Da das Wachstum ja vor allem und maximal wenigstens an das Wachstumsbedürfnis oder die Wachstumsfähigkeit gebunden ist und die Schwankungsbreiten physiologischer Funktionen nicht allzu große sind, kann man annehmen, daß die Wachstumsgeschwindigkeiten jedenfalls

[1] Die Zahlen sind exkl. der Aussaat berechnet.

noch nicht wie 1:5000 in dem einen und 1:62 in dem anderen Extrem der relativen Nahrungswerte sich bewegt haben können. Ist das Maximum der Generationsdauer irgendwo erreicht, so wird im übrigen die Zelle fortfahren, ihr Teilungstempo inne zu halten, und weitere Überschüsse der Nahrung erweisen sich für die Beschleunigung des Wachstums als belanglos. Die Tabelle lehrt, daß wir trotz des anscheinend großen Nahrungsüberschusses die Grenze des echten Wachstums fast erreicht haben, denn im Falle 8 hat die Zellenzahl fast den Wert von Fall 7 der Tabelle. Das Verhältnis von Aussaat zur Ernte sinkt nur mehr wenig, was auf eine beginnende N-Einlagerung ohne Wachstum schließen läßt. Da ich eine Behinderung des Wachstums noch nicht sicher erreicht habe, kann ich mich über die Grenze jenes Nahrungsüberschusses, der eben das Wachstum einleitet, nach diesen Versuchen noch nicht aussprechen.

Die Versuche bedürfen also noch der Ergänzung in der Richtung, daß noch kleinere Nahrungsüberschüsse angewandt werden. Ich habe namentlich wegen der methodischen Schwierigkeit der Zählung und wegen der Unsicherheit der Ernteberechnung diese bisher angewandte Methodik verlassen und gebe im folgenden nur Zahlen, die auf der direkten Kjeldahlschen N-Bestimmung in Aussaat und Ernte beruhen, behalte aber im übrigen die gleichen Bezeichnungen der Art der Darstellung der Ergebnisse in denselben Einheiten wie früher bei. Ich will nun eine solche Versuchsreihe anführen, die die frühere in dem Sinne eines noch kleineren Nahrungsüberschusses ergänzt.

Ausgeführt wurde diese Reihe (s. Tabelle S. 372) mit 2·5 Prozent Peptonlösung unter Variation der Aussaat. Von einer Hefekultur wurden Verdünnungen mit Wasser hergestellt und damit geimpft. Ich habe in der vorigen Reihe den Versuch abgebrochen bei einem Verhältnis der Aussaat zur Nahrung wie 1:62; diese folgende Reihe beginnt mit der Relation 1:580 und endet mit 1:18.

Ein Unterschied liegt zwischen beiden Reihen auch darin, daß die Konzentrationsgrade des Peptons hier etwas andere sind wie in der vorigen Serie; ich komme auf diesen Umstand zurück.

Bei einem Verhältnis von Aussaat:Nährstoff wie 1:580 ist das Wachstum recht günstig. Die Ernte 16 mal so groß wie die Aussaat. Das Resultat erinnert an das Experiment der vorigen Reihe mit dem Verhältnis zwischen Aussaat und Ernte 1:500, nur sind dort die absoluten Zahlen andere, weil die Verdünnung des Peptons eine sehr weitgetriebene war.

Angaben in Tausendstel Milligramm für den N
(6 Tage).

	Nährwert des vorhandenen Peptons	Aussaat des N	Verhältn. der Aussaat zum Nährwert	Ernte inkl. Aussaat	Reiner Zuwachs	Ernte-(Zuwachs) in Proz. d. Nährstoffs	Ernte zur Aussaat
1.	750000	1200	1:580	19200	18200	2·4	1:16·0
2.	750000	2500	290	26880	24380	3·2	10·8
3.	750000	5100	145	27860	22760	3·0	5·5
4.	750000	10350	72	60000	49650	6·6	5·9
5.	750000	20700	36	60300	39600	5·3	3·0
6.	750000	41400	18	100400	59600	7·9	2·4

Je kleiner das Verhältnis zwischen Aussaat und Nährstoffmenge wird, um so kleiner wird auch die Ernte. Bei einem Verhältnis von 1:36 ist bei Pepton das Ernteergebnis schon sehr dürftig.

Welche Menge an Ernte kann man noch als echtes Wachstum bezeichnen?

In der vorigen Reihe haben wir durch Auszählung der Zellen, allerdings unter erschwerten Umständen, festgestellt, daß bei einem Aussaat-Nährstoffverhältnis von 1:62 und einer Gewichtszunahme der Zellen auf das 5·8fache noch Wachstum vorhanden war, daher auch das Ergebnis in diesem Versuche bei dem Nährverhältnis 1:72 mit einer Erntevermehrung auf das 5·9fache in die Grenze des Wachstums hineingehört. Dagegen fällt die relative Zahl der Ernte bei 1:36 Nährstoffverhältnis bereits auf 3 und 2·4 (s. o.) auf die Hälfte der vorhergehenden Werte. Wie wir im vorigen Teil VIII, S. 325 eingehend erörtert haben, kann nicht jede Gewichtszunahme der Hefe als Wachstum bezeichnet werden, sondern wir haben dort eingehend den N-Zuwachs bei gleichbleibender Zellenzahl behandelt. Doch ist auch nachgewiesen worden, daß eine Zunahme des N-Gehalts etwa auf das 3fache als Grenzwerte für die Einlagerung von N bei der nichtwachsenden Zelle anzusehen ist.

Somit fallen die Nährwertverhältnisse von 1:36, 1:18 schon unter die Grenze des Wachstums oder ersterer Wert nahe der Grenze des Wachstums.

Ich habe bis jetzt stillschweigend die beiden Reihen nur mit Bezug auf die Verhältnisse Aussaat, Nahrung, Ernte nach den relativen Werten verglichen, aber schon früher gesagt, daß das, was sich in beiden Reihen abgespielt hat, in Nährlösungen in die Erscheinung trat, die ganz gewaltig in ihrem absoluten Nährgehalt, d. h. auch der Konzentration verschieden waren.

Wer die hier wirksamen Kräfte für den Aufbau der Zellen nicht kennt, oder an den Anschauungen hängt, wie sie vielfach in der Literatur geäußert werden, dahingehend, daß man der Konzentration der Nährlösungen alle möglichen Eigenschaften zuschreibt, wird natürlich eine solche Beiseitelassung der Betrachtung der Konzentration höchst bedenklich finden müssen.

Ich muß daher auf diesen Punkt als einen wesentlichen meiner Auffassung noch besonders eingehen.

Schon in Teil III sind mit Bezug auf die Gärung auch Versuche über die Verdünnung und deren Einfluß auf die Ernte mitgeteilt worden. Die Ernten erwiesen sich zwar abhängig von der Konzentration, jedoch nur scheinbar, weil die Konzentration in Kulturgefäßen natürlich auch die absolute Menge des Nahrungsvorrats bestimmt. Ich habe dort schon auf diesen Umstand als einen wesentlichen hingewiesen und die Unabhängigkeit des Erntegewinnes von der Konzentration dargetan; an der Hand dieser neuen Versuchsreihen bin ich in der Lage, aufs genaueste zu zeigen, daß die wachsende Zelle, was die schließliche Ausbeutung des Nährvorrats anlangt, fast keine Grenzen kennt.

Dies erläutert eine interessante Zusammenstellung, die ich in folgendem gebe:

Die beiden eben im Detail mitgeteilten Wachstumsreihen sind so entworfen, daß sie miteinander kombiniert uns den **Einfluß einer Reihe von Verdünnungen** quantitativ in ihrer Wirkung zu messen erlauben, während die Relation der absoluten Werte zwischen Nahrung und Aussaat dieselbe geblieben war.

	Vorhandene Nährwerte[1] bei dem Versuch auf gleiches Volumen berechnet	Verhältnis der Aussaat z. Nährwerte	Erntezuwachs (rein!) in Prozenten der Nährstoffe	Bruttoernte zur Aussaat
Ia	750000	1:580	2·4	1:16·0
Ib	1875	500	3·2	16·0
IIa	750000	290	3·2	10·8
IIb	937	250	3·8	10·5
IIIa	750000	145	3·0	5·5
IIIb	468	125	5·1	7·3
IVa	750000	72	6·6	5·9
IVb	234	62	7·9	5·8

[1] = Verdünnungsgrad!

Die Tabelle gibt (in $^1/_{1000}$ mg N) die Nährwerte der beiden Peptonlösungen auf das gleiche Volum gerechnet, die sonstigen Stäbe entsprechen bereits bekannten Bezeichnungen. Die Differenzen an Nährwertgehalt (Prozent) waren also enorm groß.

In Serie I schwanken die Nährstoffkonzentrationen zwischen Reihe a und b um das 400fache, in Serie IV sogar um das 3206fache. Ich komme zu folgenden wichtigen Schlüssen. Bei gleichem Verhältnis zwischen Aussaat und Nährstoffvorrat ist die Endernte sowie die Ausbeutung des Nährstoffs für das Wachstum dieselbe, wenn auch die Nährstoffkonzentrationen um mehr als das Dreitausendfache verschieden sind.

Mit jedem Schritte auf diesem bisher unbearbeiteten Gebiete begegnen wir neuen Tatsachen.

Die Versuche erläutern uns aber noch einen weiteren für die Biologie der Hefezelle höchst interessanten Umstand. Betrachten wir die Ausbeute des Nährstoffs im Stab 4, so zeigt sich da meist auch eine Übereinstimmung bei hochgradigstem Konzentrationsunterschied, aber ganz gesetzmäßig doch die weitere Tatsache, daß bei niedrigem Verhältnis von Aussaat zu Nährstoff (siehe Reihe IVa, b, Stab 4) die Ausbeute sogar größer wird als bei großem Nahrungsüberschuß. Es handelt sich dabei um einen rein vitalen Akt, denn dieser Vorgang ist von der Konzentration der Nährstoffe ganz unabhängig.

Bei sehr geringen Mengen Nährstoffen wird also mehr durch die Zelle ausgenützt, als bei jenen Verdünnungen, die sich der Grenze, die wir suchen, nähern.

Man wird in erster Linie an eine Beziehung des für das Wachstum notwendigen Bedarfs zur allmählichen Verringerung der Nahrungsvorräte denken. Es werden also Stoffe, die zuerst beim Wachstum ungenützt bleiben, bei sinkendem Vorrat doch noch für die Ernährung herangezogen; der Nutzungsquotient zeigt sich also nicht einheitlich in allen Fällen des Wachstums, sondern wenigstens bei diesem Nährstoff (Pepton) etwas schwankend.

Die Annahme einer intensiveren Ausnützung des Nährbodens findet eine Stütze in zahlreichen Beobachtungen an Bakterien, bei denen stufenweise aus einem Gemenge von Nährstoffen verschiedene Gruppen zur Ernährung herangezogen werden. Eine Reihe solcher Beobachtungen auf Grund von Versuchen, die in meinem Laboratorium angestellt wurden, hat Nawiasky veröffentlicht[1]. Möglicherweise hängt die

[1] *Archiv für Hygiene.* 1908. Bd. LXIV. S. 33.

größere Ausbeutung des N-Vorrates bei einem engen Nährstoffverhältnis damit zusammen, daß die nichtwachsende Zelle zur Aufspeicherung und zum Ansatz andere Teile des Peptons gebrauchen kann, wie die wachsende. Dies ist durchaus plausibel. Mir scheinen manche Beobachtungen anderer Autoren, welche z. B. Ammoniaksalze zur Nährzwecken bei Hefe verwendet haben, gar nicht anders gedeutet werden zu können, als daß der Prozeß des Eiweißaufbaues, z. B. aus Ammoniak, ein sehr träger ist gegenüber anderen Nährstoffen. Ich erwähne da nur folgendes: Bokorny hat Hefe zwei Tage bei 30^0 bei Peptonnahrung, Asparagin- und Ammoniumsulfatnahrung wachsen lassen und eine Vermehrung der Aussaat (0·31 g trockne Hefe) auf 0·88, 0·62 und 0·55 fache gesehen, woraus sich eine wesentliche Überlegenheit von Pepton ergäbe.[1]

Es mögen daher unter den mannigfachen Polypeptiden und Peptiden der Peptone manche sich finden, welche, wenn zu ihrer Transformierung Zeit bleibt, zur Ernährung dienen können, dieser Eigenschaft aber ermangeln, wenn die Hefe schnell auf Kosten besseren Nährmaterials wachsen kann.

Auch diese Bedingung des langsamen Wachsens trifft tatsächlich zu. Wir müssen uns an die Beziehungen der Geschwindigkeit der Wachstumsvorgänge zu den Konzentrationsgraden erinnern, da haben wir gesehen, daß mit Abnahme der Konzentration der Geschwindigkeit das Wachstum fällt, d. h. die Veränderungen der Zelle sind bei geringem Nahrungsüberschuß in der Zeiteinheit langsam und schleichend. Diese Gedanken, daß die Konzentrationsgrade im Sinne eines gewissen Prozentgehaltes der Lösung an sich bestimmte Vorgänge des Wachstums auszulösen vermöchten, müssen wir fallen lassen und diese Beziehung eben im Sinne eines „Gesamtangebotes" der Nahrung auffassen. Ich nehme also an, die langsamen Wachstumsveränderungen der Zelle bedingen, abgesehen vom Einfluß der Adsorption, die Möglichkeit einer anderen Ausnützung der Nahrungsstoffe, weil genügend Zeit vorhanden ist zu einer vorbereitenden Transformierung minderwertigen Materials zu Zelleiweiß in der Hefe.

Man wird im allgemeinen mit Überraschung gesehen haben, wie wenig von dem N-Vorrat, den das Pepton bietet, beim Wachstum verwertet wird, gilt doch Pepton wenigstens in der Bakteriologie als ein trefflicher, stets rühmend anerkannter Nährboden. Wir haben schon

[1] *Kochs Jahresberichte.* 1902. Bd. XIII. S. 238.

früher angegeben, daß die ganze Albumosengruppe für die Hefe als Nährstoff entfällt, aber auch sonst ist immer noch die von der Hefe unbenutzt gelassene N-Menge sehr groß.

Die geringe Verwertung des Pepton-N für Wachstumszwecke führt uns auf den Gedanken der Wertigkeit der Nährstoffe mit Bezug auf das Wachstum überhaupt. Die Wertigkeit läßt sich allerdings bei Pepton nicht allgemein oder doch nur in einem annähernden Mittelwerte angeben, sie ist aber gering. Von anderen Nährstoffen haben wir andere Größen der Wertigkeit zu erwarten.

Zur Klarlegung der Bedeutung der Wachstumsgrenze ist es ganz unerläßlich, das Experiment auch auf andere Nährstoffe auszudehnen, da wir wissen müssen, ob spezifische Wachstumsgrenzen sich finden. Die in der Natur vorkommenden N-Nährstoffe der Hefe sind zweifellos recht verschieden, auch wenn man sie nur nach der N-Verwertung beurteilt, was noch nicht beweist, daß der ausgenutzte N an sich bei den einzelnen Nährstoffen dieselbe physiologische Bedeutung hat.

Auf die außerordentlich weitgehende Ausnützung des Bierwürze-N für das Wachstum der Hefe wurde bereits hingewiesen (Teil III). Auch die Literatur der Gärindustrie enthält manche Angabe hierüber, auf welche näher einzugehen unterlassen sein mag.

Für die Sicherstellung der exakten Wachstumsgrenze ist aber die Ausführung weiterer Experimente unerläßlich.

Je besser ein Nährstoff ist, mit um so kleineren Überschüssen ist Wachstum möglich. Um dies experimentell festzustellen, habe ich die Bierwürze herangezogen. Letztere verhält sich nicht immer gleich, einmal, weil man manchmal unter Bierwürze Material im Handel erhält, das schon etwas Hefe enthält, also sozusagen schon zum Wachstum gedient hat, ferner hat die Sterilisierung stets einen ungünstigen Einfluß, da durch dieselbe offenbar brauchbare Stoffe vernichtet werden. Ich habe also möglichst gute Würze einfach durch ein Berkefeldfilter geschickt und verschiedene Abstufungen der Aussaat vorgenommen. Das Wachstum war ein ganz vorzügliches, nach 3 Tagen wurde zentrifugiert und die Ernte bestimmt. Die Ergebnisse dieser Reihe sind folgende (siehe die Tabelle auf nächster Seite).

Sie zeigen vor allem die hohe Nährkraft der Bierwürze für das Wachstum. Die Ausnützung des N schwankt in den einzelnen Experimenten nur wenig, mit Ausnahme des letzten Versuches, bei welchem wahrscheinlich das Wachstum noch nicht ganz beendet war. Im Mittel erhält man unter Anschluß des letzten Wertes 30·2 Prozent Ausnützung des N, was mit früheren Erfahrungen meinerseits gut überein stimmt.

Bierwürze.

Angaben in Tausendstel Milligramm für den N.

	Nährwert der Bierwürze	Aussaat an N	Verhältnis der Aussaat z. Nährwert	Ernte an N pro Toto	Reinernte (abzüglich Aussaat)	Reinernte in Proz. des Nährwertes	Bruttoernte und Aussaat
1.	268000	37200	1:7	110200	73000	27·9	1:2·9
2.	268000	18600	14	107700	89100	33·2	5·8
3.	268000	9300	29	93800	84500	31·5	10·1
4.	268000	4650	58	95900	91250	33·6	20·6
5.	268000	2325	115	80600	78275	29·2	30·3
6.	268000	1162	230	77100	76038	28·3	66·3
7.	268000	581	460	74600	74019	27·9	128·4
8.	268000	290	924	65400	65110	24·0	225·5

Bierwürze-N besteht also aus sehr nährenden Verbindungen, gleich N-reiche Lösungen Pepton und Bierwürze verglichen, ergeben für letztere annähernd einen 10mal so großen Nährwert.

Es ist also begreiflich, daß, wenn auch das Verhältnis zwischen Aussaat und Nährstoff ein sehr kleines wird, trotzdem schon Wachstum in Bierwürze sich findet. Die Grenze des Wachstums liegt bei letzterer viel tiefer als bei Pepton.

Eine solche relative Bewertung zwischen Pepton- und Bierwürze-N ist aber nicht so einfach, als es zunächst den Anschein hat.

Ich kann ein schlagendes Beispiel dafür geben, daß die Prozentausbeute an N kein generell gültiger Ausdruck für die Nährwertbemessung bietet, sondern nur eine genäherte Wertbestimmung zuläßt, aus einem höchst interessanten Grunde. Ich will zu diesem Zwecke den Nährwert von Pepton- und Bierwürze-N unter verschiedenen physiologischen Zuständen der Hefe miteinander vergleichen.

Wenn man den Versuch mit Pepton (2·5 Prozent) (S. 372) mit jenem bei Bierwürzeernährung zusammenstellt, so ist das Übergewicht der letzteren nicht bei jeder Größe der Aussaat eine konstante Zahl. Man wird die Inkongruenzen am besten sehen, wenn ich folgende Zusammenstellung mache.

	Vorhandene Nährwerte	Verhältnis der Aussaat z. Nährwert	Reinerntezuwachs in Proz. N-Nährstoff	Brutto-ernte zur Aussaat	Relation der vorigen Zahlen	
Ia	750000	580	2·4	16·0	1	Pepton
Ib	268000	460	27·9	128·4	8	Bierwürze
IIa	750000	290	3·2	10·8	1	Pepton
IIb	268000	230	28·3	66·3	6	Bierwürze
IIIa	750000	145	3·0	5·5	1	Pepton
IIIb	268000	115	29·2	30·3	5·5	Bierwürze
IVa	750000	72	6·6	5·9	1	Pepton
IVb	268000	58	33·6	20·6	3·5	Bierwürze
Va	750000	18	7·9	2·4	1	Pepton
Vb	268000	14	33·2	5·8	2·4	Bierwürze

Wenn ein erheblicher Nahrungsüberschuß vorhanden ist, so zeigt sich die Bierwürze außerordentlich überlegen, die Bruttoernte zur Aussaat, also die Keimvermehrung, ist bei Pepton nur das 16fache, bei Bierwürze das 128·4fache = einem Verhältnis wie 1:8; weiterhin sinken aber (Stab 5) diese Relationen auf 6, 5·5, 3·5, 2·4, aber nicht aus dem Grunde, weil die Bierwürze ein schlechteres Material darstellt, sondern deshalb, weil dann, wenn wir uns der Grenze nähern, wo Wachstum aufhört, und dies erreichen wir in vorliegendem Versuch eben noch bei Pepton, mehr an N aufgenommen wird, als den mittleren Zahlen der N-Ausnützung beim guten Wachstum in Pepton entspricht. Die Hefe verhält sich also hinsichtlich der Aufspeicherung von N-Material aus Pepton, wenn sie an die Grenze des Wachstums gelangt, anders als in Bierwürze, und dies ist der Grund wechselnder Wertigkeit zwischen beiden Nährstoffen. Gründe, warum Bierwürze-N gut und Pepton-N schlecht nährt, lassen sich nicht angeben, weil bis jetzt keine analytischen Untersuchungen in dieser Richtung angestellt worden sind. Da die der Hefe gebotenen Nährstoffe meist Gemenge sind, so wird natürlich von dem einen mehr, von dem anderen weniger notwendig sein, um den Grenzwert des Wachstums zu erzielen. Ich möchte in dieser Beziehung noch einige Fälle verschiedener Ernährung anführen. Aus einem bestimmten Grunde schien es mir wichtig, dem Nährboden für das Wachstum Lezithin beizugeben und habe daher eine vergleichende Versuchsreihe mit Pepton + Lezithin (nicht rein, aus Dotter hergestellt) mit gleichem N-Gehalt ausführen lassen. Die Ergebnisse bringt nachstehende Tabelle:

Nährwert	Aussaat	Verhältnis der Aussaat z. Nährwert	Ernte an N pro toto	Ernte-reinwerte (d. Aussaat abgezog.)	Reinwert in Proz. des Nährwertes	Bruttoernte und Aussaat	
18750	1148	16·3	3500	2352	12·5	3·0	Peptonlösung
18750	287	65·3	2380	2092	11·1	6·5	
18750	72	260·3	1120	1040	5·5	15·5	
18750	23	815·2	420	297	2·1	18·2	
18000	1148	15·6	2800	1652	9·2	2·4	Pepton mit Lezithininhalt. Dotterfett
18000	287	62·7	1540	1253	6·9	5·3	
18000	72	250·0	700	628	3·4	9·9	
18000	23	782·6	420	397	2·2	18·2	

Die reine Peptonlösung war sogar der Lezithinpeptonmischung überlegen. Dies tritt besonders dort hervor, wo, wie bei den kleinen Nahrungsüberschüssen (1:16·3 und 1:65·3), die Ablagerung N-haltiger Bestandteile in den Zellen sehr bemerkbar wird, denn Pepton-Lezithin gibt im Mittel der beiden genannten Versuche nur 8·1 Prozent Ausnützung des Nährbodens, Pepton allein 11·7 Prozent. Schon seit Pasteur ist bekannt, daß ein Hefedekokt eine sehr gute Nahrung für Hefe darstellt. In neuerer Zeit wird die Hefe häufig technisch zur Herstellung von Extraktivstoffen benutzt und diese als Hefeextrakte in den Handel gebracht. Man bezeichnet diese Extrakte als dem Fleischextrakt ähnlich, obwohl Aussehen, Geschmack, Geruch und Wirkung mit letzterem sich gar nicht vergleichen lassen. Es war mir interessant, zu erfahren, ob die Hefe in der Verwertung von Hefe- und echtem Fleischextrakt Unterschiede macht.

Fleischextrakt und Hefeextrakt.

	Nährwert	Aussaat an N	Verhältnis der Aussaat z. Nährwert	Ernte an N pro toto	Reinwerte (abgezogen die Aussaat)	Reinwerte in Proz. des Nährwertes	Bruttoernte und Aussaat	
1.	131000	22880	5·72	83580	60700	46·3	3·7	Marmite-Hefe-extrakt
2.	131000	11440	11·4	49700	38260	29·2	4·34	
3.	131000	2288	57·2	44520	42232	32·2	19·4	
4.	131000	229	572·0	40880	40651	31·0	178·4	
1.	138600	22880	6·06	30520	7640	5·5	1·3	Liebigs Fleisch-extrakt
2.	138600	11440	12·12	22400	10960	7·9	1·9	
3.	138600	2288	60·60	17220	14932	10·7	7·5	
4.	138600	229	606·0	17500	17271	12·5	76·4	

Es wurden 2 Nährlösungen von fast absolut gleichem N-Gehalt hergestellt und die Aussaat in beiden Experimenten in genau gleich abgestufter Weise eingebracht. Die Ernten waren bei Marmite, dem Hefepräparat, über doppelt so groß, als bei Fleischextrakt. Der letztere enthält also zwar Stoffe, die die Hefe für den Aufbau verwenden kann, aber sie nützt doch nur wenig von dem N aus. Vom Hefeextrakt werden mindestens 30 bis 46 Prozent ausgenützt, das ist fast mehr noch, als aus Bierwürze verwertet werden kann; er kann uns also in sehr willkommener Weise als N-Nahrung für Hefe in künstlichen Nährböden dienen. Sind die Überschüsse sehr klein (1:6—1:12), so nimmt die Hefe aus Fleischextrakt überhaupt nur wenig N auf, weil dieser, die Umwandlungsprodukte des tierischen Stoffwechsels enthaltend, den Nahrungsverhältnissen der Hefe wenig Nährbestandteile bieten kann, der Hefeextrakt pflanzlicher Herkunft bietet für den Aufbau pflanzlichen Eiweißes günstigere Verhältnisse (8mal so viel).

Die Ergebnisse der Untersuchungen zeigen den ungleichen Nährwert des N-Gehalts verschiedener Nährlösungen für Hefe; sie geben den Beweis, daß Angaben über den Nährwert nur mit einiger Annäherung zu machen sind.

Die hier von mir geübte Methode des Studiums der Erntemengen ist der richtige Weg, um über den Wert einzelner Verbindungen für das Wachstum ins klare zu kommen, auf diesem Wege wird es auch einmal für bakteriologische Zwecke möglich werden, in rationeller Weise Nährböden zusammenzustellen, und das bis jetzt verwandte roh empirische Verfahren zu verlassen.

Bei diesem Bemühen, die Nährstoffeigenschaften verschiedener Stoffe festzustellen, sind wir zugleich über eine ganze Reihe neuer wichtiger Eigenschaften der Hefe unterrichtet worden, wie über die Resorptionsverhältnisse, die elektiven Vorgänge bei verschiedener Nahrungskonzentration, die ungleichen Grenzen des Wachstums im allgemeinen.

Die zahlenmäßige Wachstumsgrenzbestimmung erweist sich aber als eine etwas verwickelte Aufgabe, weshalb sie im folgenden Kapitel noch näher behandelt werden soll.

Drittes Kapitel.

Wachstumsschwelle und Wachstumsreiz.

Für die Lebensvorgänge der Hefezelle gibt es, insoweit die Massenveränderungen und die Zellbeschaffenheit in Betracht kommen, keinen Faktor, der so von hervorragender Bedeutung wäre, wie das Verhältnis von Hefemasse zur Nährstoffmenge. Ich halte es daher für wichtig, diese Relation mit einem besonderen Namen zu belegen und heiße sie Nährstoffspannung.

Ich habe nachgewiesen, daß bei einer bestimmten Nährstoffspannung ein annäherndes Gleichgewicht zwischen den Verlusten ruhender Hefe oder gärender Hefe im wachstumslosen Zustand eintritt. Nach Teil VIII, S. 301 und 306 wurden 0·10 Hefe-N bei 0·5 Prozent Pepton und 200 ccm Flüssigkeit eben erhalten, was einer Nährstoffspannung von 0·11 (N-Hefe) : 0·15 (N-Pepton) = 1:1·36 entsprach (bei 30°). (S. 301) Noch wichtiger war die Tatsache, daß die wachstumslose Hefe sich mit N belädt. Bei einer Nährstoffspannung von 1:2·72 (berechnet aus der Tabelle S. 302) wurde bereits eine Ablagerung von N in der Hefe beobachtet, die nun innerhalb weiter Grenzen der Nährstoffspannung sich gleich erhielt. Sicher war noch bei einem Verhältnis von 1:21·7 eine Vermehrung der Zellen nicht zu konstatieren (berechnet aus Versuch S. 309 mit 8 Prozent Pepton), auch nicht, wenn die Ernte auf das 2·64fache zugenommen hatte. In wieder anderen Fällen erreichte auch noch eine Erntemehrung von fast dem 3fachen der Aussaat noch nicht das Wachstum, sondern nur eine Massenzunahme der Hefe. Es ist schon oft beobachtet worden, daß die Hefe nicht nur in ihrem Trockengehalt, der viel vom Glykogen abhängt, sondern auch in ihrem N-Gehalt zwischen 3·9—10 Prozent schwanken kann, selbst innerhalb sehr kurzer Zeiten hat Hayduk Differenzen zwischen 7·5 bis 10·8 Prozent N bei der Hefe gesehen.[1]

Hat die Hefe eine gewisse Mehrung ihres N-Bestandes erreicht, so hält sie sich trotz Mehrung der Nährstoffspannung innerhalb eines gewissen Intervalles auf ihrem N-Bestand.

In einer Serie meiner Versuche (S. 309) schwankt die Bruttoernte von 0·61 Prozent N der Peptonlösung bis 1·53 Prozent fast nicht, d. h. innerhalb einer Nährstoffspannung von 11·2 bis 28·0.

In nachstehender Figur 40 habe ich in der Abszisse die Nährstoffspannungen, als Ordinate die Verhältniszahlen der Aussaat zur Bruttoernte bei Peptonnahrung, darunter die Werte für Bierwürze angegeben. Die Verhältniszahlen der Petonernten zur Aussaat geben eine S-förmige Kurve, welche ganz deutlich im Gebiete der Regeneration einen raschen Anstieg und dann ein langsames Steigen erkennen läßt, letzteres entspricht den eben berührten Verhältnissen.

Jede Einwirkung der Nahrung beginnt bei dem geringsten Nähr-

[1] Lafar, *Techn. Mykologie.* Bd. IV, S. 93.

stoffverhältnis mit einer Regeneration des Zelleiweißes und einer Hebung des Ernährungszustandes ohne Wachstum — dann folgt ein annäherndes Gleichbleiben. Regeneration und Wachstum sind also durch eine Abflachung der Kurve getrennt, aber es ist nun schwer zu sagen, wo beginnt tatsächlich das Wachstum. Wir können solch eine absolut scharfe Grenze auch nicht erwarten, da wir es ja nicht mit einem Einzelindividuum, sondern mit der Aussaat von Tausenden von Individuen zu tun haben, unter denen Verschiedenheiten ebenso vorkommen, wie in einem Herde von Tieren.

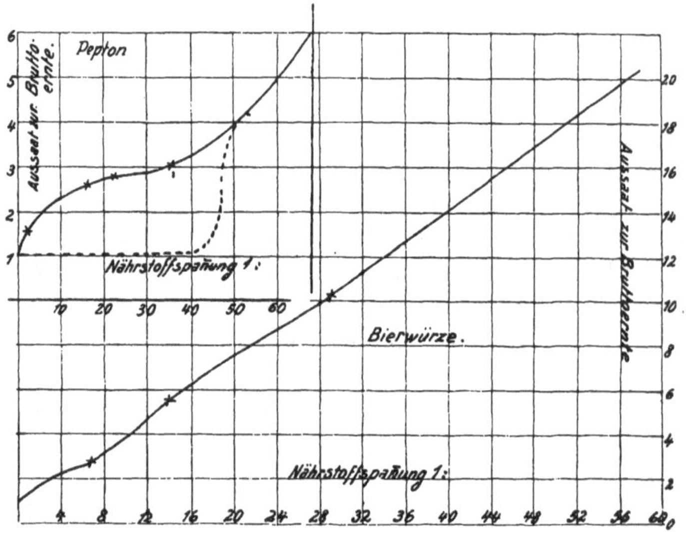

Fig. 40.

Mir scheint, daß man bis zur Pepton-Nährstoffspannung von 30—35 im Mittel von Wachstum nicht sprechen kann, denn eine Mehrung der Ernte auf das 3fache der Aussaat fällt noch innerhalb die Rekonstruktion. Dann hebt sich nach diesem Verhältnis die Kurve.

Ich glaube, man wird sich kaum irren, wenn man also die Wachstumsschwelle nahe auf die Nährstoffspannung 1:50 legt.

Was haben wir nun aber unter einem Schwellenwert überhaupt zu denken?

Ich habe schon mehrfach berührt, daß das Wachstum nicht auf dem Wege über einen vorherigen N-Ansatz der nichtwachsenden Zelle zur Entwicklung kommt, sondern daß das Wachstum ein Eingriff ist, der die lebende Substanz treffen kann, gleichgültig, ob sie Reservestoff abgelagert hat oder nicht, ob sie ihren „Status“ durch N-Aufnahme verbessert hat oder nicht. Die Wachstumsnährstoffe sind auch manchmal andere wie diejenigen, welche zur Verbesserung des Zellbestandes führen, wie aus der Änderung des Nutzungsquotienten bei geringer Nährstoffspannung des Peptons hervorgeht.

Das Wachstum setzt also in der dargestellten Kurve sich nur scheinbar an die Verbesserung des Ernährungszustandes an, es würde richtiger durch eine Linie bezeichnet, die sich von dem Punkte bei dem Nährstoffverhältnis 1:50 steil von der Abszisse erhebt, etwa wie die nur zur Demonstration des Gesagten eingetragene gestrichelte Linie. Jede Nährstoffspannung, so klein sie sein mag, kann das Bedürfnis der Rekonstruktion mehr oder minder befriedigen, zum Wachstum gehört aber eine größere Nährstoffspannung.

Die Wachstumsschwelle ist nicht eine einfache Aufhäufung von Nährmaterial und eine Summierungserscheinung nacheinander gebotener Nahrung. Eine mehrfach wiederholte, geringe Nährstoffspannung gleicher Höhe steigert den Effekt der Anspeicherung nur unbedeutend, während die Summe aller partiellen Nährstoffspannungen, auf einmal wirkend, einen starken Effekt erzielt. In zwei Serien (siehe Teil VIII S. 331) hatte die Hefe fraktioniert in sechs aufeinanderfolgenden Tagen, das 13fache und das 50fache der Aussaat an N erhalten (Nährstoffspannung 13 und 50), ohne eine nennenswerte Veränderung zu zeigen, während die Nährstoffspannung 50 sofort die Grenze des Wachstums erreicht. Die Versuche lassen keine Tatsache erkennen, daß Wachstum beliebig und ohne Rücksicht auf eine bestimmte Nährstoffspannung entstanden sei.

Nur ein Fall dieser Art hat uns schon beschäftigt: Die Synthese des Eiweißes der Hefe nach vorheriger Autolyse durch Selbstverdauung. Hier könnte es scheinen, daß nur die Anwesenheit von Zucker zur Ursache des Aufbaues wird, doch ist dies nur mittelbar der Fall; Wachstum und Ansatz können nur bei aktivem Leben, das durch die Gärung hervorgerufen wird, bestehen; die Gärung ist also die Voraussetzung für alle Vorgänge des N-Stoffwechsels, die eben besprochen worden sind. Die Selbstverdauung und der Aufbau sind nur die Umkehr eines Prozesses; sie führt auch nicht immer zu einem vollkommen inneren Aufbau, nämlich dann nicht, wenn offenbar bei langer Dauer der Versuche schon einiges Material (Bionten) zugrunde gegangen war.

Die Wachstumsnährstoffspannung ist ein Reiz, der einen Vorgang einleitet, der, einmal begonnen, dann vorwärts schreitet und schließlich den Nährboden ganz auszulaugen vermag, also die Nährstoffspannung am Schlusse auf 0 erniedrigt, tiefer also, als die zur „Erregung" nötige Grenze ist.

Die Wachstumsschwelle ist der Reiz, welcher die Teilung in der Zelle anregt, also jenen Vorgang, den die Ernährung unterhalb der Reizschwelle nicht auszulösen vermag, weshalb die nichtwachsende Zelle schließlich zugrunde gehen muß, weil sie der Teilung bedarf.

Der Wachstumsreiz wird aber nicht allein nur durch die Schwellenwerte ausgelöst, sondern durch jede darüberliegende Größe. Es scheint, daß solche höhere Nährstoffspannungen einen stärkeren Anstoß geben und die Geschwindigkeit des Wachstums beeinflussen können. Eigenartig ist nur für die Wachstumserregung der Umstand, daß bei diesem Reize die Stoffe, welche als Anreiz dienen, zu gleicher Zeit auch zur Befriedigung des letzteren Verwendung finden.

Die absolute Größe des Reizes zu bestimmen, das muß hier gleich gesagt werden, ist unmöglich, da sich nicht sagen läßt, wie viel von dem Material der Nährstoffspannung, welche die Schwelle darstellt, wirklich in Beziehung zur lebenden Substanz tritt und durch diese Rückwirkung auf Protoplasma oder Kern als Reiz anzusehen ist.

Jedenfalls kommt nur ein minimaler Bruchteil der Nährstoffspannung dabei in Aktion, es ist also auch sonst die für den Charakter eines Reizes gegebene Eigentümlichkeit gewahrt, daß er im Verhältnis zur Wirkung sehr klein sein kann, auch da, wo es sich um die schwächsten Grade des Wachstums handelt.

Vorläufig ist es mir nur möglich, als Wachstumsschwelle auf die Nährstoffspannung im ganzen einzugehen; ich möchte aber betonen, daß die Nährstoffspannung nur im großen ein Ausdruck für Prozesse ist, die sich nicht ganz in ihre Enderscheinungen auflösen lassen.

Die Zelle kann also sofort, wie sie ist, ohne Nahrungsvorrat in die Teilung übergehen, wobei die neuen Zellen oft noch hinter der Mutterzelle an Masse zurückbleiben und sich erst nachträglich, wahrscheinlich nur durch Anlagerung, auf einen besseren Bestand bringen.

Der Reiz muß ausgeübt werden durch eine bestimmte Menge nährender Einheiten, für welche das Protoplasma oder der Kern oder beide zugleich empfänglich sind, und wodurch dann der Teilungsakt erzeugt werden kann.

Welche Mengen von Nährstoff bilden den Reiz der Wachstumsschwelle? Ich habe oben die Nährstoffspannung von 50 als Grenze genommen, womit vielleicht etwas zu hoch gegriffen wird. 50 Nährstoffspannungseinheiten in Pepton sind jedoch nicht die wirksamen

Einheiten, denn das Pepton hat ja nicht den vollen Wert, sondern nur ein kleiner Bruchteil seines Stoffgemisches ist wirksam. Wir haben im Gebiete des reichlichen raschen Wachstums in Pepton nur eine Ausbeute des N von rund 3 Prozent, bei der Nährstoffspannung 1:72 eine Ausbeute von 6·6 Prozent und bei 1:36 von 5·13 Prozent, das wäre im Mittel (für die Nährstoffspannung 1:54) 5·9 Prozent.

Nun entsteht die Frage: Wirken als Nährstoffspannung nur jene 3 Prozent des Peptons, welche bei sehr gutem Wachstum elektiv ausgewählt werden, oder auch jene 5·9 Prozent, die tatsächlich bei dem hier zugrunde gelegten Versuch aufgenommen werden? Ich will mich hier nicht in Vermutungen verlieren. Berechne ich die beiden Grenzwerte, so ergäbe sich als Nährstoffspannung (3 Prozent Ausnutzung) 1·5, (5·9 Prozent Ausnutzung) 2·9, auf nutzbaren N bezogen.

Das Resultat heißt also: Wenn der Reiz der Wachstumsschwelle vorhanden sein soll, müssen für 1 Hefestickstoff 1·5—2·9 nutzbarer N als Nährwerte in der Lösung vorhanden sein.

Von dieser Menge ist vielleicht nur ein minimaler Bruchteil der wahre Zellreiz.

Der reine hypothetische Schwellenwert (für Pepton) scheint mir aber doch in einer wichtigen Beziehung zu dieser eben bestimmten Größe der nutzbaren Nährstoffspannung zu stehen. Die biologische Bedeutung dieser Zahlenverhältnisse scheint mir in folgendem zu liegen.

Als Reiz macht sich an der Wachstumsschwelle eine N-Menge geltend, welche so viel verwertbaren N bietet, daß das Wachstum nicht nur eingeleitet, sondern mit dem vorhandenen Vorrate auch zu Ende geführt werden kann. Dieser Bedingung würde auch die kleinere der oben berechneten Nährstoffspannungen genügen. Dies als richtig vorausgesetzt, müßte ein anderer Nährstoff auf die wirksame Substanz berechnet, die gleiche Nährstoffspannung geben. Betrachten wir die Verhältnisse der Bierwürze. Die graphische Darstellung (siehe Fig. 40) läßt bei Bierwürze die eigentümliche Form der Peptonkurve nicht erkennen, was wesentlich darin begründet ist, daß bei dem guten Nährwerte der Bierwürze die Konzentrationen weit mehr hätten abgestuft werden müssen, was allerdings nur hätte geschehen können, wenn man die Ergebnisse bei Ausführung der Versuche hätte voraussagen können. Im ganzen verläuft die Wachstumslinie fast wie eine Gerade. Wenn man aus der Kurve den Punkt aufsucht, der die Grenze der Rekonstruktion darstellt, d. h. das Verhältnis von Aussaat:Ernte wie 1:3, so findet man an der

Abszisse die Zahl 8, d. h. die Nährstoffspannung von 8. auch aus den Tabellen kann man ableiten, daß die eine Nährstoffspannung 1:7 zu niedrig, und die nächst höhere Zahl. die beobachtet wurde, 1:14 sicher zu hoch ist, man käme im Mittel auch wieder auf 8 als Schwellenwert. Die mittlere Ausnutzbarkeit meiner Bierwürze N war in der betreffenden Reihe 29·5 Prozent, so daß obige Nährstoffspannung für ausnützbaren N = 2·56 wird.

Diese Werte mit jenen bei Pepton verglichen (1·5 oder 2·9), würden also mehr mit der Zahl 2·9 übereinstimmen.

Eine solche Übereinstimmung a priori überall zu erwarten, ist natürlich als zu verallgemeinerndes Ergebnis nicht berechtigt, es müßte erst der Versuch zeigen, ob alle jene Stoffe, welche biologisch gleichwertig sind, indem sie die gleiche Funktion auslösen, auch gleichwertig hinsichtlich der N-Werte sind. Nur eines ist gewiß und liegt in der Definition des Wachstums schon enthalten, sie werden nicht unter der Größe 1 liegen können, denn die Zweckmäßigkeit einer Einleitung und völligen Durchführung eines Teilungsaktes scheint aus rein biologischen Gründen sehr plausibel. Ich behalte mir die weitere Bearbeitung dieser Fragen vor.

Wir haben schon früher (Teil III) dargetan, daß bei Bakterien und Hefen sofort nach deren Berührung mit verschiedenen Konzentrationen oder, richtiger gesagt, bei verschiedener Nährstoffspannung das Wachstum mit ungleicher Geschwindigkeit beginnt. Dann entstände die Frage, ob der Reiz an der Wachstumsschwelle der einzige ist, welcher die Zelle treffen muß und zur Auslösung des Wachstumsaktes erforderlich ist, oder ob er gewissermaßen eine Abstufung der Empfindung für diese Reize gegeben ist derart, so daß einem stärkeren Reiz auch sofort die energischere Stoffaufnahme folgt, die in der kurzen Generationsdauer ihren Ausdruck findet. In letztem Falle würde ich die Mechanik des Reizmomentes darin finden, daß die Geschwindigkeit, mit der die lebende Substanz mit Nährstoff beladen wird, der ausschlaggebende Faktor ist.

Wir haben im vorigen Abschnitt auseinandergesetzt, daß bei der Regeneration die Nahrungsstoffe an die Bionten angelagert und diese, jeder für sich, auf einen gewissen Grad der Massenzunahme gebracht wird; diese hat aber ein Maximum — und eine bestimmte Begrenzung, ohne daß ein Wachstum die Folge ist. Es scheint mir also die Erregung des Wachstums durch Anlagerung von Stoffen an dieselben Stellen, wo sonst die Verkettung des Regenerationsmaterials eintritt, unwahrscheinlich.

Wenn man an eine bestimmte Angriffsfläche für einen Wachstumsreiz zu suchen gezwungen ist, wird der Kern der Zelle es sein, an den man zu denken hat. Zweifellos ist das Protoplasma an allen Wachstumsverhältnissen mit beteiligt.[1] Wo lebhaftes Wachstum ist, findet sich auch Protoplasma mitbeteiligt. Alle formativen und nutritiven Vorgänge hängen aber auch von dem Kern mit ab (l. c. S. 250). Bei Spitzenwachstum der Pflanzen ist der Kern stets an der Stelle des Wachstums, bei Vaucherien und Algen liegen die Kerne an den Vegetationspunkten. Der Kern ist auch bei der Nahrungsaufnahme beteiligt.[2] Der Kern repräsentiert die Kraft zu wachsen; er läßt sich künstlich vom Protoplasma trennen, gestattet dann die Funktionen der beiden Zellbestandteile näher kennen zu lernen. Kernhaltige Stücke vergrößern sich nicht, sie assimilieren aber und zeigen den sonstigen Stoffwechsel. Bei Amöben können nur kernhaltige Stücke zu Verlust gegangene Organteile ersetzen[3], kernlose können sich weder ersetzen noch wachsen aber lange Zeit leben, doch scheint auch die Verdauung bei Teilstücken ohne Kern zu leiden. Wie R. Hertwig zuerst nachwies, muß zwischen Plasma und Kern ein bestimmtes Verhältnis gegeben sein; die Größe der Zelle ist die Funktion der Größe ihres Kernes. Experimentell lassen sich bei Eiern Trennungen derart herbeiführen, daß solche mit viel und solche mit wenig Protoplasma mechanisch erzielt werden. Eier mit zu wenig Kernsubstanz teilen sich oft und erzeugen kleine Zellen, große Kernmasse teilt sich wenig und bildet große Zellen. Immer wird ein bestimmtes Verhältnis von Plasma und Kern angestrebt. Beim hungernden Organismus nimmt nicht nur die Plasmamasse, sondern auch der Kern ab.

In neuerer Zeit ist auf Grund mikroskopischer Forschung, hauptsächlich durch R. Hertwig und seine Schüler, der Gedanke ausgesprochen und näher begründet worden, daß Teilung und Wachstum durch bestimmte Verschiebungen der Mengenverhältnisse zwischen Kern und Plasma eingeleitet werden; durch die sogenannte Kern-Plasmaspannung. Ob diese Annahme auf die Verhältnisse bei der Hefe übertragen werden kann, vermag ich nicht zu beurteilen, aber wenn dies zutrifft, könnte ja die spezifische Nährstoffspannung es sein, welche durch ihren ungleich gerichteten Angriff auf Kern und Plasma zu jener Kernplasmaspannung führen, als deren Folge die Zellteilung anzusehen ist.

---

[1] *Allgemeine Biologie* von Oskar Hertwig. Jena 1906. S. 249.
[2] O. Hertwig, l. c. S. 254.
[3] O. Hertwig, l. c. S. 255.

Man könnte also die Hypothese aufstellen, daß durch den Reiz des Zellkernes, der durch die mehr oder minder lebhafte Anlagerung von Nährstoffen an den Kern verursacht wird, die Entwicklung zur Teilung angeregt wird.

Somit läßt sich also nunmehr die Verschiedenheit des Wachstums unter verschiedenen Lebensbedingungen sehr einfach erklären. Eine Abhängigkeit der Wachstumsschwelle von der Temperatur erscheint unwahrscheinlich, denn wenn das Prinzip gewahrt werden soll, daß ein eingeleitetes Wachstum auch zu Ende geführt werden muß, kommt es beim Schwellenwert nur auf die Nährstoffspannung überhaupt an.

Da aber die Geschwindigkeit der Lebensvorgänge eine Funktion der Temperatur ist, so wird wahrscheinlich die Latenzzeit zwischen Reiz und Wachstumsbeginn sich verschieben müssen, je nach den Wärmegraden der Kulturflüssigkeit.

Wie ist nun die Beobachtung zu erklären, daß Hefe manchmal, wenn sie in Zuckerlösung gebracht wird, noch 2—3 Teilungen vollzieht und dann stillsteht?

Manchmal mögen bei solchen Beobachtungen Täuschungen insofern unterlaufen sein, daß die angewandten Zuckerlösungen überhaupt nicht N-frei waren, daß also nun ein einfacher Nahrungsreiz vorhanden war. Es ist aber sehr wohl möglich, daß die Zelle sich mit Nahrungsstoffen versehen hat, und daß sie nach beendeter Gärung z. B. nochmals Stoffe im Ruhezustande ablagert, die als Reiz wirkungslos bleiben, weil die Hefe im latenten Leben sich findet und nicht gärt. Gelangen die Zellen dann wieder in Zucker, so kann durch den abgelagerten Zellinhalt die Konzentration dieser Stoffe so reichlich sein, daß die gärende Zelle sie als Wachstumsreiz empfindet und die Neubildung der Zellen einleitet.

Etwas eingehender habe ich noch die Biostheorie zu behandeln. Ich habe sie schon kurz gestreift.

In der Literatur der letzten Jahre findet sich die Angabe, daß das Wachstum durch eine kleine Menge einer organischen Substanz Bios genannt, ausgelöst werden müsse.

Die Beobachtungen stützen sich auf Erfahrungen an Hefen, welche mit Ammoniaksalzen als N-Quelle kultiviert worden sind. Es war bekanntlich Pasteur, der besonders auf den Aufbau der Hefe aus Zucker und Ammoniaksalzen hingewiesen hatte. Schon Liebig und Mitscherlich hielten den Beweis nicht für erbracht, aber die Anschauung, daß Ammoniakernährung und Eiweißernährung identische Dinge seien, findet sich weit verbreitet in der Literatur.

In seinem Buche über die Alkoholgärung erwähnt Pasteur (S. 57—58) mehrere seiner Experimente mit Ammoniakernährung, in welchen aber genaue Erntebestimmungen nicht angegeben sind, und nur das Verschwinden von NH_3 quantitativ verfolgt wurde. Wenn ich die gesamte Menge des nach dem Versuche nicht mehr aufzufindenden Ammoniaks (N) als Hefeernte betrachte, so war überall die Ernte sehr klein, so daß der Verdacht nicht von der Hand zu weisen ist, daß allenfalls Verunreinigungen des Zuckers, wie in einigen von mir mitgeteilten Fällen, die N-Quelle gewesen sind. Nur in einem Versuche finde ich eine Erntebestimmung. 10 g Kandiszucker, in Wasser gelöst, erhielt 6·2 mg NH_3 als N-Quelle. Wie lange der Versuch dauerte, ist nicht angegeben, er muß aus bestimmten Gründen an 4 Wochen gewährt haben. Die Flüssigkeit war schließlich mit Milchsäurehefe verunreinigt und 1 g organischer Säure entstanden. 6·2 mg NH_3 waren verschwunden und 0·043 g trockene Hefe, d. h. ein Gemisch von Hefe und Milchsäurebazillen gewachsen; auch dies Experiment ist nicht einwandsfrei. Duclaux hat dann erneut die Frage geprüft und seine Experimente sind als entscheidend angesehen worden. Er brachte eine größere Menge Bierhefe in Zuckerwasser, das weinsaures Ammoniak enthielt, sammelte nach der Gärung die Hefe und bestimmte N und NH_3.

Die N-Bilanz war folgende:

	Vorher	Nachher
In der Hefe	0·215	0·148
als Ammoniak	0·152	0·045
in der Flüssigkeit als organische Verbindung . .	—	0·170
	0·367	0·363

Wie man sieht, beweisen diese Experimente aber keineswegs, was sie sollen; denn die Hefe hat tatsächlich nach dem Versuch nicht mehr N enthalten als vorher, sondern sie hat abgenommen, sie kann also — in beweisender Form liegt die Sache wenigstens nicht vor — nicht gewachsen sein, wohl aber muß der Versuch, der ja auch von anderen Seiten mit gleichen Resultaten, in jüngster Zeit auch von Pringsheim, in umfangreichen Experimenten bestätigt worden ist (l. c.), als Beweis für den Aufbau organischer N-Verbindungen angesehen werden.

Übereinstimmend scheint mir, soweit ich die literarischen Angaben übersehe, doch angenommen zu werden, daß das NH_3 nicht als „günstiger Nährboden" für den N der Hefe anzusehen ist, was ich schon früher erwähnt habe. Ich habe hier die Frage nur kurz zu behandeln gehabt, weil sie mit der Behauptung in Zusammenhang gebracht worden ist, daß die Hefe ohne Zuhilfenahme einer Substanz „Bios" überhaupt bei NH_3-Fütterung sich nicht entwickle. So sah Wildiers eine Hefe (Saccharom. cerev. I Hansen) in 125 ccm gezuckerter Mineralsalzlösung nicht zur Entwicklung kommen, obschon NH_3-Verbindungen zugegen waren, wohl aber dann, wenn nachträglich etwas Hefenabkochung zugegeben wurde. Daraus wurde geschlossen, daß zum Wachstum eine kleine Menge einer organischen Substanz nötig sei, die man Bios nannte. Die Hefe soll Bios enthalten, aber nicht neu bilden können (?). Auf Kosten absterbender Zellen konnte mit deren Bios eine neue Menge Bios erzeugt werden. Die Versuche sind insofern durch A. Kossowicz erweitert worden, als diese bei kleinster Hefeaussaat kein Angehen der Hefe auf mineralischen Nährböden sah, aber bei größerer Aussaat. Von J. Henry wird aber die Fähigkeit, „Bios" zu bilden, auch Hefen zugesprochen, was doch eigentlich selbstverständlich sein sollte.

Man hat weiter beobachtet, daß Mycoderma vini gut auf Mineralsalzlösungen wächst, „also Bios" bildet, und glaubt, daß das angeblich gute Wachstum in Hefen auf Mineralsalzlösungen auf Veruneinigung mit Mycoderma vini zurückzuführen sei. Doch will man die Möglichkeit der Hefen NH_3-Verbindungen zu verwenden, nicht von der Hand weisen[1].

Das hypothetische „Bios" als Erreger des Wachstums stößt also, wie es scheint, bereits auf Zweifel; die Versuche — falls sie überhaupt nicht durch den eben gemachten Einwand hinfällig werden, daß Mycoderma vini mit im Spiele ist, indem es das NH_3 für die Hefe in nutzbaren Nährstoffformen überführt — lassen sich vielleicht so deuten, daß die Produkte der NH_3-Umwandlung nur einen sehr minderwertigen Wachstumsreiz darstellen, also einen hohen Schwellenwert besitzen, wogegen kleine Mengen Hefeextrakt diesen Wachstumsreiz vermitteln, worauf dann die zur Teilung angeregte Hefe auch das minderwertige Material zu benützen in der Lage ist. Die hohe Fähigkeit von Hefeextrakten als Wachstumsreiz zu dienen, habe ich oben schon bewiesen.

Mit einem großen Befremden wird man die kurze Dauer des wachstumslosen Zustandes der Hefe betrachten, ist dies berechtigt? Das Leben will aber in seinen Erscheinungen nicht als etwas Absolutes

---

[1] *Handbuch der Technischen Mykologie* von Lafar. 1905. Bd. IV. S. 100.

aufgefaßt werden. Das Vergehen ist mit dem Werden überall, wenn auch nicht in eine absolute Fessel geschlagen, so doch etwas Zusammengehöriges, wo in einem einfachen Formenlauf die Existenz dahinfließt. Ein rasches Entstehen pflegt auch mit einem raschen Vergehen zusammenzuhängen, wofür uns auch bei den Warmblütern manche Beispiele zu Gebote stehen.

Von diesem Gesichtspunkte aus ist die Vergänglichkeit der wachstumslosen Hefezelle gar nicht so wunderbar, ja, ihr Gefüge hält im Hinblick auf die kurze Zeit, die zu seinem Aufbau notwendig ist, länger zusammen, als mancher höhere Organismus. Für einen Organismus wie die Hefe, aufgebaut in wenigen Stunden, sind Tage des wachstumslosen Bestandes ein „hohes Alter", die mittlere Generationsdauer beträgt bei 30° nur 5 Stunden, das ist die ganze Jugendzeit der Hefe.

Wenn aber die Hefe unter günstigen Umständen 7—8 Tage, bei N-Nahrung vielleicht noch mehr, ohne Wachstum erreicht, so hat sie 38mal so lange gelebt, als ihrer Jugendzeit entsprach, weit länger, als je einem Säuger vergönnt ist, zu leben.

Wir sahen weiter durch die Vergänglichkeit des wachstumslosen Lebens die hohe Bedeutung des Wachstums für die Neubelebung der Materie, die Auffrischung des Zellbestandes, die Füllung der Zellen mit neuem leistungsfähigem Inhalt. Bei den höheren Organismen mit sexueller Fortpflanzung ist die ganze Masse des herangewachsenen Tieres dem Untergang geweiht, ein „Abfall" in dem Gang der fortschreitenden Entwicklung vom Standpunkt der Nahrungs- und Kraftbilanz; bei der Hefe wird wohl der größte Teil des gealterten Leibes, nachdem die „Zahl der Lebenseinheiten" erhöht und ihre Verteilung auf die neuen Zellen übernommen ist, in den Dienst der jungen Zelle gestellt.

Ich habe in diesem Buche die Lebensbeschreibung eines einzelligen Wesens gegeben und versucht, die wesentlichsten Punkte einer experimentellen Begründung zu unterwerfen. Soweit als möglich sind alle wichtigen Züge des Ablaufs der Lebenserscheinungen systematisch nach Maß und Zahl bestimmt worden, so daß wir, ich möchte sagen, von diesem mikroskopischen Wesen, der Hefe jetzt fast mehr wissen, als von der Ernährung mancher höheren Organismen. Nicht in allen Dingen findet sich in der Natur bei den Vielzelligen und Einzelligen das gleiche, aber die Grundzüge des Lebens sind doch so ähnlich und übereinstimmend, daß wir die Einheitlichkeit der organisierten Welt vor uns sehen.

Das Lebensbild der Hefe, wie es nunmehr vor uns liegt, und das uns in den verschiedensten Zügen an unser Leben erinnert, ist trotz alledem ein grundverschiedenes, denn es ist das Leben eines Anaeroben. Die allgemeinen Ernährungsgesetze aber ändern sich nicht, ob der Sauerstoff die Oxydationen vollendet, oder eine einfache Spaltung des Nährstoffs ohne Sauerstoff vollzogen wird. Die energetische Lehre ist eben das gemeinsame Band, das alles Lebende verbindet.

Register.

Z.

FSC
www.fsc.org
MIX
Papier | Fördert gute Waldnutzung
FSC® C083411

Kolibri 360 GmbH
Ferdinand-Jühlke-Straße 7
99095 Erfurt, Deutschland
produktsicherheit@kolibri360.de